強化学習

Reinforcement Learning

森村哲郎

講談社

■ 編者
杉山　将　博士（工学）
理化学研究所 革新知能統合研究センター センター長
東京大学大学院新領域創成科学研究科 教授

シリーズの刊行にあたって

インターネットや多種多様なセンサーから，大量のデータを容易に入手できる「ビッグデータ」の時代がやって来ました．現在，ビッグデータから新たな価値を創造するための取り組みが世界的に行われており，日本でも産学官が連携した研究開発体制が構築されつつあります．

ビッグデータの解析には，データの背後に潜む規則や知識を見つけ出す「機械学習」とよばれる知的データ処理技術が重要な働きをします．機械学習の技術は，近年のコンピュータの飛躍的な性能向上と相まって，目覚ましい速さで発展しています．そして，最先端の機械学習技術は，音声，画像，自然言語，ロボットなどの工学分野で大きな成功を収めるとともに，生物学，脳科学，医学，天文学などの基礎科学分野でも不可欠になりつつあります．

しかし，機械学習の最先端のアルゴリズムは，統計学，確率論，最適化理論，アルゴリズム論などの高度な数学を駆使して設計されているため，初学者が習得するのは極めて困難です．また，機械学習技術の応用分野は非常に多様なため，これらを俯瞰的な視点から学ぶことも難しいのが現状です．

本シリーズでは，これからデータサイエンス分野で研究を行おうとしている大学生・大学院生，および，機械学習技術を基礎科学や産業に応用しようとしている大学院生・研究者・技術者を主な対象として，ビッグデータ時代を牽引している若手・中堅の現役研究者が，発展著しい機械学習技術の数学的な基礎理論，実用的なアルゴリズム，さらには，それらの活用法を，入門的な内容から最先端の研究成果までわかりやすく解説します．

本シリーズが，読者の皆さんのデータサイエンスに対するより一層の興味を掻き立てるとともに，ビッグデータ時代を渡り歩いていくための技術獲得の一助となることを願います．

2014 年 11 月

「機械学習プロフェッショナルシリーズ」編者

杉山 将

まえがき

強化学習とは逐次的な意思決定ルールを学習する機械学習の一分野です．意思決定ルールの最適化を目指すという点ではオペレーションズ・リサーチと同じですが，適用するシステムや環境に関する完全な知識を前提とせず，設計者が「何をすべきか（Goal）」を報酬という形でアルゴリズムに入力して，「どのように実現するか（How）」をデータなどから学習するという特徴があります．そのため，システムに関する知識が十分でなくても，（大量に）データを取得できるのであれば，強化学習によって目的を達成するような意思決定ルールを得られる可能性があり，多岐にわたる領域での応用が期待されています．実際に近年，強化学習が決定的な役割を果たす実問題がビジネスインテリジェンスや医療，金融などの領域で次々に見出され，さらなる関心を集めています[2,3,24,30,55,140,155,191,226]．また，ゲームの分野においての成功も顕著であり，1992 年の Tesauro によるバックギャモンの成功から[208]，最近では囲碁やビデオゲームで強化学習と深層学習などを用いて人間を超えるパフォーマンスを達成できることが示され[129,179]，多くの人を驚かせています．

このような背景から，多くの研究者や技術者から学生，さらには一般の方までが関心を持ち始めています．しかし，一般の技術者だけでなく機械学習の研究者からも，強化学習法の手順を把握しても，いまいち釈然としない，理論がわからない，といった意見を度々耳にします．その要因の 1 つに，ほとんどの強化学習の書籍[198,223,239]には強化学習の基礎になる数理の体系的な説明がなく，強化学習を数理的に理解するためには，別途，マルコフ決定過程や動的計画法の分厚い教科書[19,20,163]を参照する必要があるという状況があると思います．そこで，本書では，数多くある強化学習アルゴリズムを幅広く（天下り的に）紹介するのではなく，数理的な事項の紹介を主にして，強化学習を研究もしくは応用するための基礎作りに貢献することを目指します．その中でも特に一般的な機械学習では扱われない，強化学習独自の事項を丁寧に説明するように試みました．そのため，強化学習の数理より，既存の強化学習関連のライブラリやパッケージの使い方を優先して学びたいと考えている方には本書は向いていません．強化学習ライブラリを使ってみて，手元の課題に応じて既存の強化学習アルゴリズムを改善したい，もしくは新たなアルゴリズムを設計したいなどの動機から，数理に興味をもった際などに改めて本書に向き合っていただけたら幸いです．

本書の構成は以下のとおりです．

1 章　準備

強化学習（逐次的意思決定）を扱うのに必須である，環境を規定するマルコフ決定過程と，行動選択ルールを規定する方策モデルを説明します．さらに，目的関数を導入して，逐次的意思決定問題を定式化し，標準的な問題では複雑な方策モデルを扱う必要性がないことなどを示します．

2 章　プランニング

環境が既知の場合の方策の学習（最適化）をプランニングといいますが，その特徴や解法は環境が未知の一般の問題を考えるうえでの基礎になります．本章では，期待リターンにもとづく最適価値関数や最適方策を導入し，最適方策を求める方法として動的計画法などを紹介します．

3 章　探索と活用のトレードオフ

ここからは，環境が未知の場合の逐次的意思決定問題（強化学習問題）を考えます．環境が未知の場合，データを環境から能動的に収集して，学習する問題設定を考えることが多く，データの探索と活用のトレードオフの考慮が必要になります．ここでは，探索と活用のトレードオフを説明し，トレードオフを考慮する代表的な方策モデルを紹介します．

4 章　モデルフリー型の強化学習

強化学習法のアプローチは大まかに「モデルベース型」と「モデルフリー型」に分類されます．モデルベース型では，環境を推定し，推定した環境モデルから方策を求めます．一方，モデルフリー型では，環境を陽に推定することなく，方策を学習します．本章では，後者のモデルフリー型を扱い，2 章の動的計画法を確率的近似の考え方を用いて標本近似して，TD 法や Q 学習法など強化学習の代表的なアルゴリズムを導出します．

5 章　モデルベース型の強化学習

環境モデルを推定して，2 章のプランニング法などを用いて方策を求めるモデルベース型の強化学習を説明します．また，状態数が膨大だったり，環境モデルにブラックボックスモデル（内部構造が未知のモデル）を用いたりして，2 章の厳密なプランニング法をそのまま利用できない場合でも適用可能な，モンテカルロ木探索などの近似的なプランニング法も紹介します．

6 章　関数近似を用いた強化学習

状態数が膨大であったり状態空間が連続などの場合，そのまま扱うことは難しく，関数近似が有効です．ここでは，関数近似を用いた強化学習法を紹介します．また，線形の関数近似器を用いても発散してしまう場合があるなど，強化学習における関数近似の注意事項も確認します．

7 章　部分観測マルコフ決定過程

マルコフ決定過程はマルコフ性が成り立つような状態を完全に観測できることを仮定していましたが，状態を十分に観測できないような問題も少なくありません．ここでは，状態の部分観測性を扱う部分観測マルコフ決定過程と呼ばれる数理モデルを導入して，その解法を紹介します．

8 章　最近の話題

最近の強化学習の新たな展開として，分布強化学習や深層強化学習を紹介します．

なお，高度に専門的な内容であり，読み飛ばしても他の部分の理解に大きく影響しないような節には * 印をつけました．また，本書で扱っていない強化学習の応用や，計算神経科学や心理学との関係性などをまとめている文献として，文献 [195, 199, 223, 239] があります．文献 [233, 238] は直感的な説明や数値実験が豊富で参考になります．特に Sutton & Barto（1998, 2018）[198, 199] は強化学習の教科書として，多くの人に読まれている本です．Szepesvári（2010）[203] は強化学習の数理を簡潔にまとめています．本書で紹介する理論をより詳細に，より厳密に扱っている文献として，Bertsekas & Tsitsiklis（1996）[20] や Bertsekas（1995, 2012）[18, 19] が役立ちます．

最後に，本書の執筆にあたりお世話になった皆様に心より感謝いたします．また，執筆が予定より大幅に遅れ，関係者の皆様，また本書を読みたいと待ってくださっていた方に多大なご迷惑をおかけしたことを，この場を借りて深くお詫び申し上げます．国際電気通信基礎技術研究所の内部英治氏とMagne-Max Capital Managementの植野剛氏には，本書の草稿を丁寧に読んでいただき，多くの有益なご意見をいただきました．IBM Researchの方々，特に井手剛氏，恐神貴行氏，梶野洸氏からは有益なご意見を数多くいただきました．講談社サイエンティフィクの瀬戸晶子氏と横山真吾氏には，出版に至るまでのさまざまなサポートをしていただきました．また，本シリーズ編者の杉山将氏には，本書の執筆という貴重な機会をいただき，構想の段階から詳細にご助言ご指導を賜り，折りに触れ温かい激励をいただきました．ここに深く感謝の意を表します．

2019年1月

森村哲郎

記号表

記号	意味
$\mathbb{N}$	自然数の集合（ゼロを含まない）．$\mathbb{N} \triangleq \{1, 2, \dots\}$
$\mathbb{N}_0$	$\mathbb{N} \cup 0$
$\mathbb{R}$	実数の集合
$\overline{\mathbb{R}}$	拡大実数．$\overline{\mathbb{R}} \triangleq \mathbb{R} \cup \{-\infty, +\infty\}$
$\mathbb{R}^{\mathcal{X}}$	定義域 $\mathcal{X}$，閾値 $\mathbb{R}$ の関数の集合．$\mathbb{R}^{\mathcal{X}} \triangleq \{f : \mathcal{X} \to \mathbb{R}\}$
$\mathbb{R}^d$	$\mathbb{R}$ 上の d 次元の縦ベクトルの集合．$d \in \mathbb{N}$
$\mathbb{R}_{\geq 0}$	ゼロ以上の実数の集合
$\mathbf{1}_{m,n}$	全要素が 1 であるサイズ $m \times n$ の行列 *1．$m, n \in \mathbb{N}$
$\mathbf{0}_{m,n}$	全要素が 0 であるサイズ $m \times n$ の行列 *1．$m, n \in \mathbb{N}$
$\boldsymbol{e}_m^n$	第 m 要素が 1 であるサイズ n の縦ベクトル *1．$m, n \in \mathbb{N}$, $m \leq n$
$\boldsymbol{I}_m$	m 次の単位行列 *1．$m \in \mathbb{N}$
$\mathbb{I}_{\{B\}}$	事象 B が真なら 1，そうでなければ 0 を出力する指示関数
$\mathcal{S}$	状態の集合．$\mathcal{S} \triangleq \{1, ..., \lvert\mathcal{S}\rvert\}$
$\mathcal{A}$	行動の集合．$\mathcal{A} \triangleq \{a^1, \dots, a^{\lvert\mathcal{A}\rvert}\}$
$\mathcal{R}$	報酬の集合．$\mathcal{R} \triangleq \{r \in \mathbb{R} : r = g(s, a), \exists (s, a) \in \mathcal{S} \times \mathcal{A}\}$
S, s	現在の状態の確率変数，実現値
S', s'	1 ステップ後の状態の確率変数，実現値
S_t, s_t	時間ステップ t の状態の確率変数，実現値
A_t, a_t	時間ステップ t の行動の確率変数，実現値
R_t, r_t	時間ステップ t の報酬の確率変数，実現値
p_{s_0}	初期状態確率．$p_{s_0} : \mathcal{S} \to [0, 1] : \sum_{s \in \mathcal{S}} p_{s_0}(s) = 1$
p_{T}	状態遷移確率．$p_{\mathrm{T}} : \mathcal{S} \times \mathcal{A} \times \mathcal{S} \to [0, 1] : \sum_{s' \in \mathcal{S}} p_{\mathrm{T}}(s' \vert s, a) = 1, \forall (s, a) \in \mathcal{S} \times \mathcal{A}$
g	報酬関数．$g : \mathcal{S} \times \mathcal{A} \to \mathbb{R}$
$R_{\max}$	報酬絶対値の上限．$\lvert g(s, a)\rvert \leq R_{\max}$, $\forall (s, a) \in \mathcal{S} \times \mathcal{A}$
π	確率的方策．$\pi : \mathcal{A} \times \mathcal{S} \to [0, 1] : \sum_{a \in \mathcal{A}} \pi(a \vert s) = 1, \forall s \in \mathcal{S}$
Π	確率的方策の集合．$\Pi \triangleq \{\pi : \mathcal{A} \times \mathcal{S} \to [0, 1] : \sum_{a \in \mathcal{A}} \pi(a \vert s) = 1, \forall s \in \mathcal{S}\}$
π^{d}	決定的方策．$\pi^{\mathrm{d}} : \mathcal{S} \to \mathcal{A}$
Π^{d}	決定的方策の集合．$\Pi^{\mathrm{d}} \triangleq \{\pi^{\mathrm{d}} : \mathcal{S} \to \mathcal{A}\}$
M	マルコフ決定過程．$\mathrm{M} \triangleq \{\mathcal{S}, \mathcal{A}, p_{s_0}, p_{\mathrm{T}}, g\}$
$\mathrm{M}(\pi)$	方策 π に従うマルコフ決定過程．$\mathrm{M}(\pi) \triangleq \{\mathcal{S}, \mathcal{A}, p_{s_0}, p_{\mathrm{T}}, g, \pi\}$
γ	リターン（割引累積報酬）の割引率．$\gamma \in [0, 1)$
C_t, c_t	時間ステップ t のリターンの確率変数，実現値．$C_t \triangleq \sum_{k=0}^{\infty} \gamma^k R_{t+k}$
B_π, B_*	方策 π のベルマン期待作用素（式 (2.7)），ベルマン最適作用素（式 (2.8)）
$\boldsymbol{\pi}$	方策の系列．$\boldsymbol{\pi} \triangleq \{\pi_0, \pi_1, \dots\}$
$\boldsymbol{\Pi}^{\mathrm{M}}$	（非定常な）マルコフ方策系列の集合（式 (1.6)）
$\boldsymbol{\Pi}^{\mathrm{S}}$	定常なマルコフ方策系列の集合（式 (1.7)）
$\boldsymbol{\Pi}^{\mathrm{SD}}$	定常な決定的マルコフ方策系列の集合（式 (1.8)）
$\boldsymbol{\Pi}^{\mathrm{H}}$	履歴依存の方策系列の集合（式 (1.12)）

*1　文脈からサイズが明らかな場合，簡便化のため添字 m や n を省略することがあります．

目　次

Chapter 1

準備

強化学習は逐次的意思決定ルールの学習を扱い，登場するモデル（構成要素）として，大まかに「制御対象のシステム」と「学習対象の方策モデル」があります．本章では，はじめに強化学習の概要を紹介して，強化学習の基本構成要素を解説します．1.2 節で制御対象のシステムを記述する標準的な数理モデルであるマルコフ決定過程を導入し，1.3 節で方策モデルと呼ばれる意思決定ルールを規定する関数を説明します．そして，1.4 節で方策学習の目的関数を定義して，逐次的意思決定問題の定式化を行います．

1.1 強化学習とは

強化学習（reinforcement learning; RL）は最適な意思決定のルールを求めることを目的とする学問分野であり，一般に「教師あり学習」や「教師なし学習」と並ぶ機械学習の一分野に分類されます．後で定式化しますが，他の機械学習にはない報酬という概念が登場し，その期待値などを最大にするような逐次的意思決定ルールを学習することが強化学習の最大の特徴ともいえます*1．意思決定は状態と呼ばれる現在の状況を表すものにもとづき行われ，その結果として報酬や新しい状態を観測し，再び意思決定を行うといったことを繰り返します．例として，次のキャンペーン最適化問題を考えましょ

*1 他の従来の機械学習は，多くの場合，尤度や事後確率の最大化問題として解釈されます [22]．なお，強化学習でも問題を尤度最大化問題などに近似して，従来の機械学習法を利用して解くアプローチはありますが [42, 151]，強化学習問題は基本的には報酬最大化として定式化されます．

う．なお，逐次的意思決定ルールは**方策**（policy）と呼ばれ，方策の最適化問題のことを**逐次的意思決定問題**（sequential decision-making problem）といいます．

例 1.1 ある小売店における，値下げセールなどのキャンペーン実施について簡単化した問題を考えます．各販売期でキャンペーンを実施するかどうかを決定し，売上の長期平均を最大にすることが目的です．**図 1.1** のように，各期の売上はキャンペーンの実施の有無と顧客の購買意欲に依存し，購買意欲は「低（low）」と「中（mid）」，「高（high）」の 3 段階があります．キャンペーンを実施すれば，実施しない場合よりも大きな売上をあげることができますが，需要の先食いが発生し，次の販売期の購買意欲は low になってしまい，次期の売上は落ちます．一方，キャンペーンを実施しなければ，購買意欲が high の場合は high のまま，それ以外は購買意欲が一段階高くなり，次期の売上を期待できます．

典型的には，強化学習では，本例の各期の売上を「報酬」，顧客の購買意欲を「状態」，キャンペーン実施の有無を「行動」として扱います．方策は状態に依存し，決定論的（非確率的）とすれば，次のパターンが考えられます．

- 方策 A：キャンペーンを実施し続ける．平均売上は約 1.
- 方策 B：キャンペーンを一切実施しない．平均売上は約 3.
- 方策 C：購買意欲 mid でキャンペーンを実施する．平均売上は約 2.
- 方策 D：購買意欲 high でキャンペーンを実施する．平均売上は約 4.

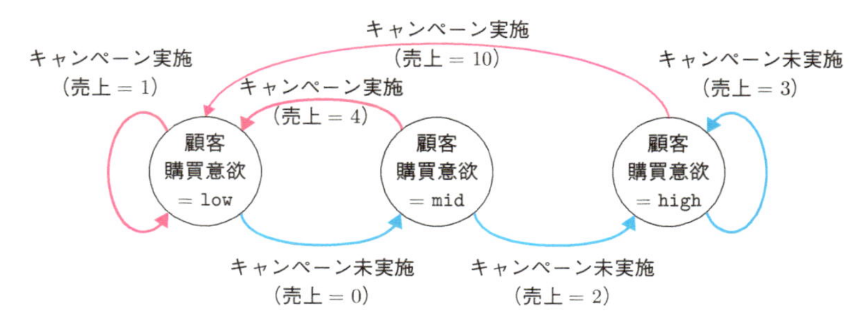

図 1.1 キャンペーン最適化問題.

平均売上（平均報酬）を最大にする方策はDであり，キャンペーンを乱発せず，顧客の購買意欲が `high` になるまで待って，キャンペーンを実施すべきであることがわかります．一方，近視眼的になって，即時的な売上のよい行動（キャンペーン実施）を取り続ける方策Aは，即時的には最良の選択でも，平均売上という長期評価においては最悪の方策であることがわかります．このように強化学習は直近で損をしてでも，トータルで得をするような方策を学習することを目指します．□

例1.1は状態数や行動数は少なく，状態の遷移は決定論的で，また各行動に対する応答や報酬を完全に知っているとしていたので，すべての方策を簡単に列挙でき，最適な方策を見つけることをできました．しかし，多くの場合，「制御対象のシステム」の状態行動数は多く，状態遷移は確率的で複雑であり，さらに未知ですから，簡単には解けません．そのような一般の逐次的意思決定問題に対して取り組む数理的枠組みが強化学習になります．

ただし，任意の制御対象のシステムに対する学習法を考えることは現実的でなく難しいため，システムに対して仮定をおきます．その典型的な仮定が1.2.1節で紹介する**マルコフ性**です．多くの場合，マルコフ性が成り立つ状態を観測できるとする**マルコフ決定過程**（1.2節）に対する学習法を考えます．また，マルコフ決定過程の仮定を緩めた**部分観測マルコフ決定過程**という数理モデルもあり，7章で紹介します．

学習対象の方策モデルについても，例1.1では，現在の状態のみに依存し，決定論的に行動を選択する簡単なもののみを扱いました．しかし，過去の状態や行動などの履歴に依存して行動を選択する方策モデルや，確率的に行動を選択するような複雑なものも考えることができます．では，どこまで複雑な方策モデルを考える必要があるのでしょうか．1.3節で方策モデルを分類して，1.4節で逐次的意思決定の問題設定を整理し，標準的な問題では簡単な方策モデルのみを扱えば十分であることを示します．

1.2　マルコフ決定過程と逐次的意思決定問題

強化学習の数理の基礎になる確率過程やマルコフ性，マルコフ決定過程などを説明して，逐次的意思決定の問題設定の典型例などを紹介します．

1.2.1 確率過程とマルコフ性

確率過程を導入する前に，まず確率の基礎的な事項をサイコロの例を用いて確認します．サイコロを振ってみて，「サイコロの目が 1 になる」もしくは「偶数になる」などのランダム性のある事象の生起しやすさを定量的に示すものが**確率**（probability）です．一般に，事象 A の確率を Pr(A) と表記します．たとえば，偏りのないサイコロを振る場合，

$$\Pr(\text{サイコロの目が奇数}) = \frac{1}{2}$$

となります．「サイコロの目」のように，決定論的にある値をとるのではなく，とりうる値とその値になる確率が与えられている変数のことを**確率変数**（random variable）といいます．また，「実際にサイコロを振って出た目」のように，実際にとった値のことを実現値といいます．本書では，確率変数と実現値をアルファベットの大文字 X と小文字 x で区別します．また，確率変数のとりうる値の集合をカリグラフ体を用いて $\mathcal{X}$ のように書くことにします．たとえば，偏りのない 6 面サイコロの場合，

$$\Pr(X = x) = \frac{1}{6}, \quad \forall x \in \mathcal{X} \triangleq \{1, 2, \ldots, 6\}$$

となります[*2]．このような確率変数と確率との対応関係のことを**確率分布**（probability distribution）もしくは単に分布といいます．

次に，**確率過程**（stochastic process）を説明します．サイコロを単発的に振るのではなく，繰り返し振って出てくる目の数列，もしくは目の累積和の数列のように，変数の値が時間とともに確率的に変化するような確率変数の系列のことを確率過程といいます．よって，確率過程は時間ステップ t をパラメータとして，$\{X_t, t \in \mathcal{T}\}$ と書くことが多いです．ここで，$\mathcal{T}$ は時間ステップ t がとりうる値の集合で，連続時間を扱うため $\mathcal{T}$ を実数集合 $\mathbb{R}$ とする場合もありますが，本書では次のような離散的な点列からなる集合を想定します．

$$\{X_t, t \in \mathbb{N}\} \triangleq X_1, X_2, \ldots \ （もしくは，\{X_t, t \in \mathbb{N}_0\} \triangleq X_0, X_1, \ldots）$$

一般の確率過程では，時間ステップ t の確率変数 X_t が $x \in \mathcal{X}$ をとりうる確率は，

---

*2 記号 $\triangleq$ は左辺を右辺で定義することを意味します．

$$\Pr(X_t = x \mid X_1 = x_1, \ldots, X_{t-1} = x_{t-1})$$

のように時間ステップ t 以前のすべての実現値に依存します．なお，Pr(A|B) は事象 B が与えられたときの事象 A の条件付き確率を表します．一方で，強い制約を課されたもっとも単純な確率過程として，各確率変数 $X_1, X_2, \ldots$ が互いに独立で同一の確率分布に従う場合を考えることがあります．このとき，$X_1, X_2, \ldots$ は**独立同一分布** (independent and identically distributed; i.i.d.) に従うといい，任意の $x_1, \ldots, x_{t-1}, x \in \mathcal{X}$ に対して，

$$\Pr(X_t = x \mid X_1 = x_1, \ldots, X_{t-1} = x_{t-1}) = \Pr(X_k = x), \ \forall k \in \mathbb{N}$$

が成り立ちます．もし手持ちのデータが i.i.d. に従うとみなせるのであれば，データの並びや時系列性の考慮が不要になり，標準的なパターン認識や機械学習の手法を利用できるので，一般に扱いやすいです．

ただ，多くの意思決定の問題に対して i.i.d. の仮定をおくことはできず，強化学習では i.i.d. よりも弱い制約である**マルコフ性**（Markov property）を仮定します[*3]．マルコフ性は将来の確率変数の条件付き確率分布が現時間ステップ t の値 x_t のみに依存して，x_t が与えられれば $t-1$ 以前の値 $x_1, \ldots, x_{t-1}$ には依存しない性質のことです．つまり，マルコフ性という特性をもつ確率過程は，任意の $t, k \in \mathbb{N}$ と $x_1, \ldots, x_t, x \in \mathcal{X}$ に対して，

$$\Pr(X_{t+k} = x \mid X_1 = x_1, \ldots, X_t = x_t) = \Pr(X_{t+k} = x \mid X_t = x_t)$$

を満たします．確率変数 X を状態変数とみなせば，$\Pr(X_{t+1} = x' | X_t = x)$ は状態 x から次ステップで状態 x' に遷移する確率を表すことから，一般に**状態遷移確率**（state transition probability）と呼ばれます．また，マルコフ性をもつ確率過程のことを**マルコフ過程**（Markov process）といい，さらに状態変数のとりうる値が離散的（有限または可算）の場合，**マルコフ連鎖**（Markov chain）といいます．

確率過程の具体例を**表 1.1** に示します．この例では，背後にあるプロセス（サイコロを振る）は同じでも，確率変数の定義により，確率過程が異なる特性をもつことを確認できます．(a) の確率変数 X_t は単に t 回目に出た目ですから，明らかに (a) の確率過程は i.i.d. を満たすことがわかります．(b) の

*3　i.i.d. とマルコフ性の定義から，ある確率過程が i.i.d. を満たすのであれば，マルコフ性も満たすことがわかります．その逆は一般に成り立ちません．

表 1.1 サイコロを繰り返し振る確率過程の例.

サイコロを振った時間ステップもしくは回数 t	1	2	3	4	5	6	7	8	9	10
(a) 確率変数 X_t が t 回目に出た目の場合の実現値の例	3	1	2	2	4	1	6	3	4	2
(b) 確率変数 Y_t が t までの目の最大値の場合の実現値の例	3	3	3	3	4	4	6	6	6	6
(c) 確率変数 Z_t が t までの目の中央値の場合の実現値の例	3	2	2	2	2	2	2	2.5	3	2.5

確率変数 Y_t は t までの目の最大値ですから，$X_0 = 0$ として，任意の $t \in \mathbb{N}$, $i, j \in \{1, \ldots, 6\}$ に対して，

$$\Pr(X_{t+1} = i \mid X_t = j) = \begin{cases} 1/6 & (i > j) \\ j/6 & (i = j) \\ 0 & (\text{それ以外}) \end{cases}$$

のように状態遷移確率の形で次ステップの状態の確率を記述できます．よって，Y_t はマルコフ性を満たすことがわかります．一方で (c) の確率過程は i.i.d もマルコフ性も満たしません．

このマルコフ性という性質は強化学習を考えるうえで非常に大切な特徴になります．なぜなら，もしマルコフ性が成り立たないような任意の確率過程を学習の対象にしてしまうと，状態遷移の確率分布の複雑性が時間ステップ t に対して組合せ的に増大してしまい，一般に扱えなくなるためです．そのため，強化学習を実問題に応用する際は，強化学習法を適用する前に，対象のシステムがマルコフ性を満たすように確率変数を定義するなど確率過程を注意深く設計することが肝要になる場合があります．たとえば，アタリ（Atari）社のビデオゲームを強化学習で自動操作させる事例では，直近 4 フレームから状態（確率変数 X_t）を定義して，学習の対象となるシステム（確率過程）がマルコフ性におおむね従うようにして，強化学習法を適用しています [129]．また，強化学習と状態表現の学習を並行して行うことも試みられていて，たとえば税金徴収の最適化の事例では後述の TD 誤差が小さくなるように決定木などを用いて状態表現をデータから学習します [2]．状態変数を過去の観測（実現値）から明示的に計算することができない場合，7 章で紹介する部分観測マルコフ決定過程を用いて，マルコフ性のある状態変数が潜在的に存在すると仮定して問題を解くというアプローチもあります [50]．

1.2.2 マルコフ決定過程

強化学習は行動選択ルールの最適化を扱うため，従来の「**状態**（state）」のみの確率過程ではなく，行動などを追加した**確率制御過程**（stochastic control process）と呼ばれる種類の確率過程を考えます．

マルコフ連鎖に「**行動**（action）」と意思決定の良し悪しの基準になる「**報酬**（reward）」を組み入れた確率制御過程が**マルコフ決定過程**（Markov decision process; MDP）と呼ばれるもので，以下の5つ組 $\mathrm{M} \triangleq \{\mathcal{S}, \mathcal{A}, p_{s_0}, p_{\mathrm{T}}, g\}$ で定義されます [19,163]．

- 有限状態集合: $\mathcal{S} \triangleq \{1, \ldots, |\mathcal{S}|\} \ni s$
- 有限行動集合: $\mathcal{A} \triangleq \{a^1, \ldots, a^{|\mathcal{A}|}\} \ni a$
- 初期状態確率関数: $p_{s_0} : \mathcal{S} \to [0,1] \ : \ p_{s_0}(s) \triangleq \Pr(S_0 = s)$
- 状態遷移確率関数: $p_{\mathrm{T}} : \mathcal{S} \times \mathcal{S} \times \mathcal{A} \to [0,1] \ :$

$$p_{\mathrm{T}}(s'|s,a) \triangleq \Pr(S_{t+1} = s' \mid S_t = s, A_t = a), \quad \forall t \in \mathbb{N}_0$$

- 報酬関数: $g : \mathcal{S} \times \mathcal{A} \to \mathbb{R}$

ここで，確率変数 S_t と A_t は時間ステップ $t \in \mathbb{N}_0$ での状態変数と行動変数を表します．また $|\mathcal{X}|$ は，$\mathcal{X}$ が有限集合の場合，$\mathcal{X}$ の要素数を表します．つまり，上記のマルコフ決定過程の状態数は $|\mathcal{S}|$，行動数は $|\mathcal{A}|$ になります．本書ではこのような有限状態集合，有限行動集合の離散時間マルコフ決定過程を主に扱いますが，連続状態空間や連続行動空間，連続時間のマルコフ決定過程に関する強化学習の研究も盛んです [51,106,223]．連続状態や行動については，6章の関数近似を用いた強化学習法で簡単に扱います．なお，マルコフ連鎖に報酬のみを追加したマルコフ過程や $|\mathcal{A}| = 1$ のマルコフ決定過程は**マルコフ報酬過程**（Markov reward process）と呼ばれます．

定義から，報酬関数 g は有界関数であり，

$$|g(s,a)| \leq R_{\max}, \quad \forall (s,a) \in \mathcal{S} \times \mathcal{A} \tag{1.1}$$

を満たす定数 $R_{\max} \in \mathbb{R}$ が存在することを仮定していることになります．また，報酬の集合 $\mathcal{R}$ を次のように定義します．

$$\mathcal{R} \triangleq \{r \in \mathbb{R} : r = g(s,a), \exists (s,a) \in \mathcal{S} \times \mathcal{A}\}$$

定義上，$\mathcal{R}$ の要素数 $|\mathcal{R}|$ は有限個で，$|\mathcal{R}| \leq |\mathcal{S}||\mathcal{A}|$ を満たします．

表記が煩雑にならないように，一部の例題を除いて，行動集合は状態に依存しない単一の集合 $\mathcal{A}$ として扱います．なお，状態 s により選択可能な行動集合 $\mathcal{A}_s$ が異なる場合に対しても，

$$\mathcal{A}_1 \cup \cdots \cup \mathcal{A}_{|\mathcal{S}|} = \mathcal{A}$$

と定義することで本書の内容を容易に適用することができます．また，報酬関数についても，簡便さを優先して，現時間ステップ t の状態と行動のみに依存する $g(S_t, A_t)$ を用いることにします．より一般的な報酬関数として，次状態にも依存するような $\tilde{g}(S_t, A_t, S_{t+1})$ や報酬分布関数 $\Pr(R_t \leq r \mid S_t = s, A_t = a)$ などを用いることはありますが，多くの場合，g と同様にして扱うことが可能です．なお，報酬にマイナスを掛けたものは**損失**（cost）と呼ばれます．文献によっては，累積報酬などの最大化の代わりに累積損失などの最小化を考えることもありますが，両者は実質同じ問題を解いていることになります．

次に，マルコフ決定過程への入力となる行動の選択ルールを規定する関数を定義します．これは**方策**（policy）または政策と呼ばれ，さまざまな型の方策を考えることができますが，本書では特に断らない限り，現時間ステップの状態 s のみに依存して確率的に行動を選択する**確率的方策**（stochastic policy）$\pi : \mathcal{A} \times \mathcal{S} \to [0, 1]$:

$$\pi(a|s) \triangleq \Pr(A = a \mid S = s) \tag{1.2}$$

を用いることにします．ここで，方策 π を含めたマルコフ決定過程 M を

$$\mathrm{M}(\pi) \triangleq \{\mathcal{S}, \mathcal{A}, p_{s_0}, p_{\mathrm{T}}, g, \pi\} \tag{1.3}$$

と表記することにします．また，任意の確率的方策 π を含む方策集合を

$$\Pi \triangleq \left\{ \pi : \mathcal{A} \times \mathcal{S} \to [0, 1] \,:\, \sum_{a \in \mathcal{A}} \pi(a|s) = 1, \forall s \in \mathcal{S} \right\} \tag{1.4}$$

と定義します．他の方策集合や各方策集合の特性や十分性などについては 1.3.2 節で取り扱います．最後に，マルコフ決定過程についての理解を確認するため，その時間発展 $(s_0, a_0, r_0, \ldots, s_t, a_t, r_t, \ldots)$ の具体的な手順を以下に示します．

マルコフ決定過程 $\mathrm{M}(\pi) = \{\mathcal{S}, \mathcal{A}, p_{s_0}, p_{\mathrm{T}}, g, \pi\}$ の時間発展

0. 時間ステップ t を $t = 0$ と初期化して，初期状態確率 p_{s_0} に従い初期状態 $s_t \sim p_{s_0}$ を観測する．

1. 状態 s_t と方策 $\pi(\cdot|s_t)$ から，行動 a_t を選択する．

2. 行動 a_t を実行し，その結果として，報酬関数 $g(s_t, a_t)$ により定まる報酬値 r_t と，状態遷移確率 $p_{\mathrm{T}}(\cdot|s_t, a_t)$ により定まる次の状態 s_{t+1} を観測する．

3. 時間ステップ t を 1 つ進め，$t := t + 1$，手順 **1.** に戻る．

ここで，$\sim$ は左辺の値が右辺の確率分布に従い定まること，もしくは左辺の確率変数が右辺の確率分布に従うことを意味し，$:=$ は右辺から左辺への代入演算子になります．

1.2.3 逐次的意思決定の典型的問題設定

方策の最適化問題である逐次的意思決定問題は，一般的には，目的関数と呼ばれる方策を評価する関数を用いて，与えられた方策集合から，目的関数を最大にするような方策を探し求める問題といえます．ただし，そのままでは問題の抽象度が高すぎて効率のよい解法を考えることができないので，典型的にはシステムはマルコフ決定過程に従うと仮定し，目的関数に**期待報酬**（expected reward）

$$\mathbb{E}\left[\lim_{T\to\infty} \frac{1}{T} \sum_{t=0}^{T-1} R_t \,\middle|\, \mathrm{M}(\pi)\right]$$

もしくは**期待リターン**（expected return）（1.4.3 節参照）と呼ばれる**期待割引累積報酬**（expected discounted cumulative reward）

$$\mathbb{E}\left[\lim_{T\to\infty} \sum_{t=0}^{T} \gamma^t R_t \,\middle|\, \mathrm{M}(\pi)\right]$$

を用います．ここで，$\mathbb{E}$ は期待値演算子であり，$\mathbb{E}[X|Y]$ は条件 Y が与えられたときの確率変数 X の期待値を表します．また，$\gamma \in [0, 1)$ は**割引率**（discount rate）と呼ばれ，長期的な報酬和をどの程度考慮するかを調整するパラメータです．

上記の問題設定は実は非常に扱いやすく，たとえば，2.2 節で示しますが，最適化対象の方策として時間ステップに依存するような複雑なものを考える必要性はなく，式 (1.2) のような時間不変な方策を考えれば十分という特徴があります．また，例 1.1 のキャンペーン最適化問題でも確認しましたが，期待報酬は期待売上などの期待効用に対応するので，多くの場合，理にかなった目的関数といえるでしょう．

しかし，もちろん直面する実課題によっては前述の典型的な問題設定を適用できないこともあります．たとえば，期待的な効用の最大化以外にも，大損失を極力避けたい，逆に大儲けする確率をとにかく高めたいといったことに関心がある場合などです．つまり，現実の課題を数理的に意思決定問題として定式化するには，問題設定の検討が大切であり，またどの種別の方策集合までを扱う必要があるかの検証も必要になります．このようなことを議論するための基本事項として，1.3 節では，方策を分類し，それらの関係性や特徴を整理します．そして，1.4.4 節では典型的ではない意思決定問題などを紹介します．ただし，* 印をつけた 1.3.2 節や 1.4.4 節は，マルコフ決定過程としては基礎的な内容ですが，ベンチマーク課題など典型的な問題設定を扱う多くの強化学習法においては必須でなく，また高度に専門的であるため，強化学習の初学者やベンチマーク課題を解くことに主な関心をもつような読者は読み飛ばしてもよいと思います．

1.2.4 強化学習とマルコフ決定過程

強化学習はマルコフ決定過程（のプランニング）の研究成果を基礎にして進展しています．マルコフ決定過程も強化学習も主目的は同じであり，マルコフ決定過程で記述されるような制御対象のシステムに対して，累積報酬の期待値などを最大にするような最適な方策を求めること，つまり逐次的意思決定問題を解くことです．そのため両者の研究分野にそれほど明確な差異はありませんが，マルコフ決定過程の研究ではシステムを既知と仮定することが多いのに対して [163]，強化学習ではシステムが未知の問題を扱うことが多いです．システムが既知であるような実問題は限られるため，未知のシステムに対する学習を考えることは実応用において重要です．

強化学習は典型的には**図 1.2** のようなシステムとの相互作用から方策を学習することを考えます．以降では，強化学習の一般的な呼び名にあわせて [198]，制御対象のシステムのことを**環境**（environment），制御器や意思

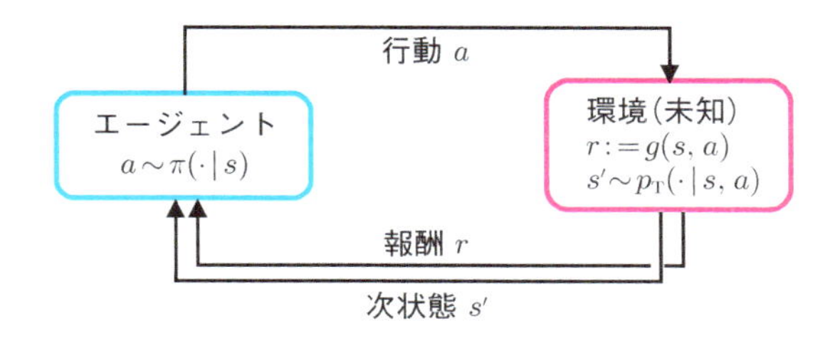

図 1.2 強化学習の枠組み：エージェントと環境の相互作用.

決定者を**エージェント**（agent）と呼ぶことにします.

1.3 方策

本節では，1.3.1 節でマルコフ決定過程に対するいくつかの方策の集合を定義し，それらの複雑性や関係性について，またどの方策集合までを考慮すれば十分であるかなどを 1.3.2 節で議論します.

1.3.1 方策の分類

式 (1.2) で定義した確率的方策 π の集合 Π の部分集合として**決定的方策**（deterministic policy）π^{d} の集合 Π^{d} を考えることができます.

$$\Pi^{\mathrm{d}} \triangleq \left\{\pi^{\mathrm{d}} : \mathcal{S} \to \mathcal{A}\right\} \tag{1.5}$$

なお，π^{d} や Π^{d} の上付き文字 d は deterministic policy の頭文字に由来し，今後も同様の命名法を用いることがあります．また，念のため確認しますが，

$$\pi(a|s) := \begin{cases} 1 & (a = \pi^{\mathrm{d}}(s)) \\ 0 & (\text{それ以外}) \end{cases}, \quad \forall(s, a) \in \mathcal{S} \times \mathcal{A}$$

のように π^{d} を確率的方策 π の形式に書きなおすことができるので，Π^{d} は Π に含まれることがわかります．なお，事象 B が真なら 1，そうでなければ 0 を出力する指示関数 $\mathbb{I}_{\{\mathrm{B}\}}$ を用いれば，上式を単に $\pi(a|s) := \mathbb{I}_{\{a=\pi^{\mathrm{d}}(s)\}}$ と書くことができます.

これまでに導入した方策 π や π^{d} は状態 s のみに依存し，過去の経験とは独立に行動を選択することから**マルコフ方策**（Markov policy）といい，また

時間ステップtが進展しても意思決定ルール（方策関数）は変わらないので，マルコフ方策のなかでも**定常なマルコフ方策**（stationary Markov policy）と呼ばれるクラスに属します．一方で，一般の**マルコフ方策**として，時間ステップtの進展に従い方策関数が変化するような非定常な方策系列

$$\boldsymbol{\pi}^{\mathrm{m}} \triangleq \{\pi_0 \in \Pi, \pi_1 \in \Pi, \dots\} \in \boldsymbol{\Pi}^{\mathrm{M}} \tag{1.6}$$

を考えることができます[*4]．また，時間不変の定常な式 (1.2) や (1.5) の方策の系列を

$$\boldsymbol{\pi}^{\mathrm{s}} \triangleq \{\pi, \pi, \dots\} \in \boldsymbol{\Pi}^{\mathrm{S}}, \qquad \pi \in \Pi \tag{1.7}$$

$$\boldsymbol{\pi}^{\mathrm{sd}} \triangleq \{\pi^{\mathrm{d}}, \pi^{\mathrm{d}}, \dots\} \in \boldsymbol{\Pi}^{\mathrm{SD}}, \quad \pi^{\mathrm{d}} \in \Pi^{\mathrm{d}} \tag{1.8}$$

と定義しますが，定常な方策系列を扱っていることが文脈から明らかな場合，簡単化のため，$\boldsymbol{\Pi}^{\mathrm{S}}$ を Π もしくは $\boldsymbol{\Pi}^{\mathrm{SD}}$ を Π^{d} として表記することがあります．なお，$\boldsymbol{\Pi}^{\mathrm{S}}$ や $\boldsymbol{\Pi}^{\mathrm{SD}}$ の頭文字 S は stationary（定常）に由来します．定常な方策の場合，同じ方策を方策系列として単に並べただけですから，元の集合から要素数は変わらず，たとえば，$|\boldsymbol{\Pi}^{\mathrm{SD}}| = |\Pi^{\mathrm{d}}| = |\mathcal{A}|^{|\mathcal{S}|}$ が成り立ちます．また，方策系列 $\boldsymbol{\pi} = \{\pi_0, \pi_1, \dots\} \in \boldsymbol{\Pi}^{\mathrm{M}}$ に従い行動選択するマルコフ決定過程 M を，定常方策 π にもとづく $\mathrm{M}(\pi)$（式 (1.3)）と同様に，$\mathrm{M}(\boldsymbol{\pi}) \triangleq \{\mathcal{S}, \mathcal{A}, p_{s_0}, p_{\mathrm{T}}, g, \boldsymbol{\pi}\}$ と表記することにします[*5]．

次に，現在の状態だけではなくそれ以前の経験にも依存して行動選択をする非マルコフ方策を考えます．非マルコフ方策のなかでももっとも複雑で表現能力の高い方策として，現在の時間ステップ t までのすべての経験の履歴[*6]

$$\{s_0, a_0, r_0, \dots, s_{t-1}, a_{t-1}, r_{t-1}, s_t\} \triangleq h_t \in \mathcal{H}_t \tag{1.9}$$

にもとづいて行動選択確率を決めるような**履歴依存の方策**（history-

*4 方策系列の集合 $\boldsymbol{\Pi}^{\mathrm{M}}$ については上付き添字に大文字 M を用い，その要素 $\boldsymbol{\pi}^{\mathrm{m}}$ の添字には小文字 m を用いることにします．

*5 その他の変数や作用素においても，今回の $\mathrm{M}(\pi)$ と $\mathrm{M}(\boldsymbol{\pi})$ のように特に断ることなく，定常方策にもとづく場合は π，非定常方策など方策系列にもとづく場合は $\boldsymbol{\pi}$ を用いて，使い分けることがあります．

*6 報酬 r は報酬関数 $g(s, a)$ により一意に定まり，また履歴 h は $\{s, a\}$ を含むため，報酬関数 g が既知の場合，履歴 h から r を省いても履歴のもつ情報量は減りません．ただ，g が未知の場合や，r が条件付き確率 $\Pr(R = r|S = s, A = a)$ などに従い確率的に与えられるような場合は r も何かしら情報をもつため，ここでは h に r を含めています．

dependent policy）$\pi_t^{\mathrm{h}} : \mathcal{A} \times \mathcal{H}_t \to [0,1]$,

$$\pi_t^{\mathrm{h}}(a|h_t) \triangleq \Pr(A = a \mid H_t = h_t) \tag{1.10}$$

があります．ここで，時間ステップ t の履歴の確率変数，実現値，集合をそれぞれ H_t, h_t, $\mathcal{H}_t$ と記しています．また，任意の π_t^{h} を含む方策集合を

$$\Pi_t^{\mathrm{h}} \triangleq \left\{ \pi_t^{\mathrm{h}} : \mathcal{A} \times \mathcal{H}_t \to [0,1] \,:\, \sum_{a \in \mathcal{A}} \pi_t^{\mathrm{h}}(a|h_t) = 1 \right\} \tag{1.11}$$

と表記し，方策 π_t^{d} の系列とその集合を次のように定義することにします．

$$\boldsymbol{\pi}^{\mathrm{h}} \triangleq \{\pi_0^{\mathrm{h}}, \pi_1^{\mathrm{h}}, \ldots\} \in \boldsymbol{\Pi}^{\mathrm{H}} \triangleq (\Pi_t^{\mathrm{h}})_{t \in \mathbb{N}_0} \tag{1.12}$$

ここで留意すべきは，方策集合 Π_t^{h} は時間ステップ t までに知りうるすべての情報を条件にする任意の行動の条件付き確率分布を含むので，時間ステップ t で考えられるすべての方策を含みます．

以上をまとめると，各方策系列の集合について，図 **1.3** のような，

$$\boldsymbol{\Pi}^{\mathrm{SD}} \subseteq \boldsymbol{\Pi}^{\mathrm{S}} \subseteq \boldsymbol{\Pi}^{\mathrm{M}} \subseteq \boldsymbol{\Pi}^{\mathrm{H}} \tag{1.13}$$

という包含関係があることがわかります．なお，ここで定義した方策系列以外にも，「履歴依存の決定的方策系列」や「非定常な決定的マルコフ方策系列」という方策系列も考えられます．

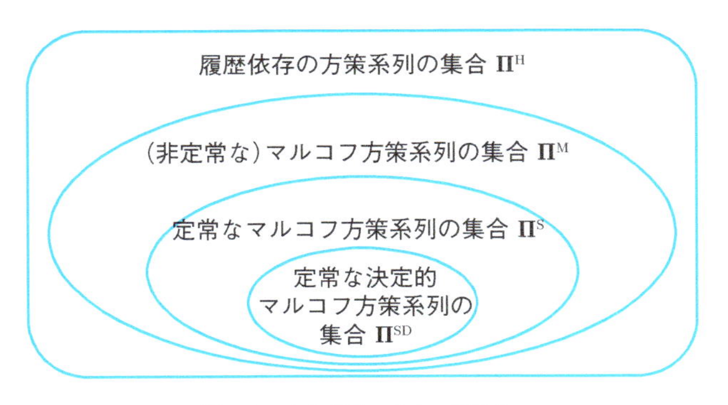

図 1.3 方策系列の集合の関係性．

1.3.2* 方策の特徴

式 (1.13) から，履歴依存の方策系列の集合 $\boldsymbol{\Pi}^{\mathrm{H}}$ から最良な方策系列 $\boldsymbol{\pi}^{\mathrm{h}*}$ を同定すれば，それよりよい方策系列は存在しません[*7]．つまり，方策系列を引数とする任意の目的関数 f に対して，

$$\max_{\boldsymbol{\pi}\in\boldsymbol{\Pi}^{\mathrm{SD}}} f(\boldsymbol{\pi}) \leq \max_{\boldsymbol{\pi}\in\boldsymbol{\Pi}^{\mathrm{S}}} f(\boldsymbol{\pi}) \leq \max_{\boldsymbol{\pi}\in\boldsymbol{\Pi}^{\mathrm{M}}} f(\boldsymbol{\pi}) \leq \max_{\boldsymbol{\pi}\in\boldsymbol{\Pi}^{\mathrm{H}}} f(\boldsymbol{\pi}) \tag{1.14}$$

が成り立ちます[*8]．よって，最適な方策を見つけるため，

$$\operatorname*{argmax}_{\boldsymbol{\pi}\in\boldsymbol{\Pi}^{\mathrm{H}}} f(\boldsymbol{\pi})$$

といった最適化問題を解きたくなります．しかし，例 1.2 でも示すように，方策サイズが時間ステップ数に対して組合せ的爆発をしてしまうため，一般に $\boldsymbol{\Pi}^{\mathrm{H}}$ に対する最適化問題を扱うことは困難です．

例 1.2 各方策集合のサイズを確認します．方策間のサイズの比較を簡単にするため，確率的方策ではなく，有限集合である以下の決定的方策の集合を考えることにします[*9]．

(i) 定常な決定的マルコフ方策の集合: $\Pi^{\mathrm{d}} \triangleq \{\pi^{\mathrm{d}} : \mathcal{S} \to \mathcal{A}\}$

(ii) 時間ステップ長が T の非定常な決定的マルコフ方策系列の集合:

$$\boldsymbol{\Pi}^{\mathrm{MD}}_{0:T} \triangleq \left\{\{\pi^{\mathrm{d}}_0, \ldots, \pi^{\mathrm{d}}_T\} \ : \ \pi^{\mathrm{d}}_t \in \Pi^{\mathrm{d}}, \forall t \in \{0, \ldots, T\}\right\}$$

(iii) 時間ステップ長が T の履歴依存の決定的方策系列の集合:

$$\boldsymbol{\Pi}^{\mathrm{HD}}_{0:T} \triangleq \left\{\{\pi^{\mathrm{h,d}}_0, \ldots, \pi^{\mathrm{h,d}}_T\} \ : \ \pi^{\mathrm{h,d}}_t \in \Pi^{\mathrm{h,d}}_t, \forall t \in \{0, \ldots, T\}\right\}$$

ここで，$\Pi^{\mathrm{h,d}}_t$ は時間ステップ t の履歴依存の決定的方策の集合です．

$$\Pi^{\mathrm{h,d}}_t \triangleq \{\pi^{\mathrm{h,d}} : \mathcal{H}_t \to \mathcal{A}\}$$

集合の要素数は探索対象の方策の数（サイズ）に対応し，この数が多いほど最適方策の探索問題は一般に困難になります．有限の T 時間ステップ長の

---

*7 方策 $\boldsymbol{\pi}^{\mathrm{h}*}$ と同等によい方策が存在する可能性はあります．

*8 目的関数 f は明らかにマルコフ決定過程 M にも依存するので，厳密には $f(\boldsymbol{\pi}; \mathrm{M})$ のように書く必要がありますが，本書では，M への依存性が明らかな場合，M の表記を省略することがあります．

*9 確率的方策の集合は可算集合でないため，集合のサイズを議論するために，高度な確率論を用いる必要があります．

$|\mathcal{S}|$ 状態，$|\mathcal{A}|$ 行動のマルコフ決定過程に対して，各方策集合の要素数は

$$|\Pi^{\mathrm{d}}| = |\mathcal{A}|^{|\mathcal{S}|}$$

$$|\boldsymbol{\Pi}^{\mathrm{MD}}_{0:T}| = \prod_{t=0}^{T} |\Pi^{\mathrm{d}}| = (|\mathcal{A}|^{|\mathcal{S}|})^{T+1}$$

$$|\boldsymbol{\Pi}^{\mathrm{HD}}_{0:T}| = \prod_{t=0}^{T} |\Pi^{\mathrm{h,d}}_{t}| = \prod_{t=0}^{T} |\mathcal{A}|^{|\mathcal{H}_t|} = \prod_{t=0}^{T} |\mathcal{A}|^{|\mathcal{S}|^{t+1}|\mathcal{A}|^{t}}$$

のように求まります*10．(i) の定常な決定的マルコフ方策であれば，方策集合のサイズ $|\Pi^{\mathrm{d}}|$ は時間ステップ T に依存せず定数です．(ii) の非定常な決定的マルコフ方策の場合，方策系列集合のサイズ $|\boldsymbol{\Pi}^{\mathrm{MD}}_{0:T}|$ は指数関数的に増加してしまいます．さらに，(iii) の非マルコフ方策である履歴依存の方策系列になると，その集合のサイズ $|\boldsymbol{\Pi}^{\mathrm{HD}}_{0:T}|$ は時間ステップ T に対して驚異的なスピードで（超指数関数的に）増加してしまい，取り扱うことはきわめて困難であることがわかります．具体例として，小規模なマルコフ決定過程である状態数 $|\mathcal{S}| = 2$，行動数 $|\mathcal{A}| = 2$ の場合の各方策集合のサイズを**表 1.2** に示します．

表 1.2 状態数 $|\mathcal{S}| = 2$，行動数 $|\mathcal{A}| = 2$ の有限長 T のマルコフ決定過程における方策のサイズ．

時間ステップ長 T	0	1	2	3
$\lvert\Pi^{\mathrm{d}}\rvert$	2^2	2^2	2^2	$2^2 = 4$
$\lvert\boldsymbol{\Pi}^{\mathrm{MD}}_{0:T}\rvert$	2^2	2^4	2^6	$2^8 = 256$
$\lvert\boldsymbol{\Pi}^{\mathrm{HD}}_{0:T}\rvert$	2^2	2^{10}	2^{42}	$2^{170} \simeq 10^{51}$

□

例 1.2 で非マルコフ方策である履歴依存の方策の最適化は困難であることをみましたが，実は次の命題から，マルコフ方策だけを扱っても多くの場合で十分なことがわかります．

*10 マルコフ決定過程の初期状態確率 p_{s_0} や状態遷移確率 p_{T} によっては，ある時間ステップ t で到達確率が 0 である状態 $s_t \in \mathcal{S}$ や発生確率が 0 になるような履歴 $h_t \in H_t$ が存在する可能性があり，それらについて条件付けされるような行動選択確率を設定する必要はなく，（p_{s_0} や p_{T} が既知であれば）考慮すべき方策集合のサイズを小さくすることができます．ただそれでも方策サイズの大小関係 $|\Pi^{\mathrm{d}}| \leq |\boldsymbol{\Pi}^{\mathrm{MD}}| \leq |\boldsymbol{\Pi}^{\mathrm{HD}}|$ は変わりません．

命題 1.1（マルコフ方策の妥当性）

任意のマルコフ決定過程 $\mathrm{M} = \{\mathcal{S}, \mathcal{A}, p_{s_0}, p_{\mathrm{T}}, g\}$ と履歴依存の方策系列 $\boldsymbol{\pi}^{\mathrm{h}} = \{\pi_0^{\mathrm{h}}, \pi_1^{\mathrm{h}}, \dots\} \in \boldsymbol{\Pi}^{\mathrm{H}}$ に対して，次を満たすようなマルコフ方策の系列 $\boldsymbol{\pi}^{\mathrm{m}} = \{\pi_0^{\mathrm{m}}, \pi_1^{\mathrm{m}}, \dots\} \in \boldsymbol{\Pi}^{\mathrm{M}}$ が存在する．

$$\Pr(S_t = s, A_t = a \,|\, \mathrm{M}(\boldsymbol{\pi}^{\mathrm{h}})) = \Pr(S_t = s, A_t = a \,|\, \mathrm{M}(\boldsymbol{\pi}^{\mathrm{m}})),\quad \forall (t, s, a) \in \mathbb{N}_0 \times \mathcal{S} \times \mathcal{A} \tag{1.15}$$

証明：はじめに，履歴依存の方策系列 $\boldsymbol{\pi}^{\mathrm{h}}$ に従い時間進展するマルコフ決定過程 $\mathrm{M}(\boldsymbol{\pi}^{\mathrm{h}})$ について，各時間ステップ $t \in \mathbb{N}_0$ で到達確率が 0 でない状態

$$s \in \mathcal{S}_t \triangleq \left\{ s \in \mathcal{S} \ :\ \Pr(S_t = s \,|\, \mathrm{M}(\boldsymbol{\pi}^{\mathrm{h}})) > 0 \right\}$$

に対して，

$$\pi_t^{\mathrm{m}\star}(a|s) \triangleq \frac{\Pr(S_t = s, A_t = a \,|\, \mathrm{M}(\boldsymbol{\pi}^{\mathrm{h}}))}{\Pr(S_t = s \,|\, \mathrm{M}(\boldsymbol{\pi}^{\mathrm{h}}))}, \quad \forall a \in \mathcal{A} \tag{1.16}$$

という行動選択確率をもつマルコフ方策の系列を $\boldsymbol{\pi}^{\mathrm{m}\star} \triangleq \{\pi_0^{\mathrm{m}\star}, \pi_1^{\mathrm{m}\star}, \dots\}$ と定義します．以下，帰納法を用いて，$\boldsymbol{\pi}^{\mathrm{m}\star}$ が式 (1.15) を満たすことを示します．

まず，任意の $\boldsymbol{\pi}^{\mathrm{h}} \in \boldsymbol{\Pi}^{\mathrm{H}}$, $\boldsymbol{\pi}^{\mathrm{m}} \in \boldsymbol{\Pi}^{\mathrm{M}}$ に対して，

$$\Pr(S_0 = s \,|\, \mathrm{M}(\boldsymbol{\pi}^{\mathrm{h}})) = \Pr(S_0 = s \,|\, p_{s_0}) = \Pr(S_0 = s \,|\, \mathrm{M}(\boldsymbol{\pi}^{\mathrm{m}})), \quad \forall s \in \mathcal{S}$$

であり，$\Pr(S_0 = s|\mathrm{M}(\boldsymbol{\pi}^{\mathrm{h}})) > 0, \forall s \in \mathcal{S}_0$ ですから，次より $t = 0$ のときの式 (1.15) は成り立ちます．

$$\begin{aligned}
&\Pr(S_0 = s, A_0 = a \,|\, \mathrm{M}(\boldsymbol{\pi}^{\mathrm{h}})) \\
&= \frac{\Pr(S_0 = s, A_0 = a \,|\, \mathrm{M}(\boldsymbol{\pi}^{\mathrm{h}}))}{\Pr(S_0 = s \,|\, \mathrm{M}(\boldsymbol{\pi}^{\mathrm{h}}))} \Pr(S_0 = s \,|\, \mathrm{M}(\boldsymbol{\pi}^{\mathrm{m}\star})) \\
&= \pi_0^{\mathrm{m}\star}(a|s) \Pr(S_0 = s \,|\, \mathrm{M}(\boldsymbol{\pi}^{\mathrm{m}\star})) \\
&= \Pr(S_0 = s, A_0 = a \,|\, \mathrm{M}(\boldsymbol{\pi}^{\mathrm{m}\star})), \quad \forall (s, a) \in \mathcal{S}_0 \times \mathcal{A}
\end{aligned}$$

次に，ある $k \in \mathbb{N}_0$ について式 (1.15) が成り立つと仮定すれば，

$$
\begin{aligned}
&\Pr(S_{k+1}=s' \mid \mathrm{M}(\boldsymbol{\pi}^{\mathrm{h}}))\\
&\quad=\sum_{s\in\mathcal{S}}\sum_{a\in\mathcal{A}}\Pr(S_k=s,A_k=a \mid \mathrm{M}(\boldsymbol{\pi}^{\mathrm{h}}))\,p_{\mathrm{T}}(s'|s,a)\\
&\quad=\sum_{s\in\mathcal{S}}\sum_{a\in\mathcal{A}}\Pr(S_k=s,A_k=a \mid \mathrm{M}(\boldsymbol{\pi}^{\mathrm{m}\star}))\,p_{\mathrm{T}}(s'|s,a)\\
&\quad=\Pr(S_{k+1}=s' \mid \mathrm{M}(\boldsymbol{\pi}^{\mathrm{m}\star})),\quad \forall s'\in\mathcal{S}
\end{aligned}
$$

を得ます．ここでの 2 つ目の等式は帰納法の仮定から得られます．よって，$\pi_{k+1}^{\mathrm{m}\star}$ の定義（式 1.16）から，

$$
\begin{aligned}
&\Pr(S_{k+1}=s,A_{k+1}=a \mid \mathrm{M}(\boldsymbol{\pi}^{\mathrm{m}\star}))\\
&\quad=\pi_{k+1}^{\mathrm{m}\star}(a|s)\Pr(S_{k+1}=s \mid \mathrm{M}(\boldsymbol{\pi}^{\mathrm{m}\star}))\\
&\quad=\pi_{k+1}^{\mathrm{m}\star}(a|s)\Pr(S_{k+1}=s \mid \mathrm{M}(\boldsymbol{\pi}^{\mathrm{h}}))\\
&\quad=\Pr(S_{k+1}=s,A_{k+1}=a \mid \mathrm{M}(\boldsymbol{\pi}^{\mathrm{h}})),\quad \forall(s,a)\in\mathcal{S}_{k+1}\times\mathcal{A}
\end{aligned}
$$

と書け，また $\sum_{s\in\mathcal{S}_{k+1}}\Pr(\mathcal{S}_{k+1}=s|\mathrm{M}(\boldsymbol{\pi}^{\mathrm{h}}))=1$ なので，$k+1$ についても式 (1.15) が成り立つことがわかります．以上より，帰納法により命題 1.1 は証明されました． □

命題 1.1 から，どの履歴依存の非マルコフ方策で行動選択をしたとしても，環境（確率制御過程）の大切な特徴である各時間ステップ t での S_t と A_t の同時確率については，より簡単な方策であるマルコフ方策を用いても正確に再現できることがわかります．また，この同時確率の一致性を達成するマルコフ方策の構成方法が式 (1.16) ということです．ただし，留意すべきは，命題 1.1 は系列全体 $(S_0,A_0,\ldots,S_t,A_t)$ の同時確率の一致性までは言及しておらず，あくまでも (S_t,A_t) の同時周辺確率

$$
\begin{aligned}
\Pr(S_t,A_t)=&\sum_{s_0\in\mathcal{S}}\sum_{a_0\in\mathcal{A}}\cdots\sum_{s_{t-1}\in\mathcal{S}}\sum_{a_{t-1}\in\mathcal{A}}\\
&\Pr(S_0=s_0,A_0=a_0,\ldots,S_{t-1}=s_{t-1},A_{t-1}=a_{t-1},S_t,A_t)
\end{aligned}
$$

の一致性に関する結果です．次の例 1.3 では，簡単な具体例を用いて，一致性のあるマルコフ方策の構築例や，$(S_t,A_t),\forall t\in\mathbb{N}_0$ の同時周辺確率は一致しても，系列全体の生起確率は一致しないことがあることを確認します．

例 1.3 簡単な例を用いて，命題 1.1 の内容を確認します．マルコフ決定過程として**図 1.4** のような状態は $\mathcal{S}=\{1,2\}$ と 2 つで，選択できる行動集合 $\mathcal{A}_s$ が状態 S により異なるマルコフ決定過程を考えます．状態 $S=1$ では $\mathcal{A}_1=\{a^1,a^2,a^3\}$ の 3 つの選択肢から行動を選択でき，状態 $S=2$ でとれる行動は $\mathcal{A}_2=\{a^1\}$ の 1 つとします．各状態行動対に対する状態の遷移確率については図 1.4 に示します．また，初期状態 S_0 は決定論的に $S_0=1$ に決まり，時間ステップ長は 2 とします．

履歴依存の非マルコフ方策 $\boldsymbol{\pi}^{\mathrm{h}}_{0:1}=\{\pi^{\mathrm{h}}_0,\pi^{\mathrm{h}}_1\}$ として，**表 1.3** に示したものを用いることにします．なお，$\boldsymbol{\pi}^{\mathrm{h}}_{0:1}$ は時間ステップ $t=1$ の状態が同じ $S_1=1$ であっても，過去に選択した行動 a_0 が異なれば，行動 A_1 について異なる確率分布をもつため，明らかにマルコフ方策ではありません．

履歴依存の非マルコフ方策 $\boldsymbol{\pi}^{\mathrm{h}}_{0:1}$ に従った場合の状態行動の遷移図を**図 1.5** に示します．

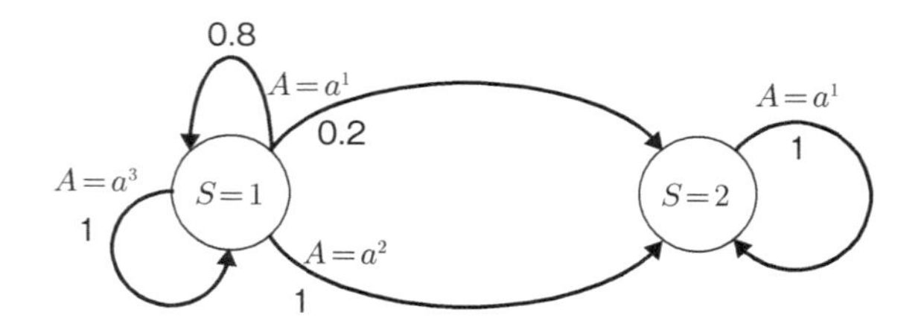

図 1.4 マルコフ決定過程の状態遷移図．ノードは状態，エッジは対応する行動を選択した場合の状態遷移を表します．エッジ付近の数字は状態遷移確率になります．

表 1.3 図 1.4 のマルコフ決定過程に対する履歴依存の非マルコフ方策の例．

履歴 *11 h_t	$\pi^{\mathrm{h}}_t(a^1\|h_t)$	$\pi^{\mathrm{h}}_t(a^2\|h_t)$	$\pi^{\mathrm{h}}_t(a^3\|h_t)$
$h_0=\{S_0=1\}$	0.25	0.35	0.4
$h_1=\{S_0=1,A_1=a^1,S_1=1\}$	0.5	0.2	0.3
$h_1=\{S_0=1,A_1=a^1,S_1=2\}$	1	0（選択不可）	0（選択不可）
$h_1=\{S_0=1,A_1=a^2,S_1=2\}$	1	0（選択不可）	0（選択不可）
$h_1=\{S_0=1,A_1=a^3,S_1=1\}$	0.25	0.05	0.7

*11 履歴の定義式 (1.9) では報酬 r を履歴に含めていますが，ここでは簡便化のため r を除いています．

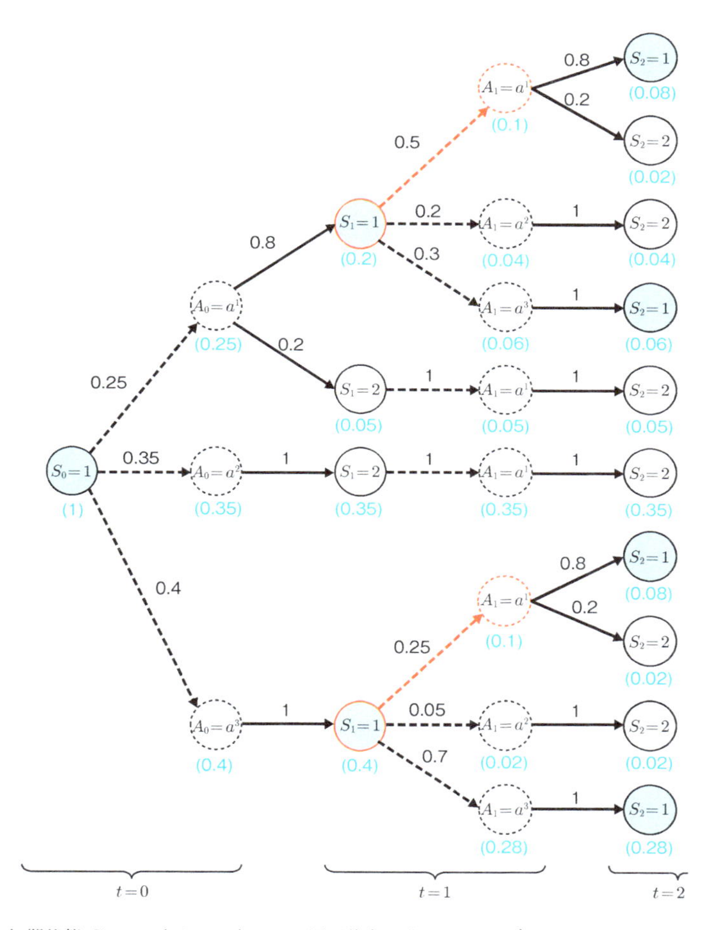

図 1.5　初期状態 $S_0=1$ として，表 1.3 の履歴依存の非マルコフ $\boldsymbol{\pi}^{\mathrm{h}}_{0:1}$ を用いた場合の時間ステップ $t=2$ までの全履歴．実線のノードとエッジは状態と状態遷移を表し，破線のノードとエッジは行動と行動選択を表します．エッジの数字はノード間の遷移確率を表し，ノード下の青字の数字はそのノードへの到達確率を表します．赤線部分は本文で参照します．

ここで，式 (1.16) を適用して，非マルコフ方策 $\boldsymbol{\pi}^{\mathrm{h}}_{0:1}$ と同じ周辺確率をもつようなマルコフ方策 $\boldsymbol{\pi}_{0:1}=\{\pi_0,\pi_1\}$ を作成します．もちろん，$H_0=S_0$ ですから，$\pi^{\mathrm{h}}_0=\pi_0$ になります．状態 $S_1=1$ で行動 $A_1=a^1$（図 1.5 の赤線部分）の選択確率は，

$$\pi_1(a^1|1) = \frac{\Pr(S_1 = 1, A_1 = a^1 \mid \mathrm{M}(\boldsymbol{\pi}^{\mathrm{h}}_{0:1}))}{\Pr(S_1 = 1 \mid \mathrm{M}(\boldsymbol{\pi}^{\mathrm{h}}_{0:1}))}$$
$$= \frac{0.1 + 0.1}{0.2 + 0.4} = \frac{1}{3}$$

のように求まります．同様に，他の行動の選択確率も $\pi_1(a^2|1) = 0.1$, $\pi_1(a^3|1) = 17/30$ と求まります．よって，$\boldsymbol{\pi}_{0:1}$ に従い行動すれば，**図 1.6** のような状態行動の遷移をとることがわかります．図 1.5 と図 1.6 に示したマルコフ方策の定義から (S_1, A_1) の同時確率が一致することは明らかであり，S_2 の周辺確率も，命題 1.1 の主張通り，互いに一致することを確認できます．

$$\Pr(S_2 = 1 \mid \mathrm{M}(\boldsymbol{\pi}^{\mathrm{h}}_{0:1})) = 0.08 + 0.06 + 0.08 + 0.28$$
$$= 0.5 = \Pr(S_2 = 1 \mid \mathrm{M}(\boldsymbol{\pi}_{0:1}))$$

最後に，系列全体の同時確率に関しては，一致しない場合があることを確認します．履歴依存の遷移図 1.5 と同様に全履歴を書き表した**遷移図 1.7** を

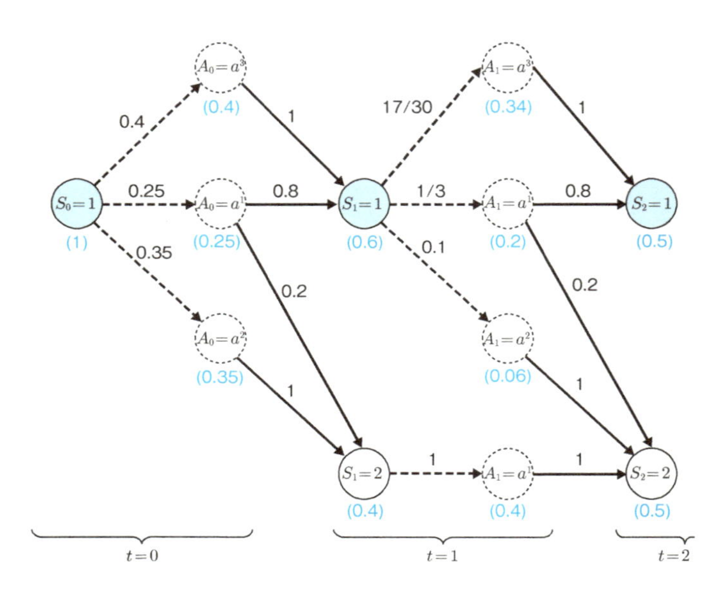

図 1.6　マルコフ方策 $\boldsymbol{\pi}_{0:1}$ に従った場合のマルコフ決定過程の状態遷移図（コンパクト版）．

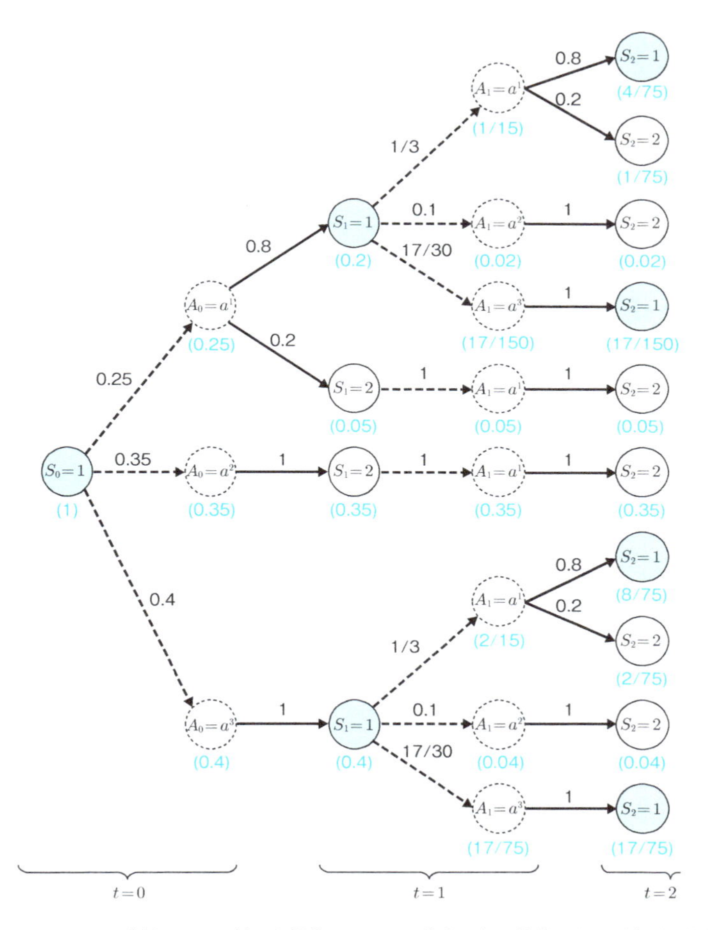

図 1.7　マルコフ方策 $\boldsymbol{\pi}_{0:1}$ に従った場合のマルコフ決定過程の状態遷移図（全履歴版）．

作成すれば，系列全体の同時確率は一致していないことがわかります．たとえば以下です．

$$\Pr(S_0=1, A_0=a^3, S_1=1, A_1=a^2, S_2=2 \mid \mathrm{M}(\boldsymbol{\pi}^{\mathrm{h}}_{0:1})) = 0.02$$
$$\neq 0.04 = \Pr(S_0=1, A_0=a^3, S_1=1, A_1=a^2, S_2=2 \mid \mathrm{M}(\boldsymbol{\pi}_{0:1}))$$

□

命題 1.1 から，次の系 1.2 が成り立ちます．ここで，マルコフ決定過程 $\mathrm{M}(\boldsymbol{\pi})$ の初期状態を s_0 とする場合の時間ステップ t の (S_t, A_t) の同時周辺確率関数 $\varphi_t^{\boldsymbol{\pi}} : \mathcal{S} \times \mathcal{A} \times \mathcal{S} \to [0,1]$ を

$$\begin{aligned} \varphi_t^{\boldsymbol{\pi}}(s, a|s_0) &\triangleq \Pr(S_t = s, A_t = a \mid S_0 = s_0, \mathrm{M}(\boldsymbol{\pi})) \\ &= \mathbb{E}\left[\mathbb{I}_{\{S_t=s\}}\mathbb{I}_{\{A_t=a\}} \mid S_0 = s_0, \mathrm{M}(\boldsymbol{\pi})\right] \end{aligned} \tag{1.17}$$

と定義しています[*12]．

系 1.2（マルコフ方策の十分性）

方策 $\boldsymbol{\pi}$ の目的関数 f を同時周辺確率関数の系列 $\varphi_0^{\boldsymbol{\pi}}, \varphi_1^{\boldsymbol{\pi}}, \ldots$ を引数とする関数 $\tilde{f}$ を用いて，任意の $\boldsymbol{\pi} \in \boldsymbol{\Pi}^{\mathrm{H}}$ に対して，

$$f(\boldsymbol{\pi}) = \tilde{f}(\varphi_0^{\boldsymbol{\pi}}, \varphi_1^{\boldsymbol{\pi}}, \ldots)$$

のように書くことができるとき，

$$\max_{\boldsymbol{\pi} \in \boldsymbol{\Pi}^{\mathrm{M}}} f(\boldsymbol{\pi}) = \max_{\boldsymbol{\pi} \in \boldsymbol{\Pi}^{\mathrm{H}}} f(\boldsymbol{\pi}) \tag{1.18}$$

が成り立つ．

系 1.2 から，系 1.2 の条件を満たすタイプの目的関数については履歴依存の非マルコフ方策 $\boldsymbol{\Pi}^{\mathrm{H}}$ までを考える必要性はなく，マルコフ方策 $\boldsymbol{\Pi}^{\mathrm{M}}$ のみを最適化対象にすれば十分であるといえます．

目的関数とはユーザが対象とする問題の目的に応じて設定するもので，さまざまな関数が考えられますが，系 1.2 の例として，時間ステップ T までの有限時間ステップ長の期待累積報酬

$$f(\boldsymbol{\pi}) \triangleq \mathbb{E}^{\boldsymbol{\pi}}\left[\sum_{t=0}^{T} R_t\right] \tag{1.19}$$

を考えましょう．ここで，$\mathbb{E}^{\boldsymbol{\pi}}$ は $\mathrm{M}(\boldsymbol{\pi})$ で条件付けされた期待値演算子です．

$$\mathbb{E}^{\boldsymbol{\pi}}[\,\cdot\,] \triangleq \mathbb{E}[\,\cdot \mid \mathrm{M}(\boldsymbol{\pi})]$$

---

*12 $\mathrm{M} = \{\mathcal{S}, \mathcal{A}, p_{s_0}, p_{\mathrm{T}}, g\}$ で初期状態確率 p_{s_0} を含むにもかかわらず，式 (1.17) の $\Pr$ や $\mathbb{E}$ の条件部は $(S_0 = s, \mathrm{M}(\pi))$ となっていて，初期状態変数 S_0 に関する 2 つの条件 $S_0 = s$ と $S_0 \sim p_{s_0}$ をもつことになりますが，本書では条件部で左側に書いてある条件（$S_0 = s$）を優先します．

なお，M が未知の場合，期待演算子 $\mathbb{E}^{\boldsymbol{\pi}}[\cdot]$ を計算することはできず，標本から確率的近似（4 章）の考え方などに従い $\mathbb{E}^{\boldsymbol{\pi}}[\cdot]$ を推定する必要があります．

式 (1.19) の期待累積報酬は

$$
\begin{aligned}
\mathbb{E}^{\boldsymbol{\pi}}\left[\sum_{t=0}^{T} R_t\right] &= \mathbb{E}^{\boldsymbol{\pi}}\left[\sum_{t=0}^{T} g(S_t, A_t)\right] \\
&= \sum_{t=0}^{T} \mathbb{E}^{\boldsymbol{\pi}}[g(S_t, A_t)] \\
&= \sum_{t=0}^{T} \sum_{s\in\mathcal{S}} \sum_{a\in\mathcal{A}} \sum_{s_0\in\mathcal{S}} p_{s_0}(s_0)\varphi_t^{\boldsymbol{\pi}}(s, a|s_0) g(s, a) \\
&\triangleq \tilde{f}(\varphi_0^{\boldsymbol{\pi}}, \ldots, \varphi_T^{\boldsymbol{\pi}}; \mathrm{M}) = \tilde{f}(\varphi_0^{\boldsymbol{\pi}}, \ldots, \varphi_T^{\boldsymbol{\pi}})
\end{aligned}
$$

のように書き換えることができるので，系 1.2 の条件を満たすことがわかります．よって，式 (1.19) の期待累積報酬を目的関数に用いるのであれば，系 1.2 から式 (1.18) が成り立つので，非マルコフ方策 $\boldsymbol{\Pi}^{\mathrm{H}}$ を最適化の対象に含める必要はなく，マルコフ方策 $\boldsymbol{\Pi}^{\mathrm{M}}$ について最適化問題を解けば十分であることがわかります．さらに，2 章では，無限時間ステップ長の割引累積報酬の期待値からなる目的関数を扱い，より限定された方策である定常な決定的方策 $\boldsymbol{\Pi}^{\mathrm{SD}}$ について最適化問題を解くだけで，真の最適値 $\max_{\boldsymbol{\pi}\in\boldsymbol{\Pi}^{\mathrm{H}}} f(\boldsymbol{\pi}) = f(\mathrm{argmax}_{\boldsymbol{\pi}\in\boldsymbol{\Pi}^{\mathrm{SD}}} f(\boldsymbol{\pi}))$ を達成できることを示します．

系 1.2 の条件を満たさない関数として，累積報酬の**中央値**（median）や**分位点**（quantile）などがあります．この場合，非マルコフ方策 $\boldsymbol{\Pi}^{\mathrm{H}}$ についての最適化問題を解く必要があり，時間ステップ長が長く状態数が多い場合，近似なしに厳密に解くことは一般に難しいです．なお，中央値とは $\Pr(X \leq b) = 1/2$ を満たす b と定義され，分位点は中央値を一般化したもので，パラメータ $q \in [0, 1]$ を用いて，$\Pr(X \leq b) = q$ を満たす b として定義されます[*13]．このときの分位点を q **分位点**（q-quantile）といいます．

例 1.4　**図 1.8** の地点 A から D まで移動問題を用いて，上記の目的関数と最適方策の関係性を確認します．ここでは簡便化のため決定的方策のみを

*13　離散分布の場合，中央値や分位点は 1 点に定まらないことがあり，その場合，本書では線形補間した値を用います．

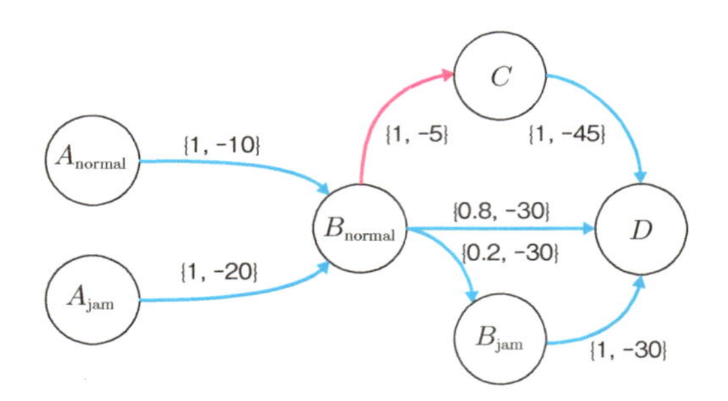

図 1.8 地点 A から D への移動問題を表すマルコフ決定過程．エッジの色は行動の種類を表し，エッジに記載の $\{p, r\}$ の p は状態遷移確率，r は報酬（所要時間にマイナスを掛けたもの）を表します．

考えますが，確率的方策についても同様の議論が成り立ちます．地点としては A, B, C, D の 4 箇所あります．ただし，地点 A と B については，正常時（normal）と混雑時（jam）の 2 通りあり，マルコフ決定過程の状態としては $\mathcal{S} = \{A_{\text{normal}}, A_{\text{jam}}, B_{\text{normal}}, B_{\text{jam}}, C, D\}$ の 6 つあるとします．初期状態確率は

$$p_{s_0}(s) = \begin{cases} 0.9 & (s = A_{\text{normal}}) \\ 0.1 & (s = A_{\text{jam}}) \\ 0 & (\text{それ以外}) \end{cases}$$

とします．つまり，スタート地点は A で，確率 0.9 で正常，確率 0.1 で混雑していることになります．移動経路は地点 C を経由しない $A \to B \to D$ と地点 C を経由する $A \to B \to C \to D$ の 2 択しかないですが，初期状態を考慮すると**表 1.4** に示す 4 つの決定的方策を考えることができます．

方策 π^3 と π^4 は時間ステップ $t = 1$ での状態 $S_1 = B_{\text{normal}}$ で選択する行動が初期状態 S_0 に依存するので，非マルコフ方策になります．各方策に関する累積報酬の各統計量は**表 1.5** のようになり，もし最大にすべき目的関数として累積報酬の期待値を用いるのであれば，マルコフ方策である π^1 が最適方策になり，累積報酬の 0.05 分位点を目的関数に用いると，非マルコフ方策の π^4 が最適方策となり，マルコフ方策では目的関数を真に最大化できないことがわかります． □

表 1.4 図 1.8 のマルコフ決定過程で考えられる 4 つの決定的方策.

方策	行動選択則	マルコフ方策
π^1	つねに C を経由しない経路を選択する	yes
π^2	つねに C を経由する経路を選択する	yes
π^3	初期状態が A_{normal} の場合, C を経由しない経路を選択し, 初期状態が A_{jam} の場合, C を経由する経路を選択する	no
π^4	初期状態が A_{normal} の場合, C を経由する経路を選択し, 初期状態が A_{jam} の場合, C を経由しない経路を選択する	no

表 1.5 図 1.8 の MDP に表 1.4 の方策を適用した場合の累積報酬の統計量.

方策	期待値	0.05 分位点	標準偏差
π^1	−47.0	−70.0	12.4
π^2	−61.0	−70.0	3.0
π^3	−48.4	−70.0	13.5
π^4	−59.6	−60.0	4.0

1.4 逐次的意思決定問題の定式化

本節では，はじめに逐次的意思決定の問題設定（1.4.1 節）やマルコフ決定過程の分類（1.4.2 節）を確認します．次に，1.4.3 節で標準的な目的関数を解説して，逐次的意思決定問題を定式化します．その他の逐次的意思問題の定式化についても 1.4.4 節で簡単に紹介します．

1.4.1 問題設定

方策の最適化問題のことを逐次的意思決定問題といいますが，学習で調整できるものは方策 π のみであり，環境モデルであるマルコフ決定過程 $\mathrm{M} \triangleq \{\mathcal{S}, \mathcal{A}, p_{s_0}, p_{\mathrm{T}}, g\}$ は強化学習を適用する課題によって定まり，時間不変とします．もし環境モデルが既知なら，後で示すように，データがなくても，環境モデルから方策を最適化することが可能です．そのため，データから方策を学習する場合と区別することが多く，環境モデルから最適方策を求めることを，**学習**（learning）といわず，**プランニング**（planning）もしく

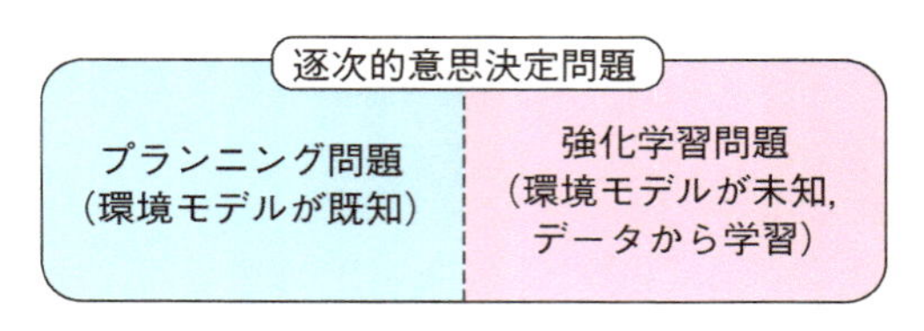

図 1.9 逐次的意思決定問題の分類.

は**プランニング問題**（planning problem）ということが多いです.

典型的なプランニングのアプローチとして，状態遷移確率 p_{T} や報酬関数 g などの知識を利用する動的計画法や線形計画法があり，2 章で紹介します．また，5 章で紹介しますが，環境モデルを入力 (s, a) に対して出力 (r, s') を返すだけで内部構造が未知なモデル（ブラックボックスモデル）として扱い，最適方策を探索するプランニング法もあります.

一方，環境モデルが未知の場合，プランニングの場合とは異なり，従来の最適化ソルバーをそのまま適用できるような最適化問題として定式化できず，データ（環境との相互作用の結果）からの学習が必要になります．本書では，環境モデルが未知の場合の方策の学習問題を**強化学習問題**（reinforcement learning problem）と呼ぶことにします．ここで，逐次的意思決定問題の分類を図 **1.9** に示します.

強化学習問題の設定として大きく 2 つあります．1 つは従来の機械学習と似た設定で，環境との相互作用などから得たデータが大量にあって，そのデータから方策を学習する**バッチ学習**（batch learning）です．バッチ学習はオフライン学習と呼ばれることもあります．もう 1 つは逐次的に環境と相互作用してデータを収集しながら学習する**オンライン学習**（online learning）です．後者の場合，次の 2 つの意思決定戦略があり，それらのバランスを考慮する必要があります．このことを**探索と活用のトレードオフ**（exploration-exploitation trade-off）といいます.

- データ収集・探索（exploration）：データが十分でないという立場から，環境についての不確実性を減らし，新たな発見をできるように行動を選択する戦略
- データ活用（exploitation）：データはすでに十分にあるという立場から，

データから最良と判断できる行動を選択する戦略

1.4.2 マルコフ決定過程の単一化

対象とする逐次的意思決定問題の設定によって，次のように終了条件の異なるマルコフ決定過程が考えられます．

(A) ゴール状態があり，ゴール状態に到達したら終了する．
(B) あらかじめ決められた時間ステップになったら終了する．
(C) 終了しない（無限時間長のマルコフ決定過程）．

実は (A) と (B) のマルコフ決定過程のもつ意味を変えずに，表現型を少し変更するだけで，(C) のマルコフ決定過程として再定式化できます．

例 1.4 の図 1.8 のように，移動経路の選択過程をそのまま定式化すると (A) のマルコフ決定過程になりますが，ゴール状態に遷移したらマルコフ決定過程を終了させるのではなく，次時間ステップも同ゴール状態に確率 1 で遷移し，その報酬を 0 とすれば，(C) の無限時間長のマルコフ決定過程に変換することができます（**図 1.10**）．このように他の状態に遷移しない状態のことを**吸収状態**（absorbing state）といいます．

(B) のマルコフ決定過程としては四半期など期限があらかじめ決められたもとでのトータルの売上の最大化などがあります．この場合も，経過時間ステップの情報を状態に取り込み状態を拡張し，規定の終了時間ステップに

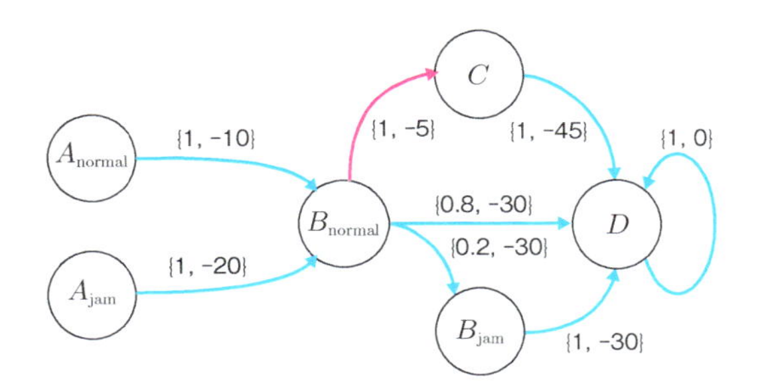

図 1.10 図 1.8 の地点 A から D への移動問題を表す有限時間ステップ長のマルコフ決定過程を無限時間長のマルコフ決定過程に変換．エッジの色は行動の種類を表し，状態 D が吸収状態に対応します．

なったら吸収状態に確率 1 で遷移すれば，(C) の無限時間長のマルコフ決定過程に変換したことになります．たとえば，元の状態が $\mathcal{S} \triangleq \{i, j, k\}$ の 3 つで終了時間ステップ T が 2 の場合，吸収状態を z として，拡張した状態集合は $\tilde{\mathcal{S}} = \{i_0, j_0, k_0, i_1, j_1, k_1, z\}$ の 7 つになります．つまり，拡張後の状態サイズは $|\mathcal{S}| \times T + 1$ のように終了時間ステップ T に比例して大きくなります．

以上より，任意のマルコフ決定過程を (C) の無限時間長のマルコフ決定過程とみなすことできるので，本書では通常は (C) を扱うことにします．

1.4.3 リターンと目的関数

まず，**リターン** $C \in \mathbb{R}$ と呼ばれる確率変数を導入します．リターン C_t は時間ステップ t から得られる報酬を指数減衰させて累積したもので，

$$C_t \triangleq \lim_{K \to \infty} \sum_{k=0}^{K} \gamma^k R_{t+k} \tag{1.20}$$

と定義され，**割引累積報酬**（discounted cumulative reward）と呼ばれることもあります．ここで，$\gamma \in [0, 1)$ は**割引率**と呼ばれる**ハイパーパラメータ**（hyper-parameter）です．ハイパーパラメータとは学習によって調整されるものではなく，課題の目的に応じてあらかじめ人が設定するパラメータのことです．短期的なリターンを考慮したいのであれば γ を小さく，長期的なリターンを考慮したいのであれば γ を 1 に近づけます．リターン C は状態遷移や方策の確率分布に依存して，確率的にさまざまな値をとるので確率変数です．なお，リターンの実現値を c と書くことにします．ここで留意すべきは，式 (1.20) のリターンの定義から，

$$\begin{aligned} C_t &= R_t + \lim_{K \to \infty} \sum_{k=1}^{K} \gamma^k R_{t+k} \\ &= R_t + \gamma C_{t+1} \end{aligned} \tag{1.21}$$

のようにリターンは再帰的な構造をもつことです．この構造は後述のベルマン方程式などに利用されます．また，報酬関数は定義より，報酬は有界 $|R| \leq R_{\max}$（式 (1.1)）ですから，リターンも次のとおり有界です．

$$|C_t| \leq \sum_{k=0}^{\infty} \gamma^k R_{\max} = \frac{R_{\max}}{1-\gamma}, \quad \forall t \in \mathbb{N}_0$$

逐次的意思決定問題は一般にリターンに関する何かしらの統計量 $\mathcal{F}[C \mid \mathrm{M}(\boldsymbol{\pi})]$ を**目的関数**（objective function）$f : \boldsymbol{\Pi} \to \mathbb{R}$：

$$f(\boldsymbol{\pi}) \triangleq \mathcal{F}[C \mid \mathrm{M}(\boldsymbol{\pi})]$$

や制約条件に用いて，方策についての最適化問題として定式化されます．制約なしの逐次的意思決定問題は最適方策

$$\boldsymbol{\pi}^* \triangleq \underset{\boldsymbol{\pi} \in \boldsymbol{\Pi}}{\operatorname{argmax}} \{f(\boldsymbol{\pi})\} \tag{1.22}$$

の探索問題と解釈できます*14．

具体的には，時間ステップ $t=0$ からのリターン C_0 の期待値を目的関数に用いることが多いです．

$$f_0(\boldsymbol{\pi}) \triangleq \mathbb{E}^{\boldsymbol{\pi}}[C_0], \quad \forall \boldsymbol{\pi} \in \boldsymbol{\Pi} \tag{1.23}$$

この目的関数 (1.23) は**価値関数**（value function）$V^{\boldsymbol{\pi}} : \mathcal{S} \to \mathbb{R}$ と呼ばれる状態の条件付き期待リターン

$$V^{\boldsymbol{\pi}}(s) \triangleq \mathbb{E}^{\boldsymbol{\pi}}[C_0 \mid S_0 = s] \tag{1.24}$$

の初期状態分布 p_{s_0} による重み付き和

$$f_0(\boldsymbol{\pi}) = \sum_{s \in \mathcal{S}} p_{s_0}(s)\, V^{\boldsymbol{\pi}}(s) \tag{1.25}$$

と解釈できます．ここで，重み関数 $w : \mathcal{S} \to \mathbb{R}_{\geq 0}$ による価値関数の重み付き和を

$$f_{\mathrm{w}}(\boldsymbol{\pi}; w) \triangleq \sum_{s \in \mathcal{S}} w(s) V^{\boldsymbol{\pi}}(s) \tag{1.26}$$

と定義すれば，式 (1.25) の目的関数 f_0 を

$$f_0(\boldsymbol{\pi}) = f_{\mathrm{w}}(\boldsymbol{\pi}; p_{s_0}), \quad \forall \boldsymbol{\pi} \in \boldsymbol{\Pi}$$

---

*14 最適方策の定義上，最適方策は 1 つとは限らず，複数存在することがあります．

と書くことができます．

目的関数 f_0 は，式 (1.19) の場合と同様，系 1.2 の条件を満たすので，履歴依存の方策集合 $\boldsymbol{\Pi}^{\mathrm{H}}$ ではなく，その部分集合であるマルコフ方策集合 $\boldsymbol{\Pi}^{\mathrm{M}}$ のみを扱えば十分であることがわかります．加えて，次章の命題 2.7 で示しますが，実は f_0 は

$$\max_{\boldsymbol{\pi} \in \boldsymbol{\Pi}^{\mathrm{M}}} f_0(\boldsymbol{\pi}) = \max_{\boldsymbol{\pi} \in \boldsymbol{\Pi}^{\mathrm{SD}}} f_0(\boldsymbol{\pi})$$

を満たすため，より単純な方策集合である時間不変の決定的方策の集合 $\boldsymbol{\Pi}^{\mathrm{SD}}$（式 (1.8)）のみを最適化の対象として最適化問題を簡単化しても，f_0 を真に最大にできるという特徴があります．さらに，初期状態確率 p_{s_0} が $p_{s_0}(s) > 0,\ \forall s \in \mathcal{S}$ を満たしていれば，$f_0(\boldsymbol{\pi})$（$= f_{\mathrm{w}}(\boldsymbol{\pi}; p_{s_0})$）を最大化する最適方策 $\boldsymbol{\pi}^*_{p_{s_0}}$ は，

$$f_{\mathrm{w}}(\boldsymbol{\pi}^*_{p_{s_0}}; w) = \max_{\boldsymbol{\pi} \in \boldsymbol{\Pi}^{\mathrm{M}}} f_{\mathrm{w}}(\boldsymbol{\pi}; w), \quad \forall w \in \mathbb{R}^{\mathcal{S}}_{\geq 0}$$

を満たすといった特徴もあります．つまり，方策 $\boldsymbol{\pi}^*_{p_{s_0}}$ は特定の重み $w := p_{s_0}$ をもつ目的関数 f_{w} についての最適解になるだけでなく，任意の重み $w \in \mathbb{R}^{\mathcal{S}}_{\geq 0}$ の f_{w} についての最適解でもあります．ここで，定義域（入力の範囲; domain）が $\mathcal{S}$ であり，値域（出力の範囲; range）が $\mathbb{R}$ である関数の集合を $\mathbb{R}^{\mathcal{S}} \triangleq \{v : \mathcal{S} \to \mathbb{R}\}$ とする表記法を用いて，重み w の集合を $\mathbb{R}^{\mathcal{S}}_{\geq 0}$ などと表記しています．また，関数 $v : \mathcal{S} \to \mathbb{R}$ を陽にベクトルとして扱う場合は，$\boldsymbol{v} \triangleq [v(1), \ldots, v(|\mathcal{S}|)]^\top \in \mathbb{R}^{|\mathcal{S}|}$ のように表記しますが，$\mathbb{R}^{\mathcal{S}}$ も $\mathbb{R}^{|\mathcal{S}|}$ も実質同じものです．

例 1.5 例 1.3 で用いたマルコフ決定過程に報酬を設定した**図 1.11** を用いて，式 (1.23) の目的関数を用いた場合の最適方策と割引率 γ の関係性を確認します．ここでは簡単のため定常な決定的方策 $\pi^{\mathrm{d}} \in \Pi^{\mathrm{d}}$ のみを考え，初期状態確率は $p_{s_0}(s) = \mathbb{I}_{\{s=1\}}$ であるとします．このとき，方策は状態 1 で a^1 を選択する π^1 と，a^2 を選択する π^2，a^3 を選択する π^3 の 3 種類を考えることができます．初期状態はつねに 1 ですから，状態 1 での価値関数（期待リターン）$V^\pi(1)$ をもっとも大きくする方策が最適方策となります．**図 1.12** に示した各方策の価値関数から，割引率 γ が約 0.7 より小さいときは π^2 が最適方策になり，γ が約 0.95 より大きければ π^3 が最適方策となるので，最

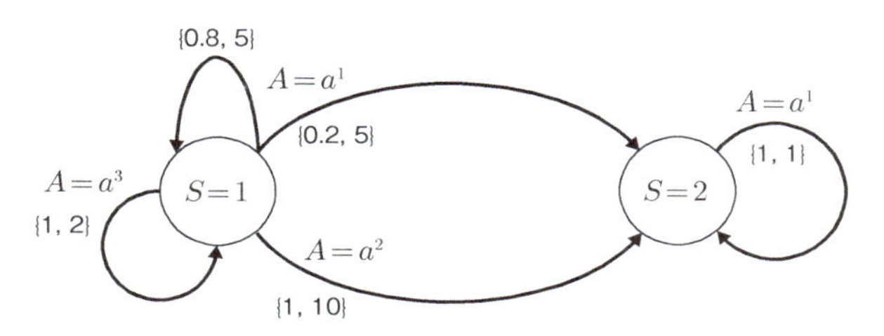

図 1.11 図 1.4 に報酬の情報を追加した状態遷移図．各エッジに紐づく $\{p, r\}$ の p は状態遷移確率，r は報酬値を表している．

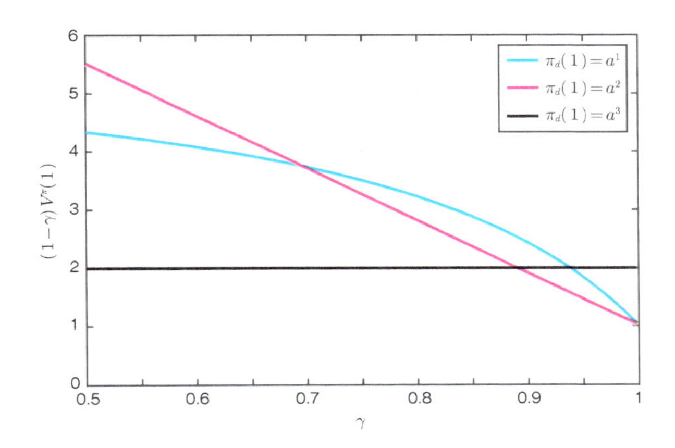

図 1.12 図 1.11 のマルコフ決定過程の価値関数の割引率 γ への依存性．

適方策が γ の設定に影響を受けることがわかります． □

他のリターンの期待値に関する目的関数として，時間不変の定常な方策 $\pi \in \Pi$（式 (1.4)）を最適化の対象にして，期待リターンの時間平均

$$f_\infty(\pi) \triangleq \lim_{T\to\infty} \mathbb{E}^\pi\left[\frac{1}{T}\sum_{t=0}^{T-1} C_t\right] = \lim_{T\to\infty} \mathbb{E}^\pi\left[\frac{1}{T}\sum_{t=0}^{T-1} V^\pi(S_t)\right] \tag{1.27}$$

が用いられることがあります．特に，方策勾配法（6.3 節）[13, 71, 225] では，マルコフ決定過程 $\mathrm{M}(\pi)$ の状態の確率過程であるマルコフ連鎖 $\mathrm{MC}(\pi) \triangleq$

$\{\mathcal{S}, p_{s_0}, p^{\pi}_{\mathrm{MC}}\}$ がつねにエルゴード性（後述）を満たすと仮定して，f_∞ を用いることが多いです．ここで，関数 $p^{\pi}_{\mathrm{MC}} : \mathcal{S} \times \mathcal{S} \to [0,1]$ はマルコフ連鎖の状態遷移確率を表します．

$$p^{\pi}_{\mathrm{MC}}(s'|s) \triangleq \sum_{a \in \mathcal{A}} \pi(a|s) p_{\mathrm{T}}(s'|s,a), \quad \forall s', s \in \mathcal{S}$$

興味深いことに，マルコフ連鎖 $\mathrm{MC}(\pi)$ がエルゴード性を満たすとき，f_∞ は平均報酬を定数倍したものと一致し，最適方策は割引率 γ の設定に非依存になります．以下，このことを示しますが，まずエルゴード性などマルコフ連鎖の基本的な性質を確認します．

エルゴード性（ergodic property）はマルコフ連鎖の特徴のことで，**既約的** (irreducibility) でありかつ**非周期的**（aperiodicity）であることをいいます [70]*15．既約とはマルコフ連鎖 $\mathrm{MC}(\pi)$ のすべての状態が互いに行き来可能である，つまり，

$$\Pr(S_t = j \mid S_0 = i, \mathrm{MC}(\pi)) > 0, \quad \forall i, j \in \mathcal{S}, \exists t \in \mathbb{N}$$

を満たすことを意味します *16．また，非周期的とは，次の時間ステップの集合

$$\mathcal{T}(s) \triangleq \{t \geq 1 : \Pr(S_t = s \mid S_0 = s) > 0\}$$

の最大公約数 (gcd) がつねに 1 であること，つまり，$\gcd \mathcal{T}(s) = 1, \forall s \in \mathcal{S}$ を意味します．そして，マルコフ連鎖がエルゴード性を満たすならば，次の平衡方程式を満たす唯一の**定常分布**（stationary distribution）$p^{\pi}_{\infty} : \mathcal{S} \to [0,1]$ が存在します [108]．

$$p^{\pi}_{\infty}(s') = \sum_{s \in \mathcal{S}} p^{\pi}_{\mathrm{MC}}(s'|s) p^{\pi}_{\infty}(s), \quad \forall s' \in \mathcal{S} \tag{1.28}$$

定常分布は下式のように時間ステップ t の状態分布 S_t の時間平均や極限（$t \to \infty$）に一致し，初期状態確率 p_{s_0} に依存しないことが知られています．

---

*15 エルゴード定理（時間平均と空間平均が一致）は既約であれば成り立つため，マルコフ連鎖が既約的であればエルゴード性を満たす，とすることも多いです [108, 172]．一方，マルコフ連鎖の非周期性は極限分布 $\lim_{t\to\infty} \Pr(S_t = s' \mid S_0 = s, \mathrm{MC})$ の収束を保証するために必要な特性になります．

*16 1.4.2 節の (A) や (B) のマルコフ決定過程は明らかに既約ではありません．そのため，それらを (C) の無限時間長のマルコフ決定過程として扱っても，ここでの議論を適用することはできません．

$$p_\infty^\pi(s) = \lim_{T\to\infty} \Pr(S_t = s \mid \mathrm{MC}(\pi))$$
$$= \lim_{T\to\infty} \frac{1}{T}\sum_{t=0}^{T-1} \mathbb{I}_{\{S_t=s\}} = \lim_{T\to\infty} \mathbb{E}^\pi\left[\frac{1}{T}\sum_{t=0}^{T-1} \mathbb{I}_{\{S_t=s\}}\right] \quad \forall s \in \mathcal{S} \qquad (1.29)$$

最後の等式で，$\mathbb{E}^\pi$ をあえて適用しているのは，強化学習における標準的な表記法に従うためです [13,199]．マルコフ連鎖がエルゴード性を満たしていれば，時間平均は確率 1 でその期待値に収束するため，$\mathbb{E}^\pi$ は本来省略可能です．式 (1.29) より，任意の状態関数 $v : \mathcal{S} \to \mathbb{R}$ に対して，

$$\sum_{s\in\mathcal{S}} p_\infty^\pi(s) v(s) = \lim_{T\to\infty} \mathbb{E}^\pi\left[\frac{1}{T}\sum_{t=0}^{T-1} v(S_t)\right] \qquad (1.30)$$

のように空間平均（左辺）と時間平均（右辺）が一致することがわかります．

以下，式 (1.27) の目的関数 f_∞ の性質を確認します．式 (1.30) から，

$$f_\infty(\pi) = \sum_{s\in\mathcal{S}} p_\infty^\pi(s) V^\pi(s), \quad \forall \pi \in \Pi \qquad (1.31)$$

が成り立ちます．また，仮定より方策は時間不変であり，式 (1.24) の価値関数の定義と式 (1.21) のリターンの再帰構造から，

$$V^\pi(s) = \mathbb{E}^\pi[R_0 + \gamma C_1 \mid S_0 = s]$$
$$= \sum_{a\in\mathcal{A}} \pi(a|s)\left(g(s,a) + \gamma \sum_{s'\in\mathcal{S}} p_{\mathrm{T}}(s'|s,a)\mathbb{E}^\pi[C_1 \mid S_1 = s']\right), \quad \forall s \in \mathcal{S}$$

ですから，次の価値関数 V^π に関する再帰式を得ます．

$$V^\pi(s) = \sum_{a\in\mathcal{A}} \pi(a|s)\left(g(s,a) + \gamma \sum_{s'\in\mathcal{S}} p_{\mathrm{T}}(s'|s,a) V^\pi(s')\right), \quad \forall s \in \mathcal{S} \qquad (1.32)$$

これは**ベルマン期待方程式**（Bellman expectation equation）もしくは単に**ベルマン方程式**（Bellman equation）と呼ばれ，多くの強化学習法の基礎になります．次に，式 (1.32) を式 (1.31) に代入すれば，

$$f_\infty(\pi) = \sum_{s\in\mathcal{S}}\sum_{a\in\mathcal{A}} p_\infty^\pi(s)\pi(a|s)g(s,a) + \gamma \sum_{s\in\mathcal{S}}\sum_{s'\in\mathcal{S}} p_\infty^\pi(s) p_{\mathrm{MC}}^\pi(s'|s) V^\pi(s')$$

$$
\begin{aligned}
&= \lim_{T\to\infty} \mathbb{E}^{\pi}\left[\frac{1}{T}\sum_{t=0}^{T-1} R_t\right] + \gamma \sum_{s'\in\mathcal{S}} p_{\infty}^{\pi}(s') V^{\pi}(s') \\
&= \lim_{T\to\infty} \mathbb{E}^{\pi}\left[\frac{1}{T}\sum_{t=0}^{T-1} R_t\right] + \gamma f_{\infty}(\pi), \quad \forall \pi \in \Pi
\end{aligned}
$$

を得ます．ここで，2つ目の等式の導出には式(1.30)と(1.28)，3つ目には式(1.31)を用いています．以上より，期待リターンの時間平均f_∞（式(1.27)）を

$$
f_{\infty}(\pi) = \frac{1}{1-\gamma} \lim_{T\to\infty} \mathbb{E}^{\pi}\left[\frac{1}{T}\sum_{t=0}^{T-1} R_t\right], \quad \forall \pi \in \Pi \tag{1.33}
$$

のように書き直すことができるので，f_∞ は平均報酬を定数倍したものであることがわかります．よってエルゴード性のもと，目的関数を f_∞ とする逐次的意思決定問題は平均報酬の最大化問題と同じであり，最適方策 $\pi^* = \mathrm{argmax}_\pi\{f_\infty(\pi)\}$ は割引率 γ の設定に依存せず，平均報酬を最大にすることがわかります．

1.4.4* その他の逐次的意思決定問題

1.4.3節では制約のない標準的な逐次的意思決定問題を定式化しましたが，本節では制約付きの問題を紹介します．また，明示的に目的関数を設計しないことによって逐次的意思決定問題が不良問題になりうることも示します．

制約付きの逐次的意思決定問題

制約付きの逐次的意思決定問題は，一般にリターンに関する複数の統計量 $f(\boldsymbol{\pi}) \triangleq \mathcal{F}_0[C|\mathrm{M}(\boldsymbol{\pi})]$, $f_1(\boldsymbol{\pi}) \triangleq \mathcal{F}_1[C|\mathrm{M}(\boldsymbol{\pi})]$, ..., $f_k(\boldsymbol{\pi}) \triangleq \mathcal{F}_k[C|\mathrm{M}(\boldsymbol{\pi})]$ を用いて，

$$
\begin{aligned}
\max_{\boldsymbol{\pi}\in\boldsymbol{\Pi}} \quad & f(\boldsymbol{\pi}) \\
\text{s.t.} \quad & f_1(\boldsymbol{\pi}) \geq \varepsilon_1, \ldots, f_k(\boldsymbol{\pi}) \geq \varepsilon_k
\end{aligned}
\tag{1.34}
$$

と定式化されます．

ここで，制約なしの逐次的意思決定問題に関する系1.2のように，マルコフ方策の十分性を議論します．系1.2と同様にして，命題1.1を適用すれば，制約付き問題についても以下がいえます．目的関数 f や制約条件の関数

$f_1, \ldots, f_k$ のすべての関数を (S, A) の同時周辺確率関数の系列 $\varphi_0^\pi, \varphi_1^\pi, \ldots$ を用いてそれぞれ表現できるのであれば，非マルコフ方策を検討する必要はなくマルコフ方策のみを最適化の対象とすれば十分です．

例 1.6 制約条件を周辺確率関数の系列 $\varphi_0^\pi, \varphi_1^\pi, \ldots$ を用いて表現できない場合，最適方策がマルコフ方策にならない例を例 1.4 の移動問題（図 1.4）を用いて示します．制約付きの最適化問題として，最大にすべき目的関数を累積報酬の期待値，制約条件として累積報酬の標準偏差を 5 以内にする，という問題を考えます．累積報酬の期待値は同時周辺確率で表現可能ですが，標準偏差は表現できません．表 1.4 と表 1.5 から，最適方策は π^4 であり，マルコフ方策では目的関数を最大化できないことがわかります． □

最適方策の時間整合性

式 (1.22) や (1.34) のように，逐次的意思決定問題を単一の最適化問題として定式化できない場合，最適解が不良になる可能性があります．たとえば，単一の目的関数を考えるのではなく，時間ステップ t ごとに観測される状態 s_t や報酬 r_t などを考慮して最適化問題を再定式化し解き直して，最適方策を更新するアプローチをとる場合，最適方策が**時間不整合**（time inconsistency）的になることがあります．最適方策が時間不整合的であるとは，次時間ステップである状態 s に遷移したなら確率 p で行動 a を選択するなどの計画のもと，現時間ステップで行動を選択して，実際に状態 s に遷移したとしても，当初の計画とはまったく異なる行動選択を行ってしまうような，異なる時間ステップ間の方策で整合性をとれないことをいいます[*17]．このような時間不整合な最適方策が求まる可能性のある最適化問題のことを時間不整合性のある最適化問題といいます．

以下，例題を用いて最適化問題が時間不整合的であることの不都合を確認します．

例 1.7 図 1.10 を少し変更した**図 1.13** の移動問題を用います．各状態

*17 環境が既知である場合，もしくは環境は未知でも十分に環境との相互作用データがあり，方策が最適解に収束している場合についての議論です．データが不十分で，方策が学習途中の場合，元の最適化問題が時間整合的であっても，一般に方策は時間不整合的になりえます．

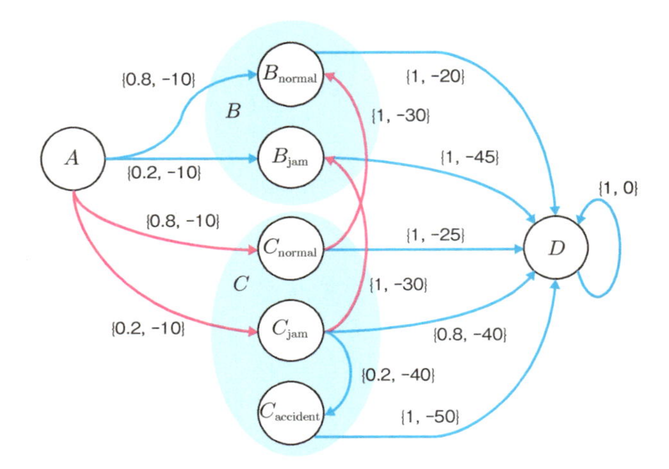

図 1.13　交通移動のマルコフ決定過程の例．矢印の色は行動の種類を表します．各矢印に記載の $\{p, r\}$ の p は状態遷移確率，r は報酬（所要時間にマイナスを掛けたもの）を表します．

表 1.6　図 1.13 の移動問題の状態 A，C_{normal}，C_{jam} における方策．

状態	方策	行動選択則	0.05 分位点
A	π_A^1	交通状態に関係なく，経路 ABD を選択	-55
A	π_A^2	交通状態に関係なく，経路 ACD を選択	**-50**
A	π_A^3	交通状態に関係なく，経路 $ACBD$ を選択	-85
A	π_A^4	地点 C への行動を選択し，遷移状態が C_{normal} の場合は B を経由しない経路，C_{jam} の場合は B を経由する経路を選択	-85
A	π_A^5	地点 C への行動を選択し，遷移状態が C_{normal} の場合は B を経由する経路，C_{jam} の場合は B を経由しない経路を選択	-60
C_{normal}	$\pi_{C_{\mathrm{normal}}}^1$	地点 B を経由しない経路を選択	**-25**
C_{normal}	$\pi_{C_{\mathrm{normal}}}^2$	地点 B を経由する経路を選択	-50
C_{jam}	$\pi_{C_{\mathrm{jam}}}^1$	地点 B を経由しない経路を選択	-90
C_{jam}	$\pi_{C_{\mathrm{jam}}}^2$	地点 B を経由する経路を選択	**-75**

$s \in \{A, B_{\mathrm{normal}}, B_{\mathrm{jam}}, B_{\mathrm{accident}}, C_{\mathrm{normal}}, C_{\mathrm{jam}}, D\}$ は地点と交通状態（下添字）を表し，A からスタートしてゴール地点である D を目指します．ここで

は，各状態で以降の累積報酬の 0.05 分位点を最大にする方策を求めて，その方策に従い行動選択することを考えましょう．**表 1.6** に地点 A もしくは C で考えうるすべての決定的方策とそれらの 0.05 分位点を示します．このとき，A で 0.05 分位点を最大にする方策は，交通状態に関係なく経路 $A \to C \to D$ を選択する π_A^2 であることがわかります．そして，実際に π_A^2 に従い地点 C へ移動する経路を選択し，状態 C_{normal} に遷移した場合，以降の累積報酬の 0.05 分位点が最大になるような方策を求めると，表 1.6 から，当初の計画 π_A^2 と整合する B を経由しない方策 $\pi_{C_{\mathrm{normal}}}^1$ が求まります．しかし，C_{jam} に遷移した場合，累積報酬の 0.05 分位点を最大にする方策として，当初計画していた B を経由しない経路ではなく，B を経由する経路をとる $\pi_{C_{\mathrm{jam}}}^2$ が求まります．この一連の意思決定は状態 A における方策 π_A^4 に対応し，π_A^4 を方策の評価基準である 0.05 分位点で評価すると，最悪の方策であることがわかります．つまり，単一の最適化問題として定式化できないような時間不整合な最適化問題の場合，たとえ各時間ステップでそのときに最適な方策に従い行動選択をしても，過去の時点からみて最適な方策にならない可能性，もしくは最悪な方策になりうる可能性すらあることがわかります． □

一方，仮に時間ステップごとの最適化問題を解いて最適方策を更新するとしても，つねに最適方策が時間整合的であれば，**時間整合性**（time consistency）のある最適化問題といいます．このことは，以下の**最適性の原理**（principle of optimality）が成り立っていることと等価であり，次章で紹介する動的計画法を適用できます．

最適性の原理（principle of optimality） [17,18] *18

時間ステップ T までの逐次的意思決定問題の最適方策系列を $\boldsymbol{\pi}^* = \{\pi_0^*, \pi_1^*, \ldots, \pi_T^*\}$ とし，$\boldsymbol{\pi}^*$ に従い意思決定をして，時間ステップ t で到達可能な状態集合を $\tilde{\mathcal{S}}_t$ とする．このとき，任意の $t \in \{0, \ldots, T\}$ と $s \in \tilde{\mathcal{S}}_t$ について，時間ステップ t で状態 s から再開し，時間ステップ T までの元の問題の部分問題を考えた場合，$\boldsymbol{\pi}^*$ の部分系列 $\{\pi_t^*, \ldots, \pi_T^*\}$ が最適解（の 1 つ）であることを最適性の原理という．

動的計画法で真の最適解が求まるような最適化問題は最適性の原理を満たしています．続く2章で示しますが，式(1.23)などの期待リターンにもとづき定式化される標準的な逐次的意思決定問題は（環境が既知の場合）動的計画法により真の最適方策を求めることができるので，時間整合的な最適化問題であるといえます．期待リターン以外の指標を用いた時間整合的な逐次的意思決定問題については，[74, 145, 146] が詳しいです．

*18 初期の「最適性の原理」の記述として，やや難解ですが，Bellman (1957, p.83)[17] によるものが非常に有名ですので，以下に引用します．

"An optimal policy has the property that whatever the initial state and initial decision are, the remaining decisions must constitute an optimal policy with regard to the state resulting from the first decision."

Chapter 2

プランニング

環境が既知の場合の逐次的意思決定問題であるプランニング問題を扱います．プランニング問題の特徴や解法は，環境が未知である強化学習問題を扱うための基礎になります．たとえば，プランニング問題の特徴を調べることで，環境が未知の場合においても，どのクラスの方策までを扱えばよいかがわかります．また，プランニング方法の確率的近似としてTD法やQ学習法など強化学習の代表的な方法が導出されます．本章では，はじめに期待リターンにもとづく目的関数や最適価値関数，最適方策を導入し，最適方策を求める方法として動的計画法（具体的な方法ではなく方法の総称）を紹介します．次に，動的計画法にもとづく方法として，価値反復法と方策反復法を示します．さらに線形計画法による解法にも触れ，導入した目的関数の性質を議論します．なお，環境をブラックボックスモデルとして扱うプラニングについては5章で紹介します．

2.1 準備

プランニング問題を具体的に定式化するため，目的関数を2.1.1節で導入し，目的関数の最適値と価値関数の最適性の関係を2.1.2節で整理します．

2.1.1 目的関数

ここでは目的関数として，価値関数の重み付き和 f_{w}（式(1.26)）の特別な

場合である，状態 s の期待リターン

$$f_{\mathrm{w}}(\boldsymbol{\pi}\,;\,\boldsymbol{e}_s^{|\mathcal{S}|}) = \mathbb{E}^{\pi}[C_0 \mid S_0 = s] = V^{\boldsymbol{\pi}}(s) \tag{2.1}$$

を用いることにします．ここで，$\boldsymbol{e}_m^n$ は第 m 要素が 1 で他の要素はゼロの n 次元ベクトルです．

式 (2.1) の目的関数を最大にする方策を**最適方策**といいますが，目的関数は初期状態の設定に依存するため，異なる初期状態 $s' \neq s$ の目的関数 $f_w(\boldsymbol{\pi}\,;\,\boldsymbol{e}_{s'}^{|\mathcal{S}|})$ を用いると，異なる最適方策が求まる可能性が考えられます．しかし，2.2 節で示しますが，最適方策の必要十分条件（命題 2.7）から，式 (2.1) の目的関数を，任意の初期状態について，最大にする定常な決定的方策 $\pi^* \in \Pi^{\mathrm{d}}$ が存在すること，つまり，

$$\max_{\boldsymbol{\pi} \in \boldsymbol{\Pi}^{\mathrm{H}}} f_w(\boldsymbol{\pi}\,;\,\boldsymbol{e}_s^{|\mathcal{S}|}) = f_{\mathrm{w}}(\pi^*\,;\,\boldsymbol{e}_s^{|\mathcal{S}|}), \quad \exists \pi^* \in \Pi^{\mathrm{d}}, \forall s \in \mathcal{S}$$

が成立します．これは定常な決定的方策のみを考えれば十分ということを意味するため，プランニングの方法の設計においても非常に有用な結果です．具体的なプランニング法は 2.3 節以降で説明します．

2.1.2 最適価値関数

1.4.3 節で，ある方策 $\boldsymbol{\pi} \in \boldsymbol{\Pi}^{\mathrm{H}}$ にもとづき行動選択した際の状態の条件付き期待リターンとして，価値関数 $V^{\boldsymbol{\pi}}(s) \triangleq \mathbb{E}[C_0 \mid S_0 = s, \mathrm{M}(\boldsymbol{\pi})]$ を導入しました．ここで新たに**最適価値関数**（optimal value function）$V^* : \mathcal{S} \to \mathbb{R}$,

$$V^*(s) \triangleq \max_{\boldsymbol{\pi} \in \boldsymbol{\Pi}^{\mathrm{H}}} V^{\boldsymbol{\pi}}(s) \tag{2.2}$$

を導入します．最適価値関数はその定義から式 (2.1) の目的関数の最適値に一致します．

式 (1.17) の同時周辺確率 $\varphi_t^{\pi}(s, a|s_0)$ を用いれば，価値関数 $V^{\boldsymbol{\pi}}$ を

$$\begin{aligned} V^{\boldsymbol{\pi}}(s_0) &= \sum_{t=0}^{\infty} \gamma^t \mathbb{E}^{\boldsymbol{\pi}}[g(S_t, A_t) \mid S_0 = s_0] \\ &= \sum_{t=0}^{\infty} \gamma^t \sum_{s \in \mathcal{S}} \sum_{a \in \mathcal{A}} \varphi_t^{\boldsymbol{\pi}}(s, a|s_0) g(s, a), \quad \forall \boldsymbol{\pi} \in \boldsymbol{\Pi}^{\mathrm{H}}, \forall s_0 \in \mathcal{S} \end{aligned} \tag{2.3}$$

のように書くことができるため，価値関数はマルコフ方策の十分性に関する

系 1.2 の条件を満たします．よって，系 1.2 より，最適価値関数を

$$V^*(s) \triangleq \max_{\boldsymbol{\pi}\in\boldsymbol{\Pi}^{\mathrm{H}}} V^{\boldsymbol{\pi}}(s) = \max_{\boldsymbol{\pi}\in\boldsymbol{\Pi}^{\mathrm{M}}} V^{\boldsymbol{\pi}}(s), \quad \forall s \in \mathcal{S} \tag{2.4}$$

と書き直すことができ，最適化対象の方策の集合として非マルコフ方策集合 $\boldsymbol{\Pi}^{\mathrm{H}}$ までを考慮する必要はなく，マルコフ方策集合 $\boldsymbol{\Pi}^{\mathrm{M}}$ を考えれば十分ということになります[*1]．

また，式 (1.32) のベルマン期待方程式の場合と同様にして，式 (1.21) のリターンの再帰性（$C_t = R_t + \gamma C_{t+1}$）を利用すれば，式 (2.4) を

$$\begin{aligned}
V^*(s) &= \max_{\boldsymbol{\pi}\in\boldsymbol{\Pi}^{\mathrm{M}}} V^{\boldsymbol{\pi}}(s) = \max_{\boldsymbol{\pi}\in\boldsymbol{\Pi}^{\mathrm{M}}} \mathbb{E}^{\boldsymbol{\pi}}[C_0 \mid S_0 = s] \\
&= \max_{\boldsymbol{\pi}\in\boldsymbol{\Pi}^{\mathrm{M}}} \mathbb{E}^{\boldsymbol{\pi}}[g(s, A_0) + \gamma C_1 \mid S_0 = s] \\
&= \max_{\pi_0\in\Pi} \mathbb{E}^{\pi_0}\Bigg[g(s, A_0) \\
&\qquad + \gamma \max_{\{\pi_1,\pi_2,\dots\}\in\boldsymbol{\Pi}^{\mathrm{M}}} \mathbb{E}^{\{\pi_1,\pi_2,\dots\}}[C_1 \mid S_1 \sim p_{\mathrm{T}}(\cdot|s, A_0)] \,\Bigg|\, S_0 = s\Bigg] \\
&= \max_{\pi_0\in\Pi} \sum_{a_0\in\mathcal{A}} \pi_0(a_0|s)\left(g(s, a_0) + \gamma \sum_{s_1\in\mathcal{S}} p_{\mathrm{T}}(s_1|s, a_0) V^*(s_1)\right)
\end{aligned}$$

と書き下せます．よって，次の V^* に関する再帰式が成り立つことがわかります．

$$V^*(s) = \max_{a\in\mathcal{A}} \left\{ g(s, a) + \gamma \sum_{s'\in\mathcal{S}} p_{\mathrm{T}}(s'|s, a) V^*(s') \right\}, \quad \forall s \in \mathcal{S} \tag{2.5}$$

これは**ベルマン最適方程式**（Bellman optimality equation）と呼ばれます．本書では以降，簡便化のため，ベルマン期待方程式（式 (1.32)）とベルマン最適方程式との区別が特に不要な場合，両者を総称して**ベルマン方程式**（Bellman equation）ということがあります．

---

*1　後述の命題 2.7 で示しますが，実は $\boldsymbol{\Pi}^{\mathrm{M}}$ よりも単純な方策である定常な決定的マルコフ方策集合 Π^{d} でも最適価値関数を達成することができます．つまり，$V^*(s) = \max_{\pi\in\Pi^{\mathrm{d}}} V^{\pi}(s)$ が成立します．

2.2 動的計画法

動的計画法（dynamic programming; DP）とは帰納的な計算手段（inductive computation）にもとづき，逐次的意思決定の最適化問題を解くアプローチのことです[19,163]．混同しやすく，注意すべきは，動的計画法とは具体的な方法を指すのではなく，上記のような特徴をもつ方法の総称であることです．実際に 2.3 節で 2 つの代表的な動的計画法の実装として，価値反復法と方策反復法を紹介します．

動的計画法は，1.4.4 節で示した**最適性の原理**の性質をもつ逐次的意思決定問題に対するアプローチで，最適性の原理を利用して最適化問題を部分問題に分割して，部分問題を再帰的に繰り返し解くことにより最適解を求めます．問題を部分問題に絞ることで，最適解をそのまま求めようとする場合に比べ，大幅に解の候補を絞ることができ，反復的に部分問題を解く必要はありますが，一般に効率よく最適解を求めることができます．ただし，最適化問題（目的関数や制約条件）の設定によっては最適性の原理が成り立たず，その場合は動的計画法で求まる解と真の最適解は一般に一致しません．

本節では，2.2.1 節で動的計画法の各反復の操作の基本となるベルマン作用素を導入し，2.2.2 節で動的計画法を数理的に紐解くうえで必要な結果を示し，2.2.3 節でその数理的な性質を解説します．2.2.4 節では，最適方策を定義し，その存在性などを示します．

2.2.1 ベルマン作用素

動的計画法は，一般に，**ベルマン作用素**（Bellman operator）や**動的計画写像**（DP mapping）と呼ばれる処理 B を関数 v に適用し，v の更新

$$v := \mathsf{B}(v) \tag{2.6}$$

を繰り返して，徐々に v を価値関数や最適価値関数に近づけます[19]．ここでは，ベルマン作用素として，任意の状態関数 $v : \mathcal{S} \to \mathbb{R}$ に対する 2 つの作用素 B_π と B_* を導入します．

まず，式 (1.32) の価値関数 V^π に関するベルマン期待方程式に対応する方

策 π で条件付けされた**ベルマン期待作用素**（Bellman expectation operator）$\mathsf{B}_\pi : \mathbb{R}^{\mathcal{S}} \to \mathbb{R}^{\mathcal{S}}$ として次があります*2.

$$(\mathsf{B}_\pi(v))(s) \triangleq \sum_{a\in\mathcal{A}} \pi(a|s)\left(g(s,a) + \gamma \sum_{s'\in\mathcal{S}} p_{\mathrm{T}}(s'|s,a)v(s')\right), \quad \forall s \in \mathcal{S} \tag{2.7}$$

以後，簡便化のため，関数についての作用素を $\mathsf{B}_\pi(v) \triangleq \mathsf{B}_\pi v$ のように表記します．なお，$\mathsf{B}_\pi v(s)$ は，初期状態が s のマルコフ決定過程 $\mathrm{M}(\pi)$ が時間ステップ $t=1$ で終了し，その終了時の状態 s' の価値を $v(s')$ とした際の時間ステップ $t=0$ の s の価値に対応すると解釈できます．

他のベルマン作用素として，式 (2.5) のベルマン最適方程式に対応する**ベルマン最適作用素**（Bellman optimality operator）$\mathsf{B}_* : \mathbb{R}^{\mathcal{S}} \to \mathbb{R}^{\mathcal{S}}$

$$(\mathsf{B}_* v)(s) \triangleq \max_{a\in\mathcal{A}}\left\{g(s,a) + \gamma \sum_{s'\in\mathcal{S}} p_{\mathrm{T}}(s'|s,a)v(s')\right\}, \quad \forall s \in \mathcal{S} \tag{2.8}$$

があります．この関数 $\mathsf{B}_* v$ は，時間ステップ長が 1 のマルコフ決定過程において，状態 s' で終了する価値を $v(s')$ とした場合の $t=0$ の最適価値関数に対応すると解釈できます．なお，ベルマン期待作用素 B_π とベルマン最適作用素 B_* の区別が特に必要ない場合，それらを単にベルマン作用素 B と呼ぶことがあります．

次に，ベルマン作用素の繰り返し適用について確認します．まず表記法ですが，方策 $\pi_0, \pi_1, \ldots, \pi_{k-1}$ のベルマン期待作用素 $\mathsf{B}_{\pi_0}, \mathsf{B}_{\pi_1}, \ldots, \mathsf{B}_{\pi_{k-1}}$ を $\mathsf{B}_{\pi_{k-1}}$ から逐次的に関数 $v : \mathcal{S} \to \mathbb{R}$ に適用する場合，

$$(\mathsf{B}_{\pi_0}(\mathsf{B}_{\pi_1}(\ldots(\mathsf{B}_{\pi_{k-1}}v)\ldots)) \triangleq \mathsf{B}_{\pi_0}\mathsf{B}_{\pi_1}\ldots\mathsf{B}_{\pi_{k-1}}v$$

もしくは $\boldsymbol{\pi} = \{\pi_0, \pi_1, \ldots, \pi_{k-1}\}$ として，

$$\mathsf{B}_{\pi_0}(\mathsf{B}_{\pi_1}(\ldots(\mathsf{B}_{\pi_{k-1}}v)\ldots)) \triangleq \mathsf{B}_{\boldsymbol{\pi}}^k v$$

と表記します．なお，同一の B_π の繰り返し適用の場合は，単に $\mathsf{B}_\pi(\mathsf{B}_\pi v) \triangleq \mathsf{B}_\pi^2 v$ のように表記します．ベルマン最適作用素についても同様の表記法を用

*2 作用素は写像や関数と同義語として用いられることもありますが，本書では原則，定義域や値域が $\mathbb{N}$ や $\mathbb{R}$ のような数である場合の写像を関数と呼び，それ以外を作用素と呼ぶことにします．

いることにします．

ベルマン作用素の繰り返し適用の具体例として，$\boldsymbol{\pi} = \{\pi_0, \pi_1\}$ のベルマン期待作用素 $\mathsf{B}_{\boldsymbol{\pi}}^2$ の関数 v への適用は

$$
\begin{aligned}
&(\mathsf{B}_{\boldsymbol{\pi}}^2 v)(s) = (\mathsf{B}_{\pi_0}(\mathsf{B}_{\pi_1} v))(s) \\
&= \sum_{a \in \mathcal{A}} \pi_0(a|s) \Bigg(g(s,a) + \gamma \sum_{s' \in \mathcal{S}} p_{\mathrm{T}}(s' \mid s, a) \\
&\quad \times \sum_{a' \in \mathcal{A}} \pi_1(a'|s') \Bigg(g(s',a') + \gamma \sum_{s'' \in \mathcal{S}} p_{\mathrm{T}}(s'' \mid s', a') v(s'') \Bigg) \Bigg), \quad \forall s \in \mathcal{S}
\end{aligned}
$$

となります．同様に，ベルマン最適作用素の場合は，

$$
\begin{aligned}
(\mathsf{B}_*^2 v)(s) = \max_{a \in \mathcal{A}} \Bigg\{ & g(s,a) + \gamma \sum_{s' \in \mathcal{S}} p_{\mathrm{T}}(s'|s,a) \\
& \times \max_{a' \in \mathcal{A}} \Bigg\{ g(s',a') + \gamma \sum_{s'' \in \mathcal{S}} p_{\mathrm{T}}(s''|s',a') v(s'') \Bigg\} \Bigg\}, \quad \forall s \in \mathcal{S}
\end{aligned}
$$

となり，k 回適用した場合，

$$
\begin{aligned}
&(\mathsf{B}_*^k v)(s) = \max_{a_0 \in \mathcal{A}} \Bigg\{ g(s,a_0) + \gamma \sum_{s_1 \in \mathcal{S}} p_{\mathrm{T}}(s_1|s,a_0) \\
&\times \max_{a_1 \in \mathcal{A}} \Bigg\{ g(s_1,a_1) + \gamma \sum_{s_2 \in \mathcal{S}} p_{\mathrm{T}}(s_2|s_1,a_1) \\
&\cdots \\
&\times \max_{a_{k-2} \in \mathcal{A}} \Bigg\{ g(s_{k-2},a_{k-2}) + \gamma \sum_{s_{k-1} \in \mathcal{S}} p_{\mathrm{T}}(s_{k-1}|s_{k-2},a_{k-2}) \\
&\times \max_{a_{k-1} \in \mathcal{A}} \Bigg\{ g(s_{k-1},a_{k-1}) + \gamma \sum_{s_k \in \mathcal{S}} p_{\mathrm{T}}(s_k|s_{k-1},a_{k-1}) v(s_k) \Bigg\} \Bigg\} \cdots \Bigg\} \Bigg\}, \\
&\hspace{30em} \forall s \in \mathcal{S}
\end{aligned}
\tag{2.9}
$$

となります．よって，関数 $\mathsf{B}_*^k v$ は時間ステップ長が k の有限時間のマルコフ

決定過程で，状態 s で終了する価値を $v(s)$ とする場合の $t=0$ の最適価値関数に対応することがわかります．なお，$k=0$ の場合は
$(\mathsf{B}_*^0 v)(s) = v(s)$, $s \in \mathcal{S}$ とします．

なお，ベルマン作用素の定義から，任意の $k \in \mathbb{N}_0$ と $v \in \mathbb{R}^{\mathcal{S}}$,
$\boldsymbol{\pi} \triangleq \{\pi_0, \ldots, \pi_{k-1}\} \in \boldsymbol{\Pi}_k^{\mathrm{M}}$ に対して，

$$(\mathsf{B}_{\boldsymbol{\pi}}^k v)(s) \leq \max_{\boldsymbol{\pi} \in \boldsymbol{\Pi}_k^{\mathrm{M}}} (\mathsf{B}_{\boldsymbol{\pi}}^k v)(s) = (\mathsf{B}_*^k v)(s), \quad \forall s \in \mathcal{S}$$

が成立します．ここで，$\boldsymbol{\Pi}_k^{\mathrm{M}}$ の下付き添字 $k \in \mathbb{N}$ は方策系列の長さが無限ではなく，有限 k であることを意味します．

最後に，ベルマン作用素と，ベルマン方程式や価値関数との関係性を確認します．ベルマン作用素 B_π や B_* を用いて，式 (1.32) のベルマン期待方程式を

$$V^\pi(s) = (\mathsf{B}_\pi V^\pi)(s), \quad \forall s \in \mathcal{S} \tag{2.10}$$

と書くことができ，また式 (2.5) のベルマン最適方程式を

$$V^*(s) = (\mathsf{B}_* V^*)(s), \quad \forall s \in \mathcal{S} \tag{2.11}$$

と書き直すことができます．これは V^π と V^* がそれぞれのベルマン作用素 B_π と B_* の**不動点**（fixed point）であり，$V^\pi = \mathsf{B}_\pi^k V^\pi$, $\forall k \in \mathbb{N}$ などが成立し，B_π を何度 V^π に適用しても V^π のままであることを意味します．不動点とは定義域と値域が同じ $\mathcal{X} \ni x$ であるような関数や作用素 $\mathcal{F}: \mathcal{X} \to \mathcal{X}$ に対して，$\mathcal{F}x = x$ を満たす x のことです．このような x は $\mathcal{F}$ の解とも呼ばれます．なお，V^π や V^* がベルマン作用素 B_π や B_* の唯一の不動点であるかどうかは自明ではありませんが，後述の命題 2.4 で唯一であることを示します．

2.2.2 ベルマン作用素の単調性

動的計画法の理論において重要な役割を果たす 2 つの補題を導入します．

補題 2.1（単調性の補題）

任意の関数 $v:\mathcal{S}\to\mathbb{R}$ と $v':\mathcal{S}\to\mathbb{R}$ が

$$v(s)\le v'(s),\quad \forall s\in\mathcal{S} \tag{2.12}$$

を満たすとき，

a. ベルマン最適作用素 B_* について，

$$(\mathsf{B}_*^k v)(s)\le(\mathsf{B}_*^k v')(s),\quad \forall s\in\mathcal{S},k\in\mathbb{N}_0$$

b. 任意のマルコフ方策系列 $\boldsymbol{\pi}\triangleq\{\pi_0,\pi_1,\dots\}\in\boldsymbol{\Pi}_k^{\mathrm{M}}$ のベルマン期待作用素の積 $\mathsf{B}_{\pi_0}\mathsf{B}_{\pi_1}\dots\mathsf{B}_{\pi_{k-1}}\triangleq\mathsf{B}_{\boldsymbol{\pi}}^k$ について，

$$(\mathsf{B}_{\boldsymbol{\pi}}^k v)(s)\le(\mathsf{B}_{\boldsymbol{\pi}}^k v')(s),\quad \forall s\in\mathcal{S},k\in\mathbb{N}_0$$

が成り立つ．

証明：

a. 帰納法により証明します．$k=0$ のときは条件式 (2.12) より明らかです．$k=n$ のとき，

$$(\mathsf{B}_*^n v)(s)\le(\mathsf{B}_*^n v')(s),\quad \forall s\in\mathcal{S}$$

が正しいと仮定すると，$p_{\mathrm{T}}\ge 0$ より，

$$\sum_{s'\in\mathcal{S}}p_{\mathrm{T}}(s'|s,a)(\mathsf{B}_*^n v)(s')\le\sum_{s'\in\mathcal{S}}p_{\mathrm{T}}(s'|s,a)(\mathsf{B}_*^n v')(s'),\quad \forall(s,a)\in\mathcal{S}\times\mathcal{A}$$

ですから，任意の $s\in\mathcal{S}$ に対して，

$$\begin{aligned}(\mathsf{B}_*^{n+1}v)(s)&=\max_{a\in\mathcal{A}}\left\{g(s,a)+\gamma\sum_{s'\in\mathcal{S}}p_{\mathrm{T}}(s'|s,a)(\mathsf{B}_*^n v)(s')\right\}\\&\le\max_{a\in\mathcal{A}}\left\{g(s,a)+\gamma\sum_{s'\in\mathcal{S}}p_{\mathrm{T}}(s'|s,a)(\mathsf{B}_*^n v')(s')\right\}=(\mathsf{B}_*^{n+1}v')(s)\end{aligned} \tag{2.13}$$

は明らかに成立します．よって，$k=n+1$ のときも a. が成立するので，帰納法により証明されました．

b.　a. と同様にして，証明されます．　□

この単調性の補題は，任意の状態の関数 v の大小関係はベルマン作用素を適用しても変わらない，つまり保存されるということを意味します．

ここで，関数 $v : \mathcal{S} \to \mathbb{R}$ と $v' : \mathcal{S} \to \mathbb{R}$ の和を

$$(v + v')(s) \triangleq v(s) + v'(s), \quad \forall s \in \mathcal{S}$$

と表記し，また同様に，関数 v に対して定数 $b \in \mathbb{R}$ を足したものも，

$$(v + b)(s) \triangleq v(s) + b, \quad \forall s \in \mathcal{S}$$

と表記することにします．このとき，ベルマン作用素の定義式 (2.7) または (2.8) から，任意の関数 $v : \mathcal{S} \to \mathbb{R}$，スカラー $b \in \mathbb{R}$ に対して，

$$(\mathsf{B}(v + b))(s) = (\mathsf{B}v)(s) + \gamma b, \quad \forall s \in \mathcal{S}$$

を得るので，同様にしてベルマン作用素を繰り返し適用すれば，次の補題が成り立つことがわかります．

補題 2.2

任意の $v : \mathcal{S} \to \mathbb{R}$，$b \in \mathbb{R}$ に対して，

$$(\mathsf{B}_*^k(v + b))(s) = (\mathsf{B}_*^k v)(s) + \gamma^k b, \quad \forall s \in \mathcal{S},\ \forall k \in \mathbb{N}_0$$
$$(\mathsf{B}_{\boldsymbol{\pi}}^k(v + b))(s) = (\mathsf{B}_{\boldsymbol{\pi}}^k v)(s) + \gamma^k b, \quad \forall \boldsymbol{\pi} \in \boldsymbol{\Pi}_k^{\mathrm{M}},\ \forall s \in \mathcal{S},\ \forall k \in \mathbb{N}_0$$

が成立する．

2.2.3　動的計画法の数理

ここでは，無限時間ステップ長のマルコフ決定過程に対する，動的計画法の収束性や最適方策の必要十分性など，最適方策を具体的に求める方法を考えるうえで有用な理論を説明します．

命題 2.3（動的計画法の収束性）

a. 任意の有界の状態関数 $v : \mathcal{S} \to \mathbb{R}$ に対して，ベルマン最適作用素 B_* を k 回繰り返し適用した関数 $(\mathsf{B}_*^k v)$ は最適価値関数 V^* に漸近的に等しくなる．

$$V^*(s) = \lim_{k\to\infty} (\mathsf{B}_*^k v)(s), \quad \forall s \in \mathcal{S} \tag{2.14}$$

b. 任意の有界の状態関数 $v : \mathcal{S} \to \mathbb{R}$ に対して，マルコフ方策系列 $\tilde{\boldsymbol{\pi}} \triangleq \{\pi_0, \ldots, \pi_{k-1}\} \in \boldsymbol{\Pi}_k^{\mathrm{M}}$ のベルマン期待作用素 $\mathsf{B}_{\tilde{\boldsymbol{\pi}}}^k$ を適用した関数 $(\mathsf{B}_{\tilde{\boldsymbol{\pi}}}^k v)$ は $\boldsymbol{\pi} \triangleq \{\tilde{\boldsymbol{\pi}}, \pi_k, \pi_{k+1}, \ldots\} \in \boldsymbol{\Pi}^{\mathrm{M}}$ の価値関数 $V^{\boldsymbol{\pi}}$ に漸近的に等しくなる．

$$V^{\boldsymbol{\pi}}(s) = \lim_{k\to\infty} (\mathsf{B}_{\tilde{\boldsymbol{\pi}}}^k v)(s), \quad \forall s \in \mathcal{S} \tag{2.15}$$

証明：

a. 関数 v も V^* の有界関数なので，

$$V^*(s) - b \le v(s) \le V^*(s) + b, \quad \forall s \in \mathcal{S}$$

を満たすような定数 $b \in \mathbb{R}$ が存在します．上の不等式に B_*^k を適用すれば，単調性の補題 2.1 から，

$$(\mathsf{B}_*^k(V^* - b))(s) \le (\mathsf{B}_*^k v)(s) \le (\mathsf{B}_*^k(V^* + b))(s), \quad \forall s \in \mathcal{S}$$

となり，補題 2.2 とベルマン最適方程式 (2.5) から，

$$V^*(s) - \gamma^k b \le (\mathsf{B}_*^k v)(s) \le V^*(s) + \gamma^k b, \quad \forall s \in \mathcal{S}$$

を得ます．ここで，極限 $k \to \infty$ をとれば式 (2.14) を得ます．

b. 　価値関数 $V^{\boldsymbol{\pi}}$ の定義（式 (1.24)）から，任意のマルコフ方策系列 $\boldsymbol{\pi} \triangleq \{\pi_0, \pi_1, \ldots\} \in \boldsymbol{\Pi}^{\mathrm{M}}$ に対して，時間ステップ $k - 1 \in \mathbb{N}$ までの部分方策系列を $\tilde{\boldsymbol{\pi}} \triangleq \{\pi_0, \ldots, \pi_{k-1}\}$ と定義すれば，

$$V^{\boldsymbol{\pi}}(s) = \mathbb{E}^{\tilde{\boldsymbol{\pi}}}\left[\sum_{t=0}^{k-1}\gamma^t g(S_t, A_t) \mid S_0 = s\right] + \lim_{T\to\infty}\mathbb{E}^{\boldsymbol{\pi}}\left[\sum_{t=k}^{T}\gamma^t g(S_t, A_t) \mid S_0 = s\right], \quad \forall s \in \mathcal{S} \tag{2.16}$$

のように，$V^{\boldsymbol{\pi}}$ を時間ステップ $k-1$ までの期待リターンと k 以降の期待リターンに分解することができます．報酬関数 g は定義より有界 $|g(s,a)| \leq R_{\max}, \forall(s,a) \in \mathcal{S}\times\mathcal{A}$ （式 (1.1)）なので，

$$\left|\mathbb{E}^{\boldsymbol{\pi}}\left[\sum_{t=k}^{\infty}\gamma^t g(S_t, A_t) \mid S_0 = s\right]\right| \leq \sum_{t=k}^{\infty}\gamma^t R_{\max} = \frac{\gamma^k R_{\max}}{1-\gamma}, \quad \forall s \in \mathcal{S}$$

ですから，式 (2.16) から次の不等式を得ます．

$$-\frac{\gamma^k R_{\max}}{1-\gamma} \leq V^{\boldsymbol{\pi}}(s) - \mathbb{E}^{\tilde{\boldsymbol{\pi}}}\left[\sum_{t=0}^{k-1}\gamma^t g(S_t, A_t) \mid S_0 = s\right] \leq \frac{\gamma^k R_{\max}}{1-\gamma}, \quad \forall s \in \mathcal{S} \tag{2.17}$$

また同様にして，ベルマン期待作用素 $\mathsf{B}^k_{\boldsymbol{\pi}}$ を関数 v に適用すれば，

$$\begin{aligned}(\mathsf{B}^k_{\boldsymbol{\pi}} v)(s) &= \mathbb{E}^{\tilde{\boldsymbol{\pi}}}\left[\sum_{t=0}^{k-1}\gamma^t g(S_t, A_t) + \gamma^k v(S_k) \mid S_0 = s\right] \\ &= \mathbb{E}^{\tilde{\boldsymbol{\pi}}}\left[\sum_{t=0}^{k-1}\gamma^t g(S_t, A_t) \mid S_0 = s\right] + \gamma^k \mathbb{E}^{\tilde{\boldsymbol{\pi}}}\left[v(S_k) \mid S_0 = s\right], \quad \forall s \in \mathcal{S}\end{aligned}$$

と書き下せるため，任意の $s \in \mathcal{S}$ について，

$$\gamma^k \min_{s\in\mathcal{S}} v(s) \leq (\mathsf{B}^k_{\tilde{\boldsymbol{\pi}}} v)(s) - \mathbb{E}^{\tilde{\boldsymbol{\pi}}}\left[\sum_{t=0}^{k-1}\gamma^t g(S_t, A_t) \mid S_0 = s\right] \leq \gamma^k \max_{s\in\mathcal{S}} v(s)$$

を得ます．上式と式 (2.17) から，任意の方策系列 $\boldsymbol{\pi} \in \boldsymbol{\Pi}^{\mathrm{M}}_k$ に対して，

$$\gamma^k\left(\min_{s\in\mathcal{S}} v(s) - \frac{R_{\max}}{1-\gamma}\right) \leq (\mathsf{B}^k_{\boldsymbol{\pi}} v)(s) - V^{\boldsymbol{\pi}}(s) \leq \gamma^k\left(\max_{s\in\mathcal{S}} v(s) + \frac{R_{\max}}{1-\gamma}\right), \quad \forall s \in \mathcal{S}, \forall k \in \mathbb{N}_0 \tag{2.18}$$

が成立し，極限 $k \to \infty$ をとれば式 (2.15) を得ます． □

命題 2.3 より，ベルマン作用素を繰り返し適用することで，初期の状態関数 v によらず，最適価値関数や価値関数を求められることがわかります．この考え方をそのまま実装した方法として，2.3.1 節で説明する価値反復法があります．

命題 2.3 を用いて，ベルマン方程式の解（ベルマン作用素の不動点と同義）の一意性に関する次の命題を示すことができます．

命題 2.4（ベルマン方程式の解の一意性）

a. ベルマン最適方程式 (2.11) の解になる関数 $v : \mathcal{S} \to \mathbb{R}$ は

$$(\mathsf{B}_* v)(s) = v(s), \quad \forall s \in \mathcal{S} \tag{2.19}$$

を満たすが，それは最適価値関数 V^* ただ 1 つである．

b. 定常方策 $\pi \in \Pi$ のベルマン期待方程式 (2.10) の解になる関数 $v : \mathcal{S} \to \mathbb{R}$ は

$$(\mathsf{B}_\pi v)(s) = v(s), \quad \forall s \in \mathcal{S}$$

を満たすが，それは π の価値関数 V^π ただ 1 つである．

証明：

a. 背理法を用いて示します．V^* とは異なる式 (2.19) を満たす関数 $v' : \mathcal{S} \to \mathbb{R}$,

$$\exists s \in \mathcal{S}, \quad V^*(s) \neq v'(s) \tag{2.20}$$

が存在するとします．v' は式 (2.19) を満たすので，$v' = \mathsf{B}_* v'$ ですから，命題 2.3 より，$v'(s) = \lim_{k\to\infty}(\mathsf{B}_*^k v)(s) = V^*(s)$, $\forall s \in \mathcal{S}$ となりますが，式 (2.20) と矛盾します．以上より，V^* が式 (2.19) を満たすただ 1 つの関数であることが示されました．

b. a. と同様にして，証明できます． □

次に，ベルマン作用素の縮小性に関する補題を示して，動的計画法の収束率を確認します．

補題 2.5（ベルマン作用素の縮小性）

任意の有界関数 $v:\mathcal{S}\to\mathbb{R}$, $v':\mathcal{S}\to\mathbb{R}$ と $k\in\mathbb{N}_0$ に対して，

a. ベルマン最適作用素 B_*^k について，

$$\gamma^k \min_{s\in\mathcal{S}}\{v(s)-v'(s)\} \le \min_{s\in\mathcal{S}}\left\{(\mathsf{B}_*^k v)(s)-(\mathsf{B}_*^k v')(s)\right\} \tag{2.21}$$

$$\max_{s\in\mathcal{S}}\left\{(\mathsf{B}_*^k v)(s)-(\mathsf{B}_*^k v')(s)\right\} \le \gamma^k \max_{s\in\mathcal{S}}\{v(s)-v'(s)\} \tag{2.22}$$

$$\max_{s\in\mathcal{S}}\left|(\mathsf{B}_*^k v)(s)-(\mathsf{B}_*^k v')(s)\right| \le \gamma^k \max_{s\in\mathcal{S}}|v(s)-v'(s)| \tag{2.23}$$

b. 任意の $\boldsymbol{\pi}\in\boldsymbol{\Pi}$ のベルマン期待作用素 $\mathsf{B}_{\boldsymbol{\pi}}^k$ について，

$$\gamma^k \min_{s\in\mathcal{S}}\{v(s)-v'(s)\} \le \min_{s\in\mathcal{S}}\left\{(\mathsf{B}_\pi^k v)(s)-(\mathsf{B}_\pi^k v')(s)\right\}$$

$$\max_{s\in\mathcal{S}}\left\{(\mathsf{B}_\pi^k v)(s)-(\mathsf{B}_\pi^k v')(s)\right\} \le \gamma^k \max_{s\in\mathcal{S}}\{v(s)-v'(s)\}$$

$$\max_{s\in\mathcal{S}}\left|(\mathsf{B}_\pi^k v)(s)-(\mathsf{B}_\pi^k v')(s)\right| \le \gamma^k \max_{s\in\mathcal{S}}|v(s)-v'(s)|$$

が成立する．

証明：

a. 簡便化のため，

$$\underline{\varepsilon} \triangleq \min_{s\in\mathcal{S}}\{v(s)-v'(s)\}, \quad \overline{\varepsilon} \triangleq \max_{s\in\mathcal{S}}\{v(s)-v'(s)\}$$

と定義すれば，

$$v'(s)+\underline{\varepsilon} \le v(s) \le v'(s)+\overline{\varepsilon}, \quad \forall s\in\mathcal{S}$$

と書けます．上式に対して，B_* を k 回繰り返し適用すれば，単調性の補題 2.1 と補題 2.2 より，

$$\begin{aligned}
&(\mathsf{B}_*^k v')(s)+\gamma^k\underline{\varepsilon} \le (\mathsf{B}_*^k v)(s) \le (\mathsf{B}_*^k v')(s)+\gamma^k\overline{\varepsilon}, \quad \forall s\in\mathcal{S}\\
\Leftrightarrow\quad &\gamma^k\underline{\varepsilon} \le (\mathsf{B}_*^k v)(s)-(\mathsf{B}_*^k v')(s) \le \gamma^k\overline{\varepsilon}, \quad \forall s\in\mathcal{S}
\end{aligned} \tag{2.24}$$

を得るので，式 (2.21) と式 (2.22) は成立します．

次に，式 (2.23) を示します．

$$\varepsilon \triangleq \max_{s\in\mathcal{S}} |v(s) - v'(s)| = \max\{|\overline{\varepsilon}|, |\underline{\varepsilon}|\}$$

ですから，式 (2.24) より，

$$-\gamma^k\varepsilon \le \gamma^k\underline{\varepsilon} \le (\mathsf{B}_*^k v)(s) - (\mathsf{B}_*^k v')(s) \le \gamma^k\overline{\varepsilon} \le \gamma^k\varepsilon \quad \forall s \in \mathcal{S}$$

を得るので，式 (2.23) は成り立ちます．

b. a. と同様にして，証明できます． □

ベルマン作用素の縮小性の補題 2.5 の式 (2.23) の v' に V^* を代入すれば，ベルマン最適方程式 (2.11) より $V^* = \mathsf{B}_* V^*$ なので，任意の関数 $v : \mathcal{S} \to \mathbb{R}$ に対して，

$$\max_{s\in\mathcal{S}} \left|(\mathsf{B}_*^k v)(s) - V^*(s)\right| \le \gamma^k \max_{s\in\mathcal{S}} |v(s) - V^*(s)| \tag{2.25}$$

が成立します．よって，V^* と $\mathsf{B}_*^k v$ の誤差の最大値ノルム[*3]（最大絶対誤差）は，動的計画法の反復回数 k について指数関数的に減衰することがわかります．またベルマン期待作用素 B_π についても，任意の $v : \mathcal{S} \to \mathbb{R}$ に対して，

$$\max_{s\in\mathcal{S}} \left|(\mathsf{B}_\pi^k v)(s) - V^\pi(s)\right| \le \gamma^k \max_{s\in\mathcal{S}} |v(s) - V^\pi(s)| \tag{2.26}$$

が成立します．なお，補題 2.5 の式 (2.23) のような縮小性の特性をもつ作用素は一般に**収縮写像**（contraction mapping）と呼ばれます[*4]．

2.2.4 最適方策

期待リターンについての最適方策を定義して，その存在性や必要十分条件を示します．

---

*3 ノルムについては補足 A.2.2 を参照ください．

*4 本書ではわかりやすさを優先し，B_π など具体的な作用素についての性質を確認していますが，収縮写像という性質をもつ一般化した写像（作用素）についても収束性などの同様の解析が可能です．

定義 2.6（最適方策）

任意の初期状態 $s \in \mathcal{S}$ からの期待リターンを最大化する方策 π^* を**最適方策**と呼ぶ．

$$V^*(s) = V^{\pi^*}(s), \quad \forall s \in \mathcal{S} \tag{2.27}$$

ある特定の状態 s の期待リターンを最大にする方策は $\mathrm{argmax}_{\boldsymbol{\pi}} V^{\boldsymbol{\pi}}(s)$ でありつねに存在しますが，定義 2.6 の最適方策 π^* はあらゆる状態の期待リターンを最大にするものですから，その存在性は自明ではありません．もし存在する場合，どの方策集合までを考えれば十分といえるのでしょうか．次の命題がこれらの疑問の答えになります．

命題 2.7（最適方策の存在性と必要十分条件）

最適方策になりうる定常な決定的方策 $\pi^* \in \Pi^{\mathrm{d}}$ $(\subset \Pi)$ が存在し，ある π^* が最適方策であることの必要十分条件は，π^* のベルマン期待作用素 B_{π^*} によるベルマン期待方程式 (2.10) の不動点 V^{π^*} が最適価値関数 V^*（式 (2.2)）であること，つまり

$$V^*(s) = (\mathsf{B}_{\pi^*} V^*)(s), \quad \forall s \in \mathcal{S} \tag{2.28}$$

が成立することである *5．

証明：命題 2.4 より，π^* のベルマン期待作用素 B_{π^*} に対応するベルマン期待方程式 $v = (\mathsf{B}_{\pi^*} v)$ を満たす状態関数 v は価値関数 V^{π^*} のみですから，式 (2.28) が成り立つのであれば，式 (2.27) を得ます．よって，式 (2.28) は π^* が最適方策であることの十分条件であることが示されました．

反対に，π^* が最適方策であれば，最適方策の定義から $V^* = V^{\pi^*}$ であることから，命題 2.4b. から式 (2.28) を得ます．よって，式 (2.28) は π^* が最

*5　A が B の必要十分条件とは，A が真ならば B は真（$A \Rightarrow B$），かつ B が真ならば A は真（$B \Rightarrow A$）を意味します．このことを $A \Leftrightarrow B$ と表記したり，“A のとき，かつそのときに限り，B である” と書くことがあります．

適方策であることの必要条件にもなります．

最後に，式 (2.28) を満たす $\pi^{\mathrm{d}*} \in \Pi^{\mathrm{d}}$ による $\mathsf{B}_{\pi^{\mathrm{d}*}}$ が存在することを示すことで，最適方策になる定常な決定的方策 $\pi^{\mathrm{d}*}$ が存在することを示します．定常な決定的方策 $\pi^{\mathrm{d}*} \in \Pi^{\mathrm{d}}$ を

$$\pi^{\mathrm{d}*}(s) := \operatorname*{argmax}_{a \in \mathcal{A}} \left\{ g(s,a) + \gamma \sum_{s' \in \mathcal{S}} p_{\mathrm{T}}(s'|s,a) V^*(s') \right\} \tag{2.29}$$

のように設計すれば，ベルマン作用素の定義式 (2.7) と (2.8) から，$\mathsf{B}_{\pi^{\mathrm{d}*}} = \mathsf{B}_*$ が成り立ちます．ただし，$\operatorname{argmax}_{a \in \mathcal{A}}$ の計算において，同一の最大値をもつ複数の行動 a がある場合，ある決まった順序で扱うものとします[*6]．また，命題 2.4 a. より，$\mathsf{B}_{\pi^{\mathrm{d}*}} = \mathsf{B}_*$ であれば，$\mathsf{B}_{\pi^{\mathrm{d}*}}$ は式 (2.28) を満たします．以上より，式 (2.28) を満たす $\mathsf{B}_{\pi^{\mathrm{d}*}}$ が存在することが示されました． □

命題 2.7 は，最適方策の定義 2.6 と最適価値関数 V^* の定義（式 (2.2)）$V^*(s) \triangleq \max_{\boldsymbol{\pi} \in \boldsymbol{\Pi}^{\mathrm{H}}} V^{\boldsymbol{\pi}}(s),\ \forall s \in \mathcal{S}$ から，

$$V^{\pi^{\mathrm{d}*}}(s) \geq V^{\boldsymbol{\pi}}(s), \quad \forall \boldsymbol{\pi} \in \boldsymbol{\Pi}^{\mathrm{H}}, \forall s \in \mathcal{S}$$

を満たす定常な決定的方策 $\pi^{\mathrm{d}*} \in \Pi^{\mathrm{d}}$ が存在することを意味します．よって，最適方策 $\pi^{\mathrm{d}*}$ は式 (1.26) の目的関数 $f_{\mathrm{w}}(\pi; w) \triangleq \sum_s w(s) V^{\pi}(s)$ について，任意の重み関数 $w \in \mathbb{R}^{\mathcal{S}}_{\geq 0}$ に対して，

$$f_{\mathrm{w}}(\pi^{\mathrm{d}*}; w) = \sum_{s \in \mathcal{S}} w(s)\, V^{\pi^{\mathrm{d}*}}(s) = \sum_{s \in \mathcal{S}} w(s) \max_{\boldsymbol{\pi} \in \boldsymbol{\Pi}^{\mathrm{H}}} V^{\pi}(s) \geq \max_{\boldsymbol{\pi} \in \boldsymbol{\Pi}^{\mathrm{H}}} f_{\mathrm{w}}(\boldsymbol{\pi}; w)$$

を満たすので，

$$f_{\mathrm{w}}(\pi^{\mathrm{d}*}; w) = \max_{\boldsymbol{\pi} \in \boldsymbol{\Pi}^{\mathrm{H}}} f_{\mathrm{w}}(\boldsymbol{\pi}; w), \quad \forall w \in \mathbb{R}^{\mathcal{S}}_{\geq 0}$$

が成り立ちます．つまり，最適方策の学習とは目的関数 $f_{\mathrm{w}}(\pi; w),\ w \in \mathbb{R}^{\mathcal{S}}_{>0}$ を最大にする方策の探索問題であるといえます．ここで，重み w の条件をゼロ以上でなくて，ゼロより大きいとしているのは，もしも重みが非ゼロのいずれの状態からも到達できない状態 $s^\star$ が存在してしまうと，$s^\star$ での行動選択は f_{w} に影響を与えず，f_{w} を最大化するような方策を求めても，$s^\star$ での行動選択

*6 式 (2.29) の右辺を最大化するような行動が複数ある場合，それらの行動を確率的に選択するような確率的方策ももちろん最適方策になります．

は最適化されないためです．もし任意の $\pi \in \Pi$ で $\mathrm{MC}(\pi)$ が既約であれば，任意の状態間の行き来が可能なので，重みの条件を $w \in \{w \in \mathbb{R}^{\mathcal{S}}_{\geq 0} : \|w\| > 0\}$ と緩和することができます．なお，$w(s) > 0$ であれば最適方策は w の設定によらないことを 2.4 節の線形計画問題の解析（命題 2.15）でも確認します．

命題 2.7 はアルゴリズムを設計するうえでも重要な結果です．第一に，最適化対象の方策集合として時間ステップ依存の非定常な方策や確率的方策などのサイズが大きい方策集合を考える必要はなく，もっとも簡単な方策集合である定常な決定的方策の集合 Π^{d} のみを扱っても問題ないことを保証します．第二に，学習している方策のベルマン期待方程式の解が最適価値関数と一致するかどうかで最適方策かどうかを確認できます．また，最適価値関数を求めれば，式 (2.29) から最適方策が求まります．実際に，2.3 節の動的計画法にもとづくアルゴリズムはこれらの結果にもとづき導出されます．

2.3　動的計画法による解法

動的計画法の実装として，価値反復法（2.3.1 節）と方策反復法（2.3.2 節）の 2 つの代表的な方法を紹介します．

2.3.1　価値反復法

命題 2.3 a. から，ベルマン最適作用素を状態関数に繰り返し適用することで最適価値関数を求めることができ，命題 2.7 の式 (2.29) から，最適価値関数から最適方策を計算できます．これらを直接的に実装した方法として，**アルゴリズム 2.1** の Bellman（1957）[17] による**価値反復法**（value iteration algorithm）があります．

アルゴリズム 2.1 価値反復法（value iteration algorithm）[17]

[入力] $\mathcal{S}$, $\mathcal{A}$, p_{T}, g, γ, 終了閾値 $\epsilon \in (0, \infty)$
[出力]（推定の）最適方策 $\pi^{\mathrm{d}}_{v'} : \mathcal{S} \to \mathcal{A}$, 最適価値関数 $v' : \mathcal{S} \to \mathbb{R}$

1. 初期化
   価値関数 $v : \mathcal{S} \to \mathbb{R}$ を任意に初期化*7.
2. 価値関数の更新

$$v'(s) := \max_{a \in \mathcal{A}} \left\{ g(s,a) + \gamma \sum_{s' \in \mathcal{S}} p_{\mathrm{T}}(s' \mid s,a) v(s') \right\}, \quad \forall s \in \mathcal{S}$$

3. 収束判定
   もし $\max_{s \in \mathcal{S}} |v(s) - v'(s)| < \epsilon$ ならば，決定的方策

$$\pi^{\mathrm{d}}_{v'}(s) := \operatorname*{argmax}_{a \in \mathcal{A}} \left\{ g(s,a) + \gamma \sum_{s' \in \mathcal{S}} p_{\mathrm{T}}(s' \mid s,a) v'(s') \right\}, \quad \forall s \in \mathcal{S}$$

   を求め終了.
   それ以外は，$v(s) := v'(s), \forall s \in \mathcal{S}$ として，手順 2. から繰り返す.

なお，B_* の代わりに B_π を用いて，関数 $v : \mathcal{S} \to \mathbb{R}$ の更新

$$v(s) := \mathsf{B}_\pi v(s), \quad \forall s \in \mathcal{S} \tag{2.30}$$

を反復すれば，命題 2.3 b. から，価値関数 V^π が求まります.

以下，アルゴリズム 2.1 の価値反復法の収束率や終了条件の妥当性を議論します．まず，その道具になる動的計画法の反復回数が有限回の場合の誤差に関する結果を命題 2.8 に示します.

*7 特に事前知識がない場合，$v(s) := 0, \forall s \in \mathcal{S}$ と初期化します.

命題 2.8（動的計画法の誤差限界）

任意の有界関数 $v : \mathcal{S} \to \mathbb{R}$ にベルマン作用素を $k \in \mathbb{N}$ 回反復して求まる関数と極限 $k \to \infty$ の関数（価値関数）の誤差は，次のように抑えられる：

a. ベルマン最適作用素 B_* について，反復回数 k と $k-1$ の関数の差の最小値と最大値を

$$\begin{cases} \underline{\varepsilon}_k^{*,v} \triangleq \min_{s\in\mathcal{S}} \left\{ \left(\mathsf{B}_*^k v\right)(s) - \left(\mathsf{B}_*^{k-1} v\right)(s) \right\} \\ \overline{\varepsilon}_k^{*,v} \triangleq \max_{s\in\mathcal{S}} \left\{ \left(\mathsf{B}_*^k v\right)(s) - \left(\mathsf{B}_*^{k-1} v\right)(s) \right\} \end{cases} \tag{2.31}$$

と定義すれば，最適価値関数 V^* に対する誤差限界は

$$\frac{\gamma}{1-\gamma}\underline{\varepsilon}_k^{*,v} \leq V^*(s) - \left(\mathsf{B}_*^k v\right)(s) \leq \frac{\gamma}{1-\gamma}\overline{\varepsilon}_k^{*,v}, \quad \forall s \in S \tag{2.32}$$

となり，誤差の上下限について次の縮小性が成立する．

$$\gamma \underline{\varepsilon}_k^{*,v} \leq \underline{\varepsilon}_{k+1}^{*,v}, \quad \overline{\varepsilon}_{k+1}^{*,v} \leq \gamma \overline{\varepsilon}_k^{*,v} \tag{2.33}$$

$$\max\left\{ \left|\underline{\varepsilon}_{k+1}^{*,v}\right|, \left|\overline{\varepsilon}_{k+1}^{*,v}\right| \right\} \leq \gamma \max\left\{ \left|\underline{\varepsilon}_k^{*,v}\right|, \left|\overline{\varepsilon}_k^{*,v}\right| \right\} \tag{2.34}$$

b. 任意の $\pi \in \Pi$ のベルマン期待作用素 B_π について，反復回数 k と $k-1$ の関数の差の最小値と最大値を

$$\underline{\varepsilon}_k^{\pi,v} \triangleq \min_{s\in\mathcal{S}} \left\{ \left(\mathsf{B}_\pi^k v\right)(s) - \left(\mathsf{B}_\pi^{k-1} v\right)(s) \right\}$$

$$\overline{\varepsilon}_k^{\pi,v} \triangleq \max_{s\in\mathcal{S}} \left\{ \left(\mathsf{B}_\pi^k v\right)(s) - \left(\mathsf{B}_\pi^{k-1} v\right)(s) \right\}$$

と定義すれば，価値関数 V^π に対する誤差限界は

$$\frac{\gamma}{1-\gamma}\underline{\varepsilon}_k^{\pi,v} \leq V^\pi(s) - \left(\mathsf{B}_\pi^k v\right)(s) \leq \frac{\gamma}{1-\gamma}\overline{\varepsilon}_k^{\pi,v}, \quad \forall s \in S$$

となり，誤差の上下限について次の縮小性が成立する．

$$\gamma \underline{\varepsilon}_k^{\pi,v} \leq \underline{\varepsilon}_{k+1}^{\pi,v}, \quad \overline{\varepsilon}_{k+1}^{\pi,v} \leq \gamma \overline{\varepsilon}_k^{\pi,v}$$

$$\max\left\{ \left|\underline{\varepsilon}_{k+1}^{\pi,v}\right|, \left|\overline{\varepsilon}_{k+1}^{\pi,v}\right| \right\} \leq \gamma \max\left\{ \left|\underline{\varepsilon}_k^{\pi,v}\right|, \left|\overline{\varepsilon}_k^{\pi,v}\right| \right\}$$

証明は補足 A.1.1 で示します．命題 2.8 の結果を用いることで，価値反復法（アルゴリズム 2.1）の終了条件の閾値 ϵ と求まる価値関数や方策の質との関係性や，有限の反復回数で終了することの保証など，アルゴリズムの重要な性質を解析することが可能です．

はじめに，価値反復法の閾値 ϵ と価値関数の関係を確認します．命題 2.8 の V^* に対する誤差限界の式 (2.32) を

$$\max_{s\in\mathcal{S}}\left|V^*(s)-\left(\mathsf{B}_*^k v\right)(s)\right| \leq \frac{\gamma}{1-\gamma}\varepsilon_k^{*,v} \tag{2.35}$$

と書き換えます．ここで，$\varepsilon_k^{*,v}$ は次の最大絶対差異

$$\varepsilon_k^{*,v} \triangleq \max\left\{\left|\underline{\varepsilon}_k^{*,v}\right|, \left|\overline{\varepsilon}_k^{*,v}\right|\right\} = \max_{s\in\mathcal{S}}\left|\left(\mathsf{B}_*^k v\right)(s)-\left(\mathsf{B}_*^{k-1} v\right)(s)\right|$$

です．価値反復法の初期価値関数を v_0 とすれば，n 回反復後の推定価値関数 v_n は

$$v_n = \mathsf{B}_* v_{n-1} = \mathsf{B}_*^2 v_{n-2} = \cdots = \mathsf{B}_*^n v_0 \tag{2.36}$$

となります．価値反復法が第 N 反復で終了するとき，その終了条件から，v_N と v_{N-1} の最大絶対差異は閾値 ϵ より小さいので，

$$\begin{aligned}\epsilon &> \max_{s\in\mathcal{S}}\left|v_N(s)-v_{N-1}(s)\right| \\ &= \max_{s\in\mathcal{S}}\left|\left(\mathsf{B}_*^N v_0\right)(s)-\left(\mathsf{B}_*^{N-1} v_0\right)(s)\right| = \varepsilon_N^{*,v_0}\end{aligned} \tag{2.37}$$

となります．よって，式 (2.35) を

$$\max_{s\in\mathcal{S}}\left|V^*(s)-v_N(s)\right| < \frac{\gamma}{1-\gamma}\epsilon \tag{2.38}$$

と変形できるので，推定価値関数 v_N の最適価値関数 V^* に対する誤差を終了条件閾値 ϵ を用いて抑えられます．また，式 (2.34) より終了判定で確認する変数 ε_n^{*,v_0} は反復回数 n に対して指数減衰し，初期の値 ε_1^{*,v_0} は明らかに有界ですから，ε_N^{*,v_0} が閾値 ϵ より小さくなるような有限の反復回数 N は存在します．つまり，価値反復法は必ず有限の反復回数で終了します．

次に，価値反復法（アルゴリズム 2.1）で求まる方策 $\pi_{v_N}^{\mathrm{d}}$ の質と終了条件の閾値 ϵ との関係性を確認します．方策 $\pi_{v_N}^{\mathrm{d}}$ の質として，方策 $\pi_{v_N}^{\mathrm{d}}$ に従った場合の価値関数 $V^{\pi_{v_N}^{\mathrm{d}}}$ と最適価値関数 V^* の差の最大値

$$q(\pi^{\mathrm{d}}_{v_N}) \triangleq \max_{s\in\mathcal{S}} \left\{ V^*(s) - V^{\pi^{\mathrm{d}}_{v_N}}(s) \right\} \tag{2.39}$$

を考えます．方策 $\pi^{\mathrm{d}}_{v_N}$ の価値関数 $V^{\pi^{\mathrm{d}}_{v_N}}$ はその定義から，推定価値関数 v_N と異なることに注意してください．なお，V^* の定義 (2.2) から，任意の方策 $\pi \in \Pi$ に対して，$V^*(s) \geq V^{\pi}(s), \forall s \in \mathcal{S}$ ですから，$q(\pi)$ の定義に絶対値を用いる必要性はありません．以降，$q(\pi)$ を最適方策に対する方策 π の誤差，もしくは単に方策誤差と呼ぶことにします．ベルマン作用素の定義（式 (2.8)，(2.7)）と価値反復法での方策の作成方法から，

$$v_{N+1} = \mathsf{B}_* v_N = \mathsf{B}_{\pi^{\mathrm{d}}_{v_N}} v_N \tag{2.40}$$

が成り立つことがわかります．また，

$$\begin{aligned} \varepsilon_1^{\pi^{\mathrm{d}}_{v_N}, v_N} &= \max_{s\in\mathcal{S}} \left| \left(\mathsf{B}_{\pi^{\mathrm{d}}_{v_N}} v_N\right)(s) - v_N(s) \right| \\ &= \max_{s\in\mathcal{S}} \left| \left(\mathsf{B}_* v_N\right)(s) - v_N(s) \right| = \varepsilon_1^{*, v_N} \end{aligned} \tag{2.41}$$

であり，式 (2.36) より

$$\begin{aligned} \varepsilon_1^{*, v_N} &= \max_{s\in\mathcal{S}} \left| (\mathsf{B}_* v_N)(s) - v_N(s) \right| \\ &= \max_{s\in\mathcal{S}} \left| (\mathsf{B}_*^{N+1} v_0)(s) - (\mathsf{B}_*^{N} v_0)(s) \right| = \varepsilon_{N+1}^{*, v_0} \end{aligned} \tag{2.42}$$

です．よって，式 (2.34) の縮小性と式 (2.37) から

$$\varepsilon_1^{\pi^{\mathrm{d}}_{v_N}, v_N} = \varepsilon_1^{*, v_N} = \varepsilon_{N+1}^{*, v_0} \leq \gamma \varepsilon_N^{*, v_0} < \gamma \epsilon$$

が成立するので，終了条件の閾値 ϵ で方策誤差 $q(\pi^{\mathrm{d}}_{v_N})$ を次のように抑えることができます．

$$\begin{aligned} q(\pi^{\mathrm{d}}_{v_N}) &= \max_{s\in\mathcal{S}} \left\{ V^*(s) - v_{N+1}(s) + v_{N+1}(s) - V^{\pi^{\mathrm{d}}_{v_N}}(s) \right\} \\ &\leq \max_{s\in\mathcal{S}} \left| V^*(s) - \left(\mathsf{B}_* v_N\right)(s) \right| + \max_{s\in\mathcal{S}} \left| V^{\pi^{\mathrm{d}}_{v_N}}(s) - \left(\mathsf{B}_{\pi^{\mathrm{d}}_{v_N}} v_N\right)(s) \right| \\ &\leq \frac{\gamma}{1-\gamma} \left(\varepsilon_1^{*, v_N} + \varepsilon_1^{\pi^{\mathrm{d}}_{v_N}, v_N} \right) \\ &< \frac{2\gamma^2}{1-\gamma} \epsilon \end{aligned} \tag{2.43}$$

ここで，1つ目の不等式の導出には式 (2.40) を用いています．式 (2.43) の方策 $\pi^{\mathrm{d}}_{v_N}$（の価値関数 $V^{\pi^{\mathrm{d}}_{v_N}}$）の誤差に関する不等式と推定価値関数 v_N の誤差の不等式 (2.38) を見比べると，γ が 1 に近い場合，v_N に比べ $V^{\pi^{\mathrm{d}}_{v_N}}$ は約 2 倍もの V^* に対する誤差をもつ可能性があることがわかります．よって，価値反復法を適用する目的が最適価値関数の推定ではなく最適方策の同定であり，価値関数推定の場合と同程度の最適性を保証したいのならば，閾値を 1/2 倍ほど小さく厳しくする必要があり，終了条件を達成するために必要な反復回数が増えてしまいます．

ただし，価値反復法の終了条件を，閾値 $\sigma(>0)$ を用いて，

$$\max_{s\in\mathcal{S}}\{v_n(s)-v_{n-1}(s)\}-\min_{s\in\mathcal{S}}\{v_n(s)-v_{n-1}(s)\}<\sigma \tag{2.44}$$

と変更すれば，以下に示すように，式 (2.43) よりも方策誤差 $q(\pi)$ に関する厳しい上限を導出でき，すでに所望の精度の方策を計算できているにもかかわらず，反復を続けてしまうといった無駄な計算を削減できる可能性があります．反復回数 N で終了条件を達成したと仮定すると，$\underline{\varepsilon}^{*,v}_k$ と $\overline{\varepsilon}^{*,v}_k$ の定義（式 (2.31)）と式 (2.36) から，

$$\overline{\varepsilon}^{*,v_0}_N-\underline{\varepsilon}^{*,v_0}_N<\sigma \tag{2.45}$$

と書き換えられます．また，式 (2.40) から，式 (2.41) や (2.42) の導出と同様にして，

$$\underline{\varepsilon}^{\pi^{\mathrm{d}}_{v_n},v_n}_1=\underline{\varepsilon}^{*,v_n}_1=\underline{\varepsilon}^{*,v_0}_{n+1},\quad \overline{\varepsilon}^{*,v_n}_1=\overline{\varepsilon}^{*,v_0}_{n+1},\quad \forall n\in\mathbb{N}_0 \tag{2.46}$$

を導出でき，命題 2.8 を用いて，方策の誤差 $q(\pi^{\mathrm{d}}_{v_N})$ を次のように抑えられることがわかります．

$$\begin{aligned}
q(\pi^{\mathrm{d}}_{v_N}) &= \max_{s\in\mathcal{S}}\left\{V^*(s)-\big(\mathsf{B}_*v_N\big)(s)+\big(\mathsf{B}_{\pi^{\mathrm{d}}_{v_N}}v_N\big)(s)-V^{\pi^{\mathrm{d}}_{v_N}}(s)\right\}\\
&\le \max_{s\in\mathcal{S}}\left\{V^*(s)-\big(\mathsf{B}_*v_N\big)(s)\right\}-\min_{s\in\mathcal{S}}\left\{V^{\pi^{\mathrm{d}}_{v_n}}(s)-\big(\mathsf{B}_{\pi^{\mathrm{d}}_{v_N}}v_N\big)(s)\right\}\\
&\le \frac{\gamma}{1-\gamma}\Big(\overline{\varepsilon}^{*,v_N}_1-\underline{\varepsilon}^{\pi^{\mathrm{d}}_{v_N},v_N}_1\Big)\\
&= \frac{\gamma}{1-\gamma}\big(\overline{\varepsilon}^{*,v_0}_{N+1}-\underline{\varepsilon}^{*,v_0}_{N+1}\big)\le\frac{\gamma^2}{1-\gamma}\big(\overline{\varepsilon}^{*,v_0}_N-\underline{\varepsilon}^{*,v_0}_N\big)
\end{aligned} \tag{2.47}$$

最初の等式の導出に式 (2.40) を用いています．以上より，式 (2.45) から，

$$q(\pi^{\mathrm{d}}_{v_N}) < \frac{\gamma^2}{1-\gamma}\sigma$$

が成立します．上式と元の方策誤差に関する不等式 (2.43) を比べると，係数の違いから，新条件 (2.44) の被判定変数が元の条件 (2.37) の被判定変数 ε_n^{*,v_0} の 2 倍以下，つまり，

$$\overline{\varepsilon}_n^{*,v_0} - \underline{\varepsilon}_n^{*,v_0} \leq 2\varepsilon_n^{*,v_0}, \quad \forall n \in \mathbb{N}, \forall v_0 \in \mathbb{R}^{\mathcal{S}} \tag{2.48}$$

であれば，新しい終了条件のほうが厳しい精度の保証が可能であるといえ，少ない反復回数で同じ精度保証を達成できると考えられます．そして実際に，$\overline{\varepsilon}$, $\underline{\varepsilon}$, ε の定義から式 (2.48) は明らかに成立し，等号が成立するのは，$\overline{\varepsilon}_n^{*,v_0} = -\underline{\varepsilon}_n^{*,v_0}$ の場合のみです．

以上の考察を次の例 2.1 で具体的に確認します．

例 2.1 例 1.5 で用いた 2 状態のマルコフ決定過程（図 1.11）に対して，価値反復法（アルゴリズム 2.1）を適用します．リターンの割引率 γ を 0.9 もしくは 0.95 と設定し，終了閾値を $\epsilon = 1$ とした場合の推定価値関数 v_n の遷移結果を図 **2.1** に示します．グラフの垂直方向の誤差範囲（エラーバー）は式 (2.32) の動的計画法の誤差限界値を表していて，命題 2.8 の結果の通り，誤差限界の内側に真の最適価値関数が収まっていることを確認できます．

次に図 **2.2** に各反復 n での方策 $\pi^{\mathrm{d}}_{v_n}$ に対応する価値関数 $V^{\pi^{\mathrm{d}}_{v_n}}$ の遷移結果を示します．左右のグラフの違いはエラーバーのみで，左グラフのエラーバーは式 (2.43) の緩い方策誤差の不等式に対応する V^* の緩い上限値，右グラフのエラーバーは式 (2.47) から求まる V^* の厳しい上限値を表しています．縦線は価値関数 $V^{\pi^{\mathrm{d}}_{v_n}}$ と最適価値関数の上限の差が初めて 1 以下になる時間ステップを表しています．この条件を終了条件とすれば，縦線は終了時間ステップに対応し，左右のグラフを見比べると，式 (2.47) の厳密な上限を用いることで，緩いものよりも約半分の反復回数でアルゴリズムを終了させられることがわかります．

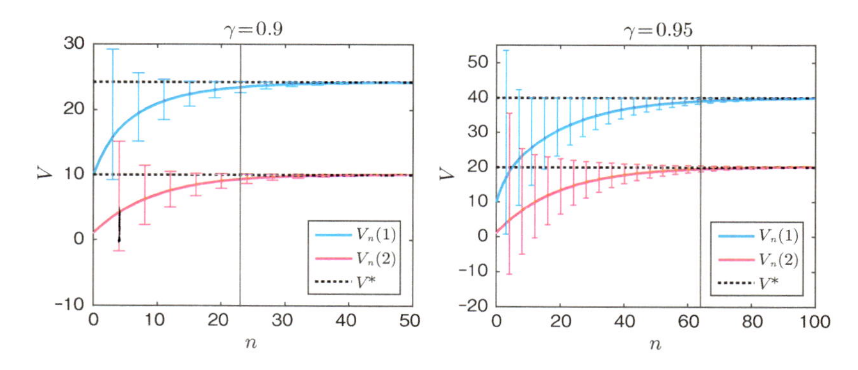

図 2.1 価値反復法の各反復 n での推定価値関数 v. 左右のグラフは割引率 γ の設定が異なります. 横軸 n は価値反復法の反復回数, 縦軸は価値関数 V の値を表し, 横点線は真の最適価値関数 V^* の値を示しています. グレーの縦線は終了条件に到達した反復回数を表しています. また, エラーバーは式 (2.32) の動的計画法の誤差限界値を表しています.

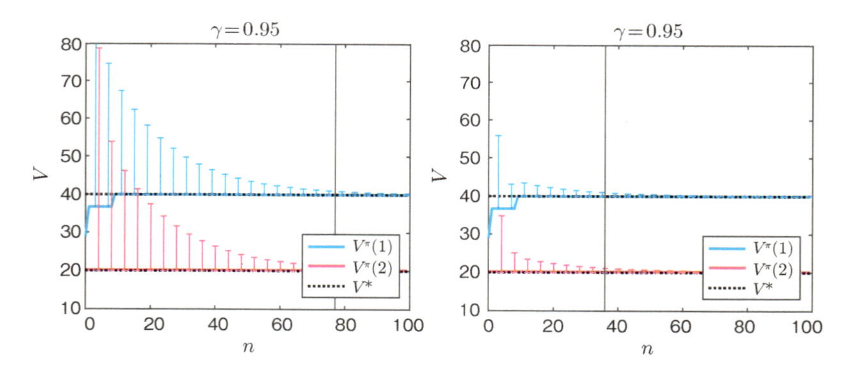

図 2.2 価値反復法の各反復 n での方策の価値関数. グラフの軸などの表記は図 2.1 と同じです. 左側のグラフのエラーバーは式 (2.43) の最適価値関数の緩い上限, 右側のグラフのエラーバーは式 (2.47) の最適価値関数の厳しい上限を表しています.

□

2.3.2 方策反復法

命題 2.7 から, 複雑な方策を用いなくても, 単純な方策である定常な決定的方策でも最適方策を構成できることから, 定常な決定的方策を直接更新して最適化する方法として**アルゴリズム 2.2** の**方策反復法**（policy iteration algorithm）があります．なお，前節で示した価値反復法（アルゴリズム 2.1）は，方策ではなくて，価値関数を逐次的に更新する方法であることに留意してください．

アルゴリズム 2.2 方策反復法（policy iteration algorithm）[81]

[入力] $\mathcal{S}, \mathcal{A}, p_{\mathrm{T}}, g, \gamma$
[出力] 最適方策 $\pi^{\mathrm{d}} : \mathcal{S} \to \mathcal{A}$,（最適価値関数 $V : \mathcal{S} \to \mathbb{R}$）

1. 初期化
   決定的方策 $\pi^{\mathrm{d}} : \mathcal{S} \to \mathcal{A}$ を任意に初期化．
2. 方策評価
   方策 π^{d} のベルマン方程式（$V^{\pi^{\mathrm{d}}}$ に関する連立一次方程式）
   $$V^{\pi^{\mathrm{d}}}(s) = (\mathsf{B}_{\pi^{\mathrm{d}}} V^{\pi^{\mathrm{d}}})(s), \quad \forall s \in \mathcal{S} \tag{2.49}$$
   を解いて，π^{d} の価値関数 $V^{\pi^{\mathrm{d}}}$ を求める．
3. 方策改善
   改善方策 $\pi^{\mathrm{d}\prime} : \mathcal{S} \to \mathcal{A}$ を求める *8．
   $$\pi^{\mathrm{d}\prime}(s) := \underset{a \in \mathcal{A}}{\operatorname{argmax}} \left\{ g(s, a) + \gamma \sum_{s' \in \mathcal{S}} p_{\mathrm{T}}(s' \mid s, a) V^{\pi^{\mathrm{d}}}(s') \right\}, \ \forall s \in \mathcal{S}$$
4. 収束判定
   もし $\pi^{\mathrm{d}}(s) = \pi^{\mathrm{d}\prime}(s), \forall s \in \mathcal{S}$ ならば，終了．
   それ以外は，$\pi^{\mathrm{d}}(s) := \pi^{\mathrm{d}\prime}(s), \forall s \in \mathcal{S}$ として，手順 2. から繰り返す．

方策反復法（アルゴリズム 2.2）の「2. 方策評価」の実装について補足します．まず簡便化のため，価値関数と報酬関数のそれぞれを $\boldsymbol{v} \triangleq [V(1), \ldots, V(|\mathcal{S}|)]^{\top}$，$\boldsymbol{r} \triangleq \left[g(1, \pi^{\mathrm{d}}(1)), \ldots, g(|\mathcal{S}|, \pi^{\mathrm{d}}(|\mathcal{S}|))\right]^{\top}$ のようにベクトルで，状態遷移確率を行列 $\boldsymbol{P} \in [0,1]^{|\mathcal{S}| \times |\mathcal{S}|}$: $[\boldsymbol{P}]_{i,j} = p_{\mathrm{T}}(j \mid i, \pi^{\mathrm{d}}(i))$ で表記します．このとき，

*8 $\operatorname{argmax}_{a \in \mathcal{A}}$ の計算において，同一の最大値をもつ複数の a がある場合，ある決まった順序で扱うものとします．

式 (2.49) のベルマン方程式を

$$(\boldsymbol{I}_{|\mathcal{S}|} - \gamma \boldsymbol{P})\boldsymbol{v} = \boldsymbol{r}$$

と書くことができます．補題 A.3 より，$\gamma \boldsymbol{P}$ のスペクトル半径[*9] $\rho(\gamma \boldsymbol{P})$ は $\rho(\gamma \boldsymbol{P}) = \gamma \rho(\boldsymbol{P}) = \gamma < 1$ と 1 未満なので，補題 A.5 から，$(\boldsymbol{I} - \gamma \boldsymbol{P})$ の逆行列は存在します．以上より，価値関数を

$$\boldsymbol{v} = (\boldsymbol{I}_{|\mathcal{S}|} - \gamma \boldsymbol{P})^{-1}\boldsymbol{r} \tag{2.50}$$

として解析的に求めることができます．

しかし，状態数 $|\mathcal{S}|$ が非常に大きい場合，式 (2.50) から価値関数の算出をしようとすると，逆行列の計算が必要で計算量が $O(|\mathcal{S}|^3)$ となるため，計算時間が問題になります．そのため，計算時間を抑えるため，価値関数を厳密に求めることは諦め，近似的に計算することがあります[163]．たとえば，価値反復法のように任意に初期化された関数 $f : \mathcal{S} \to \mathbb{R}$，もしくは前反復 $k-1$ の方策 π_{k-1}^{d} について求めた推定価値関数 $\hat{V}^{\pi_{k-1}^{\mathrm{d}}}$ にベルマン期待作用素 $B_{\pi_k^{\mathrm{d}}}$ を繰り返し適用して，$\hat{V}^{\pi_k^{\mathrm{d}}}$ を求めます．このとき，式 (2.26) より，各繰り返しで真の価値関数 $V^{\pi_k^{\mathrm{d}}}$ との誤差は指数的に減衰します．

最後に，方策反復法の収束性を確認します．その基礎となる方策改善の単調性の結果を次に示します．

---

*9 スペクトル半径とは正方行列の固有値の絶対値の最大値のことです．詳細は補足 A.2 を参照ください．

命題 2.9（方策改善の単調性）

アルゴリズム 2.2 の方策反復法の任意の繰り返し回数 $k \in \mathbb{N}_0$ の方策 π_k^{d} と π_{k+1}^{d} について，

$$V^{\pi_k^{\mathrm{d}}}(s) \leq V^{\pi_{k+1}^{\mathrm{d}}}(s), \quad \forall s \in \mathcal{S} \tag{2.51}$$

が成立する．また，

$$\forall s \in \mathcal{S},\ V^{\pi_k^{\mathrm{d}}}(s) = V^*(s) \quad \Leftrightarrow \quad \forall s \in \mathcal{S},\ V^{\pi_k^{\mathrm{d}}}(s) = V^{\pi_{k+1}^{\mathrm{d}}}(s) \tag{2.52}$$

$$\exists s \in \mathcal{S},\ V^{\pi_k^{\mathrm{d}}}(s) \neq V^*(s) \quad \Leftrightarrow \quad \exists s \in \mathcal{S},\ V^{\pi_k^{\mathrm{d}}}(s) < V^{\pi_{k+1}^{\mathrm{d}}}(s) \tag{2.53}$$

が成立する．

証明は補足 A.1.2 で示します．命題 2.9 の式 (2.52) は，方策の更新により価値関数 V^{π} が変化しないのであれば，方策はすでに最適方策に収束していることを意味しています．また式 (2.53) は，方策が最適方策に収束していないのであれば，方策の更新によりいずれかの状態で必ず価値関数が改善されることを意味しています．つまり，アルゴリズム 2.2 の方策反復法は繰り返しのたびに，現在の方策が最適方策でない限り，方策を必ず改善します．また，$\mathcal{S}$ と $\mathcal{A}$ は有限集合なので決定的方策の集合 $\Pi^{\mathrm{d}} \ni \pi^{\mathrm{d}}$ の要素数は有限であるため，方策反復法はつねに有限の繰り返し回数で最適方策に収束することがわかります．

2.4 線形計画法による解法

線形計画法によってもプランニング問題を解く（つまり最適方策を求める）ことができます．また，線形計画法は逐次的意思決定問題の性質を調べることにも有用です．本節では，主問題と双対問題を導出して，双対問題から逐次的意思決定問題の目的関数の特徴を確認します．なお，線形計画法の基礎的な事項については補足 A.3 を参照ください．

2.4.1 主問題の導出

はじめに，線形計画問題の導出のために必要な最適価値関数 V^* の上下界に関する結果を示します．

命題 2.10（最適価値関数の上界と下界）

a. ある有界な関数 $v:\mathcal{S}\to\mathbb{R}$ が

$$v(s)\geq(\mathsf{B}_*v)(s),\quad \forall s\in\mathcal{S} \tag{2.54}$$

を満たすとき，v は最適価値関数 V^* の上界である．

$$v(s)\geq V^*(s),\quad \forall s\in\mathcal{S}$$

b. ある有界な関数 $v:\mathcal{S}\to\mathbb{R}$ が

$$v(s)\leq(\mathsf{B}_*v)(s),\quad \forall s\in\mathcal{S}$$

を満たすとき，v は最適価値関数 V^* の下界である．

$$v(s)\leq V^*(s),\quad \forall s\in\mathcal{S}$$

証明：

a. 仮定の式 (2.54) にベルマン最適作用素 B_* を k 回繰り返し適用すれば，単調性の補題 2.1 より，

$$v(s)\geq(\mathsf{B}_*v)(s)\geq(\mathsf{B}_*^2v)(s)\geq\cdots\geq(\mathsf{B}_*^kv)(s),\quad \forall s\in\mathcal{S}$$

となります．上式の k について極限 $k\to\infty$ をとれば，命題 2.3 より，

$$v(s)\geq\lim_{k\to\infty}(\mathsf{B}_*^kv)(s)=V^*(s),\quad s\in\mathcal{S}$$

と書けるので，a. は成り立ちます．

b. a. と同様に証明されます． □

なお，命題 2.10 は最適価値関数 V^* に関する結果ですが，任意の定常方策 $\pi\in\Pi$ の価値関数 V^π についても，ベルマン最適作用素 B_* を B_π に置き換えることによって，同様の結果を得ることができます．

命題 2.10 を用いて，プランニング問題を線形計画問題として定式化します．最適価値関数 V^* の上界に関する命題 2.10 a. から，V^* は不等式 (2.54) を満たす関数 $v : \mathcal{S} \to \mathbb{R}$ の下界になります．

$$v(s) \geq V^*(s), \quad \forall s \in \mathcal{S}$$

そこで，不等式 (2.54) の制約条件を満たす関数 v から最小になる v を求めることで，v を最適価値関数 V^* に近似させるというアプローチが考えられます．関数 v の大小を測る指標として，ある正の重み関数 $w : S \to \mathbb{R}_{>0}$ による各状態 $s \in \mathcal{S}$ の $v(s)$ の重み付き和を用いれば，この近似問題は以下の v についての線形計画問題に帰着されます．

$$\begin{cases} \text{Minimize} & \displaystyle\sum_{s \in \mathcal{S}} w(s) v(s) \\ \text{subject to} & v(s) \geq g(s,a) + \gamma \displaystyle\sum_{s' \in \mathcal{S}} p_{\mathrm{T}}(s'|s,a) v(s'), \ \forall (s,a) \in \mathcal{S} \times \mathcal{A} \end{cases} \tag{2.55}$$

問題 (2.55) をプランニング問題の線形計画主問題と呼ぶことにして，2.4.2 節で対応する双対問題を導入し，線形計画問題の解の性質などを調べます．その結果の 1 つとして，命題 2.15 で，主問題 (2.55) の最適解 v^* は，重み関数 w に依存せず，厳密に最適価値関数 V^* に一致することを示します．よって，最適解 v^* を用いて方策反復法（アルゴリズム 2.2）の方策改善と同様の演算

$$\pi^{\mathrm{d}*}(s) := \underset{a \in \mathcal{A}}{\operatorname{argmax}} \left\{ g(s,a) + \gamma \sum_{s' \in \mathcal{S}} p_{\mathrm{T}}(s'|s,a)\, v^*(s') \right\}$$

を行えば，最適方策 $\pi^{\mathrm{d}*}$ を算出できます．

このように線形計画問題として最適方策 $\pi^{\mathrm{d}*}$ を求めることができるということは，動的計画法にもとづく価値反復法や方策反復法とは異なり，最悪の場合でも多項式時間で $\pi^{\mathrm{d}*}$ を計算できるということを意味します [123, 142]．ただし，線形計画問題 (2.55) の未知変数の数は $|\mathcal{S}|$，制約の数は $|\mathcal{S}||\mathcal{A}|$ であるため，状態行動空間が大きくなると計算時間が大きな問題になります．そのため，価値反復法や方策反復法の近似アルゴリズムである近似動的計画法 [19, 161] と同様に，近似的なアプローチが必要になります [19, 43, 44]．

2.4.2* 双対問題

線形計画問題 (2.55) を双対化すると，x についての双対問題

$$\begin{cases} \text{Maximize} & \displaystyle\sum_{s\in\mathcal{S}}\sum_{a\in\mathcal{A}} x(s,a)g(s,a) \\ \text{subject to} & \displaystyle\sum_{a'\in\mathcal{A}} x(s',a') - \gamma\sum_{s\in\mathcal{S}}\sum_{a\in\mathcal{A}} p_{\mathrm{T}}(s'|s,a)x(s,a) = w(s'), \quad \forall s'\in\mathcal{S} \\ & x(s,a)\geq 0, \quad \forall(s,a)\in\mathcal{S}\times\mathcal{A} \end{cases} \tag{2.56}$$

を得ます．導出は補足 A.3.4 を参照ください．

双対問題の特性を調べるため，経験度数関数を導入します．**経験度数関数** (experience frequency function) とは，定常方策 $\pi\in\Pi$ によるマルコフ決定過程 $\mathrm{M}(\pi)$ に対して，初期状態 $s_0\in S$ の生起頻度を重み関数 $w(s_0)>0$ で決定した際の，各状態行動対への割引率 $\gamma\in[0,1)$ で時間割引の期待累積経験度数を出力する関数 $\Phi^\pi_w:\mathcal{S}\times\mathcal{A}\to\mathbb{R}$,

$$\begin{aligned} \Phi^\pi_w(s,a) &\triangleq \sum_{s_0\in\mathcal{S}} w(s_0)\ \mathbb{E}^\pi\left[\sum_{t=0}^\infty \gamma^t \mathbb{I}_{\{S_t=s\}}\mathbb{I}_{\{A_t=a\}}\ \middle|\ S_0=s_0\right] \\ &= \sum_{s_0\in\mathcal{S}} w(s_0)\sum_{t=0}^\infty \gamma^t \Pr(S_t=s, A_t=a\mid S_0=s_0, \mathrm{M}(\pi)) \\ &= \pi(a|s)\sum_{s_0\in\mathcal{S}} w(s_0)\sum_{t=0}^\infty \gamma^t \Pr(S_t=s\mid S_0=s_0, \mathrm{M}(\pi)) \end{aligned} \tag{2.57}$$

です．式 (1.17) の同時周辺確率 φ^π を用いれば，経験度数関数 Φ^π_w を

$$\Phi^\pi_w(s,a) = \sum_{s_0\in\mathcal{S}} w(s_0)\sum_{t=0}^\infty \gamma^t\varphi^\pi_t(s,a|s_0)$$

と書けますので，式 (2.3) より，経験度数関数 $\Phi^\pi_w(s,a)$ で重み付けした報酬 $g(s,a)$ の和は価値関数 V^π の w による重み付き和に一致することがわかります．

$$\sum_{s\in\mathcal{S}}\sum_{a\in\mathcal{A}}\Phi^\pi_w(s,a)g(s,a) = \sum_{s\in\mathcal{S}} w(s)V^\pi(s) \tag{2.58}$$

また，経験度数関数 Φ_w^π を行動 $a \in A$ について周辺化[*10] すれば，

$$\begin{aligned}\bar{\Phi}_w^\pi(s) &\triangleq \sum_{a\in\mathcal{A}} \Phi_w^\pi(s,a) \\ &= \sum_{s_0\in\mathcal{S}} w(s_0) \sum_{t=0}^{\infty} \gamma^t \Pr(S_t = s \mid S_0 = s_0, \mathrm{M}(\pi)), \quad s \in \mathcal{S} \end{aligned} \tag{2.59}$$

となります．ここで，方策と経験度数関数が一対一の関係にあることを示します．

補題 2.11

方策 $\pi, \pi' \in \Pi$ が

$$\pi(a|s) = \pi'(a|s), \quad \forall(s,a) \in \mathcal{S} \times \mathcal{A} \tag{2.60}$$

であるとき，かつそのときに限り，互いの経験度数関数 $\Phi_w^\pi, \Phi_w^{\pi'}$ は

$$\Phi_w^\pi(s,a) = \Phi_w^{\pi'}(s,a), \quad \forall(s,a) \in \mathcal{S} \times \mathcal{A} \tag{2.61}$$

を満たす．

証明：簡便化のため，式 (2.60) のような関係性を $\pi = \pi'$ と書きます．経験度数関数の定義（式 (2.57)）から，π は唯一の経験度数関数 Φ_w^π をもつので，任意の $\pi, \pi' \in \Pi$ に対して，$\pi = \pi'$ ならば，$\Phi_w^\pi = \Phi_w^{\pi'}$ であることは明らかです．よって，式 (2.60) は式 (2.61) の十分条件であることが示されました．

後は $\Phi_w^\pi = \Phi_w^{\pi'}$ ならば，$\pi = \pi'$ であること（必要条件）を示せば，本補題は証明されます．式 (2.59) から，

$$\bar{\Phi}_w^\pi(s) \geq \sum_{s_0\in\mathcal{S}} w(s_0) \Pr(S_0 = s \mid S_0 = s_0, \mathrm{M}(\pi)) = w(s), \quad \forall s \in \mathcal{S}$$

であり，重み関数 w はつねに 0 より大きいので，$\bar{\Phi}_w^\pi(s) > 0, \forall s \in \mathcal{S}$ です．よって，式 (2.57) と式 (2.59) より，方策 π を

$$\pi(a|s) = \frac{\Phi_w^\pi(s,a)}{\bar{\Phi}_w^\pi(s)}$$

---

*10 確率変数 X についての周辺化とは，X についての積分もしくは和を計算して，元の関数 $f(X,Y)$ から X を消去した関数 $g(Y)$ を作成する操作のことです．

と書くことができます．また，式(2.59) より，$\Phi_w^\pi = \Phi_w^{\pi'}$ であれば，$\bar{\Phi}_w^\pi = \bar{\Phi}_w^{\pi'}$ です．以上より，$\Phi_w^\pi = \Phi_w^{\pi'}$ ならば $\pi = \pi'$ を得ます． □

次に，経験度数関数を用いて，双対問題に関する重要な結果を示します．

命題 2.12

a. 任意の方策 $\pi \in \Pi$ の経験度数関数 Φ_w^π は双対問題 (2.56) の実行可能解[*11]になる．

b. ある関数 $x : \mathcal{S} \times \mathcal{A} \to \mathbb{R}$ が双対問題 (2.56) の実行可能解のとき，x を用いて定義される関数

$$\pi_x(a|s) \triangleq \frac{x(s,a)}{\sum_{a \in \mathcal{A}} x(s,a)}, \quad s \in \mathcal{S}, a \in \mathcal{A} \tag{2.62}$$

は確率的方策 $\pi_x \in \Pi$ であり，π_x の経験度数関数 $\Phi_w^{\pi_x}$ は関数 x と一致する．

$$\Phi_w^{\pi_x}(s,a) = x(s,a), \quad \forall(s,a) \in \mathcal{S} \times \mathcal{A} \tag{2.63}$$

証明は補足 A.1.3 にあります．命題 2.12 a. は任意の確率的方策 $\pi \in \Pi$ の経験度数関数 Φ_w^π が実行可能解になること，b. では実行可能解 x を確率的方策 π に変換する方法（式 (2.62)）と，その方策 π の経験度数関数 Φ_w^π が元の実行可能解 x に一致することを示しています．以下，方策と実行可能解の関係性を示します．

まず，双対問題 (2.56) の実行可能解の集合を $\mathcal{X}$ $(\subset \mathbb{R}^{\mathcal{S} \times \mathcal{A}})$ と表記して，式 (2.62) の操作により，$x \in \mathcal{X}$ を方策 $\pi \in \Pi$ に写像する作用素を $\mathcal{P} : \mathcal{X} \to \Pi$ と定義します．また，式 (2.57) の操作により，方策 π を経験度数関数 Φ_w^π に写像する作用素を $\mathcal{D}$ と定義すれば，命題 2.12 a. より，Φ_w^π はつねに実行可能解ですから，$\mathcal{D}$ の値域は $\mathcal{X}$ であり，$\mathcal{D} : \Pi \to \mathcal{X}$ となります．このとき，補題 2.11 や命題 2.12 から次を導けます．

---

*11 数理計画問題において，制約条件を満たす解のことを実行可能解（feasible solution）と呼びます．実行可能解の少なくとも 1 つは最適解（optimal solution）ですが，最適解以外の実行可能解も，もちろん存在し得ます．

命題 2.13

作用素 $\mathcal{D}$ と $\mathcal{P}$ は全単射（一対一対応）であり，

$$\mathcal{P}(x) = \mathcal{D}^{-1}(x), \quad \forall x \in \mathcal{X} \tag{2.64}$$

$$\mathcal{D}(\pi) = \mathcal{P}^{-1}(\pi), \quad \forall \pi \in \Pi \tag{2.65}$$

が成立する．

証明は補足 A.1.4 にあります．本命題から，双対問題 (2.56) の実行可能解 $x \in \mathcal{X}$ と確率的方策 $\pi \in \Pi$ との間に，図 **2.3**(a) に示すような完全な一対一

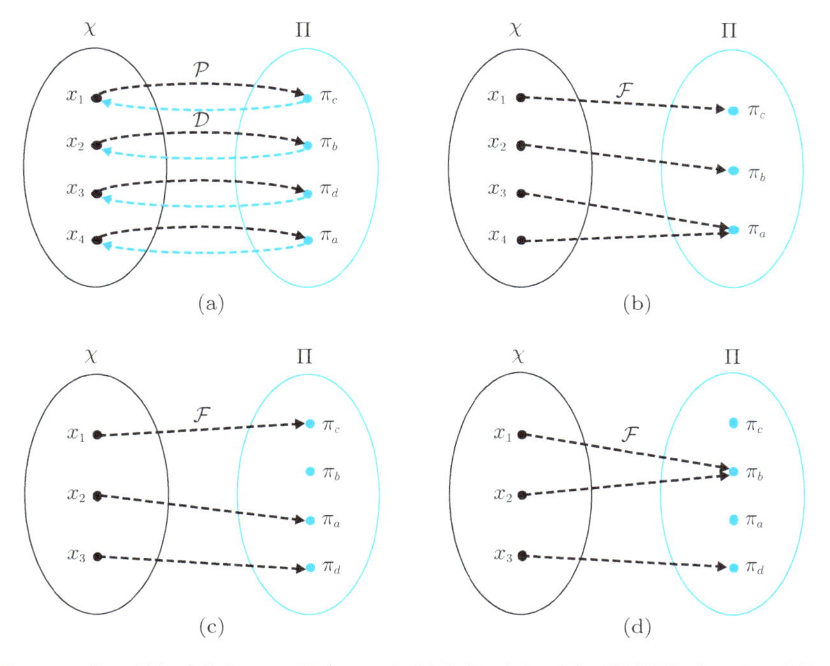

図 2.3　写像の分類．各集合 $\mathcal{X}$ や Π 内の ● は要素を表します．(a) は双対問題 (2.56) の実行可能解 $x \in \mathcal{X}$ と確率的定常方策 $\pi \in \Pi$ に対する命題 2.13 の結果を模式化したもので，写像 $\mathcal{P}$ と $\mathcal{D}$ はともに全単射です．参考として，(b)〜(d) に他の写像の分類も示します．(b) の写像 $\mathcal{F}$ は全射（onto）ですが，単射（one-to-one）ではありません．(c) の写像 $\mathcal{F}$ は単射ですが，全射ではありません．(d) の写像 $\mathcal{F}$ は全射でも単射でもありません．

の関係性があることがわかります．

これまでの結果から，双対問題 (2.56) の意味を解釈できます．まず，命題 (2.12) b. から実行可能解 $x \in \mathcal{X}$ は対応する方策 π_x の経験度数関数 $\Phi_w^{\pi_x}$ に一致し，式 (2.58) より $\sum_{s,a} \Phi_w^{\pi_x}(s,a)g(s,a) = \sum_s w(s)V^{\pi_x}(s)$ ですから，双対問題 (2.56) の目的関数は方策 π_x の価値関数 V^{π_x} の重み付き和

$$\sum_{s\in\mathcal{S}}\sum_{a\in\mathcal{A}} x(s,a)g(s,a) = \sum_{s\in\mathcal{S}} w(s)V^{\pi_x}(s)$$

に一致します．そして，命題 2.13 から実行可能解 $x \in \mathcal{X}$ と確率的方策 $\pi \in \Pi$ は一対一対応の関係にあるので，双対問題 (2.56) は確率的方策に対する価値関数の重み付き和の最大化問題であると解釈することができます．

$$\max_{\pi\in\Pi} \sum_{s\in\mathcal{S}} w(s)V^{\pi}(s)$$

2.4.3* 最適解と最適方策

双対問題 (2.56) の最適解と最適方策の関係性を示し，その結果を用いて主問題 (2.55) の最適解が最適価値関数 V^* に一致することを示します．それから，逐次的意思決定問題の目的関数 f_{w}（式 (1.26)）の特徴を確認します．

命題 2.14

任意の有界な重み関数 $w : \mathcal{S} \to \mathbb{R}_{>0}$ に対して，

a. 双対問題 (2.56) は有界な最適解をもち，

b. $x^* \in \mathcal{X}$ が双対問題 (2.56) の最適解のとき，かつそのときに限り，式 (2.62) に従い x^* より求まる方策 $\pi_{x^*} = \mathcal{P}(x^*)$ は最適方策になる．

証明は補足 A.1.5 にあります．

命題 2.15

重み関数 $w : \mathcal{S} \to \mathbb{R}_{>0}$ の選択にかかわらず，主問題 (2.55) の最適解 v^* は最適価値関数 $V^* : \mathcal{S} \to \mathbb{R}$ と一致する．

$$v^*(s) = V^*(s), \quad \forall s \in S$$

証明：最適解 v^* は主問題 (2.55) の制約条件を満足するので，命題 2.10 a. より，v^* は V^* の上界です．つまり，次が成立します．

$$V^*(s) \leq v^*(s), \quad \forall s \in \mathcal{S} \tag{2.66}$$

一方，最適解の有界性（命題 2.14 a.）と線形計画問題の強双対性 (命題 A.6 a.) より，双対問題 (2.56) の最適解を x^* とすれば，

$$\sum_{s \in \mathcal{S}} w(s) v^*(s) = \sum_{s \in \mathcal{S}} \sum_{a \in \mathcal{A}} x^*(s, a)\, g(s, a)$$

が成り立ちます．また，命題 2.14 b. より，式 (2.62) に従い x^* より定まる方策 π_{x^*} は最適方策であり，命題 2.12 b. より $x^* = \Phi_w^{\pi_{x^*}}$ ですから，式 (2.58) より，

$$\sum_{s \in \mathcal{S}} \sum_{a \in \mathcal{A}} x^*(s, a)\, g(s, a) = \sum_{s \in \mathcal{S}} w(s)\, V^*(s)$$

を得ます．よって，ある $w(s) > 0, \forall s \in \mathcal{S}$ について，

$$\sum_{s \in \mathcal{S}} w(s) v^*(s) = \sum_{s \in \mathcal{S}} w(s)\, V^*(s)$$

が成立します．上式と式 (2.66) より，$v^* = V^*$ が成立します．　□

命題 2.15 より，式 (1.26) の期待リターン $V^\pi(s)$ の $w(s)$ による重み付き和

$$f_{\mathrm{w}}(\pi; w) \triangleq \sum_{s \in \mathcal{S}} w(s) V^\pi(s)$$

を目的関数に用いる場合，重み $w(s)$ がすべての $s \in \mathcal{S}$ でゼロより大きけれ

ば，目的関数を最大にする最適方策は w の設定に非依存であることがわかります．これは，期待リターン（価値関数）が 1.4.4 節で示した最適性の原理を満足する指標のため，仮に目的関数を初期状態 s_0 の期待リターン $V^{\pi}(s_0)$ として最適方策 π_0^* を求めたとしても，π_0^* は任意の時間ステップ $t \in \mathbb{N}$ で到達可能な状態 s_t の $V^{\pi}(s_t)$ に対しても最適な方策となることと整合しています．

Chapter 3

探索と活用のトレードオフ

逐次的に学習する際に問題となるデータの探索と活用のトレードオフについて説明して，トレードオフを考慮する代表的な方策モデルを説明します．

3.1 概要

これまで，エージェントと環境の相互作用などによるデータからの学習を想定せず，環境（マルコフ決定過程）が既知であると仮定して，最適な方策を求めるプランニング問題を考えました．ここからは，実環境や環境シミュレータなどに行動を入力し，報酬や次状態を観測することでデータを収集して，データから方策を学習する状況を考えます．このとき，データ収集のために環境に行動を入力する必要があるので，最終的に求めたい最適方策とは別に，データ収集時の方策も必要になります．また，学習完了時の方策の性能だけでなく，オンライン学習のようにデータ収集時（学習途中）の方策の性能についても関心がある場合，データの**探索と活用のトレードオフ**(exploration-exploitation trade-off）の考慮が必要になります．

本章では，まずデータの探索と活用のトレードオフを3.2節で説明して，探索と活用のトレードオフを考慮するために，行動選択にランダム性を加えたり，行動選択に楽観性を取り入れたりするような代表的な方策モデルを3.3節で紹介します．

3.2 探索と活用のトレードオフ

行動選択の目的として，次の 2 つが考えられます．

- 探索（exploration）： 方策の精度を高めるためのデータ収集
- 活用（exploitation）：リターン（期待割引報酬和）の最大化

「探索」は方策をよりよいものにするため，あえて最良とは限らない行動を選択し，未知の経験をして，情報量の高いデータを収集することが目的です．一方，搾取とも呼ばれる「活用」はリターンの最大化が目的であり，データから最良と判断した行動を選択するため，必ずしも未知の経験にはつながりません．つまり，両者は相反する目的であることがわかります．このような関係は**探索と活用のトレードオフ**と呼ばれます．以下，探索と活用のトレードオフに関する評価指標であるリグレットとサンプル複雑度を紹介します．

3.2.1* リグレット

環境と相互作用しながら方策を学習する強化学習アルゴリズム $\mathfrak{A}$*1 を探索と活用の双方を加味して評価する指標として**リグレット**（regret; 後悔）があります．目的関数を平均報酬として，環境（未知）がマルコフ決定過程 $\mathrm{M} = \{\mathcal{S}, \mathcal{A}, p_{\mathrm{T}}, g\}$ に従い，状態 s_0 から学習を開始するとき，アルゴリズム $\mathfrak{A}$ の時間ステップ t でのリグレット $L(\mathfrak{A}, t; \mathrm{M}, s_0)$ は

$$L(\mathfrak{A}, t; \mathrm{M}, s_0) \triangleq t \max_{\pi \in \Pi} \lim_{T \to \infty} \frac{1}{T} \mathbb{E}[C(\pi, T, \mathrm{M}, s_0)] - C(\mathfrak{A}, t, \mathrm{M}, s_0) \quad (3.1)$$

と定義されます [85]．ここで，$C(\cdot, t, \mathrm{M}, s_0)$ は時間ステップ t までの累積報酬の確率変数を表します*2．

$$C(\cdot, t, \mathrm{M}, s_0) \triangleq \sum_{k=0}^{t-1} R_k \,\Big|\, \mathrm{M}, S_0 = s_0, \cdot \quad (3.2)$$

*1　アルゴリズムを他の変数と区別するために，フラクトゥール文字 $\mathfrak{A}$ を用いています．

*2　$X \mid Y = y, Z = z$ は条件 $Y = y, Z = z$ が与えられたときの確率関数 $\Pr(X \mid Y = y, Z = z)$ により確率的に定まる確率変数であることを意味し，$X \sim \Pr(X \mid Y = y, Z = z)$ と書いたり，場合により簡便化のため $X \mid y, z$ と記します．なお，式 (3.2) の · は方策やアルゴリズムなど任意の条件を代入できることとを意味します．ただし，左辺と右辺に違うものを代入してはいけません．

リグレット $L(\mathfrak{A}, t; \mathrm{M}, s_0)$ は平均報酬を最大にする最適方策に従った場合に得られる時間ステップ t までの期待累積報酬の近似値（式 (3.1) 右辺第 1 項）*3と，アルゴリズム $\mathfrak{A}$ に従って方策を更新しながら環境と相互作用して実際に得られる累積報酬（第 2 項）の差を表します．よって，小さいリグレットのオーダーを達成できるアルゴリズムほど，（リグレットの観点で）よいアルゴリズムということになります．リグレットの重要な特徴は，データの探索と活用の両方を適切に考慮しないと小さくできないような指標になっていることです．なぜなら，アルゴリズム $\mathfrak{A}$ が探索側に偏っていると，データを十分に取得しているにもかかわらず探索を続けてしまい，最適行動でない行動も選択し続けてしまうので，リグレットを小さくできません．また活用側に偏ると，探索が不十分になり，最適でない行動を最適行動と誤判断して，その行動を取り続けてしまう可能性があるため，やはりリグレットを小さくできないからです．

ただし，リグレットが適合する問題は一般に限られます．たとえば，リグレットには時間割引という概念がないので，目的関数が**割引あり**の期待累積報酬の場合にリグレットをそのまま適用することはできません．また，リグレットは各時間ステップ t で目的関数を t までの過去分と t 以降の未来分に分解して，過去分を評価していることになるので，最適性の原理（1.4.4 節）を満たさない問題，言い換えれば未来分を部分問題として切り分けられない問題にも適用できません．そのため，著者の知る限り，リグレット最小化に関する強化学習のほとんどは割引なし期待累積報酬についての問題（もしくは多腕バンディット問題 [8]）に限られています．

3.2.2* サンプル複雑度

サンプル複雑度（sample complexity）[92] は，後ほど正確に定義しますが，無限長の時間ステップ $t = 0, 1, 2, \ldots$ で方策を逐次的に更新し，更新した方策で行動し続ける状況において，各時間ステップ t の方策 π_t が ε 最適（後述）の意味で最適ではなかった回数をカウントしたものです．つまり，間違った方策を採用した回数に対応します．たとえば，初めの 300 時間ステップは探索的に行動し，その間は平均して確率 $1/3$ で ε 最適な方策を用いるこ

*3 式 (3.1) 右辺第 1 項は，厳密には，最大平均報酬を t 倍したものです．

とができ，300 時間ステップ以降は最適方策に従い行動し続けることができるなら，サンプル複雑度の期待値は 200 になります．よって，アルゴリズムが活用側に偏りすぎて探索が不十分で間違った方策を採用し続けたり，探索を永遠に続けたりするとサンプル複雑度は発散します．

以上より，サンプル複雑度は探索と活用のトレードオフに関連した指標ともいえますが，各時間ステップの方策 π_t が正しいかどうかの 2 値的にしかみていないので，リグレットとは異なり学習途中（探索中）に用いる方策の質までは考慮していません．そのため，学習途中にひどい報酬を頻繁に観測して，学習途中のリグレットが非常に悪いアルゴリズムも，そうでないアルゴリズムも，ε 最適の方策を求めるまでの試行錯誤回数がほとんど変わらなければ，サンプル複雑度が大きく変わることはありません．つまり，サンプル複雑度は学習の効率性（速さ）を主に評価している指標といえます．また，リグレットと比べて目的関数についての制約が少ないことも特徴で，状態 s と方策 π で定まる評価値 $f(s;\pi)$ の s に関する重み付き和で表現できるような目的関数 $\sum_{s\in\mathcal{S}} w_s f(s;\pi)$ に対してサンプル複雑度を定義することができます．以下，ε 最適方策とサンプル複雑度の定義を与えます．

ε 最適方策（ε-optimal policy）

目的関数 $f:\Pi\to\mathbb{R}$ は状態についての評価関数 $v_{\mathrm{M}}:\mathcal{S}\times\Pi\to\mathbb{R}$ の重み関数 $w:\mathcal{S}\to\mathbb{R}_{>0}$ による重み付き和 $f(\pi)\triangleq\sum_{s\in\mathcal{S}} w(s)\, v_{\mathrm{M}}(s;\pi)$ で表現され，最適性の原理を満たしているとし，f を最大にする最適方策を $\pi^* = \operatorname{argmax}_{\pi\in\Pi} f(\pi)$ とする．このとき，精度 $\varepsilon>0$ に対して，ある方策 π がある状態 $s\in\mathcal{S}$ で

$$v_{\mathrm{M}}(s;\pi^*) - v_{\mathrm{M}}(s;\pi) \leq \varepsilon \tag{3.3}$$

をみたすとき，π は状態 s で **ε 最適**であるという．また，π が任意の状態 $s\in\mathcal{S}$ で式 (3.3) をみたすとき，π を **ε 最適方策**という．

なお，ε 最適方策は**ほぼ最適な方策**（near-optimal policy）と呼ばれることもあります．

サンプル複雑度（sample complexity）[92]

未知のマルコフ決定過程 M に対して，強化学習アルゴリズム $\mathfrak{A}$ は各時間ステップ t で方策 $\pi_t \in \Pi$ を計算し，π_t と状態 $s_t \in \mathcal{S}$ に応じて行動 a_t を選択し，報酬 r_t と次状態 s_{t+1} を観測する．アルゴリズム $\mathfrak{A}$ の目的関数は状態についての評価関数 $v_{\mathrm{M}} : \mathcal{S} \times \Pi \to \mathbb{R}$ の重み $w : \mathcal{S} \to \mathbb{R}_{>0}$ による重み付き和 $\sum_{s \in \mathcal{S}} w(s) v_{\mathrm{M}}(s; \pi)$ であり，最適性の原理を満たしているとする．このとき，ある $\varepsilon > 0$ に関する $\mathfrak{A}$ の**サンプル複雑度** $\mathcal{C}(\mathfrak{A}; \varepsilon, \mathrm{M})$ とは，各時間ステップ t の状態 s_t で方策 π_t が ε 最適でない時間ステップ t の総数のことである．

$$\mathcal{C}(\mathfrak{A}; \varepsilon, \mathrm{M}) \triangleq \lim_{T \to \infty} \sum_{t=0}^{T-1} \mathbb{I}_{\{v_{\mathrm{M}}(s_t; \pi^*) - v_{\mathrm{M}}(s; \pi_t) > \varepsilon\}} \tag{3.4}$$

サンプル複雑度には注意が必要で，サンプル複雑度はあくまでもアルゴリズム $\mathfrak{A}$ が滞在する状態 s の経験分布 $w_{\mathfrak{A}}(s) \triangleq \lim_{T \to \infty} 1/T \sum_{t=0}^{T-1} \mathbb{I}_{\{s_t = s\}}$ に対して採用方策の間違い回数をカウントしていて，式 (1.26) などの目的関数を規定する重み $w(s)$ とは一般に異なることです．たとえば，M が既約ではなく，一度遷移すると他の状態に戻ることができないような状態の集合 $\mathcal{S}_{\mathrm{bad}}$ が存在して，初期状態 s_0 が $s_0 \notin \mathcal{S}_{\mathrm{bad}}$ であり，最適方策であればけっして $\mathcal{S}_{\mathrm{bad}}$ に遷移しないような問題において，アルゴリズム $\mathfrak{A}$ が失敗して $\mathcal{S}_{\mathrm{bad}}$ に遷移してしまったとしても，$\mathcal{S}_{\mathrm{bad}}$ の各状態で最適行動を取り続ければサンプル複雑度は増えませんが，w と $w_{\mathfrak{A}}$ は大きく異なり，本来の目的関数をまったく改善できていない可能性があります．一方，リグレットであれば，その定義（式 (3.1)）から，明らかにこのようなことは生じません．

なお，任意の $\varepsilon > 0$ と $\delta \in (0, 1)$ に対して，アルゴリズム $\mathfrak{A}$ が少なくとも $1 - \delta$ の確率でサンプル複雑度 $\mathcal{C}(\mathfrak{A}; \varepsilon, \mathrm{M})$ を $\{|\mathcal{S}|, |\mathcal{A}|, 1/(1-\gamma), 1/\delta, 1/\varepsilon\}$ の何らかの多項式で抑えられるのであれば，$\mathfrak{A}$ は **PAC-MDP**（probably approximately correct in Markov decision process; マルコフ決定過程で確率的に近似的に正しい）の性質をもつアルゴリズムであるといいます[193]．

3.3 方策モデル

方策のモデル化のアプローチは大きく 2 つに分類されます．1 つは一般化線形モデルやニューラルネットワークなどの数理モデルを用いて直接的に方策を規定するアプローチです．このとき，決定的方策の場合，状態などの入力に対して行動を出力する数理モデル，確率的方策の場合，行動の確率分布を出力するようなモデルが用いられます．

もう 1 つのアプローチは，状態行動対の効用を出力する**効用関数**（utility function）$q : \mathbb{R}^{\mathcal{S}\times\mathcal{A}} \to \mathbb{R}$ を準備して，q に従い間接的に方策を規定するアプローチです．効用関数 $q(s,a)$ は状態 s で行動 a を選択することの効用（推定価値）を表し，もし $q(s,a) < q(s,a')$ ならば，状態 s では a より a' のほうが効用が高い，つまりよい行動であるということを意味します．前者の方策の直接的モデル化については 6 章の関数近似を用いた強化学習法で紹介します．本節では，後者の効用関数にもとづく方策モデルとして，貪欲方策と，ε 貪欲方策，ソフトマックス方策の 3 つの代表的なモデルを 3.3.1 節で紹介します．3.3.2 節では，効用関数を楽観的に補正するヒューリスティックを説明します．

3.3.1 効用関数にもとづく方策モデル

効用関数 q に何を用いるかは強化学習の問題設定に依存しますが，通常はリターン $C_0 = R_0 + \gamma R_1 + \gamma^2 R_2 + \cdots$ の状態行動（と方策）の条件付き期待値

$$Q^\pi(s,a) \triangleq \mathbb{E}^\pi[C_0 \mid S_0 = s, A_0 = a] \tag{3.5}$$

の推定値を $q(s,a)$ として用います．関数 Q^π は**行動価値関数**（action value function）もしくは**Q 関数**と呼ばれ，式 (1.24) の状態空間の価値関数 V^π を状態行動空間に拡張した価値関数になります．他の効用関数 q として，期待リターンの推定値の不確実性を考慮するものもあり，3.3.2 節で紹介します．

3.3.1.1 貪欲方策モデル

貪欲方策（greedy policy）$\pi_{\text{greedy}} : \mathcal{S} \times \mathbb{R}^{\mathcal{S}\times\mathcal{A}} :\to \mathcal{A}$ はもっとも単純な方策モデルの 1 つで，効用関数が最大になる行動を選択する決定的方策

$\pi_{\mathrm{greedy}} \in \Pi^{\mathrm{d}}$ です．

$$\pi_{\mathrm{greedy}}(s;q) \triangleq \operatorname*{argmax}_{a\in A} q(s,a) \tag{3.6}$$

貪欲方策はつねに効用が最大の行動を選択するので，正しい効用関数 q が既知の場合や，効用関数は未知でも，その学習は十分と考えられ，データの「活用」のみに興味がある場合などは最良な方策モデルといえます．しかし，効用関数の学習が完全ではなく，環境と相互作用し，データを追加取得して効用関数を逐次的に学習する場合，貪欲方策は一般に適切ではありません．なぜなら，効用が最大でない行動は選択されず，新しい未知の経験が限られ，データの「探索」が非効率になる可能性があるためです．そのため，データの「活用」だけではなく「探索」も考慮する場合，貪欲方策を確率的方策に拡張（3.3.1.2，3.3.1.3 節）したり，効用関数を工夫（3.3.2 節）したりします．

3.3.1.2 ε 貪欲方策モデル

ε 貪欲方策（ε-greedy policy）$\pi_e : \mathcal{A} \times \mathcal{S} \times \mathbb{R}^{\mathcal{S}\times\mathcal{A}} \times [0,1] :\to [0,1]$ は貪欲方策を確率的方策に一般化したもので，確率 $\varepsilon \in [0,1]$ でランダムに行動を選択して，それ以外は貪欲方策に従うモデルです．

$$\pi_e(a|s;q,\varepsilon) = \begin{cases} 1-\varepsilon+\dfrac{\varepsilon}{|\mathcal{A}|} & (a = \arg\max_b q(s,b)) \\ \dfrac{\varepsilon}{|\mathcal{A}|} & (\text{それ以外}) \end{cases} \tag{3.7}$$

ここで，ε はハイパーパラメータで，1 に近いほど一様にランダムに行動を選択し，$\varepsilon = 0$ のとき ε 貪欲方策は貪欲方策と等価になります．なお，ε は定数である必要はありません．たとえば，データ数が多くなれば，効用関数を正しく学習できている可能性が高いことから，4.3.4.2 節で導入する GLIE 方策 [185] のように，データ数に応じて徐々に ε を小さくして，探索の頻度を減らし，データ活用を優先するようにして，探索と活用のバランスをデータ数もしくは時間ステップ数に応じて調整することがあります [223, 224]．

3.3.1.3 ソフトマックス方策モデル

ソフトマックス方策（softmax policy）$\pi_s : \mathcal{A}\times\mathcal{S}\times\mathbb{R}^{\mathcal{S}\times\mathcal{A}}\times\mathbb{R}_{\geq 0} \to [0,1]$ は ε 貪欲方策と同様，貪欲方策を確率的方策に拡張したモデルです．効用関

数 $q(s,a)$ を負のエネルギーとみなして，ボルツマン分布[*4]に従い行動を選択します．

$$\pi_s(a|s;q,\beta) = \frac{\exp(\beta q(s,a))}{\sum_{b\in\mathcal{A}}\exp(\beta q(s,b))} \tag{3.8}$$

ここで，$\beta \in \mathbb{R}_{\geq 0}$ は逆温度と呼ばれる行動のランダム性を制御するハイパーパラメータです．β を小さくするほどランダムに行動を選択し，β を大きくすれば（相対的に）効用の大きい行動を高い確率で選択し，効用の小さい行動の選択確率は小さくなります．なお，極限 $\beta \to \infty$ のとき，ソフトマックス方策は貪欲方策と等価になります．

ソフトマックス方策モデルの特徴として，ε 貪欲方策とは異なり，次のように効用関数 q に関する偏微分を計算できます．

$$\frac{\partial}{\partial q(s,b)}\pi_s(a|s;q,\beta) = \begin{cases} \beta\pi_s(a|s,q,\beta)(1-\pi_s(a|s,q,\beta)) & (b=a) \\ -\beta\pi_s(a|s,q,\beta)\pi_s(b|s,q,\beta) & (\text{それ以外}) \end{cases}$$

つまり，効用関数を微小変化させた場合に方策モデルがどのように変化するのかということがわかるので，効用関数を逐次的に更新する際に役立ちます．特に，6.3 節で紹介する目的関数の勾配にもとづき方策を学習する方策勾配法では必須になる特徴です．

なお同様にして，逆温度 β についても，偏微分を

$$\frac{\partial}{\partial \beta}\pi_s(a|s;q,\beta) = \pi_s(a|s,q,\beta)\left(q(s,a) - \sum_{b\in\mathcal{A}}\pi_s(b|s,q,\beta)q(s,b)\right)$$

として求めることができるので，方策勾配法などでは β をハイパーパラメータとせず，通常の学習対象のパラメータとして扱い，学習することがあります．

3.3.2 楽観的な方策

ε 貪欲方策モデルやソフトマックス方策モデルでは，データ活用に特化した貪欲方策（決定的方策）にランダム性を取り入れることで，データの探索

*4 ボルツマン分布はギブス分布とも呼ばれ，低いエネルギーの状態ほど指数的に高い確率で出現する現象を表す確率分布で，統計力学でもよく用いられます．

と活用のトレードオフを考慮していました．ここでは方策モデルではなく，効用関数を工夫することでデータの探索を可能にするアプローチを紹介します．

データの探索が必要になるのは各状態行動対の効用を正しく評価できていない可能性があるからで，推定誤りは過大評価と過小評価の2つに分類できます．特に貪欲（greedy）に行動を決定する場合，それらの影響は大きく異なります．ある状態 s で行動 a の効用を過大評価してしまった場合，その行動 a が最適な行動ではないにもかかわらず，最適な行動と誤判断し選択してしまう可能性があります．このとき，誤判断による損失はあるものの，行動 a に関する経験を得ることになるので，つまり (s, a) に対する効用 q を学習するためのデータが増えるので，過大評価を修正できる可能性があります．一方，ある最適行動 a^* を過小評価してしまった場合，a^* とは別の行動を最適行動と誤って判断して選択してしまう可能性があります．これが非常に問題で，同状態からの経験が増えても，a^* は選択されないので，他の行動に関するデータが増えるだけで，基本的には a^* に関する効用の評価が変わることはなく，過小評価を正す機会がありません．そのため，過大評価の場合と異なり，一度，過小評価をしてしまうと永遠に誤った行動を選択し続けてしまうという危険性があります．

上記の過小評価の問題を避けるため，「**不確かなときは楽観的に**」（*optimism in the face of uncertainty*）[89] というヒューリスティック（考え方）がよく用いられます．本ヒューリスティックを実現するアプローチはいくつかありますが，基本的には効用推定が不確実な行動があれば，それらを優先的に選択します．具体的には，各状態行動対について効用 q だけでなく，**不確実度** $u : \mathcal{S} \times \mathcal{A} \to \mathbb{R}$ も評価して，

$$\tilde{q}(s, a) \triangleq q(s, a) + u(s, a) \tag{3.9}$$

のように効用関数を補正し，$\tilde{q}$ に従い行動を選択します．式 (3.9) の右辺の第1項 q がデータ活用に関する量，第2項 u が探索のための量に対応して，両者の和をとることで活用と探索の両方を加味していることになります．なお，$u(s, a)$ は一般に (s, a) の経験数が増えるほど減少するように設計されます．ここで，もう一度，最適行動 (s, a^*) の効用を過小評価してしまって a^* が選択されない状況を考えます．方策モデルは $\tilde{q}$ に従う貪欲方策とします．この

とき，他の行動 $a \in \{a \in \mathcal{A} \mid \tilde{q}(s,a) > q(s,a^*)\}$ が実行されますが，その度に (s,a) の経験数が増えるので，不確実度 $u(s,a)$ は小さくなります．よって，$u(s,a^*)$ は相対的に大きくなり，原理的には，いずれ $\tilde{q}(s,a^*) \geq \tilde{q}(s,a),\ a \in \mathcal{A}$ となって，a^* が選択され，a^* の過小評価を修正できることがわかります．

最後に具体例として，状態が 1 つしかない特別な強化学習問題である多腕バンディット問題に対して提案された **UCB1 法** [8]*5 を紹介します．これは式 (3.9) の $\tilde{q}$ に**信頼区間の上限**（upper confidence bound; **UCB**）を用いるもので，累積割引報酬の割引率を $\gamma = 0$（即時報酬の最大化問題）とし，報酬 r は $0 \leq r \leq 1$ であると仮定します．また，時間ステップ $t-1$ までの各行動 a の経験回数を

$$n_t(a) \triangleq \sum_{k=0}^{t-1} \mathbb{I}_{\{a_k = a\}}$$

と定義します．UCB1 法では時間ステップ t の行動 a の効用 q として報酬の経験期待値

$$q(a) = \frac{\sum_{k=0}^{t-1} r_k \mathbb{I}_{\{a_k = a\}}}{n_t(a)}$$

を用い，また不確実度 u として

$$u(a) = \sqrt{\frac{2 \log t}{n_t(a)}} \tag{3.10}$$

を用います．行動 a が選択されれば $u(a)$ は減少する一方で，a が選択されなければ式 (3.10) の右辺の分子のみが大きくなるので $u(a)$ は増加します．よって，仮に最適な行動 a^* の効用 $q(a^*)$ を過小評価してしまって，一時的に a^* を選択しなくなったとしても，時間進展にともない不確実度 $u(a^*)$ が大きくなり，また他の a の $u(a)$ が小さくなって，a^* を選択するようになることを期待できます．なお，UCB1 法は式 (3.1) のリグレットの上界を $O(\log t)$ で抑えられることが証明されています [8]．強化学習問題に対するリグレット最小化の代表的な方法としては **UCRL2 法** [85] がありますが，リグレット上界を $\log t$ で抑えることはできず，$\sqrt{t}$ に比例してしまいます．

---

*5 UCB にもとづく方法として，UCB1 法以外にも UCB2 法や UCB1-tuned 法 [8] などの異型が提案されていますが，ここではもっとも代表的な UCB1 法のみを扱います．

Chapter 4

モデルフリー型の強化学習

2章では，環境（マルコフ決定過程）が既知として，完全な情報のもとでの方策の最適化（プランニング問題）を考えましたが，ここでは，環境は未知であり，環境とエージェントの相互作用などによって得られたデータから方策を学習することを考えます．本章で紹介するモデルフリー型の強化学習法は環境非同定型の強化学習とも呼ばれ，環境を陽に推定せずに，方策を学習するアプローチです．なお，次章で，環境を明示的に推定するモデルベース（環境同定）型の強化学習法を紹介します．
本章で紹介する方法の多くは，2章で示した動的計画法を基礎とし，確率的近似の考え方に従って，確率的に観測されるデータから学習します．実際に，価値反復法から派生される方法としてQ学習法，方策反復法に関連する方法としてSARSA法やアクター・クリティック法を紹介します．

4.1 データにもとづく意思決定

データにもとづく意思決定の問題設定を大きく分類すれば，データがすでに手元にあって，データに含まれるすべての標本から方策を学習する**バッチ学習**（batch learning）と，データ（標本）を収集しながら，逐次的に学習する**オンライン学習**（online learning）があります．また，データとはエージェントと環境が相互作用した履歴を記録したものであり，単一の意思決定系列

$$h_T \triangleq \{s_0, a_0, r_0, \ldots, s_{T-1}, a_{T-1}, r_{T-1}, s_T\} \tag{4.1}$$

の場合と，複数系列の場合があります．系列の最小構成は，ある状態sで行動aを実行し，その結果として観測される報酬rと次状態s'の4つ組$\{s, a, r, s'\}$であり，（強化学習における）標本，もしくは**経験データ**（experience data），もしくは単に**経験**といいます．たとえば，最小構成の系列（標本）がN個ある場合は，

$$\{h_1^{(1)}, \ldots, h_1^{(N)}\} = \{(s_0^{(1)}, a_0^{(1)}, r_0^{(1)}, s_1^{(1)}), \ldots, (s_0^{(N)}, a_0^{(N)}, r_0^{(N)}, s_1^{(N)})\}$$

となります．また，このような経験データの集合のことを**履歴データ**（historical data）と呼ぶことにします．

4.2 価値関数の推定

本節では，方策πを固定して，πに従い行動選択する場合の期待リターン（価値関数）$V^\pi(s) \triangleq \mathbb{E}^\pi[C_0 \mid S_0 = s]$（式(1.24)）をデータから推定することを考えます．なお，固定された方策πの価値関数V^πの推定は方策反復法における方策評価に対応し，多くの強化学習法の部分問題になる基礎的な問題設定であり，この部分だけを切り出して研究している論文も数多く存在します．方策の学習については4.3節以降で扱います．

ここでは，通常の強化学習の問題設定に従い，状態遷移確率や報酬関数の環境情報は未知とします．ただし，状態数や行動数については既知とし，価値関数の推定器$\hat{V}$は価値関数と同じ自由度をもつ関数$\hat{V} : \mathcal{S} \to \mathbb{R}$を用いることを想定します[*1]．なお，このような関数は各状態などの各要素に対して値を設定することから，**ルックアップテーブル**（lookup table）もしくは**テーブル形式**（tabular form）の関数と呼ばれます．価値関数より低い自由度をもつような関数近似器を用いた価値関数の推定については，6章で取り扱います．

履歴データ$\{s_0, a_0, r_0, \ldots, s_T, a_T, r_T\}$からのもっとも素朴な価値関数（期待リターン）の推定方法として，

---

*1 データ（標本）から推定する量や推定方式を**推定器**もしくは**推定量**（estimator）と呼び，$\hat{p}_{\mathrm{T}}$のように推定対象にハット記号（^）をつけて表記します．データは一般に確率的に観測されるので，推定量は確率変数であり，推定量の実現値のことを**推定値**（estimate）と呼びます．

$$\hat{V}(s) := \frac{\sum_{t=0}^{T'} \mathbb{I}_{\{s=s_t\}} c_t}{\sum_{t=0}^{T'} \mathbb{I}_{\{s=s_t\}}}, \quad \forall s \in \left\{ s \in \mathcal{S} : \sum_{t=0}^{T'} \mathbb{I}_{\{s=s_t\}} > 0 \right\} \tag{4.2}$$

のように**モンテカルロ推定**するアプローチが考えられます．ここで，c_t は時間ステップ t からの実績リターン $c_t \triangleq \sum_{k=t}^{T} \gamma^{k-t} r_k$ であり，$T' \in \mathbb{N}$ はハイパーパラメータで $T' \leq T$ です．T' を用いるのは，大きな偏りをもつ可能性がある終端時間ステップ T に近い時間ステップ $t' \in \{T'+1, \ldots, T\}$ のリターン $c_{t'}$ を除外するためです．たとえば，$t' := T-1$ のリターンは $c_{t'} := r_{T-1} + \gamma r_T$ と計算され，2 時間ステップ以上先の報酬はすべてゼロと仮定した偏りのある推定になっています．また，特に割引率 γ が 1 に近い場合，リターンを正確に計算するには，つまり報酬観測のある時間ステップの割合 ($c_{T'}$ の場合は $\sum_{k=0}^{T-T'} \gamma^k (1-\gamma) = 1 - \gamma^{T-T'+1}$) を十分に大きくするには，$T'$ を十分に小さくする必要性があり，モンテカルロ推定に利用できる標本数が少なくなるので，一般に推定の効率はよくありません [198]．そのため，2 章で示したベルマン作用素に関する結果を利用して価値関数を推定するアプローチが広く用いられていて，以降は主にベルマン作用素にもとづくアプローチを説明します．

環境が未知の場合，ベルマン作用素を直接的に計算できませんので，まず 4.2.1 節でその標本近似を示し，価値関数の推定に必要な道具を準備します．そして，4.2.2 節でバッチ学習の場合，4.2.3 節ではオンライン学習の場合の価値関数推定を考えます．オンラインの価値関数推定法は **TD 学習**（temporal difference learning; 時間的差分学習）と呼ばれるもので，強化学習法の代表的な方法の 1 つとして広く知られています．

4.2.1 ベルマン作用素の標本近似

命題 2.3 で，動的計画法に従い状態関数 $v : \mathcal{S} \to \mathbb{R}$ にベルマン作用素 B_π や B_* を繰り返し適用することで，関数 v が価値関数 V^π や最適価値関数 V^* に収束することをみました．しかし，ベルマン作用素を計算するには環境（状態遷移確率 p_T など）の知識が必要なので，環境が未知の場合，計算できません．そこで，$\mathrm{M}(\pi)$ に従い収集した履歴データ

$$h_t^\pi \triangleq \{s_0, a_0, r_0, \ldots, s_{t-1}, a_{t-1}, r_{t-1}, s_t \,|\, \mathrm{M}(\pi)\} \in \mathcal{H}_t$$

から，ベルマン期待作用素 B_π を標本近似することを考えます．ここで，$\mathcal{H}_t$

は h_t^π の集合（標本空間）であり，h_t^π は確率変数

$$H_t^\pi \triangleq \{S_0, A_0, R_0, \ldots, S_{t-1}, A_{t-1}, R_{t-1}, S_t \,|\, \mathrm{M}(\pi)\}$$

の実現値に対応します．なお，$h_t \triangleq \{s_0, a_0, r_0, \ldots, s_{t-1}, a_{t-1}, r_{t-1}, s_t\}$，$H_t \triangleq \{S_0, A_0, R_0, \ldots, S_{t-1}, A_{t-1}, R_{t-1}, S_t\}$ と定義すれば，履歴データ h_t^π は

$$h_t^\pi \sim \Pr(H_t = h_t \,|\, \mathrm{M}(\pi))$$

に従い観測される標本ということになります．簡単化のため，上式を単に $h_t^\pi \sim \mathrm{M}(\pi)$ と書いたり，どのような方策 π でデータを収集したかを考慮する必要がない場合，h_t^π を h_t と書いたり，$h_t \sim \mathrm{M}$ と表記することもあります．

式 (2.7) の方策 π のベルマン期待作用素 B_π は関数 $v : \mathcal{S} \to \mathbb{R}$ に対して，

$$\mathsf{B}_\pi v(s) = \mathbb{E}^\pi[R_t + \gamma v(S_{t+1}) \,|\, S_t = s], \quad \forall s \in \mathcal{S} \tag{4.3}$$

と書けるので，B_π の直接的な近似アプローチとして，時間ステップ $T \in \mathbb{N}$ までの履歴データ h_T^π を用いて，任意の $s \in \mathcal{S}$ について，

$$\hat{\mathsf{B}}(v; h_T^\pi)(s) \triangleq \begin{cases} \dfrac{1}{\sum_{t=0}^{T-1} \mathbb{I}_{\{s_t=s\}}} \displaystyle\sum_{t=0}^{T-1} \mathbb{I}_{\{s_t=s\}} \left(r_t + \gamma v(s_{t+1})\right) & (\sum_{t=0}^{T-1} \mathbb{I}_{\{s_t=s\}} > 0) \\ v(s) & (\text{それ以外}) \end{cases} \tag{4.4}$$

のように標本近似することが考えられます．ここで，$\hat{\mathsf{B}}$ を**近似ベルマン期待作用素**（approximated Bellman expectation operator）もしくは**近似ベルマン作用素**（approximated Bellman operator）と呼びます．以下，$\hat{\mathsf{B}}$ の性質を示します．

はじめに，$\hat{\mathsf{B}}$ はモデルベース型の強化学習で計算されるベルマン作用素と実質同じであることなどを確認します．モデルベース型の強化学習（5 章参照）とは，履歴データ h_T^π から環境モデル（マルコフ決定過程）を規定する状態遷移確率と報酬関数を推定し，推定した環境モデルに対して 2 章で示した価値反復法などを適用して方策を学習するアプローチです．ここで，行動 a

について周辺化した報酬関数 $\bar{g}(s) \triangleq \sum_a \pi(a|s)g(s,a)$ を最小二乗法で推定もしくは最尤推定すれば，任意の $s \in \mathcal{S}$ について，

$$\hat{g}(s; h_T^\pi) = \begin{cases} \dfrac{1}{\sum_{t=0}^{T-1} \mathbb{I}_{\{s_t=s\}}} \displaystyle\sum_{t=0}^{T-1} \mathbb{I}_{\{s_t=s\}} r_t & (\sum_{t=0}^{T-1} \mathbb{I}_{\{s_t=s\}} > 0) \\ 0 & (\text{それ以外}) \end{cases} \tag{4.5}$$

が求まり，また（周辺化）状態遷移確率 $\bar{p}_{\mathrm{T}}(s'|s) \triangleq \sum_a p_{\mathrm{T}}(s'|s,a)$ を多項分布を用いて最尤推定すれば，次の遷移確率を得ます[*2]．

$$\hat{p}_{\mathrm{T}}(s'|s; h_T^\pi) = \begin{cases} \dfrac{1}{\sum_{t=0}^{T-1} \mathbb{I}_{\{s_t=s\}}} \displaystyle\sum_{t=0}^{T-1} \mathbb{I}_{\{s_t=s\}} \mathbb{I}_{\{s_{t+1}=s'\}} & (\sum_{t=0}^{T-1} \mathbb{I}_{\{s_t=s\}} > 0) \\ \mathbb{I}_{\{s'=s\}} & (\text{それ以外}) \end{cases} \tag{4.6}$$

以上より，$\hat{g}$ と $\hat{p}_{\mathrm{T}}$ を用いて式 (4.4) の近似ベルマン作用素 $\hat{\mathsf{B}}$ を

$$\hat{\mathsf{B}}(v; h_T^\pi)(s) = \hat{g}(s; h_T^\pi) + \gamma \sum_{s' \in \mathcal{S}} \hat{p}_{\mathrm{T}}(s'|s; h_T^\pi) v(s'), \quad \forall s \in \mathcal{S}$$

と書くことができるので，$\hat{\mathsf{B}}$ はモデルベース型のアプローチで最尤推定したベルマン作用素と同一であることがわかります．また，上式から，$\hat{\mathsf{B}}$ は報酬関数と状態遷移確率がそれぞれ $\hat{g}$ と $\hat{p}_{\mathrm{T}}$ であるマルコフ報酬過程に対するベルマン期待作用素とみなせるので，縮小性（補題 2.5）など 2 章で示したベルマン期待作用素の性質を $\hat{\mathsf{B}}$ はもちます．

次に，近似ベルマン作用素 $\hat{\mathsf{B}}$ が真のベルマン期待作用素 B_π に収束することを確認します．いまマルコフ決定過程 $\mathrm{M}(\pi)$ はエルゴード性を満たすとします．このとき，各状態への滞在確率の極限は初期状態に依存せず，非ゼロです．

---

*2　履歴データ h_t^π で一度も観測されていない状態 s について，報酬関数 $\hat{g}(s)$ や状態遷移確率 $\hat{p}_{\mathrm{T}}(\cdot|s)$ の決め方は任意で，ここでは $\hat{g}(s) = 0$，$\hat{p}_{\mathrm{T}}(s'|s) = \mathbb{I}_{\{s'=s\}}$ としています．また，式 (4.4) でも観測のない状態 s の扱いは同様に任意であり，このように観測のない状態については学習することはできません．ただし，状態が連続空間にあるなど状態空間に何かしら構造があるのであれば，観測のない状態も観測のある状態との類似性から何かしら学習することは可能です [198, 223]．なお，次章の「モデルベース型の強化学習」で観測のないもしくは少ない状態行動対を楽観的に扱うことで，データの探索を効率化できることを紹介します．

$$\lim_{T\to\infty}\frac{1}{T}\sum_{t=0}^{T-1}\mathbb{I}_{\{s_t=s\}} = p_\infty^\pi(s) > 0, \quad \forall s_0, s\in\mathcal{S}$$

よって，任意の状態関数 $v\in\mathbb{R}^{\mathcal{S}}$ と状態 $s\in\mathcal{S}$ に対しての近似ベルマン作用素 $\hat{\mathsf{B}}(\cdot;h_T^\pi)$ は極限 $T\to\infty$ で，初期状態 $s_0\in\mathcal{S}$ に依存せず，

$$\begin{aligned}\lim_{T\to\infty}\hat{\mathsf{B}}(v;h_T^\pi)(s) &= \lim_{T\to\infty}\frac{\dfrac{1}{T}\displaystyle\sum_{t=0}^{T-1}\mathbb{I}_{\{s_t=s\}}(r_t+\gamma v(s_{t+1}))}{\dfrac{1}{T}\displaystyle\sum_{t=0}^{T-1}\mathbb{I}_{\{s_t=s\}}}\\ &= \frac{p_\infty^\pi(s)\,\mathbb{E}^\pi[R_t+\gamma v(S_{t+1})\mid S_t=s]}{p_\infty^\pi(s)}\\ &= \mathsf{B}_\pi v(s), \quad \forall s\in\mathcal{S} \end{aligned} \tag{4.7}$$

となり，ベルマン期待作用素 B_π に収束することを確認できました．なお，最後の等式は式 (4.3) そのものです．

また，T が有限の場合でも，$\hat{\mathsf{B}}$ の条件付き期待値は，次のように B_π と一致します．

$$\begin{aligned}&\mathbb{E}^\pi\left[\hat{\mathsf{B}}(v;H_T)(s)\;\middle|\;\sum_{t=0}^{T-1}\mathbb{I}_{\{s=S_t\}}>0\right]\\ &=\mathbb{E}^\pi\left[\frac{\sum_{t=0}^{T-1}\mathbb{I}_{\{S_t=s\}}}{\sum_{t=0}^{T-1}\mathbb{I}_{\{S_t=s\}}}\;\middle|\;\sum_{t=0}^{T-1}\mathbb{I}_{\{S_t=s\}}>0\right]\mathbb{E}^\pi[R_t+\gamma v(S_{t+1})|S_t=s]\\ &=\mathsf{B}_\pi v(s), \quad \forall s\in\mathcal{S}\end{aligned} \tag{4.8}$$

4.2.2 バッチ学習の場合

ある方策 π に従い行動し収集した履歴データ h_T^π がすでにあり，そのデータから π の価値関数 V^π を推定するバッチ学習の場合を考えます．動的計画法による厳密な $\hat{V}$ の更新式 (2.30) の近似として，ベルマン期待作用素 B_π の代わりに，単純に式 (4.4) の近似作用素 $\hat{\mathsf{B}}$ を用いて，

$$\hat{V}(s) := \hat{\mathsf{B}}(\hat{V};h_T^\pi)(s), \ \ \forall s\in\mathcal{S} \tag{4.9}$$

のように $\hat{V}$ を更新すればよいことがわかります．ベルマン作用素の縮小性

の補題 2.5 b. より，式 (4.9) を繰り返し実施することで，$\hat{V}$ は次を満たす唯一の不動点 $\hat{V}_\infty$

$$\hat{V}_\infty(s) = \hat{\mathsf{B}}(\hat{V}_\infty; h_T^\pi)(s), \quad \forall s \in \mathcal{S} \tag{4.10}$$

に単調に収束します．なお，式 (4.10) は式 (2.10) のベルマン方程式の標本近似に対応して，方策反復法（アルゴリズム 2.2）での方策評価の場合（式 (2.50)）と同様に，式 (4.9) の操作を繰り返し実施しなくても，連立方程式を解くことで，つまり閉じた式（closed-form expression; 再帰的でない式のこと）から解析的に $\hat{V}_\infty$ を求めることもできます．

最後に，履歴データ h_T^π の系列長 T の極限 $T \to \infty$ を考えます．このとき，式 (4.7) より $\hat{\mathsf{B}}$ は真の B_π に収束するので，推定価値関数 $\hat{V}_\infty$ は真の価値関数 V^π に一致することがわかります．

4.2.3 オンライン学習の場合

データが逐次的に追加され，それに従い推定価値関数 $\hat{V}$ を逐次的に更新するオンライン学習問題を考えます．はじめに 4.2.3.1 節で，**TD 法**もしくは **TD(0) 法**と呼ばれる TD 学習の原始的な方法を説明して，4.2.3.2 節で**エリジビリティ・トレース**と呼ばれる統計量を利用して TD 法を一般化した **TD(λ) 法**を導出します．

4.2.3.1 TD 法

バッチ学習の場合の更新式 (4.9) をそのままオンライン学習に適用すれば，各時間ステップ t で $\{a_t, r_t, s_{t+1}\}$ を経験をするたびに履歴データを $h_{t+1}^\pi := \{h_t^\pi, a_t, r_t, s_{t+1}\}$ と更新して，推定価値関数 $\hat{V}$ を

$$\hat{V}(s) := \hat{\mathsf{B}}(\hat{V}; h_{t+1}^\pi)(s), \quad \forall s \in \mathcal{S} \tag{4.11}$$

のように更新することが考えられます．しかし，このような更新則を実現するには履歴データをすべて記憶しておく必要があり，またすべての状態 $s \in \mathcal{S}$ それぞれに対して $\hat{\mathsf{B}}$ を計算する必要があり，計算量も大きく，効率的ではありません．そこで，更新式 (4.11) を簡単化して，現時間ステップ t の観測 $\{s_t, r_t, s_{t+1}\}$ のみを用いて，$\hat{V}(s_t)$ を微小に更新することを考えれば，更新則は

$$\hat{V}(s_t) := (1-\alpha_t)\hat{V}(s_t) + \alpha_t \hat{\mathsf{B}}(\hat{V}; \{s_t, r_t, s_{t+1}\})(s_t) \tag{4.12}$$

となり，履歴データを記憶しておく必要がなくなります．ここで，$\alpha_t \geq 0$ は**学習率**やステップサイズと呼ばれるハイパーパラメータで，$\alpha_t = 1/(t+1)$ や十分小さい定数などを用います．ただし，4.4 節で示すように，収束性を保証するには**ロビンス・モンローの条件**（Robbins-Monro condition）

$$\alpha_t \geq 0 \quad (\forall t \in \mathbb{N}_0), \quad \sum_{t=0}^{\infty} \alpha_t = \infty, \quad \sum_{t=0}^{\infty} \alpha_t^2 < \infty \tag{4.13}$$

を満たす必要があります[*3]．

更新式 (4.12) の収束性を簡単に示します．詳細な数理や証明は 4.4 節で示します．いま，時間ステップ t で状態 s_t にいて，これから行動を選択 $A_t \sim \pi(\cdot|s_t)$ し，報酬を観測 $R_t := g(s_t, A_t)$ して，そして次状態を観測 $S_{t+1} \sim p_{\mathrm{T}}(\cdot|s_t, A_t)$ するという状況にいるとしましょう．このとき，式 (4.12) の右辺第 2 項 $\hat{\mathsf{B}}(\hat{V}; \{s_t, R_t, S_{t+1}\})(s_t)$ は確率変数であり，その期待値は

$$\mathbb{E}^{\pi}[\hat{\mathsf{B}}(\hat{V}; \{S_t, R_t, S_{t+1}\})(s_t) \mid S_t = s_t] = \mathsf{B}_{\pi}\hat{V}(s_t)$$

となり，真のベルマン期待作用素 B_{π} による演算と一致します（式 (4.8) 参照）．ここで，真のベルマン期待作用素との誤差を

$$X_t \triangleq \hat{\mathsf{B}}(\hat{V}; \{s_t, R_t, S_{t+1}\})(s_t) - \mathsf{B}_{\pi}\hat{V}(s_t)$$

と定義すれば，その期待値 $\mathbb{E}^{\pi}[X_t \mid S_t = s_t]$ はゼロであり，また報酬が有界なので，明らかに $\mathbb{E}^{\pi}[X_t^2 \mid S_t = s_t] < \infty$ です．誤差 X_t を用いて更新式 (4.12) を書き直せば[*4]，

$$\hat{V}(s_t) := (1-\alpha_t)\hat{V}(s_t) + \alpha_t\big(\mathsf{B}_{\pi}\hat{V}(s_t) + X_t\big) \tag{4.14}$$

となり，真の B_{π} を用いた更新則 $\hat{V}(s_t) := (1-\alpha_t)\hat{V}(s_t) + \alpha_t\mathsf{B}_{\pi}\hat{V}(s_t)$ にノイズ X_t が乗っているものと解釈できます．この形式は**確率的近似**（stochastic approximation），特に**ロビンス・モンローのアルゴリズム**（Robbins-Monro

*3 ロビンス・モンローの条件を満たすには $c > 0$ や $b > 0$ を用いて，$\alpha_t = c/(t+b)$ など $\lim_{t\to\infty} \alpha_t = 0$ となるようにする必要がありますが，c や b の設定が適切でなく学習初期にもかかわらず α_t が非常に小さくなり，現実的な繰り返し回数で学習が終わらないことがよくあります．そのため，収束性を保証できませんが，$\alpha_t = c$ のように単に定数を用いることも多いです．

*4 ここでは一般性を失わず，r_t や s_{t+1} はまだ観測していないとして，確率変数として扱っています．

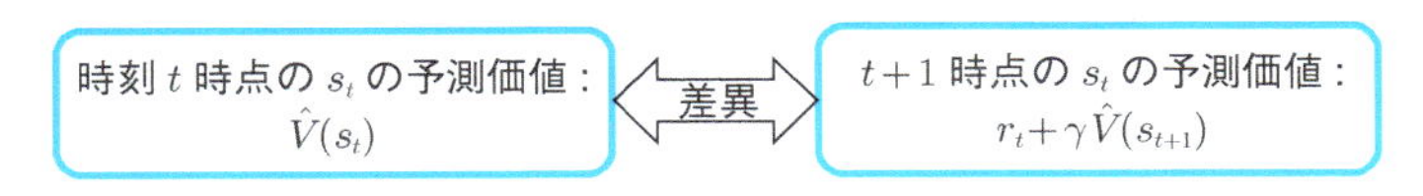

図 4.1 TD 誤差 δ_t（式 (4.16)）の解釈.

algorithm）として知られています[20]．つまり，更新式 (4.12) は B_π による動的計画法（式 (2.30)）の確率的近似に対応します．確率的近似の数理解析の結果から，更新式 (4.12) の学習率 α_t がロビンス・モンローの条件（式 (4.13)）を満たしていれば，極限 $t \to \infty$ で $\hat{V}$ は

$$\hat{V}(s) = \mathsf{B}_\pi \hat{V}(s), \quad \forall s \in \mathcal{S}$$

を満たす不動点に収束することを示すことができます．さらに，ベルマン方程式の一意性（命題 2.4）より，上式を満たす $\hat{V}$ は唯一 V^π ですから，$\hat{V}$ が真の価値関数 V^π に収束することがわかります．

次に更新式 (4.12) を解釈するため，式 (4.12) を少し書き換えます．

$$\hat{V}(s_t) := \hat{V}(s_t) + \alpha_t \delta_t \tag{4.15}$$

ここで，δ_t は（α_t を除いた）$\hat{V}$ の更新量であり，

$$\delta_t \triangleq r_t + \gamma \hat{V}(s_{t+1}) - \hat{V}(s_t) \tag{4.16}$$

です．**図 4.1** のように，δ_t は次時間ステップまでの情報を利用した s_t の価値の推定値 $r_t + \gamma\hat{V}(s_{t+1})$ と，時間ステップ t 時点での推定価値 $\hat{V}(s_t)$ の差分値と解釈できます．このように δ_t は $t+1$ と t の異なる時間ステップでの s_t の予測価値の差異と解釈できることから，**時間的差分誤差**（temporal difference error）もしくは **TD 誤差**（TD error）や TD と呼ばれます．また，式 (4.15) による価値関数の学習方法は **TD 法**（TD method）と呼ばれ，このような TD 誤差を利用する学習法を総称して **TD 学習**（TD learning）といいます．TD 法の実装例をアルゴリズム **4.1** に示します．

アルゴリズム 4.1 TD 法（TD method）

[入力] 環境（状態集合 $\mathcal{S}$ と行動集合 $\mathcal{A}$ のみ既知．行動が入力されると，報酬と次状態を出力するブラックボックスなモデル），方策 π，割引率 γ，学習率 α_t，終了条件（最大時間ステップ数など）
[出力] 方策 π の推定価値関数 $\hat{V}:\mathcal{S}\to\mathbb{R}$

1. 初期化
   · 推定価値関数 $\hat{V}:\mathcal{S}\to\mathbb{R}$ を任意に初期化．
   · 時間ステップ t を初期化：$t:=0$.
   · 初期状態 s_0 を環境から観測．
2. 環境との相互作用
   · 方策 $\pi(a|s_t)$ に従い行動 a_t を選択，a_t を環境に入力．
   · 環境から報酬 r_t と次状態 s_{t+1} を観測．
3. 学習
   · TD 誤差を計算．
   $$\delta := r_t + \gamma\hat{V}(s_{t+1}) - \hat{V}(s_t)$$
   · 推定価値関数 $\hat{V}$ を更新．
   $$\hat{V}(s_t) := \hat{V}(s_t) + \alpha_t\delta$$
4. 終了判定
   もし終了条件を満たしているならば，終了．
   それ以外は，$t:=t+1$ として，手順 2. から繰り返す．

4.2.3.2 TD(λ) 法: エリジビリティ・トレースを用いた TD 法

前節の TD 法を一般化することで **TD($\boldsymbol{\lambda}$) 法**（TD(λ) method）を導出します．後で示しますが，$\lambda=0$ のときの TD(λ) 法は TD 法と同一とみなせるため，TD 法を TD(0) 法と呼ぶことがあります．

TD 法で推定価値関数 $\hat{V}$ の更新に用いる式 (4.16) の TD 誤差 δ_t は，1 ステップ先の $t+1$ 時点での s_t の予測価値 $r_t+\gamma\hat{V}(s_{t+1})$ を目的変数（教師信号）とした場合の $\hat{V}(s_t)$ の予測誤差と解釈できます．そこで，一般化して，

目的変数に 1 ステップ先時点の予測価値ではなく，n ステップ先時点の予測価値

$$c_t^{(n)} \triangleq r_t + \gamma r_{t+1} + \cdots + \gamma^n \hat{V}(s_{t+n}) \tag{4.17}$$

を用いることが考えられます．なお，$c_t^{(n)}$ は s_t からの **n ステップ切断リターン**（n-step-truncated return）と呼ばれます[*5]．このときの TD 誤差は

$$\delta_t^{(n)} \triangleq c_t^{(n)} - \hat{V}(s_t) = c_t^{(n)} - c_t^{(0)} \tag{4.18}$$

となり，式 (4.16) の δ_t は $\delta_t^{(1)}$ に対応します．さらに一般化して，特定のステップ数 n の n ステップ切断リターン $c_t^{(n)}$ を用いるのではなく，複数ステップ $n \in \{1, 2, 3, \ldots\}$ の $c_t^{(n)}$ の平均値を目的変数にすることも考えられます．このとき，どれほど長期のステップを考慮するかを調整するハイパーパラメータ $\lambda \in [0, 1]$ を導入して，ステップ数 n の増加に従い重み係数を λ で指数減衰させれば，次の重み付き平均を得ます．

$$c_{t,\lambda} \triangleq \begin{cases} (1-\lambda) \sum_{n=1}^{\infty} \lambda^{n-1} c_t^{(n)} & (\lambda \in [0, 1)) \\ c_t^{(\infty)} & (\lambda = 1) \end{cases} \tag{4.19}$$

上式の項 $1 - \lambda$ は，$\sum_{n=0}^{\infty} \lambda^n = 1/(1-\lambda)$ のため，重み係数の総和を 1 にするための正規化項になります．この平均値 $c_{t,\lambda}$ を目的変数に用いた場合の TD 誤差

$$\delta_{t,\lambda} \triangleq c_{t,\lambda} - \hat{V}(s_t) \tag{4.20}$$

は**前方観測的な TD(λ) 誤差**（TD(λ) error of forward view）と呼ばれます．**図 4.2** に $\delta_{t,\lambda}$ の解釈を示します．なお，$\lambda = 1$ の場合，$\hat{V}$ を再帰性を利用せず実績リターンのみを用いるモンテカルロ推定（式 (4.2) 参照）に対応し，一般に推定の偏りは小さくなりますが，推定の分散が大きくなることが

*5 4.2.2 節で示したバッチ学習は 1 ステップ切断リターンを用いた方法になりますが，n ステップ切断リターンを用いた方法も考えることができます．その場合の近似ベルマン作用素 $\hat{\mathsf{B}}^{(n)}$ は次のようになります．

$$\hat{\mathsf{B}}^{(n)}(\hat{V}; h_T^{\pi})(s) \triangleq \begin{cases} \dfrac{\sum_{t=0}^{T-n} \mathbb{I}_{\{S_t = s\}} c_t^{(n)}}{\sum_{t=0}^{T-n} \mathbb{I}_{\{S_t = s\}}} & (\sum_{t=0}^{T-n} \mathbb{I}_{\{S_t = s\}} > 0) \\ v(s) & (\text{それ以外}) \end{cases}$$

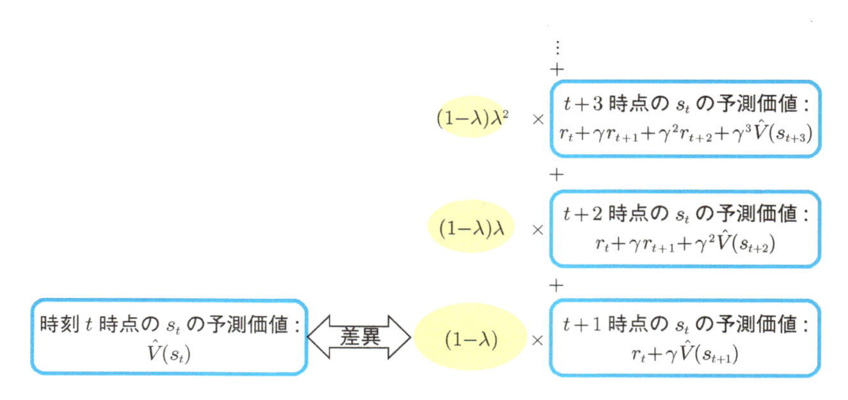

図 4.2 前方観測的な TD(λ) 誤差 $\delta_{t,\lambda}$（式 (4.20)）の解釈．$\lambda=0$ の TD(0) 誤差は図 4.1 の TD 誤差と一致します．

知られています [198]．一方，λ がゼロに近い場合，$\hat{V}$ に頼る程度が大きいため，学習初期など $\hat{V}$ が推定誤差を多くもつ場合，$\hat{V}$ の学習が進まず，推定効率がよくないことがあります．実装法や課題に依存しますが λ を 0.4〜0.8 くらいに設定することが実験的によいと示されています [25, 198]．

TD(λ) 誤差 $\delta_{t,\lambda}$ の直接的な利用方法として，式 (4.15) の δ_t を $\delta_{t,\lambda}$ に置き換えて，

$$\hat{V}(s_t) := \hat{V}(s_t) + \alpha_t \delta_{t,\lambda} \tag{4.21}$$

のように推定価値関数 $\hat{V}$ を更新することが考えられ，**前方観測的な TD(λ) アプローチ**（TD(λ) approach of forward view）と呼ばれます．ただし，このアプローチの場合，λ の設定によって，$\delta_{t,\lambda}$ を近似するために非常に大きい N の N ステップ切断リターン $c_t^{(N)}$ が必要になり，$\delta_{t,\lambda}$ の計算に大きな時間遅れが発生してしまいます．そのため，価値関数の更新を速やかに行うことができず，オンライン学習には適しません．そこで，$\delta_{t,\lambda}$ を時間的に分解して，確定している部分のみを用いて価値関数を更新する後方観測的と呼ばれるアプローチが提案されています．以下，後方観測的アプローチを説明します．

推定価値関数 $\hat{V}$ が固定されていれば，つまり学習率 $\alpha_t = 0$（もしくは非常に小さい）とすれば，式 (4.17)，(4.19)，(4.20) から，

$$
\begin{aligned}
\delta_{t,\lambda} &= (1-\lambda)\Big(\sum_{n=1}^{\infty}\lambda^{n-1}r_t + \gamma\sum_{n=2}^{\infty}\lambda^{n-1}r_{t+1} + \gamma^2\sum_{n=3}^{\infty}\lambda^{n-1}r_{t+2} + \cdots\Big) \\
&\quad + (1-\lambda)\big(\gamma\hat{V}(s_{t+1}) + \lambda\gamma^2\hat{V}(s_{t+2}) + \lambda^2\gamma^3\hat{V}(s_{t+3}) + \cdots\big) - \hat{V}(s_t) \\
&= r_t + \lambda\gamma r_{t+1} + \lambda^2\gamma^2 r_{t+2} + \cdots \\
&\quad + (1-\lambda)\big(\gamma\hat{V}(s_{t+1}) + \lambda\gamma^2\hat{V}(s_{t+2}) + \lambda^2\gamma^3\hat{V}(s_{t+3}) + \cdots\big) - \hat{V}(s_t) \\
&= (r_t + \gamma\hat{V}(s_{t+1}) - \hat{V}(s_t)) \\
&\quad + \lambda\gamma(r_{t+1} + \gamma\hat{V}(s_{t+2}) - \hat{V}(s_{t+1})) \\
&\quad + \lambda^2\gamma^2(r_{t+2} + \gamma\hat{V}(s_{t+3}) - \hat{V}(s_{t+2})) + \cdots
\end{aligned}
$$

を得ます．そして，TD 誤差 δ_t の定義（式 (4.16)）から，

$$
\delta_{t,\lambda} = \sum_{n=0}^{\infty}(\lambda\gamma)^n\delta_{t+n}
$$

を得ます．よって，$\delta_{t,\lambda}$ を t 以上の任意の時間ステップ T に対して，

$$
\delta_{t,\lambda} = \sum_{\tau=t}^{T}(\lambda\gamma)^{\tau-t}\delta_\tau + \sum_{\tau=T+1}^{\infty}(\lambda\gamma)^{\tau-t}\delta_\tau \tag{4.22}
$$

のように時間分解でき，時間ステップ T 時点で右辺第 2 項は計算できませんが，第 1 項は計算可能であることがわかります．次に，各状態についてのトータルの更新量を考えましょう．時間ステップ T までに状態 s に訪問した時間ステップの集合を $\mathcal{T}_s \triangleq \{t_1, t_2, \ldots, t_n\}$ と表記すれば，状態 s の時間ステップ T までの TD(λ) 誤差の和

$$
\Delta_T(s) \triangleq \delta_{t_1,\lambda} + \delta_{t_2,\lambda} + \cdots + \delta_{t_n,\lambda}
$$

を，式 (4.22) から時間ステップ T までに計算可能な誤差項

$$
\Delta_T^{\text{past}}(s) \triangleq \sum_{\tau=t_1}^{T}(\lambda\gamma)^{\tau-t_1}\delta_\tau + \sum_{\tau=t_2}^{T}(\lambda\gamma)^{\tau-t_2}\delta_\tau + \cdots + \sum_{\tau=t_n}^{T}(\lambda\gamma)^{\tau-t_n}\delta_\tau \tag{4.23}
$$

と，それ以外の誤差項

$$\Delta_T^{\mathrm{future}}(s) \triangleq \sum_{\tau=T+1}^{\infty} (\lambda\gamma)^{\tau-t_1}\delta_\tau + \sum_{\tau=T+1}^{\infty} (\lambda\gamma)^{\tau-t_2}\delta_\tau + \cdots + \sum_{\tau=T+1}^{\infty} (\lambda\gamma)^{\tau-t_n}\delta_\tau$$

に分解して，

$$\Delta_T(s) = \Delta_T^{\mathrm{past}}(s) + \Delta_T^{\mathrm{future}}(s) \tag{4.24}$$

と書くことができます．また，$\Delta_{T,\lambda}^{\mathrm{past}}(s)$ は

$$\begin{aligned}\Delta_T^{\mathrm{past}}(s) &= \sum_{t=0}^{T} \delta_t \sum_{\tau=0}^{t} \mathbb{I}_{\{(t-\tau)\subset\mathcal{T}_s\}}(\lambda\gamma)^\tau \\ &= \sum_{t=0}^{T} \delta_t \sum_{\tau=0}^{t} \mathbb{I}_{\{s_{t-\tau}=s\}}(\lambda\gamma)^\tau, \quad \forall s \in \mathcal{S}\end{aligned}$$

ですから，新たな TD 誤差として，

$$\delta_{t,\lambda}^{\mathrm{back}}(s) \triangleq \delta_t\, z_{t,\lambda}(s), \quad \forall s \in \mathcal{S} \tag{4.25}$$

ただし，

$$z_{t,\lambda}(s) \triangleq \sum_{\tau=0}^{t} \mathbb{I}_{\{s_\tau=s\}}(\lambda\gamma)^{t-\tau}, \quad \forall s \in \mathcal{S} \tag{4.26}$$

を導入すれば，$\Delta_T^{\mathrm{past}}(s)$ を $\delta_{t,\lambda}^{\mathrm{back}}(s)$ の和として書き下すことができます．

$$\Delta_T^{\mathrm{past}}(s) = \sum_{t=0}^{T} \delta_{t,\lambda}^{\mathrm{back}}(s), \quad \forall s \in \mathcal{S} \tag{4.27}$$

ここで，$\delta_{t,\lambda}^{\mathrm{back}}$ は**後方観測的な TD(λ) 誤差**（TD(λ) error of backward view），$z_{t,\lambda}$ は**エリジビリティ・トレース**（eligibility trace）と呼ばれます．$\delta_{t,\lambda}^{\mathrm{back}}$ の解釈を図 **4.3** に示します．エリジビリティ・トレース $z_{t,\lambda}(s)$ は状態 s に直近にどれほど滞在したかの統計量と解釈でき，$\lambda\gamma$ の大小で過去をどれほど考慮するかが決まります．よって，$z_{t,\lambda}(s)$ と δ_t の積である $\delta_{t,\lambda}^{\mathrm{back}}$ は，$\lambda\gamma$ の大小によって，現在の TD 誤差 δ_t をどの程度過去まで伝播させるかを調整していることになります．なお，ハイパーパラメータ $\lambda \in [0,1]$ は**エリジビリティ減衰率**と呼ばれます．エリジビリティ・トレースの具体例を図 **4.4** に示します．

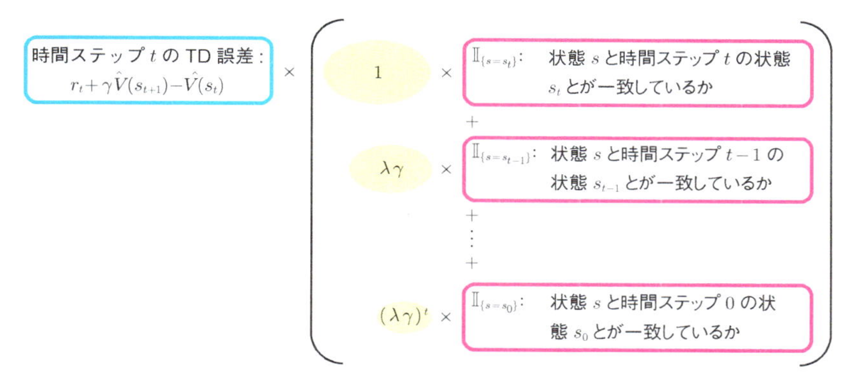

図 4.3 状態 s の後方観測的な TD(λ) 誤差 $\delta_{t,\lambda}^{\mathrm{back}}(s)$ の解釈．括弧内の累積和がエリジビリティ・トレース $z_{t,\lambda}(s)$ に対応します．

式 (4.27) より，式 (4.21) の前方観測的な TD(λ) アプローチの近似として，$\delta_{t,\lambda}$ の代わりに $\delta_{t,\lambda}^{\mathrm{back}}$ を用いた次の $\hat{V}$ の更新則が考えられます．

$$\hat{V}(s) := \hat{V}(s) + \alpha_t \delta_{t,\lambda}^{\mathrm{back}}(s), \quad \forall s \in \mathcal{S} \tag{4.28}$$

これは**後方観測的な TD(λ) アプローチ**（TD(λ) approach of backward view）と呼ばれます．なお，時間ステップ t が大きくなるほど，Δ_t^{past} は $\Delta_t^{\mathrm{future}}$ と比べて相対的に大きくなるので，式 (4.24) より（α_t が十分に小さければ）$\Delta_t \simeq \Delta_t^{\mathrm{past}}$ となり，後方観測的 TD(λ) アプローチは前方観測的 TD(λ) アプローチに整合していることがわかります．実際に，（$\hat{V}$ を固定していれば）前方観測的な TD(λ) 誤差 $\delta_{t,\lambda}$ と後方観測的な TD(λ) 誤差 $\delta_{t,\lambda}^{\mathrm{back}}$ の時間平均が一致することを以下のように確認できます．

$$\begin{aligned}
\lim_{T\to\infty} \frac{1}{T} \sum_{t=0}^{T} \mathbb{I}_{\{s_t=s\}} \delta_{t,\lambda} &= \lim_{T\to\infty} \frac{1}{T} \sum_{t\in\mathcal{T}_s} \sum_{n=0}^{\infty} (\lambda\gamma)^n \delta_{t+n} \\
&= \lim_{T\to\infty} \frac{1}{T} \left\{ \sum_{t=t_1}^{\infty} (\lambda\gamma)^{t-t_1} \delta_t + \sum_{t=t_2}^{\infty} (\lambda\gamma)^{t-t_2} \delta_t + \cdots \right\} \\
&= \lim_{T\to\infty} \frac{1}{T} \sum_{t=0}^{T} \delta_t \sum_{\tau=0}^{t} \mathbb{I}_{\{(t-\tau)\subset\mathcal{T}_s\}} (\lambda\gamma)^{\tau}
\end{aligned}$$

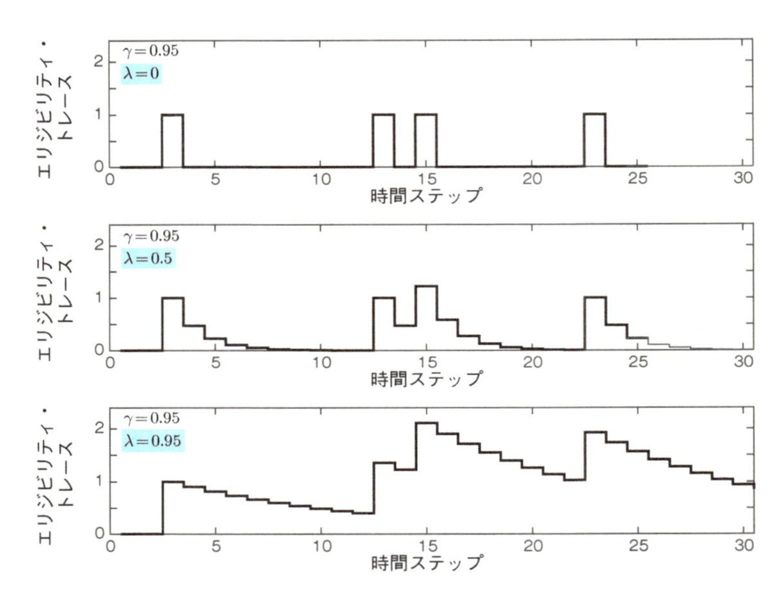

図 4.4　エリジビリティ・トレースの例．状態 s に滞在した時間ステップは $\mathcal{T}_s = \{3, 13, 15, 23\}$．

$$= \lim_{T\to\infty} \frac{1}{T} \sum_{t=0}^{T} \delta_{t,\lambda}^{\mathrm{back}}(s), \quad \forall s \in \mathcal{S} \tag{4.29}$$

実装するうえで，前方観測的アプローチと後方観測的アプローチの違いは次の 2 点です．まず，前方観測的アプローチ（式 (4.21)）では各時間ステップ t で実際に滞在している状態 s_t についてのみ推定価値関数 $\hat{V}$ を更新しますが，後方観測的アプローチ（式 (4.28)）ではすべての状態 $s \in \mathcal{S}$ について $\hat{V}$ を更新します．もう 1 つは，非常に重要なことで，前方観測的な TD 誤差 $\delta_{t,\lambda}$ の計算には時間ステップ t より未来の情報が必要でしたが，後方観測的な TD 誤差 $\delta_{t,\lambda}^{\mathrm{back}}$ は現在までの経験から定まるので，前方観測的なアプローチとは異なり，後方観測的なアプローチであれば即座に TD 誤差 $\delta_{t,\lambda}^{\mathrm{back}}$ を計算でき，$\hat{V}$ の更新に時間遅れが発生しないということです．そのため，特にオンラインで学習する必要がある場合，後方観測的なアプローチが用いられます．

最後に，後方観測的な TD(λ) アプローチの実装として，**TD(λ) 法**を示します．アルゴリズム 4.1 の TD 学習との違いはエリジビリティ・トレースの有無です．エリジビリティ・トレースは式 (4.26) の定義から，

$$z_{t,\lambda}(s) = \mathbb{I}_{\{s_t=s\}} + \lambda\gamma z_{t-1,\lambda}(s), \quad \forall s \in \mathcal{S}$$

と書けるので，$z(s) = 0, \forall s \in \mathcal{S}$ と初期化して，各時間ステップ t で，

$$z(s) := \mathbb{I}_{\{s_t=s\}} + \lambda\gamma z(s), \quad \forall s \in \mathcal{S}$$

のように z を更新すれば，z は $z_{t,\lambda}$ と一致することがわかります．以上を実装した TD(λ) 法を**アルゴリズム 4.2** に示します．なお，$\lambda = 0$ の場合，時間ステップ t での $z(s) = \mathbb{I}_{\{s_t=s\}}$ ですから，TD($\lambda = 0$) 法は TD 法（アルゴリズム 4.1）と等価です．また，前方観測的な TD(λ) アプローチをより正確に実現する後方観測的なアルゴリズムとして，TD(λ) 法を改良した **true online TD($\boldsymbol{\lambda}$)**（正確なオンライン TD(λ)）法が提案されています [216]．

アルゴリズム 4.2 TD(λ) 法（TD(λ) method）

[入力] 環境（状態集合 $\mathcal{S}$ と行動集合 $\mathcal{A}$ のみ既知．行動が入力されると，報酬と次状態を出力するブラックボックスなモデル），方策 π，割引率 γ，エリジビリティ減衰率 λ，学習率 α_t，終了条件（最大時間ステップ数など）

[出力] 方策 π の推定価値関数 $\hat{V}:\mathcal{S}\to\mathbb{R}$

1. 初期化
   - 推定価値関数 $\hat{V}:\mathcal{S}\to\mathbb{R}$ を任意に初期化．
   - エリジビリティ・トレース $z:\mathcal{S}\to\mathbb{R}$ を初期化：$z(s)=0, \forall s\in\mathcal{S}$．
   - 時間ステップ t を初期化：$t:=0$．
   - 初期状態 s_0 を環境から観測．
2. 環境との相互作用
   - 方策 $\pi(a|s_t)$ に従い行動 a_t を選択，a_t を環境に入力．
   - 環境から報酬 r_t と次状態 s_{t+1} を観測．
3. 学習
   - エリジビリティ・トレース z を更新．

$$z(s) := \mathbb{I}_{\{s=s_t\}} + \gamma\lambda z(s), \ \forall s\in\mathcal{S}$$

   - TD 誤差を計算．

$$\delta := r_t + \gamma\hat{V}(s_{t+1}) - \hat{V}(s_t)$$

   - 推定価値関数 $\hat{V}$ を更新．

$$\hat{V}(s) := \hat{V}(s) + \alpha_t\delta z(s), \ \forall s\in\mathcal{S}$$

4. 終了判定
   もし終了条件を満たしているならば，終了．
   それ以外は，$t:=t+1$ として，手順 2. から繰り返す．

4.3 方策と行動価値関数の学習

前節では履歴データからベルマン期待作用素 B_π を近似して，価値関数を推定することを考えましたが，ここでは主にベルマン最適作用素 B_* にもとづく価値反復法（アルゴリズム 2.1）を近似的に実行して，最適方策 π^* を学習することを考えます．ただし，前節のように単純に B_* を標本近似できないので，まず 4.3.1 節で，ベルマン作用素と価値関数に行動空間を追加して，ベルマン行動作用素と行動価値関数を定義します．4.3.2 節でベルマン行動作用素の標本近似方法を示し，4.3.3 節ではバッチ学習，4.3.4 節ではオンライン学習として **Q 学習法**と **SARSA 法**を導出します．

4.3.1　ベルマン行動作用素と最適行動価値関数

価値反復法（アルゴリズム 2.1）はベルマン最適作用素 B_*（式 (2.8)）を用いて状態関数 $v : \mathcal{S} \to \mathbb{R}$ を繰り返し更新して最適価値関数を求める方法でした．第 n 繰り返し目の推定価値関数を $\hat{V}_n$ と書けば，アルゴリズム 2.1 の価値関数の更新式は

$$\begin{aligned}\hat{V}_{n+1}(s) &= \mathsf{B}_*\hat{V}_n(s)\\ &= \max_{a\in\mathcal{A}} \mathbb{E}\Big\{g(S_t, A_t) + \gamma\hat{V}_n(S_{t+1}) \,|\, S_t = s, A_t = a\Big\},\ \forall s \in \mathcal{S}\end{aligned} \tag{4.30}$$

となります．このとき，式 (4.3) の B_π と異なり，B_* は期待値演算子 $\mathbb{E}$ の外側に max 演算子をもちます．そのため，式 (4.4) で B_π を標本近似したように，B_* を単純に標本近似することはできません．そこで，$\hat{V}_n$ に補助変数として行動 $a \in \mathcal{A}$ を導入した $\hat{Q}_n : \mathcal{S} \times \mathcal{A} \to \mathbb{R}$ を用いて，更新式 (4.30) を書き直します．関数 $\hat{Q}_n$ を推定行動価値関数として，

$$\hat{Q}_n(s, a) \triangleq \mathbb{E}\Big\{g(S_t, A_t) + \gamma\hat{V}_n(S_{t+1}) \,|\, S_t = s, A_t = a\Big\},\quad \forall(s, a) \in \mathcal{S} \times \mathcal{A}$$

のように定義すれば，更新式 (4.30) を

$$\hat{V}_{n+1}(s) = \max_{a\in\mathcal{A}} \hat{Q}_n(s, a),\quad \forall s \in \mathcal{S} \tag{4.31}$$

と書くことができます．よって，

$$\hat{Q}_{n+1}(s, a) := \mathbb{E}\Big\{g(S_t, A_t) + \gamma \max_{a'\in\mathcal{A}} \hat{Q}_n(S_{t+1}, a') \,|\, S_t = s, A_t = a\Big\},\quad \forall(s, a) \in \mathcal{S} \times \mathcal{A} \tag{4.32}$$

のように，状態の関数 $\hat{V}(s)$ についての更新式 (4.30) を状態行動対の関数 $\hat{Q}(s,a)$ についての更新式に拡張できます．ここで，関数 $q \in \mathbb{R}^{\mathcal{S}\times\mathcal{A}}$ についての作用素 $\Upsilon_* : \mathbb{R}^{\mathcal{S}\times\mathcal{A}} \to \mathbb{R}^{\mathcal{S}\times\mathcal{A}}$ を

$$\begin{aligned}&\Upsilon_* q(s,a)\\&\triangleq \mathbb{E}\Big\{g(s,a) + \gamma \max_{a'\in\mathcal{A}} q(S_{t+1},a') \,|\, S_t = s, A_t = a\Big\}, \quad \forall(s,a)\in\mathcal{S}\times\mathcal{A}\end{aligned} \tag{4.33}$$

と定義して，**行動価値のベルマン最適作用素**（Bellman optimality mapping for action values）もしくは単に**ベルマン行動最適作用素**と呼ぶことにします．このとき，式 (4.32) を $\hat{Q}_{n+1} := \Upsilon_* \hat{Q}_n$ と書くことができます．

式 (4.31) のように $\hat{Q}_n$ は $\hat{V}_n$ と関係するので，価値反復法（アルゴリズム 2.1）の収束判定と同等にするには，各繰り返し n で適当な閾値 $\epsilon > 0$ を用いて，

$$\max_{s\in\mathcal{S}} \left\{ \left| \max_{a\in\mathcal{A}} \hat{Q}_n(s,a) - \max_{a\in\mathcal{A}} \hat{Q}_{n-1}(s,a) \right| \right\} < \epsilon \tag{4.34}$$

と収束判定すればよく，収束していれば，最適価値 $V^*(s)$ の推定値を $\max_{a\in\mathcal{A}} \hat{Q}_n(s,a)$ と計算でき，また最適方策を

$$\hat{\pi}^*(a|s) := \begin{cases} 1 & (a = \operatorname{argmax}_{b\in\mathcal{A}} \hat{Q}_n(s,b)) \\ 0 & (\text{それ以外}) \end{cases}, \quad \forall(a,s)\in\mathcal{A}\times\mathcal{S} \tag{4.35}$$

と推定できることがわかります．

以下，状態行動の最適価値関数として**最適行動価値関数**（optimal action value function）を導入し，ベルマン行動最適作用素 Υ_* の特徴を整理します．最適行動価値関数は，式 (2.2) の最適価値関数 $V^*(s) \triangleq \max_\pi V^\pi(s)$ と同様にして，

$$Q^*(s,a) \triangleq \max_{\pi\in\Pi} Q^\pi(s,a), \quad \forall(s,a)\in\mathcal{S}\times\mathcal{A} \tag{4.36}$$

と定義されます．このとき，行動価値関数の定義（式 (3.5)）から，

$$Q^\pi(s,a) = \mathbb{E}\Big\{g(S_t,A_t) + \gamma V^\pi(S_{t+1}) \,|\, S_t = s, A_t = a\Big\} \tag{4.37}$$

なので，

$$Q^*(s,a) = \max_{\pi\in\Pi}\left[\mathbb{E}\left\{g(S_t,A_t) + \gamma V^\pi(S_{t+1}) \,|\, S_t = s, A_t = a\right\}\right]$$
$$= \mathbb{E}\left\{g(S_t,A_t) + \gamma V^*(S_{t+1}) \,|\, S_t = s, A_t = a\right\}, \quad \forall(s,a)\in\mathcal{S}\times\mathcal{A} \tag{4.38}$$

が成り立ちます．また，ベルマン方程式の解の一意性（命題 2.4）より，最適行動価値関数 Q^* や行動価値関数 Q^π から次のように最適価値関数 V^* や価値関数 V^π を簡単に求めることが可能です．

$$\max_{a\in\mathcal{A}} Q^*(s,a) = (\mathsf{B}_* V^*)(s) = V^*(s), \qquad \forall s\in\mathcal{S} \tag{4.39}$$
$$\sum_{a\in\mathcal{A}} \pi(a|s) Q^\pi(s,a) = (\mathsf{B}_\pi V^\pi)(s) = V^\pi(s), \qquad \forall s\in\mathcal{S},\, \pi\in\Pi$$

次に，ベルマン行動最適作用素 Υ_* による動的計画法は，ベルマン最適作用素 B_* の場合と同様，収束することを示します．価値反復法の収束性（命題 2.3 a.）より，更新式 (4.30) の $\hat{V}_n$ は任意の初期関数 $\hat{V}_0 : \mathcal{S}\to\mathbb{R}$ に対して，

$$\lim_{n\to\infty} \hat{V}_n(s) = V^*(s), \quad \forall s\in\mathcal{S}$$

ですから，式 (4.32) と式 (4.31) より，任意の関数 $\hat{Q}_0 : \mathcal{S}\times\mathcal{A}\to\mathbb{R}$ に対して，

$$\lim_{n\to\infty} (\Upsilon_*^n \hat{Q}_0)(s,a) = \lim_{n\to\infty} \hat{Q}_n(s,a)$$
$$= \mathbb{E}\left\{g(S_t,A_t) + \gamma \lim_{n\to\infty} \hat{V}_n(S_{t+1}) \,|\, S_t = s, A_t = a\right\}$$
$$= \mathbb{E}\left\{g(S_t,A_t) + \gamma V^*(S_{t+1}) \,|\, S_t = s, A_t = a\right\}, \quad \forall(s,a)\in\mathcal{S}\times\mathcal{A}$$

が成立します．式 (4.38) より，

$$\lim_{n\to\infty} (\Upsilon_*^n \hat{Q}_0)(s,a) = Q^*(s,a), \quad \forall(s,a)\in\mathcal{S}\times\mathcal{A} \tag{4.40}$$

を得るので，ベルマン行動最適作用素 Υ_* を繰り返し適用することで，初期関数 $\hat{Q}_0$ によらず，最適行動価値関数 Q^* を求められることがわかります．さらに，命題 2.4 の証明と同様にして，Q^* は Υ_* の唯一の不動点であること，つまり Q^* が

$$Q^*(s,a) = \Upsilon_* Q^*(s,a), \quad \forall (s,a) \in \mathcal{S} \times \mathcal{A}$$

を満たす唯一の解であることを示すことができます．上式は**行動価値のベルマン最適方程式** (Bellman optimality equation for action values) もしくは**ベルマン行動最適方程式**と呼ばれます．また，補題 2.5 と同様にして，Υ_* が縮小写像

$$\max_{s,a} |\Upsilon_* q(s,a) - \Upsilon_* q'(s,a)| \le \gamma \max_{s,a} |q(s,a) - q'(s,a)|, \quad \forall q, q' \in \mathbb{R}^{\mathcal{S} \times \mathcal{A}}$$

であることも示せます．ここで $\gamma \in [0,1)$ はリターンの割引率です．

最後に，状態価値のベルマン最適作用素 B_* に対するベルマン期待作用素 B_π のように，行動価値のベルマン最適作用素 Υ_* に対応する**行動価値のベルマン期待作用素**もしくは**ベルマン行動期待作用素**と呼ばれる Υ_π を，任意の定常方策 π と関数 $q : \mathcal{S} \times \mathcal{A} \to \mathbb{R}$ について，

$$\Upsilon_\pi q(s,a) \triangleq g(s,a) + \gamma \sum_{s' \in \mathcal{S}} \sum_{a' \in \mathcal{A}} p_{\mathrm{T}}(s'|s,a) \pi(a'|s') q(s',a'), \quad \forall (s,a) \in \mathcal{S} \times \mathcal{A}$$

と定義します．このとき，B_π の場合と同様にして，Υ_π は**行動価値のベルマン期待方程式**もしくは**ベルマン行動期待方程式**と呼ばれる

$$Q^\pi(s,a) = \Upsilon_\pi Q^\pi(s,a), \quad \forall (s,a) \in \mathcal{S} \times \mathcal{A}$$

を満たす唯一の不動点（解）として，行動価値関数 Q^π（式 (3.5)）をもち，縮小写像であることを示すことができます．よって，式 (4.32) の Υ_* の代わりに Υ_π を用いて，$\hat{Q}_{n+1} := \Upsilon_\pi \hat{Q}_n$ のように $\hat{Q}$ を繰り返し更新すれば，$\hat{Q}$ はいずれ Q^π に収束します．

以降，Υ_* と Υ_π の区別が特に必要のない場合，簡単化のためそれらを単に**ベルマン行動作用素**と呼び，Υ と表記することがあります．

4.3.2 ベルマン行動作用素の標本近似

4.3.1 節で，ベルマン行動作用素 Υ を関数 $q : \mathcal{S} \times \mathcal{A} \to \mathbb{R}$ に繰り返し適用することで Q^* もしくは Q^π が求まり，Q^* から最適方策 π^* や最適価値関数 V^* を計算できることを示しました．ただし，Υ の計算には p_{T} など未知の環境情報が必要なため，通常は Υ を計算できません．そこで，これまで同様，履歴データ $h_T \triangleq \{s_0, a_0, r_0, \ldots, s_{T-1}, a_{T-1}, r_{T-1}, s_T\}$ から Υ を近似する

ことを考えます．

ベルマン期待作用素 B_π の標本近似 $\hat{\mathsf{B}}$（式 (4.4)）と同様に，ベルマン行動期待作用素 Υ_π を標本近似すれば，関数 $q : S \times A \to \mathbb{R}$ に対して，

$$
\begin{aligned}
&\hat{\Upsilon}(q; h_T)(s,a) \\
&\triangleq \begin{cases} \dfrac{\displaystyle\sum_{t=0}^{T-1} \mathbb{I}_{\{s_t=s\}}\mathbb{I}_{\{a_t=a\}}\big(r_t + \gamma q(s_{t+1}, a_{t+1})\big)}{\displaystyle\sum_{t=0}^{T-1} \mathbb{I}_{\{s_t=s\}}\mathbb{I}_{\{a_t=a\}}} & (\sum_{t=0}^{T-1} \mathbb{I}_{\{s_t=s\}}\mathbb{I}_{\{a_t=a\}} > 0) \\ q(s,a) & (\text{それ以外}), \quad \forall (s,a) \in \mathcal{S} \times \mathcal{A} \end{cases}
\end{aligned}
\tag{4.41}
$$

となります．ここで，$\hat{\Upsilon}$ を近似ベルマン行動期待作用素と呼ぶことにします．同様に，ベルマン行動最適作用素 Υ_* は

$$
\begin{aligned}
&\hat{\Upsilon}_*(q; h_T)(s,a) \\
&\triangleq \begin{cases} \dfrac{\displaystyle\sum_{t=0}^{T-1} \mathbb{I}_{\{s_t=s\}}\mathbb{I}_{\{a_t=a\}}\Big(r_t + \gamma \max_{a' \in \mathcal{A}} q(s_{t+1}, a')\Big)}{\sum_{t=0}^{T-1} \mathbb{I}_{\{s_t=s\}}\mathbb{I}_{\{a_t=a\}}} & (\sum_{t=0}^{T-1} \mathbb{I}_{\{s_t=s\}}\mathbb{I}_{\{a_t=a\}} > 0) \\ q(s,a) & (\text{それ以外}), \quad \forall (s,a) \in \mathcal{S} \times \mathcal{A} \end{cases}
\end{aligned}
\tag{4.42}
$$

のように標本近似することができ[*6]，$\hat{\Upsilon}_*$ を近似ベルマン行動最適作用素と呼ぶことにします．

近似ベルマン行動作用素 $\hat{\Upsilon}$, $\hat{\Upsilon}_*$ は，近似ベルマン作用素 $\hat{\mathsf{B}}$ と同様，データから推定された何かしらのマルコフ決定過程 $\hat{\mathrm{M}}$（環境）における真のベルマン行動作用素とみなせるので，縮小性や不動点の唯一性などベルマン行動作用素と同じ特徴をもちます．ただし，有限標本では一般に $\mathrm{M} \neq \hat{\mathrm{M}}$ なので，不動点は異なります．履歴データを収集する方策系列 $\boldsymbol{\pi}$（もしくは定常方策 π）が真のマルコフ決定過程 M に対して，

---

*6　ベルマン最適作用素 B_*（式 (2.8)）は $\mathbb{E}^\pi$ の外側に max をもつため，Υ_* の式 (4.42) のように標本近似できないことに注意してください．

$$\lim_{T\to\infty}\frac{1}{T}\sum_{t=1}^{T}\Pr(S_t=s, A_t=a \mid \mathrm{M}(\boldsymbol{\pi})) > 0, \quad \forall(s,a)\in\mathcal{S}\times\mathcal{A} \tag{4.43}$$

を満たすのであれば，極限 $T\to\infty$ では，すべての状態行動対を無限回観測するので，$\mathrm{M}=\hat{\mathrm{M}}$ となり，式 (4.7) と同様にして $\hat{\Upsilon}$ と $\hat{\Upsilon}_*$ はそれぞれ Υ_π と Υ_* に収束します．ここで，データを収集する際の行動選択に用いる方策と，式 (4.35) のように $\hat{Q}$ から最終的に計算される方策が異なる場合があることに注意してください．前者は**行動方策**（behavior policy）もしくは**挙動方策**（control policy）と呼ばれ，後者は**目的方策**（target policy）もしくは**推定方策**（estimation policy）と呼ばれます．また，ある特定の方策 π の価値関数を求めるような問題を考えている場合の π も目的方策と呼ばれます．

他に留意すべきは，$\hat{\Upsilon}_*$ は式 (4.43) を満たすような行動方策 $\boldsymbol{\pi}$ であればどのような $\boldsymbol{\pi}$ でも Υ_* に収束して，行動方策に非依存になることです．そのため，4.3.4.1 節で紹介する Q 学習法など $\hat{\Upsilon}_*$ にもとづく方法は**方策オフ型の学習**（off-policy learning）に分類されます．一方，$\hat{\Upsilon}$ は行動方策 π のベルマン行動期待作用素 Υ_π に収束して，行動方策に依存するので，SARSA 法（4.3.4.2 節）など $\hat{\Upsilon}$ にもとづく方法は**方策オン型の学習**（on-policy learning）に分類されます．TD(λ) 法など $\hat{\mathsf{B}}$ にもとづく方法も方策オン型の学習になります．よって，方策オン型の学習では目的方策と行動方策が必ず同じであり，方策オフ型の学習の場合，それらが異なる場合がありうるということになります．

4.3.3 バッチ学習の場合

ここからは，近似ベルマン行動作用素を用いて行動価値関数や最適方策を推定することを考えます．4.2.2 節の（状態）価値関数のバッチ学習の場合と同様に，価値反復法に従い，関数 $\hat{Q}:\mathcal{S}\times\mathcal{A}\to\mathbb{R}$ を適当に初期化して，近似ベルマン行動最適作用素 $\hat{\Upsilon}_*$ を用いて，

$$\hat{Q}(s,a) := \hat{\Upsilon}_*(\hat{Q}; h_T)(s,a), \quad \forall(s,a)\in\mathcal{S}\times\mathcal{A} \tag{4.44}$$

のように $\hat{Q}$ を繰り返し更新すれば，$\hat{Q}$ は最適行動価値関数 Q^* の推定器になります．このとき最適方策は決定的方策として，

$$\hat{\pi}^{\mathrm{d}*}(s) := \operatorname*{argmax}_{a \in \mathcal{A}} \hat{Q}(s, a)$$

と推定されます．また，もし履歴データ h_T がある定常方策 π に従い収集されていて（つまり $h_T \sim \mathrm{M}(\pi)$ の場合），$\hat{\Upsilon}_*$ の代わりに $\hat{\Upsilon}$ を用いて式 (4.44) の更新を実施すれば，$\hat{Q}$ で π の行動価値関数 Q^{π} を推定していることになります．

なお，$\hat{\Upsilon}_*$ や $\hat{\Upsilon}$ は縮小写像ですから，推定器 $\hat{Q}$ は次の近似ベルマン行動方程式を満たす唯一の不動点 $\hat{Q}^*_{\infty}$ もしくは $\hat{Q}_{\infty}$ に収束します．

$$\hat{Q}^*_{\infty}(s, a) = \hat{\Upsilon}_*(\hat{Q}^*_{\infty}; h_T)(s, a), \quad \forall (s, a) \in \mathcal{S} \times \mathcal{A} \tag{4.45}$$

$$\hat{Q}_{\infty}(s, a) = \hat{\Upsilon}(\hat{Q}_{\infty}; h_T)(s, a), \quad \forall (s, a) \in \mathcal{S} \times \mathcal{A} \tag{4.46}$$

ここで，式 (4.41) の $\hat{\Upsilon}$ の定義から，式 (4.46) は不動点 $\hat{Q}_{\infty}$ についての連立一次方程式になっていることがわかります．よって，上記のように $\hat{Q}$ に繰り返し $\hat{\Upsilon}$ を適用しなくても，連立方程式を解くことで解析的に $\hat{Q}_{\infty}$ を求めることが可能です．一方，$\hat{\Upsilon}$ と異なり $\hat{\Upsilon}_*$（式 (4.42)）は max 演算子をもつため，一般に式 (4.45) は $\hat{Q}^*_{\infty}$ についての連立一次方程式にはならず，解析的に $\hat{Q}^*_{\infty}$ を求めることはできません．これは式 (4.44) に従い $\hat{Q}$ を更新するたびに，$\hat{\Upsilon}_*$ で選択する 1 ステップ先（$t+1$）の貪欲行動 $a' = \mathrm{argmax}_b\, \hat{Q}(s_{t+1}, b)$ が変わる可能性があるためです．なお，価値反復法（アルゴリズム 2.1）も同じ理由により，解析的に最適価値関数を求めることができず，逐次的に状態関数 $\hat{V}$ を更新する必要がありました．一方，$\hat{\Upsilon}$ は 1 ステップ先の行動 a' に実際に選択した行動 a_{t+1} を用いるため，データ h_T が固定ならば a' は $\hat{Q}$ に依存せず不変なので，式 (4.46) は $\hat{Q}_{\infty}$ の連立一次方程式になります．

4.3.4 オンライン学習の場合

4.2.3 節の TD 法（価値関数のオンライン学習）の導出と同様にして，近似ベルマン行動最適作用素 $\hat{\Upsilon}_*$ によるオンライン学習法を導出します．これは **Q 学習法** [220] と呼ばれる強化学習の代表的な方法です．さらに，4.3.4.2 節で近似ベルマン行動期待作用素 $\hat{\Upsilon}$ を用いる **SARSA 法**を紹介します．

4.3.4.1 Q 学習法

各時間ステップ t で $\{a_t, r_t, s_{t+1}\}$ を経験するたびに，最適行動価値関数の

推定器 $\hat{Q}$ を更新することを考えます．TD 法の場合（4.2.3.1 節）と同様に確率的近似の考え方に従い，バッチ学習（式 (4.44)）をオンライン学習へ拡張すれば，**Q 学習法**（Q learning method）

$$\hat{Q}(s_t, a_t) := (1-\alpha_t)\hat{Q}(s_t, a_t) + \alpha_t \hat{\Upsilon}_*(\hat{Q}; \{s_t, a_t, r_t, s_{t+1}\})(s_t, a_t) \quad (4.47)$$

を導出できます．ここで，α_t は学習率です．なお，Q 学習法は $\hat{\Upsilon}_*$ にもとづく方法なので，方策オフ型の方法になります（4.3.2 節参照）．

収束性を簡単に確認します．行動 a_t は与えられていて，S_{t+1} はこれから観測される確率変数とみなして，ノイズ項を

$$X_t \triangleq \hat{\Upsilon}_*(\hat{Q}; \{s_t, a_t, r_t, S_{t+1}\})(s_t, a_t) - \Upsilon_* \hat{Q}(s_t, a_t)$$

と定義すれば，式 (4.47) を

$$\hat{Q}(s_t, a_t) := (1-\alpha_t)\hat{Q}(s_t, a_t) + \alpha_t\big(\Upsilon_* \hat{Q}(s_t, a_t) + X_t\big) \quad (4.48)$$

と書き直すことができます．このとき，Υ_* は縮小写像であり，X_t は平均ゼロで有限分散なので，確率的近似の結果から，式 (4.43) を満たすような行動方策であれば，適当な条件下で $\hat{Q}$ は真の最適行動価値関数 Q^* に収束します．詳細は 4.4 節で示します．

更新式 (4.47) を少し整理すれば，次のように TD 学習の形式で更新式を書くことができます．

$$\hat{Q}(s_t, a_t) := \hat{Q}(s_t, a_t) + \alpha_t \delta_t^{(\mathrm{q})} \quad (4.49)$$

ここで，$\delta^{(\mathrm{q})}$ は Q 学習法の TD 誤差と呼ばれるもので，

$$\delta_t^{(\mathrm{q})} \triangleq r_t + \gamma \max_{a' \in \mathcal{A}} \hat{Q}(s_{t+1}, a') - \hat{Q}(s_t, a_t) \quad (4.50)$$

です．以降，TD 法の TD 誤差（式 (4.16)）との区別が文脈から明らかな場合，単純化のため $\delta^{(\mathrm{q})}$ を δ と記します．**アルゴリズム 4.3** に Q 学習法を示します．

アルゴリズム 4.3 Q 学習法（Q learning method）[220]

[入力] 環境（状態集合 $\mathcal{S}$ と行動集合 $\mathcal{A}$ のみ既知．行動が入力されると，報酬と次状態を出力するブラックボックスなモデル），方策モデル $\pi_t(a|s_t;\hat{Q})$，割引率 γ，学習率 α_t，終了条件（最大時間ステップ数など）

[出力] 最適行動価値の推定値 $\hat{Q}:\mathcal{S}\times\mathcal{A}\to\mathbb{R}$

1. 初期化
   - 推定値 $\hat{Q}:\mathcal{S}\times\mathcal{A}\to\mathbb{R}$ を任意に初期化．
   - 時間ステップ t を初期化：$t=0$.
   - 初期状態 s_0 を環境から観測．
2. 環境との相互作用
   - $\pi_t(a|s_t;\hat{Q})$ に従い行動 a_t を選択，a_t を環境に入力．
   - 環境から報酬 r_t と次状態 s_{t+1} を観測．
3. 学習
   - TD 誤差 δ を計算．

$$\delta_t := r_t + \gamma \max_{a'\in\mathcal{A}} \hat{Q}(s_{t+1},a') - \hat{Q}(s_t,a_t)$$

   - $\hat{Q}$ を更新．

$$\hat{Q}(s_t,a_t) := \hat{Q}(s_t,a_t) + \alpha_t\delta_t$$

4. 終了判定
   もし終了条件を満たしているならば，終了．
   それ以外は，$t := t+1$ として，手順 2. から繰り返す．

探索と活用のトレードオフの考慮が必要になる場合，各行動の選択確率は非ゼロであり，また推定価値 $\hat{Q}(s,a)$ がもっとも大きい行動（貪欲行動）を他の行動より高い確率で選択するような $\hat{Q}$ に依存する方策モデル $\pi_t(a|s;\hat{Q})$ を用いることが多いです．なぜなら，学習の進行に応じて $\hat{Q}$ の精度が改善され，行動選択のパフォーマンスもよくなることが期待できるからです．

具体的な方策モデルとして，ε 貪欲方策モデル（3.3.1.2 節）やソフトマックス方策モデル（3.3.1.3 節）がよく用いられます．これらにはランダム性（貪欲行動以外を選択する程度）を制御するハイパーパラメータとして，ε もしくは β がありますが，それらを時間ステップ t に応じてランダム性が小さくなるように調整して，学習初期はデータ探索を優先的に行い，徐々にデータ活用の比重を大きくするようにして，探索と活用のトレードオフを考慮することがあります．また，学習初期の探索を促進するため，$\hat{Q}$ を単にゼロに初期化するのではなく，行動価値の上限値 $R_{\max}/(1-\gamma)$ などの大きい値に初期化することがあります．これは**楽観的な初期化**（optimistic initialization）と呼ばれ，経験の少ない状態行動対の行動価値は大きい値のままなので，そのような行動は選択されやすくなり，**不確かなときは楽観的に**（3.3.2 節）を体現していることになります．ただし，楽観的な初期化はよく用いられますが，学習初期にしか効果がなく，環境が変化してしまうような非定常な問題には機能しないことを注意する必要があります [198]．

例 4.1 推定行動価値 $\hat{Q}$ の初期化の影響を簡単な数値実験により確認します．$\hat{Q}$ をゼロに初期化，もしくは楽観的な初期化をした場合の Q 学習法の結果を示します．ここでは，「損して得とれ」課題 [236] の状態遷移を確率的にした**図 4.5** の 3 状態のマルコフ決定過程を用います．なお，リターンの割引率 γ は 0.9 とします．このとき，最適方策 π^* はつねに行動 a^2 を選択する方策であり，最適価値関数は $[V^*(1), V^*(2), V^*(3)] \simeq [11.9, 16.8, 22.7]$ [*7] となります．一方，近視眼的（myopic）に即時報酬を最大にする方策 π_{myopic} は状態 $S=1$ と 2 で行動 a^1，状態 3 で行動 a^2 を選択しますが，このときの価値関数 $V^{\pi_{\text{myopic}}}$ は $[10, 10, 21]$ となり，$V^{\pi_{\text{myopic}}} < V^*$ です．このように最適方策は状態 1 と 2 で即時的には最良でない行動を選択し，短期的には損をして，長期的な視点の得を最大化していることになります．

Q 学習法の設定ですが，行動方策には ε 貪欲方策モデルを用い，楽観的な初期化については $\hat{Q}=100$ としました．ハイパーパラメータである学習率 α_t や ε 貪欲方策の ε_t については $\alpha_t = \varepsilon_t = 100/(t+200)$ と設定しました．

---

*7 次の連立方程式（最適方策 π^* のベルマン期待方程式）を解けば，V^* が求まります．

$$
\begin{aligned}
V^*(1) &= -1 + 0.9(0.5V^*(1) + 0.5V^*(2)) \\
V^*(2) &= -1 + 0.9(0.5V^*(2) + 0.5V^*(3)) \\
V^*(3) &= 12 + 0.9V^*(1)
\end{aligned}
$$

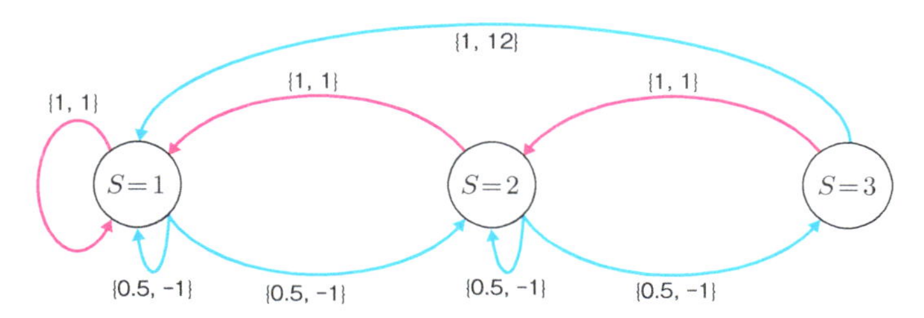

図 4.5 3 状態のマルコフ決定過程の状態遷移図．エッジの色は行動の種類を表し（赤色：a^1，青色：a^2），$\{p, \bar{r}\}$ の p は状態遷移確率，$\bar{r}$ は期待報酬 $g(s, a)$ を表します．また，報酬の観測においては，$\bar{r}$ に平均 0，分散 1 の正規分布に従うノイズが乗るとします．

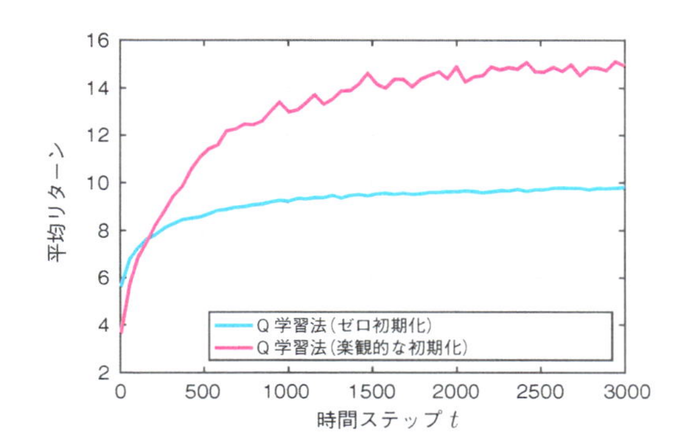

図 4.6 3 状態のマルコフ決定過程での学習結果.1000 回実験した．ゼロ初期化 vs 楽観的な初期化.

1000 回の独立な実験を行い，実績リターン $c_t \triangleq r_t + 0.9r_{t+1} + 0.9^2 r_{t+2} + \cdots$ の平均値を求めたものを図 **4.6** に示します．結果から，3000 時間ステップまでに，$\hat{Q}$ のゼロ初期化は最適方策をほとんど発見できていなかったのに対して，$\hat{Q}$ の楽観的な初期化は高い確率で最適方策を学習することが可能であったと考えられ，楽観的な初期化の効果を確認できます． □

4.3.4.2 SARSA 法

Q 学習法は方策オフ型の最適行動価値関数の学習法でしたが，方策オン型の方法として，**SARSA 法**[198] が有名です．4.3.3 節のベルマン行動期待作用素の標本近似 $\hat{\Upsilon}$（式 (4.41)）によるバッチ学習を，TD 法や Q 学習法と同様にして，オンライン学習に拡張したものが SARSA 法で，推定器 $\hat{Q}$ に関する次の更新式からなります．

$$\hat{Q}(s_t, a_t) := (1-\alpha_t)\hat{Q}(s_t, a_t) + \alpha_t \hat{\Upsilon}(\hat{Q}; \{s_t, a_t, r_t, s_{t+1}, a_{t+1}\})(s_t, a_t)$$

上式を少し書き換えれば，TD 誤差

$$\delta_t^{(\mathrm{sarsa})} \triangleq r_t + \gamma \hat{Q}(s_{t+1}, a_{t+1}) - \hat{Q}(s_t, a_t)$$

にもとづく更新式

$$\hat{Q}(s_t, a_t) := \hat{Q}(s_t, a_t) + \alpha_t \delta_t^{(\mathrm{sarsa})} \tag{4.51}$$

を得ます．これは Q 学習法によく似ていますが，TD 誤差が異なっていて，Q 学習法の TD 誤差 $\delta^{(\mathrm{q})}$（式 (4.50)）では次状態 s_{t+1} の行動価値に $\max_{a' \in \mathcal{A}} \hat{Q}(s_{t+1}, a')$ を用いているのに対し，SARSA 法では次状態で実際に選択された行動 a_{t+1} の行動価値 $\hat{Q}(s_{t+1}, a_{t+1})$ を用いています．なお，SARSA という名前は更新式 (4.51) を規定する 5 つ組 $\{s_t, a_t, r_t, s_{t+1}, a_{t+1}\}$ の頭文字に由来します．本書では省略しますが，SARSA 法は TD(λ) 法のようにエリジビリティ・トレースを適用することができ，SARSA(λ) 法と呼ばれます．これは TD 法も SARSA 法も方策オン型の学習であるからで，方策オフ型の Q 学習法にエリジビリティ・トレースを効果的に適用することはできません[198]．

次に SARSA 法で用いる行動方策について説明します．単に行動価値推定つまり「方策評価」のため，評価したい特定の定常方策 π を行動方策とすることもありますが，多くの場合，Q 学習法と同様，ε 貪欲方策モデルなど推定価値 $\hat{Q}$ に依存する方策モデル $\pi_t(a|s;\hat{Q})$ を利用します．このとき，$\hat{Q}$ を更新するたびに，結果的に方策も更新され，また更新された方策に従いデータを取得して $\hat{Q}$ を更新するため，「方策評価」と「方策改善」を繰り返し実施して，学習しているとみなせます．よって，SARSA 法は方策評価と方策改善を繰り返し行う方策反復法（2.3.2 節）と同様の構造をもつことがわかり

ます．

収束性については，4.4 節で扱いますが，すべての状態行動対を無限回観測でき，かつ極限で貪欲方策になるような方策モデルを行動方策に用いていれば，適当な条件下で $\hat{Q}$ は Q^* に収束し，最適方策を求めることができます．なお，上記のような方策のことを **GLIE**（Greedy in the Limit with Infinite Exploration; 無限探索の極限で貪食な）**方策**と呼びます [185]．

4.4* 収束性

はじめに，オンライン型の強化学習法の収束性を証明する基礎的な道具として，確率的近似の結果を紹介します．なお，i.i.d. の問題設定で最急勾配法に対して逐次的にサンプリングしてパラメータを更新する方法として確率的勾配法がありますが，**確率的近似**（stochastic approximation）はその一般化（確率過程版）に対応し，TD 法や Q 学習法などを含みます．具体的には，確率的近似として次の状態関数 $v : \mathcal{S} \to \mathbb{R}$ の更新則を考えます．

$$v_{t+1}(s) := (1 - \alpha_t(s))v_t(s) + \alpha_t(s)\{\mathsf{B}_t v_t(s) + X_t(s) + Y_t(s)\}, \quad \forall s \in \mathcal{S} \tag{4.52}$$

ここで，$\alpha_t \in \mathbb{R}^{\mathcal{S}}_{\geq 0}$ は学習率，$\mathsf{B}_t : \mathbb{R}^{\mathcal{S}} \to \mathbb{R}^{\mathcal{S}}$ は状態関数の作用素，$X_t, Y_t \in \mathbb{R}^{\mathcal{S}}$ はノイズ（確率変数）です．また，時間ステップ t までの全履歴を

$$\xi_t \triangleq \{v_0, x_0, y_0, \ldots, v_{t-1}, x_{t-1}, y_{t-1}, v_t\}$$

と定義します．ここで，式 (4.52) の確率的近似の収束性に関する補題を示します．なお，確率変数 X_t や Y_t が履歴 ξ_{t-1} に依存するような一般の確率過程ではなく，i.i.d. の場合，式 (4.52) の更新則は確率的勾配法に対応します．

補題 4.1（確率的近似の収束性 [20]）

式 (4.52) の状態関数 $v:\mathcal{S}\to\mathbb{R}$ の更新則が次を満たすとする．

(1) 学習率 $\alpha_t(s)$ はすべての $s\in\mathcal{S}$ でロビンス・モンローの条件を満たす．

$$\sum_{t=0}^{\infty}\alpha_t(s)=\infty,\quad \sum_{t=0}^{\infty}\alpha_t^2(s)<\infty,\quad \forall s\in\mathcal{S}$$

(2) 作用素 B_t は任意の $t\in\mathbb{N}_0$ で（同一の）不動点 v^* をもつ縮小写像である．つまり，次を満たす $\tau\in[0,1)$ が存在する．

$$\|\mathsf{B}_t v_t - v^*\|_\infty \le \tau\|v_t - v^*\|_\infty,\quad \forall t\in\mathbb{N}_0$$

(3) ノイズ X_t の期待値はゼロであり，

$$\mathbb{E}[X_t(s)\,|\,\xi_t]=0,\quad \forall t\in\mathbb{N}_0,\ s\in\mathcal{S}$$

また与えられた任意のノルム $\|\cdot\|$ に対して，

$$\mathbb{E}[X_t^2(s)\,|\,\xi_t]\le c+d\|v_t\|^2,\quad \forall t\in\mathbb{N}_0,\ s\in\mathcal{S}$$

を満たす $c,d\in\mathbb{R}_{\ge 0}$ が存在する．

(4) ノイズ Y_t に対して，次式を満たすような 0 に収束する系列 $\{\beta_t\in\mathbb{R}_{\ge 0}\}$ が存在する．

$$|Y_t(s)|\le\beta_t(\|v_t\|_\infty+1),\quad \forall t\in\mathbb{N}_0,\ s\in\mathcal{S}$$

このとき，v_t は v^* に収束する．

証明は本書の範囲を大きく超えるため省略します*8．

補題 4.1 は多くのオンライン型の強化学習法の収束性の証明に利用できる便利な道具です．以下，Q 学習法や SARSA 法の収束性を示します．

*8 補題 4.1 は強化学習の理論を扱う教科書（Bertsekas & Tsitsiklis, 1996）[20] の Proposition 4.5 にもとづくものですが，そこでも証明に必要になるドボレツキー（Dvoretzky）の拡張定理 [52] に関する確率的近似やマルチンゲールなどの理論解析が高度に専門的であるため，証明の一部が省略されています．

命題 4.2（Q 学習法の収束性）

マルコフ決定過程 M(π) の各時間ステップ $t+1 \in \mathbb{N}$ で関数 $\hat{Q}:\mathcal{S}\times\mathcal{A}\to\mathbb{R}$ を Q 学習法（式 (4.49)）

$$\hat{Q}(s_t,a_t) := \hat{Q}(s_t,a_t) + \alpha_t\Big(r_t + \gamma \max_{a'\in\mathcal{A}} \hat{Q}(s_{t+1},a') - \hat{Q}(s_t,a_t)\Big)$$

に従い更新するとき，$\gamma \in [0,1)$ であり，

- $\hat{Q}$ の初期化条件：$\|\hat{Q}\|_\infty \leq \infty$
- 累積学習率の条件：

$$\begin{cases} \sum_{t=0}^{\infty} \alpha_t \mathbb{I}_{\{s=s_t\}}\mathbb{I}_{\{a=a_t\}} = \infty, & \forall(s,a)\in\mathcal{S}\times\mathcal{A} \\ \sum_{t=0}^{\infty} \alpha_t^2 \mathbb{I}_{\{s=s_t\}}\mathbb{I}_{\{a=a_t\}} < \infty, & \forall(s,a)\in\mathcal{S}\times\mathcal{A} \end{cases} \tag{4.53}$$

を満たすなら，$\hat{Q}$ は最適行動価値関数 Q^* に収束する．

証明：

補題4.1の4つの条件を満たすことを示すことで命題4.2を証明します．時間ステップ t で更新後の $\hat{Q}$ を q_t と書き，学習率を $\tilde{\alpha}_t(s,a) \triangleq \alpha_t \mathbb{I}_{\{s=s_t\}}\mathbb{I}_{\{a=a_t\}}$ と再定義し，さらに時間ステップ $t+1$ の状態はこれから観測される確率変数 S_{t+1} として扱い，

$$X_t(s,a) \triangleq \begin{cases} g(s,a) + \gamma \max_{a'\in\mathcal{A}} q_t(S_{t+1},a') - \Upsilon_* q_t(s,a) & (s=s_t, a=a_t) \\ 0 & (\text{それ以外}) \end{cases} \tag{4.54}$$

と定義すれば，時間ステップ $t+1$ の Q 学習法の更新則を

$$q_{t+1}(s,a) := (1-\tilde{\alpha}_t(s,a))q_t(s,a) + \tilde{\alpha}_t(s,a)(\Upsilon_* q_t(s,a) + X_t(s,a)), \quad \forall(s,a)\in\mathcal{S}\times\mathcal{A} \tag{4.55}$$

と書き直せます（式 (4.48) 参照）．上式をノイズ Y_t がつねにゼロである式

(4.52) の確率的近似の更新則に対応させれば，補題 4.1 の条件 (4) を明らかに満足します．また累積学習率の条件（式 (4.53)）より補題 4.1 の条件 (1) も成立しており，Υ_* は縮小写像（4.3.1 節）なので条件 (2) も満たします．よって，後は式 (4.55) の X_t が補題 4.1 の条件 (3) を満たすことを示せば命題 4.2 は証明されます．まず，X_t の条件付き期待値は定義（式 (4.54)）と次式からつねにゼロです．

$$
\begin{aligned}
&\mathbb{E}[X_t(s_t, a_t) \,|\, H_t = h_t, \mathrm{M}] \\
&= \mathbb{E}\Big[g(s_t, a_t) + \gamma \max_{a' \in \mathcal{A}} q_t(S_{t+1}, a') \,|\, H_t = h_t, \mathrm{M}\Big] - \Upsilon_* q_t(s_t, a_t) \\
&= \mathbb{E}\Big[g(s_t, a_t) + \gamma \max_{a' \in \mathcal{A}} q_t(S_{t+1}, a') \,|\, S_t = s_t, A_t = a_t, \mathrm{M}\Big] - \Upsilon_* q_t(s_t, a_t) \\
&= 0
\end{aligned}
$$

ここで，h_t は履歴（式 (1.9)）であり，最後の等式は Υ_* の定義（式 (4.33)）から成立します．また，g は有界なので，

$$
\mathbb{E}[X_t^2(s, a) \,|\, H_t = h_t, \mathrm{M}\,] \leq c + d\|q_t\|^2, \quad \forall (t, s, a) \in \mathbb{N}_0 \times \mathcal{S} \times \mathcal{A}
$$

を満たすような $c, d \in \mathbb{R}_{\geq 0}$ が存在します．よって，X_t は補題 4.1 の条件 (3) を満たします． □

命題 4.2 の累積学習率の条件（式 (4.53)）ですが，任意の状態間を有限の時間ステップで遷移できるマルコフ決定過程については，各状態で各行動の選択確率が $\epsilon \in \mathbb{R}_{>0}$ 以上であり，学習率 α_t がロビンス・モンローの条件を満たすのであれば，式 (4.53) は成り立ちます（Singh *et al.*（2000）[185] の Lemma 4）．

次に SARSA 法の収束性を示します．Q 学習法はベルマン最適作用素にもとづく学習であったのに対して，SARSA 法は方策に依存するベルマン期待作用素にもとづくため，時間ステップの進展に従い，方策が更新され，ベルマン期待作用素も変化します．そのため，Q 学習法の収束性の場合よりも証明に工夫が必要になります．また，GLIE 方策（すべての状態行動対を無限回観測し，かつ極限 $t \to \infty$ で貪欲方策になる方策）という追加の条件が必要になります．

命題 4.3（SARSA 法の収束性）

マルコフ決定過程 M の各時間ステップ $t+1 \in \mathbb{N}$ で行動 a_{t+1} を関数 $\hat{Q}: \mathcal{S} \times \mathcal{A} \to \mathbb{R}$ にもとづく方策 $\pi_t(\cdot|s_{t+1}; \hat{Q})$ に従い選択し，$\hat{Q}$ を SARSA 法（式 (4.51)）

$$\hat{Q}(s_t, a_t) := \hat{Q}(s_t, a_t) + \alpha_t \Big(r_t + \gamma \hat{Q}(s_{t+1}, a_{t+1}) - \hat{Q}(s_t, a_t) \Big)$$

に従い更新するとき，$\gamma \in [0, 1)$ であり，

- $\hat{Q}$ の初期化条件：$\|\hat{Q}\|_\infty \leq \infty$
- 累積学習率の条件：

$$\begin{cases} \displaystyle\sum_{t=0}^{\infty} \alpha_t \mathbb{I}_{\{s=s_t\}} \mathbb{I}_{\{a=a_t\}} = \infty, & \forall (s,a) \in \mathcal{S} \times \mathcal{A} \\ \displaystyle\sum_{t=0}^{\infty} \alpha_t^2 \mathbb{I}_{\{s=s_t\}} \mathbb{I}_{\{a=a_t\}} < \infty, & \forall (s,a) \in \mathcal{S} \times \mathcal{A} \end{cases}$$

- 方策 π_t は GLIE 方策（4.3.4.2 節）

を満たすなら，$\hat{Q}$ は最適行動価値関数 Q^* に収束する．

証明：
命題 4.2 の証明と同様に，補題 4.1 の 4 つの条件を満たすことを示すことで本命題を証明します．時間ステップ t で更新後の $\hat{Q}$ を q_t と書き，学習率を $\tilde{\alpha}_t(s, a) \triangleq \alpha_t \mathbb{I}_{\{s=s_t\}} \mathbb{I}_{\{a=a_t\}}$ と再定義します．時間ステップ $t+1$ の状態と行動はこれから決定される確率変数として扱い，

$$X_t(s,a) \triangleq \begin{cases} g(s,a) + \gamma \displaystyle\max_{a' \in \mathcal{A}} q_t(S_{t+1}, a') - \Upsilon_* q_t(s,a) & \\ \qquad\qquad -\gamma\big(v_t^{\pi_t}(S_{t+1}) - q_t(S_{t+1}, A_{t+1})\big) & (s = s_t, a = a_t) \\ 0 & (\text{それ以外}) \end{cases}$$

と定義します．ここで，$v_t^\pi : \mathcal{S} \to \mathbb{R}$ は次の期待値です．

$$v_t^\pi(s) \triangleq \sum_{a \in \mathcal{A}} \pi(a|s) q_t(s,a) \tag{4.56}$$

さらに,

$$Y_t(s,a) \triangleq \begin{cases} -\gamma\big(\max_{a'\in\mathcal{A}} q_t(S_{t+1},a') - v_t^{\pi_t}(S_{t+1})\big) & (s=s_t, a=a_t) \\ 0 & (\text{それ以外}) \end{cases} \tag{4.57}$$

と定義すれば，時間ステップ $t+1$ での SARSA 法の更新則を次のように書くことができます．

$$\begin{aligned} q_{t+1}(s,a) :=& (1-\tilde{\alpha}_t(s,a))q_t(s,a) \\ &+ \tilde{\alpha}_t(s,a)(\Upsilon_* q_t(s,a) + X_t(s,a) + Y_t(s,a)),\ \forall(s,a)\in\mathcal{S}\times\mathcal{A} \end{aligned}$$

上式を式 (4.52) の確率的近似の更新則に対応させ，Q 学習法の収束性（命題 4.2）の証明と同様にして，上式が補題 4.1 の条件 (1), (2), (3) を満足することを示せます．よって，後は式 (4.57) の Y_t が補題 4.1 の条件 (4) を満たすこと，つまり，

$$|Y_t(s,a)| \leq \beta_t(\|q_t\|_\infty + 1), \quad \forall(t,s,a)\in\mathbb{N}_0\times\mathcal{S}\times\mathcal{A} \tag{4.58}$$

を満たすゼロに収束する系列 $\{\beta_t\in\mathbb{R}_{\geq 0}\}$ が存在することを示せれば，命題 4.3 は証明されます．

まず，Y_t と $v_t^{\pi_t}$ の定義から，

$$|Y_t(s,a)| \leq \gamma\big(\max_{a'\in\mathcal{A}} q_t(S_{t+1},a') - \min_{a'\in\mathcal{A}} q_t(S_{t+1},a')\big), \quad \forall(s,a)\in\mathcal{S}\times\mathcal{A}$$

ですから，

$$|Y_t(s,a)| \leq 2\gamma\|q_t\|_\infty, \quad \forall(s,a)\in\mathcal{S}\times\mathcal{A}$$

と書け，たとえば $\beta_t := 2\gamma$ とすることで，有限の時間ステップ t については式 (4.58) を満たす β_t が存在することを確認できます．よって，後は $t\to\infty$ で β_t がゼロに収束することを示せばよいです．

方策 π_t は GLIE 方策ですから，任意の $\varepsilon > 0$, $s\in\mathcal{S}$ に対して，

$$\max_{(s,a)\in\mathcal{S}\times\mathcal{A}} \left|\mathbb{I}_{\{a=\pi_{\text{greedy}}(s;q_t)\}} - \pi_t(a|s;q_t)\right| < \varepsilon, \quad \forall t\in\{t^*, t^*+1, \dots\}$$

を満たすような t^* が存在します．ここで，π_{greedy} は式 (3.6) の貪欲方策です．上の不等式から，任意の $s\in\mathcal{S}$ で

$$\Pr\Big(\operatorname*{argmax}_{a' \in \mathcal{A}} q_t(s, a') = A \mid A \sim \pi_t(\cdot|s, q_t)\Big) \geq 1 - \varepsilon, \quad \forall t \in \{t^*, t^*+1, \dots\}$$

が成立するので，v_t^π の定義（式 (4.56)）より，任意の $t \in \{t^*, t^*+1, \dots\}$ で，

$$v_t^{\pi_t}(s) \geq (1 - \epsilon) \max_{a' \in \mathcal{A}} q_t(s, a') + \epsilon \min_{a' \in \mathcal{A}} q_t(s, a'), \forall s \in \mathcal{S}$$

は成立します．よって，Y_t の定義（式 (4.57)）より，任意の $\epsilon > 0$ に対して，

$$\begin{aligned} |Y_t(s, a)| &\leq \gamma\varepsilon\big(\max_{a' \in \mathcal{A}} q_t(S_{t+1}, a') - \min_{a' \in \mathcal{A}} q_t(S_{t+1}, a')\big) \\ &\leq 2\gamma\varepsilon \|q_t\|_\infty, \qquad \forall t \in \{t^*, t^*+1, \dots\}, (s, a) \in \mathcal{S} \times \mathcal{A} \end{aligned}$$

を満たすような t^* は存在します．したがって，式 (4.58) を満たすゼロに収束する β_t は存在します．以上より，Y_t は補題 4.1 の条件 (4) を満足します．□

本書では省略しますが，TD(0) 法も Q 学習法と同様にして収束性を示すことができます．また，TD(λ) 法についても，煩雑になりますが，やはり補題 4.1 を用いて収束性を示すことができます [185]．

4.5 アクター・クリティック法

SARSA 法は方策反復法（2.3.2 節）に類似することを 4.3.4.2 節でみましたが，より直接的に方策反復法を実装する強化学習のアプローチとして，**アクター・クリティック法**（actor critic method; AC 法）があります．これは図 **4.7** に示すように，方策である**アクター**（actor）と方策評価を行う**クリティック**（critic）の 2 つのモジュールからなり，クリティックが報酬などの観測から方策改善のための信号を計算し，それをアクターに与えて方策を更新することを繰り返します．なお，アクター・クリティック法は特定の方法の実装を指すのではなく，方法の総称であり実装方法はさまざまあることに注意してください [71]．SARSA 法は推定器 $\hat{Q}$ が方策評価結果であるとともに方策を定めているので，アクターとクリティックが 1 つのモジュールで統合されているアクター・クリティック法の特殊型であると解釈できます．

アクター・クリティック法の典型的な実装例として，Sutton & Barto (1998) [198] の TD 誤差を方策改善の信号に用いる方法を紹介します．アク

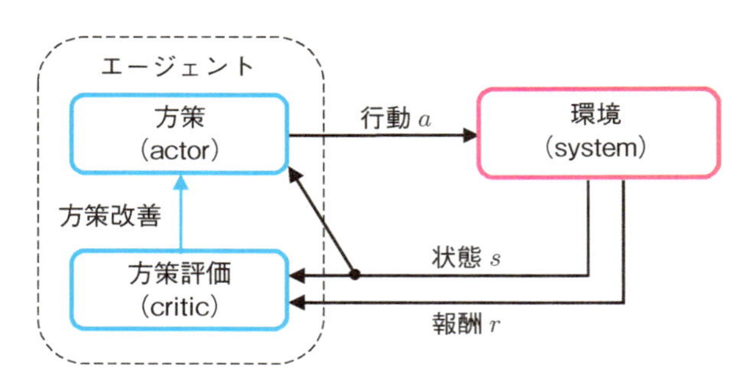

図 4.7 アクター・クリティック法の構造.

ターには効用関数 $q : \mathcal{S} \times \mathcal{A} \to \mathbb{R}$ にもとづくソフトマックス（式 (3.8)）の方策モデルを用い，クリティックは TD 法（4.2 節）に従い価値関数推定器 $\hat{V} : \mathcal{S} \to \mathbb{R}$ を学習します．各時間ステップ t で，クリティックは TD 誤差 $\delta_t := r_t + \gamma\hat{V}(s_{t+1}) - \hat{V}(s_t)$ を計算し，$\hat{V}$ を

$$\hat{V}(s_t) := \hat{V}(s_t) + \alpha_t^{(\mathrm{critic})}\delta_t$$

と更新します．さらに，TD 誤差 δ_t を方策改善のための信号としてアクターに送って，効用関数 q を次のように更新します．

$$q(s_t, a_t) := q(s_t, a_t) + \alpha_t^{(\mathrm{actor})}\delta_t \tag{4.59}$$

ここで，$\alpha_t^{(\mathrm{critic})}$ と $\alpha_t^{(\mathrm{actor})}$ はそれぞれクリティックとアクターの学習率です．

この方法の挙動を調べるため，まず**アドバンテージ関数**（advantage function）$A^\pi : \mathcal{S} \times \mathcal{A} \to \mathbb{R}$ を導入します．

$$A^\pi(s, a) \triangleq Q^\pi(s, a) - V^\pi(s), \quad \forall(s, a) \in \mathcal{S} \times \mathcal{A} \tag{4.60}$$

行動価値関数 Q^π の定義（式 (3.5)）から，$\mathbb{E}^\pi\{Q^\pi(S, A) \mid S = s\} = V^\pi(s)$ なので，方策 π に関するアドバンテージ関数の期待値はゼロです．

$$\mathbb{E}^\pi\left\{A^\pi(S, A) \mid S = s\right\} = 0, \quad \forall s \in \mathcal{S}$$

よって，ある状態 $\tilde{s}$ を除いて π と同じ行動選択を行い，状態 $\tilde{s}$ ではアドバンテージ関数がゼロより大きい行動を選択するような方策を $\tilde{\pi}$ とすれば，

$$V^\pi(\tilde{s}) < V^{\tilde{\pi}}(\tilde{s})$$

が成り立ちます*9．逆もまた同様です．つまり，$A^\pi(s,a)$ は状態 s における方策 π に対する各行動 a の相対的なよさ（アドバンテージ）を表していて，アドバンテージがゼロより大きい行動の選択確率を上げ，ゼロ以下の行動の選択確率を下げるように方策を更新できれば，方策はつねに改善されます．

実は式 (4.59) の q の更新式は上記のようなアドバンテージ関数 A^π にもとづく方策改善をしていると解釈できます．なぜなら，ノイズ項 X_t を

$$X_t \triangleq R_t + \gamma\hat{V}(S_{t+1}) - \hat{Q}(s_t, a_t)$$

と定義すれば，式 (4.59) を

$$q(s_t, a_t) := q(s_t, a_t) + \alpha_t(\hat{A}(s_t, a_t) + X_t) \tag{4.61}$$

と書き直せるからです．ここで，

$$\hat{Q}(s,a) \triangleq \mathbb{E}\{R_t + \gamma\hat{V}(S_{t+1}) \mid S_t = s, A_t = a\}, \quad \forall(s,a) \in \mathcal{S} \times \mathcal{A}$$
$$\hat{A}(s,a) \triangleq \hat{Q}(s,a) - \hat{V}(s), \quad \forall(s,a) \in \mathcal{S} \times \mathcal{A}$$

です．このとき，V^π と Q^π の対応関係（式 (4.37)）から $\hat{Q}$ は Q^π の推定関数，$\hat{A}$ は A^π の推定関数に対応することがわかります．また，ノイズ項 X_t は $\hat{Q}$ の定義から，$\mathbb{E}[X_t \mid S_t = s, A_t = a] = 0$ であり，平均ゼロのノイズです．以上より，q の更新式 (4.61) は推定アドバンテージ関数 $\hat{A}(s_t, a_t)$ がゼロより大きければ，平均的には $q(s_t, a_t)$ の値を大きくし，s_t における a_t の選択確率を高くします．一方，もし $\hat{A}(s_t, a_t)$ が負であれば，平均的には a_t の選択確率が小さくなるように q を更新することになり，更新式 (4.59) もしくは (4.61) はアドバンテージ関数の推定器にもとづいて方策改善していることがわかります．

以降，アクター・クリティック法全般の特徴を整理します．アクター・クリティック法の最大の難点は，Q 学習法や SARSA 法は単一のモジュールで構成されるのに対して，アクターとクリティックという並行して学習する必要のある 2 つのモジュールから構成されていて，それらが互いに依存関係にあることです．これは学習の挙動を複雑にし，理論解析も煩雑となり，学習

*9 最適方策 π^* の場合，式 (4.39) より $\max_{a\in\mathcal{A}} Q^{\pi^*}(s,a) = V^{\pi^*}(s)$ なので，アドバンテージ関数 A^{π^*} はつねにゼロ以下であり，π^* の定義通り，π^* を改善できる余地がないことを確認できます．

率 $\alpha_t^{(\mathrm{actor})}$ や $\alpha_t^{(\mathrm{critic})}$ を慎重に調整する必要があります．たとえば，多くのアクター・クリティック法では，収束性を保証するために，学習率について通常のロビンス・モンローの条件（$\sum_t^\infty \alpha_t = \infty, \sum_t^\infty \alpha_t^2 < \infty$）に加え，ある $h > 0$ に対して，

$$\sum_{t=0}^{\infty} \left(\frac{\alpha_t^{(\mathrm{actor})}}{\alpha_t^{(\mathrm{critic})}} \right)^h < \infty$$

という条件が必要になります[71,103]．これはアクターの学習をクリティックの学習よりもゆっくりにして，クリティックがアクターを適切に評価するための条件になります．もし逆にアクターの学習率のほうがクリティックよりも高いとすると，アクターの変化にクリティックが追いつけず，学習に失敗してしまう可能性があります．

アクター・クリティック法の長所として大きく次の2つがあります．1つはクリティックとアクターが分かれているため，さまざまな関数近似器を方策モデルに用いることができることです．特に行動空間が離散ではなく連続な場合です．通常のQ学習法やSARSA法では行動空間の離散化が必要になりますが，アクター・クリティック法ではたとえば以下のような連続変数の確率モデルを方策に用いことができます．

$$a \sim \pi(\cdot|s; \mu, \sigma) = \mathcal{N}(\mu(s), \sigma^2(s))$$

ここで，$\mu : \mathcal{S} \to \mathbb{R}, \sigma : \mathcal{S} \to \mathbb{R}_{>0}$ であり，$\mathcal{N}(a, b^2)$ は平均 a，分散 b^2 の正規分布です．そのため，トルクなど行動が連続変数であるロボット制御などでアクター・クリティック法はよく用いられています[150]．ただし，本節で紹介したアクター・クリティック法の実装では方策にソフトマックス方策モデルを用いているため，そのままでは連続行動を扱うことができず，**方策勾配法** (policy gradient method）の考え方が必要になります．方策勾配法については6.3節で説明しますが，任意の微分可能な方策モデルの学習法で，方策パラメータに関する目的関数の確率的勾配を用いて方策パラメータを更新する学習法のことです．

もう1つの長所として，確率的方策をそのランダム性も含めて学習できる

点があげられます*10．課題がマルコフ性を満たしていれば，決定的方策で最適方策を達成できますので（命題 2.7)，この長所の恩恵は特にありませんが，実課題を扱う場合，必ずしもマルコフ性を満たしているとは限らず，方策のランダム性の調整が大切な場合があります．また，部分観測マルコフ決定過程にマルコフ定常方策（履歴非依存の定常方策）を適用する場合も，確率的方策の学習が必要になるため，アクター・クリティック法が有効な場合があります [13,14]．

*10 Q 学習法や SARSA 法では，方策のランダム性を定める ε や逆温度 β などはハイパーパラメータであり，データから調整されるものではありません．

Chapter 5

モデルベース型の強化学習

4 章では環境を推定しないモデルフリー型の強化学習を扱いましたが，ここでは，環境モデルを陽に推定し，推定した環境モデルを用いて方策を求めるモデルベース型の強化学習を扱います．

5.1 問題設定の整理

バッチ学習の場合のモデルベース型の強化学習法の流れを図 **5.1** に示します．もっとも直接的なアプローチの図 5.1 (a) では，履歴データから環境モデルとしてマルコフ決定過程の状態遷移確率 p_{T} や報酬関数 g を推定し，2 章のプランニング法（マルコフ決定過程の解法）を用いて最適な方策を予測します．

他にも，環境モデルとしてブラックボックスモデルを用意して，モンテカルロ木探索などの探索方法を用いて最適方策を求めるアプローチがあります（図 5.1 (b)）．**ブラックボックスモデル**とは入力に対して出力を返すだけの内部構造が未知なモデル（関数）のことです[*1]．ある任意の状態と行動の入力に対して報酬と次状態を出力するモデルであり，一般に領域知識や既存データなどから準備されます．マルコフ決定過程のプランニング方法ではすべての状態について最適行動を求めていたのに対して，このアプローチでは

*1　図 5.1 (a) のアプローチは，環境モデルとして陽に状態遷移確率 p_{T} と報酬関数 g を推定するので，モデルの内部構造は既知であり，マルコフ決定過程によるホワイトボックスモデリングといえます．なお，ホワイトボックスモデルはブラックボックスモデルとして利用できるので，図 5.1(a) の MDP モデルを用いて (b) のブラックボックスアプローチをとることはもちろん可能です．

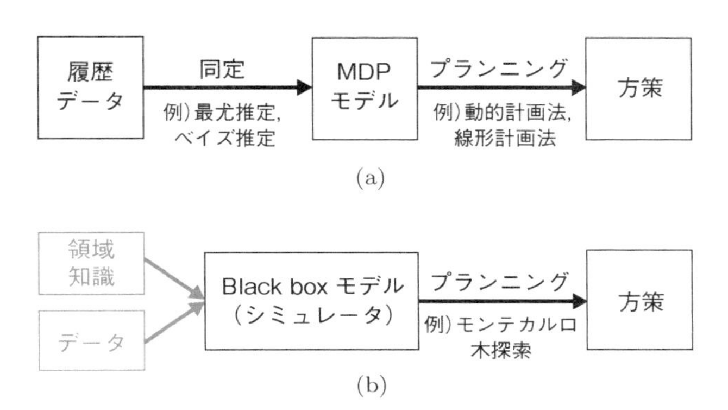

図 5.1 バッチのモデルベース型の強化学習．(a) データから同定したマルコフ決定過程 (MDP) モデルに対して価値反復法や方策反復法などの動的計画法や線形計画法を適用して最適な方策を予測する．(b) データなどからブラックボックスの生成モデルを作成して，モンテカルロ木探索などの探索方法で最適な方策を予測する．

エージェントがいまいる状態や近く訪れる可能性のあるような関心のある状態についてのみ最適な行動を計算します．そのため，将棋など状態数が組合せ的に大きくなり，たとえ状態遷移確率などが既知であっても動的計画法で扱うことが困難な問題に対して特に有効です [65]．また，マルコフ決定過程以外の既存のさまざまなシミュレータを利用できる利点もあります．

オンライン学習の場合のモデルベース型強化学習の概要を図 **5.2** に示します．エージェントは環境と相互作用することでデータを収集し，それに応じて環境モデルを修正します．さらに，修正した環境モデルにもとづき方策モデルを更新し，更新した方策を用いて環境と相互作用してデータを観測する，という一連の操作を繰り返します．このとき，環境モデルの不確実性を下げるため探索的な行動選択を行うべきか，観測したデータを信じて目的関数を最大にするような活用的な行動選択を行うべきかの探索と活用のトレードオフの考慮が必要です．

本章では，5.2 節でモデルベース型強化学習の正当性と環境推定の方法を説明し，5.3 節でブラックボックスモデルに対するプランニングとしてモンテカルロ木探索など確率的に最適方策を探索する方法を紹介します．また，5.4 節では，サンプル複雑度（3.2.2 節）に関する理論保証のある代表的な方

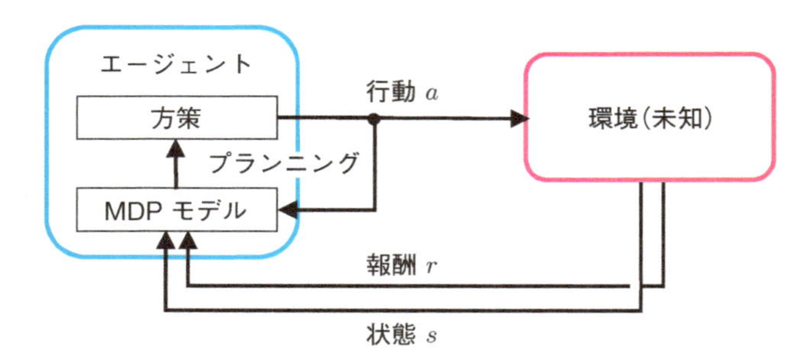

図 5.2 オンラインのモデルベース型の強化学習.

法である R-max 法を説明します.

5.2 環境推定

モデルベース型の強化学習は推定した環境モデルから方策を計算します.おそらく違和感のないアプローチと思いますが,その正当性を保証する解析結果として**シミュレーションの補題** (simulation lemma) [95] と呼ばれるものがあります.これは推定した環境モデルと真の環境モデルが似ているほど,推定の環境モデルから求まる価値関数(期待リターン)と真の価値関数の誤差が小さいという結果で,次に示します.

補題 5.1（シミュレーションの補題 [95]）

マルコフ決定過程 $\mathrm{M} \triangleq \{\mathcal{S}, \mathcal{A}, p_{\mathrm{T}}, g\}$ の推定値 $\hat{\mathrm{M}} \triangleq \{\mathcal{S}, \mathcal{A}, \hat{p}_{\mathrm{T}}, \hat{g}\}$ が，任意の $(s,a) \in \mathcal{S} \times \mathcal{A}$ に対して，

$$
\begin{aligned}
p_{\mathrm{T}}(s'|s,a) - \alpha \;\le\; \hat{p}_{\mathrm{T}}(s'|s,a) \;\le\; p_{\mathrm{T}}(s'|s,a) + \alpha, \quad \forall s' \in \mathcal{S} \\
g(s,a) - \alpha \;\le\; \hat{g}(s,a) \;\le\; g(s,a) + \alpha
\end{aligned}
$$

を満たすとき，$\hat{\mathrm{M}}$ は M の α-近似であるという．ある $\hat{\mathrm{M}}$ が M の $O\big(\big(\frac{\epsilon(1-\gamma)^2}{|\mathcal{S}|R_{\max}\log(R_{\max}/(\varepsilon(1-\gamma)))}\big)^2\big)$-近似であるとき，任意の定常方策 $\pi \in \Pi$ と状態 $s \in \mathcal{S}$，割引率 $\gamma \in [0,1)$ に対して，

$$
\big|\mathbb{E}[C_0 \,|\, \mathrm{M}(\pi), S_0 = s] - \mathbb{E}[C_0 \,|\, \hat{\mathrm{M}}(\pi), S_0 = s]\big| \le \varepsilon
$$

が成立する．

証明 [95] はやや煩雑のため省略します． □

次に，環境モデルの推定方法を説明します．ここでは式 (4.1) の単一の意思決定系列 h_T から，状態遷移確率と報酬関数を推定することを考えます．状態 s と行動 a と次状態 s' の 3 つ組 (s,a,s') についての訪問回数 n，また (s,a) についての報酬和 G

$$
n(s,a,s') \triangleq \sum_{t=0}^{T-1} \mathbb{I}_{\{s_t=s\}} \mathbb{I}_{\{a_t=a\}} \mathbb{I}_{\{s_{t+1}=s'\}} \tag{5.1}
$$

$$
G(s,a) \triangleq \sum_{t=0}^{T-1} r_t \, \mathbb{I}_{\{s_t=s\}} \mathbb{I}_{\{a_t=a\}} \tag{5.2}
$$

を履歴データから計算して，最尤推定に従い，経験回数が 1 回以上ある状態行動対 $(s,a) \in \{s \in S, a \in A \,|\, \sum_{s' \in \mathcal{S}} n(s,a,s') \ge 1\}$ に対して，状態遷移確率と報酬関数のそれぞれを

$$
\hat{p}_{\mathrm{T}}(s'|s,a) = \frac{n(s,a,s')}{\sum_{s' \in \mathcal{S}} n(s,a,s')}, \quad \forall s' \in \mathcal{S} \tag{5.3}
$$

$$\hat{g}(s,a) = \frac{G(s,a)}{\sum_{s' \in \mathcal{S}} n(s,a,s')} \tag{5.4}$$

と推定できます．ただし，経験の 1 回もない状態行動対の状態遷移確率や報酬についてはデータから決めることはできないので，環境についての事前知識を用いて設定したり，もしくは単純に

$$\hat{p}_{\mathrm{T}}(s'|s,a) = \frac{1}{|\mathcal{S}|}, \quad \forall (s,a,s') \in \left\{ s \in S, a \in A, s' \in \mathcal{S} \,\middle|\, \sum_{s' \in \mathcal{S}} n(s,a,s') = 0 \right\}$$

$$\hat{g}(s,a) = 0, \qquad \forall (s,a) \in \left\{ s \in S, a \in A \,\middle|\, \sum_{s' \in \mathcal{S}} n(s,a,s') = 0 \right\} \tag{5.5}$$

のように計算します．このように環境モデルをいったん推定すれば，後は 2 章で示した動的計画法（価値反復法や方策反復法）や線形計画法などのプランニング法を用いて方策を求めることができます．シミュレーションの補題 5.1 から，環境モデルの推定精度が高ければ，価値関数を正しく推定でき，よい方策を求められると考えられます．なお，式 (5.1) と (5.2) の統計値があれば状態遷移確率と報酬関数を推定できるので*2，時間ステップ T に従いメモリ容量が増える履歴データ h_T を必ずしも記録しておく必要はなく，メモリ容量が固定である式 (5.1) と (5.2) の統計量のみを記録して，メモリ容量を節約することが可能です．

本書では省略しますが，自然な拡張として，ベイズ推定を用いて，状態遷移確率や報酬関数を最尤推定するのではなく最大事後確率（MAP）推定することもあります．この場合，事前分布を与えることで，式 (5.4) や (5.5) のような経験の有り無しでの場合分けは不要になります．また，事後確率を周辺化した予測分布を用いるような**ベイジアン強化学習**（Bayesian reinforcement learning）と呼ばれるアプローチもあります [223]．その他にも，行動方策が未知という設定のもと，報酬観測のない履歴データ $\{s_0, a_0, s_1, a_1 \ldots\}$ から報酬関数や行動方策を推定する**逆強化学習**（inverse reinforcement learning）もしくは**模倣学習**（imitation learning）と呼ばれる分野もあります [1, 141, 230]．

例 5.1 前章の図 4.5 の 3 状態 2 行動のマルコフ決定過程についての履歴データから環境を推定することを考えます．なお，ここでは報酬は決定論的

---

*2 このような統計値は十分統計量と呼ばれます．

ではなく，$r = g(s, a) + \sigma$ のように平均 0，分散 1 の正規分布に従うノイズ $\sigma \sim \mathcal{N}(0, 1)$ が付加されたものが報酬として観測されるとします．行動 a^1 と a^2 をそれぞれ確率 0.5 で選択するランダム方策を用いて $T = 100$ 時間ステップまで試行し，その履歴データから求めた環境モデルの推定結果を**表 5.1** に示します．

表 5.1 最尤推定による環境モデルの推定結果

			統計値		最尤推定値	
状態 s	行動 a	次状態 s'	$n(s, a, s')$	$G(s, a)$	$\hat{p}_{\mathrm{T}}(s, a, s')$	$\hat{g}(s, a)$
1	a^1	1	42	31.3	1	0.744
1	a^1	2	0	31.3	0	0.744
1	a^1	3	0	31.3	0	0.744
1	a^2	1	19	−33.8	0.576	−1.03
1	a^2	2	14	−33.8	0.424	−1.03
1	a^2	3	0	−33.8	0	−1.03
2	a^1	1	11	5.69	1	0.517
2	a^1	2	0	5.69	0	0.517
2	a^1	3	0	5.69	0	0.517
2	a^2	1	4	−9.73	0	−1.08
2	a^2	2	5	−9.73	0.444	−1.08
2	a^2	3	0	−9.73	0.556	−1.08
3	a^1	1	0	2.63	0	1.32
3	a^1	2	2	2.63	1	1.32
3	a^1	3	0	2.63	0	1.32
3	a^2	1	3	35.8	1	11.9
3	a^2	2	0	35.8	0	11.9
3	a^2	3	0	35.8	0	11.9

□

5.3 ブラックボックス生成モデルに対するプランニング

任意の状態行動対 $(s, a) \in \mathcal{S} \times \mathcal{A}$ の入力に対して報酬 $r \in \mathcal{R}$ と次ステップの状態 $s' \in \mathcal{S}$ を出力するような生成モデル $f : \mathcal{S} \times \mathcal{A} \to \mathcal{R} \times \mathcal{S}$ について，最適方策を探索（プランニング）することを考えます（図 5.1 (b)）．こ

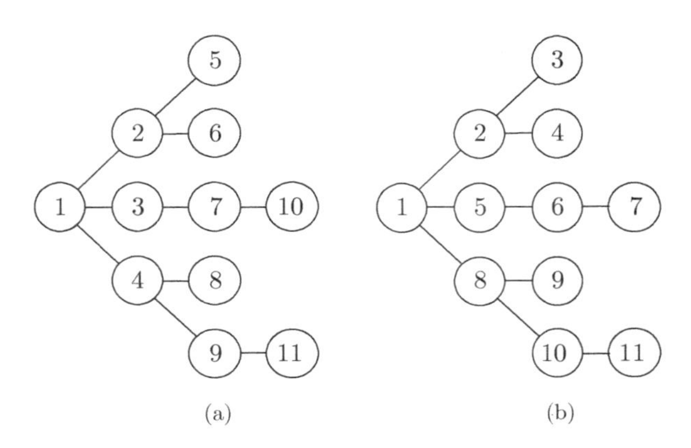

図 5.3 木の探索順の例．(a) 幅優先探索，(b) 深さ優先探索．

こでは生成モデル f をブラックボックスとして扱うので，生成モデルの中身は未知で任意でよく，既存のシミュレータや適用ドメインの事前知識やデータから設計した生成モデルなどが用いられます．履歴データ h_T を用いた単純な生成モデルの構成方法として，入力の状態行動対 (s, a) を含む 4 つ組の標本集合 $\{(s_t, a_t, r_t, s_{t+1})_{t=\{0,1,\ldots,T-1\}} \mid s_t = s, a_t = a\}$ を求めて，その中からランダムに 1 つ選択する方法があります．

生成モデルを用いたプランニングのアプローチとして，状態行動空間の探索を優先する**幅優先探索**（breadth-first search）と，時間ステップ方向を優先して探索する**深さ優先探索**（depth-first search）があります．時間ステップ数が木探索の場合の木の深さ，状態空間が幅に対応します．幅優先探索と深さ優先探索の探索順の例を図 **5.3** に示します．なお，価値反復法（アルゴリズム 2.1）など動的計画法は各繰り返しですべての状態の価値関数の値を更新するので，幅優先型のアプローチといえます．以降，5.3.1 節で確率的な幅優先探索の代表的な方法として**スパースサンプリング法**（sparse sampling algorithm）[94]，5.3.2 節で深さ優先探索の方法として**信頼区間の上限**（upper confidence bound; UCB）を利用する **UCT**（UCB applied to Trees; 木適用 UCB）法 [97] を説明します．UCT 法を一般化したものに**モンテカルロ木探索**（Monte Carlo tree search; MCTS）があり，5.3.3 節で説明します．

5.3.1 スパースサンプリング法

生成モデルに対して幅優先で確率的に探索する方法としてKearnsらにより提案された**スパースサンプリング法**[94]があります．スパースサンプリング法は入力された状態sを根ノードとする木構造の探索空間を確率的に構成して，sからの期待リターンを最大にするような**ほぼ最適な行動**（near-optimal action）を探索する方法です．最大の特徴として，後述の通り計算量が状態数に依存しません*3．そのため，状態数が非常に大きい，もしくは連続であるような問題に対して特に有効な方法になります．

スパースサンプリング法では，まず問題設定に応じて，探索幅に対応するパラメータである各ノードでのサンプリング数$N \in \mathbb{N}$と，探索深さに対応するパラメータである最大時間ステップ数$T \in \mathbb{N}$を決定します．NとTの決め方は後で示します．次にN, Tにもとづき，生成モデルfを用いて，探索空間を規定する木を確率的に成長させます．最後に，探索空間の終端時間ステップTのノード（木のリーフ）から親ノードの$T \to T-1 \to \cdots \to 0$の順で逐次的に情報を伝播させ，入力状態$s$における最適な行動を推定します．以下，この方法の詳細を示します．

探索領域を定める木の構築は，根ノードである時間ステップ$t = 0$の状態s_0に入力された状態sを代入し，生成モデルfから報酬や次時間ステップの状態を複数回サンプリングして，時間ステップtについて順方向$0 \to 1 \to \cdots \to T$に木を成長させます．このとき，各時間ステップ$t \in \{0, \ldots, T-1\}$に対応する木の部分は2層あり，状態（と報酬）の情報をもつ親側のノード層と，それに行動$a \in \mathcal{A}$を追加した状態行動対の子側のノード層です（図1.5参照）．親ノードがk個あれば，子ノードは計$k|\mathcal{A}|$個あります．子ノードそれぞれに対して，ノードに紐づく(s_t, a)を生成モデルfに入力して，報酬と次時間ステップ$t+1$の状態の組$(r_{t|s_t,a}, s_{t+1|s_t,a}) \sim f(s_t, a)$をサンプリングし，孫ノードを作成します．この操作を独立にN回繰り返し，その結果を$\{r^{(1)}_{t|s_t,a}, s^{(1)}_{t+1|s_t,a}, \ldots, r^{(N)}_{t|s_t,a}, s^{(N)}_{t+1|s_t,a}\}$と書くことにします．このような木の構築を解釈すれば，入力状態sに近い環境の部分のみを疎（スパース）にサンプリングして，小規模な部分環境を構成していると考えられます．

*3 動的計画法の計算量は2章でみたように状態数に依存します．

木の構築が完了したら，各時間ステップ $t \in \{0, \ldots, T-1\}$ の状態行動対のノードにおける最適行動価値（式 (4.36)）の推定値 $\hat{Q}_t$ を次のように後方向の**再帰的計算**（backward recursion）により求めます．

$$\hat{Q}_t(s_t, a) := \frac{1}{N} \sum_{n=1}^{N} \left\{ r_{t|s_t,a}^{(n)} + \gamma \max_{b \in \mathcal{A}} \hat{Q}_{t+1}(s_{t+1|s_t,a}^{(n)}, b) \right\}$$

この際，終端時間ステップ T の推定値 $\hat{Q}_T$ は 0 などに初期化しておきます．なお，上式は式 (4.42) のベルマン行動最適作用素の標本近似と一致していて，価値反復法の標本近似していると解釈できます．最後に，$\hat{Q}_0$ を用いて，

$$a^* := \underset{a \in \mathcal{A}}{\mathrm{argmax}}\, \hat{Q}_0(s, a)$$

として，入力状態 s における最適行動 a^* を推定します．なお，本書ではわかりやすさを優先して，木の構築と価値推定のステップを分けて説明しましたが，メモリ節約のため深さ優先の順で木を構築しながら推定価値を計算するような実装も可能です [94]．

この方法の計算量ですが，各時間ステップ層の各状態ノードで行動ごとに N 個の次状態をサンプリングするので，生成モデル f からサンプリングする計算量が $O(1)$ であれば，$O((|\mathcal{A}|N)^T)$ になることがわかります*4．つまり，計算量は状態数 $|\mathcal{S}|$ には依存しません．ただし，探索範囲を定めるパラメータである N（幅）と T（深さ）に強く依存します．

なお注意すべきこととして，動的計画法は一度の実行で任意の状態それぞれにおける最適な行動を求めるているのに対して，スパースサンプリング法は通常は入力された特定の状態の最適行動しか求めません．そのため，求めた行動を実際に実行し新しい状態 s' を観測するたびに，スパースサンプリング法を実行して，s' における最適行動を探索する必要があります．このようにしてスパースサンプリング法により求まる行動を選択するような方策のことを $\pi^{\mathcal{A}}$ と書くことにします．スパースサンプリング法では，生成モデル f が決定論的でない限り，一般に求まる行動は確率変数ですから，$\pi^{\mathcal{A}}$ は確率的方策です．

最後に，探索範囲を定めるパラメータであるサンプリング数 N と探索時

---

*4　状態数 $|\mathcal{S}|$ が多くなく，各時間ステップで同一状態の異なるノードを 1 つのノードに結合する処理を実施するならば，スパースサンプリング法の計算量は $\mathcal{O}(|\mathcal{S}||\mathcal{A}|NT)$ となります．

間ステップ数 T に関する結果を紹介します．ここで生成モデル f はマルコフ決定過程であり，報酬 r の上限は既知で $R_{\max}$ であるとします．このとき，$\pi^{\mathcal{A}}$ が ε 最適（3.2.2 節）であること，つまり $\varepsilon > 0$ に対して，

$$V^*(s) - V^{\pi^{\mathcal{A}}}(s) \leq \epsilon, \quad \forall s \in \mathcal{S}$$

を保証するには，T と N を

$$T = \left\lceil \frac{\log \tau_{\varepsilon,\gamma}}{\log(1/\gamma)} \right\rceil \tag{5.6}$$

$$N = \left\lceil \tau^2_{\bar{\varepsilon},\gamma} \bigl(2T \log(|\mathcal{A}| T \tau^2_{\varepsilon,\gamma}) + \log((1-\gamma)\tau_{\varepsilon,\gamma})\bigr) \right\rceil \tag{5.7}$$

のように設定すればよいことが示されています [94]．ここで，

$$\tau_{\varepsilon,\gamma} \triangleq \frac{4R_{\max}}{\varepsilon(1-\gamma)^3}$$

です．式 (5.6) と (5.7) から，割引率 γ を 1 に近づけるほど，T や N を大きくする必要があることがわかります．しかし，特に T を大きくすると，計算量 $\mathcal{O}((|\mathcal{A}|N)^T)$ が指数関数的に大きくなるため，この方法は γ が 1 に近い問題設定には不向きです．一方，次に紹介する UCT 法では，楽観的に最適行動とみなせる行動を優先的に選択し，幅方向の探索範囲を限定することで，時間ステップ T に依存する計算量の増加を緩和します*5．たとえば，もし各状態で探索する行動の候補を半数に絞ることができれば，計算量は単純に $(1/2)^T$ 倍になります．

5.3.2 UCT 法

UCT（UCB applied to Trees）法は 2006 年に Kocsis と Szepesvári[97] に提案されました．名前のとおり，多腕バンディット問題のための UCB1 法 [8] などの行動選択に**信頼区間の上限**（upper confidence bound; UCB）を用いるアプローチ（3.3.2 節）を木探索に応用した方法です．木は逐次的意思決定過程を表現するために用いられ，生成モデルに対して深さ優先で探索して，最適行動を推定します．

UCT 法の入出力や木探索することは前節のスパースサンプリング法と同

---

*5 もちろん，UCT 法であっても動的計画法であっても，γ が大きいということはより先の未来を考慮する必要があるということなので，一般に解くことは難しくなります．

じですが，スパースサンプリング法のようにすべての行動を等しく探索するのではなく，これまでの経験からよさそうな行動を優先的に選択します．また各ノードで次状態を生成モデルから一度に複数回サンプリングするのではなく，行動選択と生成モデルからのサンプリングを 1 回ずつ実施し時間ステップ t を進めて，意思決定系列 $(s_0, a_0, r_0, s_1, a_1, r_1, \ldots)$ をシミュレートします．このような深さ（時間ステップ）優先の探索と，探索結果にもとづく木の更新を交互に繰り返すことで，最適行動を計算します．

UCT 法の木構造はスパースサンプリング法と同様で，各時間ステップ t に対応する木の層は状態のノード層と状態行動対のノード層の 2 層あります（図 1.5 参照）．ただし，意思決定系列が同一でないような

$$(s_0, a_0, r_0, \ldots s_t, a_t, r_t, \ldots) \neq (s_0, a'_0, r'_0, \ldots s'_t, a'_t, r'_t, \ldots)$$

の場合でも，$s_t = s'_t$ であれば，両系列とも時間ステップ t で同じ状態ノードを共有します*6．木の成長は以下の**ノード展開**（node expansion）を繰り返すことで実施されます．各意思決定系列の各時間ステップ t である状態 $s' \in \mathcal{S}$ を初めて観測したら，（他の時間ステップで s' を観測したことがあっても）時間ステップ t の状態ノードの層に状態 s' のノードを追加します．さらに，ノード s' の子ノードとして各状態行動対 $(s', a), \forall a \in \mathcal{A}$ のノードを作成し，滞在回数 $m_t(s', a)$ と行動価値の推定値 $q_t(s', a)$ を初期化します．m_t と q_t は意思決定系列のシミュレート時*7 の行動選択に利用され，シミュレート後に更新されます．

行動選択は多腕バンディットで提案された探索と活用のトレードオフを考慮して行動選択する UCB1 法 [8]（3.3.2 節）にもとづきます．いまいる状態 s_t に紐づく各状態行動対のノードの $m_t(s_t, \cdot)$ と $q_t(s_t, \cdot)$ を参照して，

---

*6 ノードを共有することで，複数の親ノードをもつノードが生じることがあるので，UCT 法の探索空間は厳密には木構造になっていません．ただし，系列シミュレート後に葉ノードから根ノードに向かって逐次的に実際に通ったノードに紐づく推定値を更新するので，木構造をもたないことはアルゴリズム上，何ら問題ありません．

*7 シミュレータや生成モデルを用いて系列をシミュレートすることを一般に**ロールアウト**（rollout）もしくはプレイアウトといいますが，モンテカルロ木探索（5.3.3 節）においては，ロールアウトはノード作成を伴わない既定方策（ランダム方策など）に従う意思決定系列のシミュレートという狭義な定義をもち，UCT 法のようなノード情報に応じて行動選択する手順はノード選択もしくは木探索と呼ばれます．本書では，モンテカルロ木探索における用語の用法との整合性をもたせるため，ノード作成を伴わない既定方策による意思決定系列のシミュレートのみを**ロールアウト**と呼び，UCT 法による意思決定系列のシミュレート（木探索）と区別します．

$$a_t := \underset{a\in\mathcal{A}}{\mathrm{argmax}} \left\{ q_t(s_t, a) + \rho\sqrt{\frac{\log(\sum_{a\in\mathcal{A}} m_t(s_t, a))}{m_t(s_t, a)}} \right\}$$

のように選択します．もし評価結果が同一の行動があれば，それらからランダムに 1 つ選択します．ここで，$\rho > 0$ は探索強度を定めるハイパーパラメータで，報酬の大きさ $R_{\max}$ や割引率 γ などに応じて決定します．たとえば，リターンの値域を $[0, 1]$ と仮定する UCB1（式 (3.10)）に従って，$\rho := R_{\max}/(\sqrt{2}(1-\gamma))$ とします*8．他のハイパーパラメータとして，探索の時間ステップの上限 T をあらかじめ決める必要があります．これは，たとえばスパースサンプリング法の結果（式 (5.6)）を利用して決定します．

なお，滞在回数 m_t や推定行動価値 q_t の更新は，意思決定系列のシミュレート後に経験した各状態行動対のノードについて，

$$\begin{aligned} m_t(s_t, a_t) &:= m_t(s_t, a_t) + 1, & \forall t \in \{0, \ldots, T-1\} \\ q_t(s_t, a_t) &:= q_t(s_t, a_t) + \frac{1}{m_t(s_t, a_t)}(c_t - q_t(s_t, a_t)), & \forall t \in \{0, \ldots, T-1\} \end{aligned} \tag{5.8}$$

のように行います．ここで，c_t は時間ステップ t から T までのリターン

$$c_t \triangleq \sum_{k=t}^{T} \gamma^{k-t} r_k$$

です．

UCT 法はその性能や使いやすさから多様な探索問題に利用されていますが，課題によっては探索効率が非常に悪くなることが報告されており [38]，多数の改良法が提案されています．たとえば，同じ状態を繰り返し観測するような問題に対しては，マルコフ性が成り立っていれば異なる時間ステップであっても状態が同じ場合，その後の確率過程は同じなので，時間ステップの異なるノード間で m や q を共有することは有効です．このアルゴリズムは **UCT1 法** [37] と呼ばれ，**アルゴリズム 5.1** に示します．

---

*8　これは報酬の絶対値の上限が $R_{\max}$ であれば，減衰累積報酬の絶対値を $R_{\max}/(1-\gamma)$ で抑えられるためです．

アルゴリズム 5.1 UCT1 法 [37]

[入力] 生成モデル（状態集合 $\mathcal{S}$ と行動集合 $\mathcal{A}$ は既知．状態と行動を入力し*9，報酬と次状態を生成するような確率モデル f），評価対象の状態 $s_0 \in \mathcal{S}$，割引率 $\gamma \in [0, 1)$，探索強度 $\rho \in \mathbb{R}_{>0}$，最大探索深さ $D \in \mathbb{N}$，終了条件（最大計算時間など）
[出力] 状態 s_0 における最適行動 $a^* \in \mathcal{A}$ の推定値

1. 推定行動価値 q と滞在回数 m を初期化．
   · $q : \mathcal{S} \times \mathcal{A} \to \mathbb{R}$ をゼロなどに任意に初期化．
   · $m(s, a) := 0,\ \forall(s, a) \in \mathcal{S} \times \mathcal{A}$
2. 深さ優先探索して，q と m を更新．
   · 深さ d の初期化 $d := 0$．
   · サブルーチン search(s_0, d, m, q) を実行し，m と q を更新．
3. 終了判定．もし終了条件を満たしているならば，最適行動 a^* を推定し，終了．それ以外は，手順 2. から繰り返す．

$$a^* := \operatorname*{argmax}_{a \in \mathcal{A}} q(s_0, a)$$

（サブルーチン） search(s, d, m, q)
[入力] 状態 s，深さ d，統計値 m, q
[出力] 統計値 m, q，リターン c

1. もし $d = D$（もしくは s が終端状態）ならば，$c := q(s, a)$ とし，終了．それ以外は，以下の処理を実行．
2. 次式に従い行動 a を選択し，生成モデル f に (s, a) を入力して，(r, s') をサンプリング．

$$a := \operatorname*{argmax}_{a \in \mathcal{A}} \left\{ q(s, a) + \rho \sqrt{\frac{\log \sum_{a \in \mathcal{A}} m(s, a)}{m(s, a)}} \right\}$$

3. サブルーチン search(s', $d+1$, m, q) を実行して，(m', q', c') を観測．
4. m, q, c を更新．

$$m(s, a) := m'(s, a) + 1$$
$$q(s, a) := q(s, a) + \frac{1}{m(s, a)}(c - q'(s, a))$$
$$c := r + \gamma c'$$

---

*9 一般の強化学習問題では，時間ステップが 1 つ進むと，前時間ステップ t の次状態 s_{t+1} が現時間ステップ $t + 1$ の現状態になるように状態系列は連鎖していて，状態を自由に設定できない問題設定を想定していました．一方，ここでは環境に関するシミュレータなどの生成モデル f が存在することを仮定しているため，任意の状態行動対を与え，報酬と次状態を観測できます．

他の改良として，各ノードが独立に行動価値の推定値を保持するのではなく，関数近似器を用いて行動価値推定の汎化性能を高めるアプローチや，式(5.8) の推定行動価値の更新の際，目的変数にリターンの実績値 c_t を用いるのではなく，TD(λ) 法（4.2 節）のように n ステップ切断リターン（式 (4.17)）を用いて，推定分散を抑えるアプローチなども提案されています [183]．

例 5.2 UCT1 法とランダム方策による探索の違いを図 4.5 の 3 状態 2 行動のマルコフ決定過程を用いて確認します．履歴データを 100 回収集した結果を図 **5.4** に示します．図 5.4 から，UCT 法より探索はランダム方策に比べ，赤線部分の高い報酬値 $r = 12$ が紐づく状態行動対 $(s = 3, a = a^2)$ を数多く経験できていることを確認できます． □

5.3.3 モンテカルロ木探索

前節の UCT 法 [97] とは独立に，同時期の 2006 年に，Coulom[39] がモンテカルロ評価に木探索を組み合わせるアプローチとして**モンテカルロ木探索**（Monte Carlo tree search; **MCTS**）法を提案しました．UCT 法は各深さで新しい状態を経験するたびにノードを作成しますが，MCTS 法は必ずしもつねにノードを作成することはせず，意思決定系列のランダムシミュレーションによるモンテカルロ評価のたびに少しずつ木を成長させ，根ノードに近い一部のノードのみを保持します．ここで，意思決定系列のランダムシミュレーションのことを（ランダム）**ロールアウト**（rollout），ロールアウトに用いる方策を**既定方策** (default policy) と呼びます．既定方策は一般に MCTS 法の外であらかじめ設定される方策で，多くの場合，単純なランダム方策が用いられます．

さらに，同 2006 年に Gelly と Wang[65] は MCTS 法の木探索の部分に UCT 法を利用することを提案し，コンピュータ囲碁の初期の成功に大きく貢献し，広く知られるようになりました．いまでは，MCTS 法はアルファ碁を含め多くのゲーム AI のアルゴリズムの基礎になっています [31,179,180]．

MCTS 法の各繰り返しでの具体的な処理を次に示します．木構造は UCT 法やスパースサンプリング法と同様で，各時間ステップに対応する木の層は状態のノード層と状態行動対のノード層の 2 層あるとします．

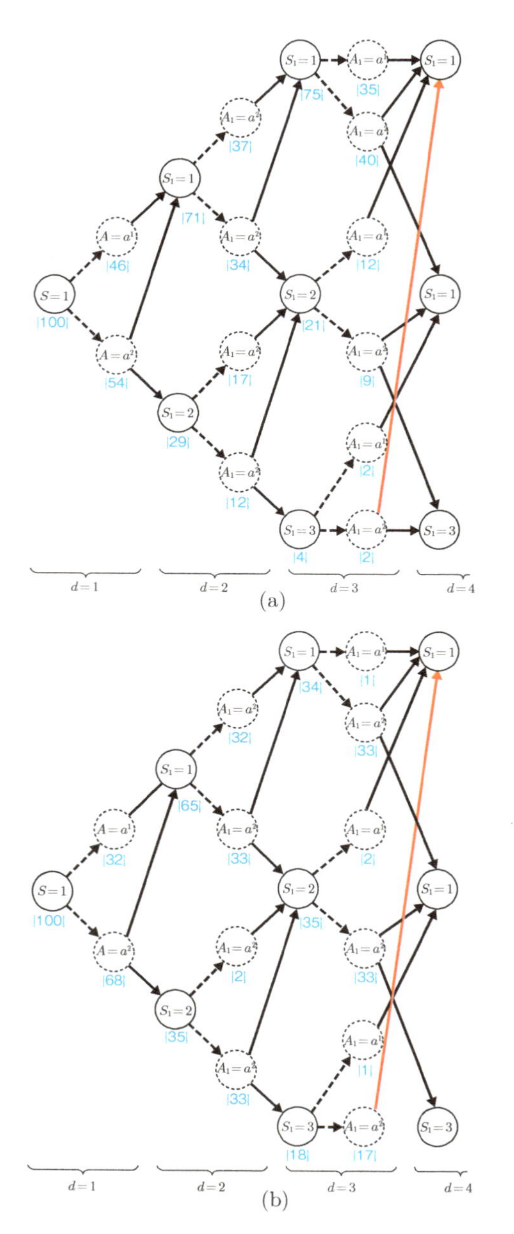

図 5.4 3 状態のマルコフ決定過程での探索結果. (a) ランダム方策. (b) UCT1 法.

- **ノード選択（木探索）**：葉ノードに到達するまで，状態観測（状態の層のノードの観測）と行動選択（状態行動対の層のノードの選択）を繰り返す．この処理は木探索とも呼ばれ，多くの場合，UCT 法やその改良型の方法が用いられる．
- **ノード展開**：（経験回数がある閾値を超えた場合）新たに状態ノードと対応する状態行動対の子ノードを作成し，初期化する．
- **葉ノード評価**：葉ノードからの既定方策によるロールアウトなどを実施し，葉ノードの評価値を得る．
- **ノード更新**：葉ノードの評価結果を葉ノードから根ノードまでの各ノードに伝播させ，各状態行動対のノードの統計量を更新する．

なお，UCT 法はつねにノード展開し，（たどり着く葉ノードがつねに終端状態に対応して）葉ノードをロールアウトせずに評価している MCTS 法とみなすことができるので，UCT 法は MCTS 法に含まれます．

5.4* オンラインのモデルベース型強化学習

前節では生成モデルやシミュレータの存在を仮定し，任意の状態行動対について報酬と次状態を生成できることを想定していましたが，ここでは状態を自由にリセットできず，環境は未知であるオンライン学習の状況を考えます．状態をリセットできない分，前者よりに難しい問題設定であり，人が試行錯誤により手探り的に学習する状況に類似しています．学習エージェントは環境と相互作用し経験を積み，適宜，マルコフ決定過程の環境モデルを更新して，環境モデルから方策を計算することを繰り返します（図 5.2）．環境と相互作用する際に行動選択しますが，このときに環境モデルの不確実性を下げるように探索的な行動を選択するのか，もしくはこれまでの経験を信じて目的関数を最大にするような活用的な行動を選択するのかの探索と活用のトレードオフの考慮が必要になります．また状態を自由にリセットできないので，探索的な行動を選択する際，UCB 法や UCT 法のように選択回数が少ない行動を優先的に選択するだけではなく，経験の少ない未知の状態への遷移につながりやすい行動かどうかという観点も大切になります．

本節では代表的なオンラインのモデルベース型強化学習法として **R-max**

法（R-max algorithm）[29] を紹介します．R-max 法は各状態行動対 (s,a) を経験回数に応じて未知か既知であるかを判定して，未知の状態行動対を多く経験するような探索行動を選択します．判定方法は単純で，5.2 節の環境推定の場合と同様に式 (5.1) と (5.2) の経験回数 $n(s,a,s')$ と報酬和 $G(s,a)$ を記憶して，各状態行動対の経験回数 $\sum_{s'\in\mathcal{S}} n(s,a,s')$ がある閾値 $m \in \mathbb{N}$ 以上であれば既知，m より小さければ未知と判定します．なお，紐づくすべての行動 a の状態行動対が既知である状態のことを既知の状態 $s \in \mathcal{S}_{\text{known}}$，それ以外を未知の状態 $\bar{s} \in \mathcal{S}_{\text{unknown}}$ といいます．

既知の状態行動対に関しては，経験回数が十分で正確に状態遷移確率や報酬関数を推定できると判断し，$\hat{p}_{\text{T}}$ や $\hat{g}$ を最尤推定（式 (5.3)，(5.4)）に従い求めます．一方，未知の状態行動対 $(\bar{s},\bar{a})$ については，経験回数が十分ではないので，環境モデルから計算される方策が優先的に $(\bar{s},\bar{a})$ を経験するように，$(\bar{s},\bar{a})$ の状態遷移確率と報酬関数を，「不確かなときは楽観的に」の考え方に従い，

$$\hat{p}_{\text{T}}(s'|\bar{s},\bar{a}) = \mathbb{I}_{\{s'=\bar{s}\}}, \quad \forall s' \in \mathcal{S} \tag{5.9}$$

$$\hat{g}(\bar{s},\bar{a}) = R_{\max} \tag{5.10}$$

と設定します．この楽観的な環境モデルに対して動的計画法などで最適行動価値関数 $\hat{Q}^*$ を求めれば，未知の状態行動対 $(\bar{s},\bar{a})$ の $\hat{Q}^*(\bar{s},\bar{a})$ は

$$\hat{Q}^*(\bar{s},\bar{a}) = \frac{R_{\max}}{1-\gamma} \geq \hat{Q}^*(\bar{s},a),\ \forall a \in \mathcal{A}$$

ですから，状態 $\bar{s} \in \mathcal{S}_{\text{unknown}}$ ではつねに未知の行動 $\bar{a}$ を選択する方策が求められます*10.

この楽観的な環境モデルは上記のような近視眼的な探索だけではなく，長期的視野の探索も促進します．なぜなら，最適行動価値関数の再帰式であるベルマン最適方程式

$$\hat{Q}^*(s,a) = \hat{g}(s,a) + \gamma \sum_{s'\in\mathcal{S}} \hat{p}_{\text{T}}(s'|s,a) \max_{a\in\mathcal{A}} \hat{Q}^*(s',a) \tag{5.11}$$

---

*10　ある状態 $\bar{s}$ が複数の未知の状態行動対をもつ場合，あらかじめ定めた任意のルールで 1 つを選択します．

から，既知の状態行動対 (s, a) においても，未知状態 $\bar{s} \in \mathcal{S}_{\text{unknown}}$ に遷移する場合，その遷移確率の和

$$\sum_{\bar{s} \in \mathcal{S}_{\text{unknown}}} \hat{p}_{\text{T}}(\bar{s}|s, a)$$

の大きさに応じて $\hat{Q}^*(s, a)$ を過大評価して，未知状態 $\bar{s}$ への遷移を促進しているからです．また，たとえ未知状態 $\bar{s}$ に直接遷移しないような (s, a) でも，再帰式である式 (5.11) を展開することで，n ステップ後に $\bar{s} \in \mathcal{S}_{\text{unknown}}$ に遷移するならば，過大評価の程度は直接遷移する場合に比べ γ^{n-1} 倍減衰しますが，やはり行動価値を過大評価することになります．つまり，R-max 法では未知の状態 $\bar{s}$ に短い時間ステップで高い確率で遷移する状態行動対ほど，楽観的に行動価値を過大評価して，偏りのある方策を求めます．そして，求まった方策に従い行動選択することで，未知の状態行動対が近くにあるなら，未知の状態行動対の経験につながる探索的な行動を選択し，もし近くに未知の状態行動対がないなら，探索行動はせずに，データ活用的な行動を選択することで，探索と活用のトレードオフをバランスしていると解釈できます．

R-max 法の実装は，環境モデルの更新頻度や更新範囲について，いくつかバリエーションがありますが，本書では Wiering & Otterlo（2012）[223] の Algorithm 11 に従ったものを**アルゴリズム 5.2** に示します．なお，アルゴリズム 5.2 は $\sum_{s'} n(s_t, a_t, s') \geq m$ であればつねに環境モデルと方策を更新しますが，Brafman & Tennenholtz（2002）[29] で示されたオリジナルの R-max 法では，$\sum_{s'} n(s_t, a_t, s') = m$ のとき，(s_t, a_t) についての $\hat{p}_{\text{T}}$ と $\hat{g}$ のみ，つまり $\hat{p}_{\text{T}}(s'|s_t, a_t), \forall s' \in \mathcal{S}$ と $\hat{g}(s_t, a_t)$ を更新し，方策を再計算します．よって，(s, a) を仮に $m + 1$ 回以上経験しても (s, a) について $\hat{p}_{\text{T}}$ と $\hat{g}$ を更新することはなく，方策の更新回数をたかだか $|\mathcal{S}||\mathcal{A}|$ 回に抑えられるため，データ取得コストよりもプランニング（方策更新）のための計算時間が問題になる場合，オリジナルの R-max 法のほうが好ましいと考えられます．またオリジナルの R-max 法は，m を $\tilde{O}\left(\frac{|\mathcal{S}|^2|\mathcal{A}|R_{\max}^3}{\varepsilon^3(1-\gamma)^4}\right)$ より大きな値に設定すれば*11，確率 $1 - \delta$ でサンプル複雑度を

*11　$\tilde{O}$ は対数の項を省略したランダウ記法で，たとえば変数 n について $O(n \log(n)) = \tilde{O}(n)$ と書けます．

アルゴリズム 5.2 R-max 法（R-max algorithm）[223]

[入力] 環境（状態集合 $\mathcal{S}$ と行動集合 $\mathcal{A}$ のみ既知．行動が入力されると，報酬と次状態を出力するブラックボックスなモデル），割引率 $\gamma \in [0,1)$，経験数の閾値 $m \in \mathbb{N}$，報酬の上限 $R_{\max} \in \mathbb{R}$, 終了条件（最大時間ステップ数など）

[出力] 方策 $\pi : \mathcal{A} \times \mathcal{S} \to [0,1]$（もしくは $\pi^{\mathrm{d}} : \mathcal{S} \to \mathcal{A}$）

1. 準備
   - 状態遷移確率の推定値の初期化．
   $$\hat{p}_{\mathrm{T}}(s'|s,a) := \mathbb{I}_{\{s=s'\}}, \ \forall (s,a,s') \in \mathcal{S} \times \mathcal{A} \times \mathcal{S}$$
   - 報酬関数の推定値の初期化．
   $$\hat{g}(s,a) := R_{\max}, \ \forall (s,a) \in \mathcal{S} \times \mathcal{A}$$
   - 任意のプランニング法を用いて，$\{\hat{p}_{\mathrm{T}}, \hat{g}, \gamma\}$ から方策 π を計算．
   - 統計値の初期化．
   $$n(s,a,s') := 0, \quad \forall (s,a,s') \in \mathcal{S} \times \mathcal{A} \times \mathcal{S}$$
   $$G(s,a) := 0, \quad \forall (s,a) \in \mathcal{S} \times \mathcal{A}$$
   - 時間ステップの初期化 $t := 0$．
   - 初期状態 s_0 を環境から観測．
2. 環境との相互作用
   - 方策 π に従い行動 a_t を選択し，a_t を環境に入力．
   - 環境から報酬 r_t と次状態 s_{t+1} を観測．
3. 学習
   - 統計値の更新．
   $$n(s_t,a_t,s_{t+1}) := n(s_t,a_t,s_{t+1}) + 1$$
   $$G(s_t,a_t) := G(s_t,a_t) + r_t$$
   - もし $\sum_{s'} n(s_t,a_t,s') \geq m$ であれば，次を実施．
     - 環境に関する推定値の更新．
     $$\hat{p}_{\mathrm{T}}(s'|s_t,a_t) := \frac{n(s_t,a_t,s')}{\sum_{\tilde{s}\in\mathcal{S}} n(s_t,a_t,\tilde{s})}, \quad \forall s' \in \mathcal{S}$$
     $$\hat{g}(s_t,a_t) := \frac{G(s_t,a_t)}{\sum_{\tilde{s}\in\mathcal{S}} n(s_t,a_t,\tilde{s})}$$
     - $\{\hat{p}_{\mathrm{T}}, \hat{g}, \gamma\}$ から方策 π を再計算．
4. 終了判定

   もし終了条件を満たしているならば，終了．

   それ以外は，$t := t+1$ として，手順 2. から繰り返す．

$$\tilde{O}\left(\frac{|\mathcal{S}|^2|\mathcal{A}|R_{\max}^3}{\varepsilon^3(1-\gamma)^6}\right)$$

で抑えられることが示されており[92, 193]，PAC-MDP（3.2.2 節）の性質をもつ強化学習アルゴリズムです．ただし，上記の理論保証を満たすように m を設定しようとすると，状態行動空間が大きく γ が 1 に近いとき，m を非常に大きくする必要があるため，一般に実用に向きません．

他の R-max 法の実装として，$\mathrm{mod}\left(\sum_{s'} n(s_t, a_t, s'), m\right) = 0$ のとき *12，かつ (s_t, a_t) が初めて既知となる場合もしくは (s_t, a_t) を前回経験したときから推定環境モデルが有意に変化している場合に限り，環境モデルと方策を更新する **MoRmax**（Modified R-max; 修正 R-max）**法**があり，より低いサンプル複雑度の上界

$$\tilde{O}\left(\frac{|\mathcal{S}||\mathcal{A}|R_{\max}^2}{\varepsilon^3(1-\gamma)^6}\right)$$

を達成できます[204]．より低いサンプル複雑度の上界をもつということは，最悪ケースにおいて，MoRmax 法は R-max 法より ε 最適ではない行動選択（正しくない意思決定）の回数を少なくできることを意味します．

例 5.3　3 状態のマルコフ決定過程（図 4.5）に次の 3 つの強化学習法を適用します．

- ランダム行動の履歴から環境同定して方策を計算（単純モデルベース法）
- R-max 法（アルゴリズム 5.2）
- ε 貪欲方策を用いた Q 学習法（アルゴリズム 4.3，例 4.1 と同じ設定）

1000 回独立に実験した結果を**図 5.5** に示します．図 5.5 (a) の最適方策の発見率（学習の成功率）から，R-max 法や単純モデルベース法は Q 学習法に比べ，少ない時間ステップ数で最適方策を発見できていることがわかります．また，状態を未知か既知かに識別するための経験数の閾値 m を小さくすると，すばやく最適方策を発見できる傾向がある一方で，いつまでも最適方策を発見できない確率が上昇してしまうことも確認できます．(b) のリターンの実績値の平均（平均リターン）の推移から，単純モデルベース法は探索に用いている方策がランダム方策であることから，探索と活用のトレードオフ

*12　$\mathrm{mod}(a, m)$ は a を m で除算後の剰余を表し，たとえば，$\mathrm{mod}(3, 2) = 1$ です．

を一切考慮できず，探索に徹しているため平均リターンは改善されていませんが，他の方法は平均リターンが改善されており，探索と活用のトレードオフを考慮できていることを確認できます．

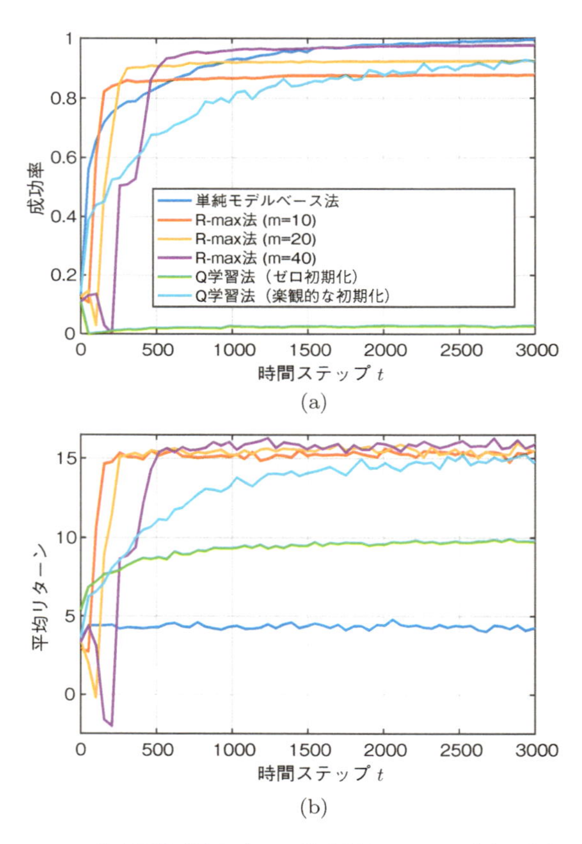

図 5.5 3 状態のマルコフ決定過程（図 4.5）での学習結果．1000 回独立に学習し，その平均値を各時間ステップで描画．Q 学習法の設定は例 4.1 と同じ．(a) 学習成功率（時間ステップ t の方策 π_t の最適方策 π^* である割合．$\mathbb{I}_{\{\pi_t=\pi^*\}}$ の平均値），(b) リターン c_t の平均値．

□

最後に，他のオンラインのモデルベース型強化学習法を簡単に紹介します．R-max 法の基礎になり，また PAC-MDP の性能をもつことが示された初めての方法として，**E3**（Explicit Explore or Exploit; 陽な探索か活用）**法** [95] があります．各状態への訪問回数から状態を未知と既知に分類する点は R-max 法と同じですが，方法名のとおり，陽に探索と活用を切り替えて学習することが特徴です．未知の状態での行動選択は R-max 法と同様ですが，既知の状態にいる場合，未知の状態への到達確率を計算し，ある閾値より大きければ探索的な行動をとり，それ以外は貪欲的な行動を選択します．なお，R-max 法では式 (5.9), (5.10) のように環境モデルに未知の状態の情報を埋め込むことで，単一の方策で（陰に）データの探索と活用をバランスしていました．E3 法や R-max 法のように状態を未知・既知に区別するようなアプローチは **knows what it knows**（KWIK; 何が既知かを知る）という枠組みで一般化されます [110]．また，各状態行動対を既知と未知の 2 値的に扱うのではなく，状態遷移確率と報酬の信頼区間というかたちで連続的に状態行動対の不確実性を考慮するアルゴリズムとして **MBIE**（model based interval estimation; モデルベース区間推定）**法** [194] や **UCRL2 法** [85]*13 があります．両方法とも信頼区間の中からもっとも都合のよい（価値が最大になる）環境モデルを楽観的に選択しますが，UCRL2 法では UCB のように時間ステップ数 t（試行回数）に応じて信頼区間を広げるという特徴があり，リグレットの上界を

$$\tilde{O}(D|\mathcal{S}|\sqrt{|\mathcal{A}|t})$$

に抑えることができるアルゴリズムとして知られています．ここで，D は**マルコフ決定過程の直径**と呼ばれる変数で，マルコフ決定過程 $\mathrm{M}(\pi)$ で，状態 s から s' への移動にかかる時間ステップ数（確率変数）を $H(s, s'; \mathrm{M}(\pi))$ としたときに，

$$D \triangleq \max_{s \neq s' \in \mathcal{S}} \min_{\pi \in \Pi} \mathbb{E}[H(s, s'; \mathrm{M}(\pi))]$$

と定義されます．

---

*13　UCRL2 法は UCRL 法 [9] を改良したアルゴリズムです．なお，UCRL は何かの略称ではなく，アルゴリズムの正式名称になります．

Chapter 6

関数近似を用いた強化学習

状態数が膨大であったり状態空間が連続の場合，これまでの状態ごとに値をもつようなテーブル形式の関数ではテーブルの要素数が大きくなりすぎてしまい，学習が困難になります．本章では，価値関数や方策関数を関数近似器を用いて近似して，学習することを考えます．

6.1 概要

これまで価値関数や方策関数のモデルとして，状態ごとにもしくは状態行動対ごとに推定価値など何かしらの値を独立に設定できるようなテーブル形式の関数を用いて，真の価値関数などを正確に表現できる状況，つまり関数近似の考え方が不要な状況を考えていました．しかし，状態数や行動数が膨大であったり状態行動空間が連続の場合，テーブルの要素数が大きくなりすぎてしまい，そのままでは学習が困難です．そこで，本章では元の価値関数や方策関数よりも自由度の小さいような関数近似器を用いて，それらを近似し，学習することを考えます．6.2 節では価値関数の近似について，6.3 節では方策関数の近似について解説します．

6.2 価値関数の関数近似

パラメータ $\boldsymbol{\omega} \in \mathbb{R}^d$ で規定される**関数近似器**（function approximator）

$\hat{V}:\mathcal{S}\times\mathbb{R}^d\to\mathbb{R}$ もしくは $\hat{Q}:\mathcal{S}\times\mathcal{A}\times\mathbb{R}^d\to\mathbb{R}$ を用いて価値関数 V^π もしくは行動価値関数 Q^π を近似すること，言い換えれば，$\hat{V}$ が V^π とだいたい等しくなる

$$V^\pi(s)\simeq\hat{V}(s;\boldsymbol{\omega}^*)$$

もしくは $Q^\pi(s,a)\ \simeq\ \hat{Q}(s,a;\boldsymbol{\omega}^*)$ となるようなパラメータ $\boldsymbol{\omega}^*$ を学習することを考えます．関数近似器は予測モデルもしくは単にモデルと呼ばれることがあります．以降，簡便化のため，パラメータ $\boldsymbol{\omega}$ を添字にして，$\hat{V}(s;\boldsymbol{\omega})\triangleq\hat{V}_{\boldsymbol{\omega}}(s)$ や $\hat{Q}(s,a;\boldsymbol{\omega})\triangleq\hat{Q}_{\boldsymbol{\omega}}(s,a)$ と書くことがあります．関数近似器の集合を $\mathcal{V}\triangleq\{\hat{V}_{\boldsymbol{\omega}};\boldsymbol{\omega}\in\mathbb{R}^d\}$ や $\mathcal{Q}\triangleq\{\hat{Q}_{\boldsymbol{\omega}};\boldsymbol{\omega}\in\mathbb{R}^d\}$ と表記し，**関数近似器族**（family of function approximator）もしくは**モデル族**（familiy of model）と呼ぶことにします．定義から，$\mathcal{V}\subset\mathbb{R}^{\mathcal{S}}$ や $\mathcal{Q}\subset\mathbb{R}^{\mathcal{S}\times\mathcal{A}}$ であり，$\mathcal{V}$ や $\mathcal{Q}$ は従来の価値関数の空間の部分空間に対応することに注意してください．もし $\mathcal{V}=\mathbb{R}^{\mathcal{S}}$ もしくは $\mathcal{Q}=\mathbb{R}^{\mathcal{S}\times\mathcal{A}}$ の関数近似器族を用いる場合，関数近似器族はつねに真の価値関数を含み，4 章の関数近似をしていない状況と実質等価になります．

価値関数 V^π の近似も，行動価値関数 Q^π の近似も，基本的な考え方やアプローチは同じなので，特に両者の区別が必要でない限り，V^π の近似についてのみ説明します．代表的な関数近似器として次の**線形関数近似器**があります．

$$\hat{V}_{\boldsymbol{\omega}}(s)\triangleq\boldsymbol{\omega}^\top\boldsymbol{\phi}(s) \tag{6.1}$$

ここで，$\boldsymbol{\phi}:\mathcal{S}\to\mathbb{R}^d$ は状態 s の**基底関数**（basis function）や**特徴ベクトル**（feature vector）と呼ばれるもので，状態 s の特徴を表現します．特徴ベクトルの集合を

$$\boldsymbol{\Phi}\triangleq\begin{bmatrix}\boldsymbol{\phi}(1)^\top\\ \vdots\\ \boldsymbol{\phi}(|\mathcal{S}|)^\top\end{bmatrix}\in\mathbb{R}^{|\mathcal{S}|\times d} \tag{6.2}$$

のように行列で表記します．また，特徴ベクトルは適切に設計されていて，冗長ではないとします．言い換えれば，特徴ベクトルの各要素（$\boldsymbol{\Phi}$ の縦ベクトル）は互いに線形独立で，$\boldsymbol{\Phi}$ のランクは d であることを仮定しています．

次の例 6.1 で，線形の関数近似器でテーブル形式の関数を構成できることを確認します．

例 6.1 式 (6.1) の線形関数近似器 $\hat{V}_{\boldsymbol{\omega}}$ のパラメータ $\boldsymbol{\omega} \triangleq [\omega_1, \ldots, \omega_{|\mathcal{S}|}]^\top$ の次元数 d が状態数 $|\mathcal{S}|$ に等しい，つまり基底ベクトル $\boldsymbol{\phi}(s)$ の要素数が $|\mathcal{S}|$ に等しいとします．

$$\boldsymbol{\phi}(s) \triangleq [\phi_1(s), \ldots, \phi_{|\mathcal{S}|}(s)]^\top$$

このとき, $\boldsymbol{\phi}(s)$ の各要素 i が $\phi_i(s) = \mathbb{I}_{\{i=s\}}$ であれば, $\hat{V}_{\boldsymbol{\omega}}(s) = \boldsymbol{\omega}^\top \boldsymbol{\phi}(s) = \omega_s$ となるので，$\hat{V}_{\boldsymbol{\omega}}$ はテーブル形式の関数と同等であることがわかります． □

6.2.1 テーブル形式方法の拡張

4 章で紹介した TD 学習など関数近似を想定していない方法を拡張して，関数近似器の利用を考えます．

6.2.1.1 バッチ学習の場合

テーブル形式の関数 v で価値関数を推定する場合，動的計画法にもとづき，環境が既知であればベルマン作用素 B_* や B_π を用いて，環境が未知であれば履歴データから近似される近似ベルマン作用素 $\hat{\mathsf{B}}$ を用いて，

$$v'(s) := \mathsf{B}v(s), \quad \forall s \in \mathcal{S} \tag{6.3}$$

のように関数 v を v' に更新しました．ここで，$\mathsf{B} : \mathbb{R}^{\mathcal{S}} \to \mathbb{R}^{\mathcal{S}}$ は何かしらのベルマン作用素を表し，以降，ベルマン作用素の種類を区別することなく議論できる場合，単に B を用いることにします．

関数近似の場合，関数近似器族 $\mathcal{V}$ は状態関数族 $\mathbb{R}^{\mathcal{S}}$ の部分集合 $\mathcal{V} \subset \mathbb{R}^{\mathcal{S}}$ であり，一般に $\mathcal{V}$ に含まれないような状態関数 $v \in \mathbb{R}^{\mathcal{S}}$ が存在します．

$$\exists v \in \mathbb{R}^{\mathcal{S}}, \quad v \notin \mathcal{V}$$

そのため，ある関数近似器 $\hat{V}_{\boldsymbol{\omega}} \in \mathcal{V}$ に B を適用して得られる状態関数 $\mathsf{B}\hat{V}_{\boldsymbol{\omega}}$ が部分空間 $\mathcal{V}$ に含まれているとは限りません（図 **6.1**）．つまり，一般に

$$\exists \hat{V}_{\boldsymbol{\omega}} \in \mathcal{V}, \quad \mathsf{B}\hat{V}_{\boldsymbol{\omega}} \notin \mathcal{V}$$

ですから，関数近似器を用いる場合，式 (6.3) のような従来の価値関数の更

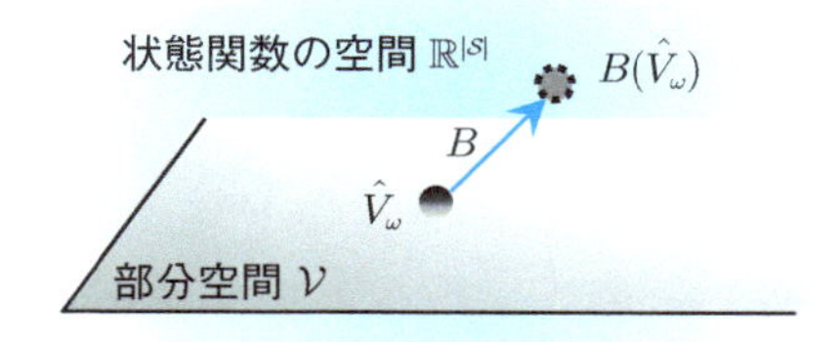

図 6.1 ベルマン作用素 B を適用することで，部分空間 $\mathcal{V}$ の外にでてしまう例.

新則をそのまま実行することはできません.

そこで，もっとも単純な拡張として，式 (6.3) のように単純に代入するのではなく，$\hat{V}_{\boldsymbol{\omega}}$ で $\mathsf{B}\hat{V}_{\boldsymbol{\omega}}$ を近似するようにパラメータ $\boldsymbol{\omega}$ を更新するアプローチが考えられます．たとえば，適当にパラメータ $\boldsymbol{\omega}$ を初期化して，次の処理を繰り返すアルゴリズムです.

- 各状態 $s \in \mathcal{S}$ で目的変数を算出：

$$V^{\text{target}}(s) := \mathsf{B}\hat{V}_{\boldsymbol{\omega}}(s)$$

- 関数近似器のパラメータ $\boldsymbol{\omega} \in \mathbb{R}^d$ を更新 *1：

$$\boldsymbol{\omega} := \underset{\boldsymbol{\omega} \in \mathbb{R}^d}{\operatorname{argmin}} \sum_{s \in \mathcal{S}} (V^{\text{target}}(s) - \hat{V}_{\boldsymbol{\omega}}(s))^2 \tag{6.4}$$

ここで，$\min_{\boldsymbol{\omega} \in \mathbb{R}^d} \sum_{s \in \mathcal{S}} (V^{\text{target}}(s) - \hat{V}_{\boldsymbol{\omega}}(s))^2$ は**関数近似誤差**（function approximation error）です．式 (6.4) を解く方法はさまざまありますが，関数近似器 $\hat{V}_{\boldsymbol{\omega}}$ が線形モデル（式 (6.1)）の場合，式 (6.4) をパラメータ $\boldsymbol{\omega}$ の二次形式についての最適化問題

$$\min_{\boldsymbol{\omega} \in \mathbb{R}^d} (\boldsymbol{v}^{\text{target}} - \boldsymbol{\Phi}\boldsymbol{\omega})^\top (\boldsymbol{v}^{\text{target}} - \boldsymbol{\Phi}\boldsymbol{\omega})$$

に書き直せるので，二次形式を $\boldsymbol{\omega}$ について微分してゼロになる解として，

$$\boldsymbol{\omega} := (\boldsymbol{\Phi}^\top \boldsymbol{\Phi})^{-1} \boldsymbol{\Phi}^\top \boldsymbol{v}^{\text{target}} \tag{6.5}$$

のように解析的に $\boldsymbol{\omega}$ を求めることができます．ここで，ベクトル $\boldsymbol{v}^{\text{target}}$ は関

*1 ここでは重み付けなしの二乗誤差にもとづく損失関数を用いていますが，各状態について誤差の重み付けを行ったり，誤差に絶対値などを用いたりした他の損失関数でも構いません.

数 V^{target} をベクトル化したもので，$\boldsymbol{v}^{\mathrm{target}} \triangleq [V^{\mathrm{target}}(1), \ldots, V^{\mathrm{target}}(|\mathcal{S}|)]^\top$ です．関数近似器が（深層）ニューラルネットワークモデルのように微分可能な非線形モデルの場合，通常は（確率的）勾配法を用いてパラメータ $\boldsymbol{\omega}$ を最適化します [142]．

なお，ここでは各繰り返しで，はじめに更新前のパラメータ $\boldsymbol{\omega}$ とベルマン作用素 B にもとづき目的変数を算出し，いったん固定（**fixing target**）してから，通常の回帰問題を解いて更新後の $\boldsymbol{\omega}$ を求めていることに注意してください．一方，はじめに目的変数を固定せず，目的変数もパラメータに依存するような最適化問題

$$\min_{\boldsymbol{\omega}\in\mathbb{R}^d} \sum_{s\in\mathcal{S}} (\mathsf{B}\hat{V}_{\boldsymbol{\omega}}(s) - \hat{V}_{\boldsymbol{\omega}}(s))^2 \tag{6.6}$$

を考えることができます*2．ここで，$\sum_{s\in\mathcal{S}} (\mathsf{B}\hat{V}_{\boldsymbol{\omega}}(s) - \hat{V}_{\boldsymbol{\omega}}(s))^2$ は**ベルマン残差**（Bellman residual）と呼ばれるもので，このようなアプローチのことを**ベルマン残差最小化**（Bellman residual minimization）[11, 176] といいます．詳しくは 6.2.2.1 節で説明しますが，ベルマン残差は理論的によい性質をもつ一方で，環境が未知の場合，最適化問題 (6.6) の扱いが問題 (6.4) よりも困難であるため，利用事例は限られています．

これまでは各状態 $s \in \mathcal{S}$ について目的変数を定め，状態数 $|\mathcal{S}|$ 個の標本を準備して，パラメータ $\boldsymbol{\omega}$ を学習しました．つまり，計算量は状態数に依存します．しかし，関数近似が必要な場合，一般に状態数が膨大なため，状態数に依存するアプローチは好ましくありません．そのため，状態の単位ではなく，経験 (s, a, r, s') の単位で標本を準備して，$\boldsymbol{\omega}$ を学習する**適合価値反復**（fitted value iteration）**法** [69, 203] があります．適合価値反復法は履歴データ

$$\mathcal{D} \triangleq \{(s_{(1)}, a_{(1)}, r_{(1)}, s'_{(1)}), \ldots, (s_{(N)}, a_{(N)}, r_{(N)}, s'_{(N)})\}$$

から行動方策の価値関数や最適価値関数を推定します．もし $s'_{(n)} = s_{(n+1)}$

*2 最適化問題 (6.4) を最適化問題 (6.6) と同様の形式で書けば，

$$\min_{\boldsymbol{\omega}'\in\mathbb{R}^d} \sum_{s\in\mathcal{S}} (\mathsf{B}\hat{V}_{\boldsymbol{\omega}}(s) - \hat{V}_{\boldsymbol{\omega}'}(s))^2$$

となり，両最適化問題の違いを確認できます．

であれば，n 番目の経験と $n+1$ 番目の経験が時間的に連続していることになりますが，適合価値反復法において各経験 (s, a, r, s') が互いに時間的に連続している必要はないので，上式のように履歴データ $\mathcal{D}$ を定義しています．なお，一般に時間ステップの近い経験間には強い相関があるため，履歴データが時間的に連続していて，確率的勾配法のように逐次的に経験 $(s_{(n)}, a_{(n)}, r_{(n)}, s'_{(n)})$ を読み込んでは $\boldsymbol{\omega}$ を更新する場合*3，経験を乱択する**経験再生**（experience replay）[111] というヒューリスティックがよく用いられます．

まず，適合価値反復法の実装例として，行動方策 π（履歴データの収集に用いた方策）の価値関数 V^{π} を推定することを考えます．「各経験 $(s_{(n)}, r_{(n)}, s'_{(n)})$*4 について近似ベルマン作用素 $\hat{\mathsf{B}}$（式 (4.4)）を用いて目的変数を作成し，回帰問題を解く」ということを次のように繰り返します．

- 各経験 $(s_{(n)}, r_{(n)}, s'_{(n)})$, $n \in \{1, \ldots, N\}$ の目的変数を算出：

$$
\begin{aligned}
V_{(n)}^{\text{target}} &:= \hat{\mathsf{B}}(\hat{V}_{\boldsymbol{\omega}}; \{s_{(n)}, r_{(n)}, s'_{(n)}\})(s_{(n)}) \\
&= r_{(n)} + \gamma \hat{V}_{\boldsymbol{\omega}}(s'_{(n)})
\end{aligned}
$$

- 関数近似器のパラメータ $\boldsymbol{\omega} \in \mathbb{R}^d$ を更新:

$$
\boldsymbol{\omega} := \underset{\boldsymbol{\omega} \in \mathbb{R}^d}{\operatorname{argmin}} \frac{1}{N} \sum_{n=1}^{N} (V_{(n)}^{\text{target}} - \hat{V}_{\boldsymbol{\omega}}(s_{(n)}))^2
$$

ここで，$\min_{\boldsymbol{\omega} \in \mathbb{R}^d} \frac{1}{N} \sum_{n=1}^{N} (V_{(n)}^{\text{target}} - \hat{V}_{\boldsymbol{\omega}}(s_{(n)}))^2$ は**経験近似誤差**です．経験近似誤差は式 (6.4) の関数近似誤差と違って，状態空間ではなく，経験データについての誤差の総和のため，状態数に依存しません．そのため，状態数が非常に多い場合，もしくは状態空間が連続の場合であっても，（収束性は別にして）適合価値反復法をそのまま適用できるという実用上の利点があります．

次に，行動価値近似器 $\hat{Q}_{\boldsymbol{\omega}}$ で最適行動価値関数を推定することを考えます．4.3 節とこれまでの議論から，近似ベルマン行動最適作用素 $\hat{\Upsilon}_*$（式 (4.42)）

---

*3　確率的勾配法など逐次的な学習方法のほとんどは経験を i.i.d. で観測できることを想定していて，観測タイミングの近い経験間に相関があると，一時的に偏った更新が行われ収束性が悪くなることがあります．

*4　TD 法（4.2.3.1 節）と同様，V^{π} の推定に行動 a の情報は必要ないため，経験データから a を除いています．

を用いて,

- 各経験 $(s_{(n)}, a_{(n)}, r_{(n)}, s'_{(n)})$, $n \in \{1, \ldots, N\}$ に対する目的変数を算出：

$$Q_{(n)}^{\mathrm{target}} := \hat{\Upsilon}_*(\hat{Q}_{\boldsymbol{\omega}}; \{s_{(n)}, a_{(n)}, r_{(n)}, s'_{(n)}\})(s_{(n)}, a_{(n)}) \\ = r_{(n)} + \gamma \max_{a \in \mathcal{A}} \hat{Q}_{\boldsymbol{\omega}}(s'_{(n)}, a)$$

- 関数近似器のパラメータ $\boldsymbol{\omega} \in \mathbb{R}^d$ を更新:

$$\boldsymbol{\omega} := \operatorname*{argmin}_{\boldsymbol{\omega} \in \mathbb{R}^d} \frac{1}{N} \sum_{n=1}^{N} (Q_{(n)}^{\mathrm{target}} - \hat{Q}_{\boldsymbol{\omega}}(s_{(n)}, a_{(n)}))^2$$

を繰り返せばよいことがわかります．なお，この方法は**適合 Q 反復**（fitted Q iteration）**法** [54] と呼ばれ，応用事例も多いです [129,155]．

適合価値反復法を含め，関数近似器を用いた場合に注意すべきは収束性です．関数近似しない場合の強化学習法は学習率などを適切に設定すれば収束しますが，関数近似を用いると，近似誤差の影響で発散してしまうことがあります [11,26,211]．適合価値反復法は各繰り返しで関数近似のため回帰問題を解く必要がありますが，パラメータが振動したり [11]，近似誤差が単調増大したりして [211]，収束しないことがあります．たとえば，線形関数近似器を用いたとしても，次に示すようなきわめて簡単な例でも発散してしまうことが知られています．

例 6.2 (Tsitsiklis & Van Roy (1996)[211] の反例)　**図 6.2** の行動のない 2 状態の簡単なマルコフ報酬過程を考えます．期待リターンはつねにゼロなので，$\omega = 0$ のときの関数近似器 $\hat{V}_{\boldsymbol{\omega}}$ は真の価値関数と一致します．つまり，この例は関数近似器族が真の価値関数を含んでいる理想的なケースとも考え

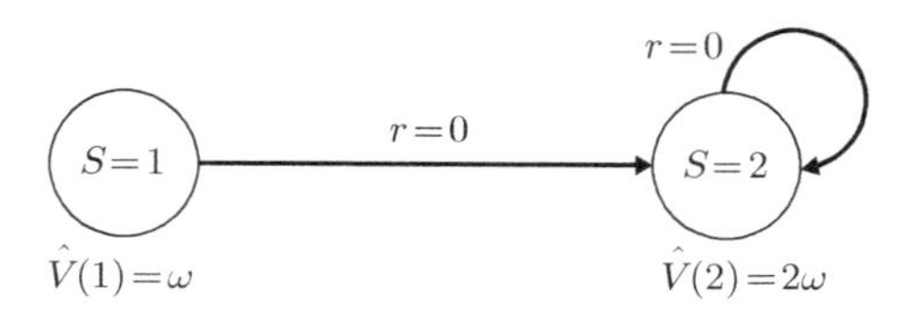

図 6.2　関数近似器を用いると発散する例 [211]．

られます*5.

環境は既知で,(正確な)ベルマン作用素 B を適用できるとし,式 (6.4) に従い関数近似器 $\hat{V}_{\boldsymbol{\omega}}$ のパラメータ $\boldsymbol{\omega}$ を更新することを考えます.このとき,第 k 回目の繰り返しは,

$$\begin{aligned}\omega_{k+1} &= \operatorname*{argmin}_{\omega\in\mathbb{R}} \sum_{s\in\mathcal{S}} \left(\hat{V}(s;\omega) - \mathsf{B}\hat{V}(s,\omega_k)\right)^2 \\ &= \operatorname*{argmin}_{\omega\in\mathbb{R}} \left\{(\hat{V}(1;\omega) - \gamma\hat{V}(2;\omega_k))^2 + (\hat{V}(2;\omega) - \gamma\hat{V}(2;\omega_k))^2\right\} \\ &= \operatorname*{argmin}_{\omega\in\mathbb{R}} \left\{(\omega - 2\gamma\omega_k)^2 + (2\omega - 2\gamma\omega_k)^2\right\} \\ &= \operatorname*{argmin}_{\omega\in\mathbb{R}} \left\{5\left(\omega - \frac{6}{5}\gamma\omega_k\right)^2 + \frac{4}{5}\gamma^2\omega_k^2\right\}\end{aligned}$$

となるので,パラメータ ω の更新則は

$$\omega_{k+1} = \frac{6}{5}\gamma\omega_k$$

となり,関数近似誤差は

$$\frac{4\gamma^2}{5}\omega_k^2$$

です.つまり,パラメータ ω は更新のたびに $\frac{6}{5}\gamma$ 倍され,近似誤差は $(\frac{6}{5}\gamma)^2$ 倍されます.よって,初期パラメータ $\omega_0 \neq 0$ で $\gamma > \frac{5}{6}$ の場合,ω や近似誤差は指数関数的に大きくなり,発散してしまいます. □

例 6.2 で,たとえ関数近似器が真の価値関数を表現できたとしても,発散しうることをみました.そのため,関数近似器族 $\mathcal{V}$ の表現力を評価するために,$\mathcal{V}$ が真の価値関数を含むか否かだけでなく,最悪ケースの関数近似誤差

$$\epsilon^*(\mathcal{V};\mathsf{B}) \triangleq \sup_{v\in\mathcal{V}} \inf_{v'\in\mathcal{V}} \frac{1}{|\mathcal{S}|} \sum_{s\in\mathcal{S}} (\mathsf{B}v(s) - v'(s))^2 \tag{6.7}$$

などを用いることが多いです[7,138].指標 ϵ^* が大きいほど,自由度(ランク)が足りていない,もしくはパラメータ化が適切でないことを示唆します.実際に,例 6.2 の関数近似器を評価すれば,$\omega \to \infty$ で ϵ^* が発散してしまうので,(ϵ^* の観点で)不良な関数近似器であったことがわかります.一方,近

*5 後述の式 (6.7) の指標で評価すると,実は $\hat{V}_{\boldsymbol{\omega}}$ は不良な関数近似器であることがわかります.

似をしないテーブル形式の関数族の場合，ϵ^* はつねにゼロであり，実際に学習はつねに収束します（命題 2.3）．

収束性を保証するための関数近似器の条件や手段については，[69,211] が詳しいです．[69,211] の結果を利用し，予測対象の状態に近い状態の予測値の重み付き平均（状態空間の局所的な平均化）により予測値を算出するような関数近似器であれば，一般的な条件のもと収束することが示されています [54,143]．局所平均をとるような関数近似器として，カーネル平均 [143] もしくは決定木にもとづく回帰モデル [54]*6 が代表的です．また，有限標本，有限繰り返し数における経験近似誤差についてや推定の偏りと分散の解析は，[7,138] が詳しいです．

適合価値反復法を安定化させるための他のアプローチとして，式 (6.7) から関数近似器の自由度が状態数（行動価値推定の場合は状態行動数）と同じであれば収束するので，テーブル形式でなくても，とにかく自由度の高い関数近似器を用いることがあります．ただし，用いる関数近似器の自由度が高いほど，（推定の偏りは減りますが）推定の分散が大きくなるので，分散を抑えるために，大量の経験データが必要になります．そのため，データ数が限られている場合，学習の安定化と推定分散のトレードオフを考慮して，適度な自由度の関数近似器の選択が重要になります．

自由度の高い関数近似器を用いる代表例として，Riedmiller (2005) [164] によりニューラルネットワークモデルを用いる**ニューラル適合 Q 反復**（neural fitted Q iteration; NFQ）**法**が提案され，実験的に有用性が示されています．近年，深層ニューラルネットワークモデルを用いる**深層 Q ネットワーク**（deep Q network; **DQN**）**法** [129] はゲーム AI の成功や深層学習自体の成功などにより脚光を浴びています．NFQ 法と DQN 法は似ていますが，（関数近似器の違い以外にも）NFQ 法は適合 Q 反復法の各繰り返しのパラメータをバッチ処理で更新していたのに対して，DQN 法は経験再生を用いて確率的勾配法で逐次的にパラメータを更新します．そのため計算処理が軽く，計算量が一般に大きい深層ニューラルネットワークモデルの学習を可能にしています．なお，深層モデルを何かしらの形で利用する強化学習は**深層強化**

---

*6 ランダムフォレストや完全ランダム木（extremely randomized trees）がよく用いられます．

学習 (deep reinforcement learning) と呼ばれます[*7].

これまで，履歴データ $\mathcal{D}$ は固定であるとして，適合価値反復法などを説明しました．しかし，反復ごとに，最新の関数近似器にもとづいた方策で実環境と相互作用して，新たに得られた経験（標本）を D に付け加えるという処理を追加する場合も，もちろんあります[54,129]．この操作により，初期データが不十分だとしても，徐々にデータが集まるので，精度の高い学習が可能になります．

6.2.1.2 オンライン学習の場合

テーブル形式の関数 v を用いて関数近似をしない場合，π の価値関数のオンライン学習（TD 法，アルゴリズム 4.1）の時間ステップ t での更新則は

$$v_{t+1}(s) := \begin{cases} v_t(s) + \alpha\delta_t & (s = s_t) \\ v_t(s) & (s \neq s_t) \end{cases}, \quad \forall s \in \mathcal{S} \tag{6.8}$$

でした．ここで，データ収集 $\{s_0, a_0, r_0, s_1, a_1, r_1, \ldots\}$ に用いる行動方策は π であり，$\alpha \geq 0$ は学習率，$\delta_t \triangleq r_t + \gamma v_t(s_{t+1}) - v_t(s_t)$ は TD 誤差です．上式は状態 s_t の推定価値を δ_t の方向に δ_t に比例する量だけ変化させることを意味しています．そこで，パラメータ $\boldsymbol{\omega} \in \mathbb{R}^d$ で微分可能な関数近似器 $\hat{V}_{\boldsymbol{\omega}}$ を用いる場合の**近似 TD 法**（approximate TD method）では，TD 誤差を

$$\delta_t \triangleq r_t + \gamma \hat{V}_{\boldsymbol{\omega}_t}(s_{t+1}) - \hat{V}_{\boldsymbol{\omega}_t}(s_t) \tag{6.9}$$

と再定義して，$\hat{V}_{\boldsymbol{\omega}}$ の $\boldsymbol{\omega}$ に関する偏微分ベクトルを

$$\nabla_{\boldsymbol{\omega}} \hat{V}_{\boldsymbol{\omega}_t}(s) \triangleq \left[\left.\frac{\partial \hat{V}_{\boldsymbol{\omega}}(s)}{\partial \omega_1}\right|_{\boldsymbol{\omega}=\boldsymbol{\omega}_t}, \ldots, \left.\frac{\partial \hat{V}_{\boldsymbol{\omega}}(s)}{\partial \omega_d}\right|_{\boldsymbol{\omega}=\boldsymbol{\omega}_t} \right]^\top, \quad \forall s \in \mathcal{S}$$

を用いて，

$$\boldsymbol{\omega}_{t+1} := \boldsymbol{\omega}_t + \alpha\delta_t \nabla_{\boldsymbol{\omega}} \hat{V}_{\boldsymbol{\omega}_t}(s_t) \tag{6.10}$$

---

*7 ここでは価値関数の関数近似器（回帰モデル）に深層モデルを使う深層強化学習である DQN を紹介しましたが，**アルファ碁**[179] や**価値反復ネットワーク**（value iteration network）[205] のように方策に深層モデルを用いることもあります．また，**アルファゼロ**[180,182] のように 1 つの深層モデルで状態価値と行動選択確率の両方を学習することもあります．詳しくは，8.2 節を参照ください．

と更新します．なぜなら，$\hat{V}_{\boldsymbol{\omega}}(s)$ を $\boldsymbol{\omega}_t$ まわりでテイラー展開（線形近似）すれば，パラメータを $\Delta\boldsymbol{\omega} \in \mathbb{R}^d$ だけ変化させた後の推定価値 $\hat{V}_{\boldsymbol{\omega}_t+\Delta\boldsymbol{\omega}}(s)$ を

$$\hat{V}_{\boldsymbol{\omega}_t+\Delta\boldsymbol{\omega}}(s) = \hat{V}_{\boldsymbol{\omega}_t}(s) + \Delta\boldsymbol{\omega}^\top \nabla_{\boldsymbol{\omega}} \hat{V}_{\boldsymbol{\omega}_t}(s) + \mathcal{O}(\|\Delta\boldsymbol{\omega}\|_2^2)$$

と書くことができ，$\Delta\boldsymbol{\omega}$ に $\alpha\delta_t \nabla_{\boldsymbol{\omega}} \hat{V}_{\boldsymbol{\omega}_t}(s_t)$ を代入して，α が十分に小さいとすれば $\|\Delta\boldsymbol{\omega}\|_2^2 \simeq 0$ ですから，状態 s_t における推定価値 $\hat{V}_{\boldsymbol{\omega}}$ に関する $\boldsymbol{\omega}_{t+1}$ と $\boldsymbol{\omega}_t$ の関係式は

$$\hat{V}_{\boldsymbol{\omega}_{t+1}}(s_t) \simeq \hat{V}_{\boldsymbol{\omega}_t}(s_t) + \alpha\delta_t c \tag{6.11}$$

となり，s_t については従来の TD 法の更新式 (6.8) と同等（項 c を除いて）になるからです．ここで，$c \triangleq \|\nabla_{\boldsymbol{\omega}} \hat{V}_{\boldsymbol{\omega}_t}(s_t)\|_2^2 \geq 0$ です．ただし，注意すべきは，従来の TD 法（式 (6.8)）では状態 s_t と異なる状態 $\tilde{s} \in \{s \in \mathcal{S} \mid s \neq s_t\}$ の推定価値は一切更新されませんが，関数近似している場合は

$$\hat{V}_{\boldsymbol{\omega}_{t+1}}(\tilde{s}) \simeq \hat{V}_{\boldsymbol{\omega}_t}(\tilde{s}) + \alpha\delta_t(\nabla_{\boldsymbol{\omega}} \hat{V}_{\boldsymbol{\omega}_t}(s_t)^\top \nabla_{\boldsymbol{\omega}} \hat{V}_{\boldsymbol{\omega}_t}(\tilde{s}))$$

となり，状態間 $(s_t, \tilde{s})$ の内積 $\nabla_{\boldsymbol{\omega}} \hat{V}_{\boldsymbol{\omega}_t}(s_t)^\top \nabla_{\boldsymbol{\omega}} \hat{V}_{\boldsymbol{\omega}_t}(\tilde{s}) = 0$ でない限り，$\tilde{s}$ の推定価値も更新されます．この影響は関数近似器のパラメータ化に問題がある場合，学習効率を悪化させる要因になりますが*8，適用課題の事前知識などから，状態間 $(s, \tilde{s})$ の類似度と $\nabla_{\boldsymbol{\omega}} \hat{V}_{\boldsymbol{\omega}}(s)^\top \nabla_{\boldsymbol{\omega}} \hat{V}_{\boldsymbol{\omega}}(\tilde{s})$ の大きさがある程度一致するように関数近似器を適切にパラメータ化できれば，従来より少ないデータから精度よく価値関数を推定できる可能性があります．たとえば，似た TD 誤差 δ をもつ状態間 $(s, \tilde{s})$ の $\nabla_{\boldsymbol{\omega}} \hat{V}_{\boldsymbol{\omega}}(s)^\top \nabla_{\boldsymbol{\omega}} \hat{V}_{\boldsymbol{\omega}}(\tilde{s})$ は正の値をもち，それ以外の状態間についてはほぼゼロとなるようにパラメータ化されていれば，現時間ステップの状態 s の推定価値の更新と同時に，s とよく似た訪れていない状態 $\tilde{s}$ の推定価値も適切に更新されます．

例 6.3 例として，式 (6.1) の線形関数近似器を用いる場合を考えます．このとき，式 (6.10) のパラメータ更新則は

*8 たとえば，状態空間のある境界で価値が大きく変化するような課題において，そのような変化を表現できない関数近似器を用いていると，収束後の関数近似器の近似精度が悪いだけでなく，境界をまたぐ状態間 $(s, \tilde{s})$ で $\nabla_{\boldsymbol{\omega}} \hat{V}_{\boldsymbol{\omega}}(s)^\top \nabla_{\boldsymbol{\omega}} \hat{V}_{\boldsymbol{\omega}}(\tilde{s}) > 0$ となり，s と $\tilde{s}$ で逆方向に関数近似器 $\hat{V}_{\boldsymbol{\omega}}$ を更新する必要があったとしても，同じ方向に更新されやすく，推定結果が振動して，収束率が悪くなる場合があります．

$$\boldsymbol{\omega}_{t+1} := \boldsymbol{\omega}_t + \alpha\delta_t\boldsymbol{\phi}(s_t)$$

となり，パラメータ更新の結果，各状態 $s \in \mathcal{S}$ の推定価値は

$$\hat{V}_{\boldsymbol{\omega}_{t+1}}(s) = \hat{V}_{\boldsymbol{\omega}_t}(s) + \alpha\delta_t\boldsymbol{\phi}(s_t)^\top\boldsymbol{\phi}(s) \tag{6.12}$$

のように更新されます．例 6.1 のテーブル形式と同等な線形関数近似器（$\boldsymbol{\phi}(s) \triangleq [\mathbb{I}_{\{1=s\}}, \ldots, \mathbb{I}_{\{|\mathcal{S}|=s\}}]^\top$）を用いる場合，式 (6.12) より推定価値は

$$\begin{aligned}\hat{V}_{\boldsymbol{\omega}_{t+1}}(s) &= \hat{V}_{\boldsymbol{\omega}_t}(s) + \alpha\delta_t\sum_{i=1}^{|\mathcal{S}|}\mathbb{I}_{\{i=s\}}\mathbb{I}_{\{i=s_t\}}\\ &= \hat{V}_{\boldsymbol{\omega}_t}(s) + \alpha\delta_t\,\mathbb{I}_{\{s=s_t\}} \quad \forall s \in \mathcal{S}\end{aligned} \tag{6.13}$$

のように更新され，関数近似をしない TD 法（式 (6.8) と実質同じであることがわかります． □

式 (6.10) のパラメータ更新則を少し改良したものに，

$$\boldsymbol{\omega}_{t+1} := \boldsymbol{\omega}_t + \frac{\alpha}{\|\nabla_{\boldsymbol{\omega}}\hat{V}_{\boldsymbol{\omega}_t}(s_t)\|_2^2}\delta_t\nabla_{\boldsymbol{\omega}}\hat{V}_{\boldsymbol{\omega}_t}(s_t) \tag{6.14}$$

があります．これは式 (6.10) の第 2 項に $1/\|\nabla_{\boldsymbol{\omega}}\hat{V}_{\boldsymbol{\omega}_t}(s_t)\|_2^2$ を掛けたもので，関数近似なしの TD 法の更新式 (6.8) にはないですが，関数近似ありの式 (6.11) には登場する項 $c = \|\nabla_{\boldsymbol{\omega}}\hat{V}_{\boldsymbol{\omega}_t}(s_t)\|_2^2$ を相殺します．つまり，更新式 (6.14) を用いれば，$\alpha/\|\nabla_{\boldsymbol{\omega}}\hat{V}_{\boldsymbol{\omega}_t}(s_t)\|_2^2$ が十分に小さいとき，パラメータ更新による推定価値の変化が

$$\hat{V}_{\boldsymbol{\omega}_{t+1}}(s_t) \simeq \hat{V}_{\boldsymbol{\omega}_t}(s_t) + \alpha\delta_t$$

となり，（状態 s_t については）関数近似なしの TD 法と一致します．また，状態 s によって $c(s) = \|\nabla_{\boldsymbol{\omega}}\hat{V}_{\boldsymbol{\omega}_t}(s)\|_2^2$ の値が異なる場合，パラメータ $\boldsymbol{\omega}$ の変化量ではなく推定価値 $\hat{V}_{\boldsymbol{\omega}}$ の変化量の観点においては，式 (6.10) のパラメータ更新則を用いると，状態によって学習率 $\alpha c(s)$ が異なることになります．一方，式 (6.14) の更新則であれば，その影響を受けません．そのため，状態 s により c が大きく変化する場合，式 (6.14) の更新則のほうが安定すると考えられます．

以降は，他のオンライン型強化学習法への関数近似の適用を確認します．

考え方はこれまでと同様です．まず，TD(λ) 法（アルゴリズム 4.2）に関数近似を用いた**近似 TD($\boldsymbol{\lambda}$) 法**を示します．関数近似器 $\hat{V}_{\boldsymbol{\omega}}$ のパラメータ $\boldsymbol{\omega} \in \mathbb{R}^d$ やエリジビリティ・トレース $\boldsymbol{z} \in \mathbb{R}^d$ を適当に初期化 $\boldsymbol{z} := \boldsymbol{0}$ して，近似 TD 法と同じ TD 誤差 δ_t（式 (6.9)）を用いて，各時間ステップ t で，

$$
\begin{aligned}
\boldsymbol{z}_t &:= \gamma\lambda\boldsymbol{z}_{t-1} + \nabla_{\boldsymbol{\omega}}\hat{V}_{\boldsymbol{\omega}_t}(s_t) \\
\boldsymbol{\omega}_{t+1} &:= \boldsymbol{\omega}_t + \alpha\delta_t\boldsymbol{z}_t
\end{aligned}
$$

のようにパラメータ $\boldsymbol{\omega}_t$ を更新して，V^π を $\hat{V}_{\boldsymbol{\omega}}$ で近似します．ここで，$\alpha \geq 0$ は学習率，$\lambda \in [0,1]$ はエリジビリティ減衰率です．$\lambda = 1$ の場合，4.2.3.2 節の TD(λ) 法で示したように，リターン実績を目的変数としてモンテカルロサンプリングして価値関数を学習していることになります．

行動価値関数の学習に関数近似器 $\hat{Q}_{\boldsymbol{\omega}}$ を用いる場合も同様で，$\lambda = 0$ の場合，

$$
\boldsymbol{\omega}_{t+1} := \boldsymbol{\omega}_t + \alpha\delta_t^{\bullet}\nabla_{\boldsymbol{\omega}}\hat{Q}_{\boldsymbol{\omega}_t}(s_t, a_t)
$$

のように $\hat{Q}_{\boldsymbol{\omega}}$ のパラメータ $\boldsymbol{\omega}$ を更新すればよいことがわかります．ここで，$\delta_t^{\bullet}$ は TD 誤差であり，Q 学習法（4.3.4.1 節）と SARSA 法（4.3.4.2 節）に対応する**近似 Q 学習法**と**近似 SARSA 法**はそれぞれ次の $\delta_t^{(\mathrm{q})}$ と $\delta_t^{(\mathrm{sarsa})}$ を用います．

$$
\begin{aligned}
\delta_t^{(\mathrm{q})} &\triangleq r_t + \gamma \max_{a' \in \mathcal{A}} \hat{Q}_{\boldsymbol{\omega}_t}(s_{t+1}, a') - \hat{Q}_{\boldsymbol{\omega}_t}(s_t, a_t) \\
\delta_t^{(\mathrm{sarsa})} &\triangleq r_t + \gamma\hat{Q}_{\boldsymbol{\omega}_t}(s_{t+1}, a_{t+1}) - \hat{Q}_{\boldsymbol{\omega}_t}(s_t, a_t)
\end{aligned}
$$

なお，近似 Q 学習法については方策オフ型なので，エリジビリティ・トレースを単純に適用することはできませんが，近似 SARSA 法については近似 TD 法と同様にエリジビリティ・トレースを利用できます．

最後に，収束性に関して簡単に紹介します．バッチ学習の場合，線形の関数近似器を用いたとしても発散してしまうことがありましたが（例 6.2），近似 TD 法や近似 TD(λ) 法は，関数近似をしないテーブル形式の学習の場合と同様，学習率 α_t がロビンス・モンローの条件（$\sum_{t=0}^{\infty} \alpha_t = \infty$,　$\sum_{t=0}^{\infty} \alpha_t^2 < \infty$）を満たしていれば，一般的な条件のもと唯一の不動点に収束することが示されています [212]．しかし，非線形の関数近似器を用いると発散してしまうこ

とがあります[20, 212]. また，近似Q学習法と$\hat{Q}_{\boldsymbol{\omega}}$に依存する行動方策モデルを用いる近似SARSA法については，たとえ線形の関数近似器を用いたとしても，収束性を保証するには，テーブル形式のQ学習法やSARSA法より厳しい十分条件が必要になります*9. 近似SARSA法の場合，学習率のロビンス・モンローの条件に加え，方策モデルがパラメータ$\boldsymbol{\omega}$に関してリプシッツ連続であること*10，かつ方策がつねに任意の状態$s \in \mathcal{S}$で各行動$a \in \mathcal{A}$の選択確率が$\epsilon\,(>0)$以上であるというϵソフトと呼ばれる条件を満足すれば，収束性を保証できます[124, 149]. 前者の条件を保証するため方策変化を滑らかにする必要があり学習効率が悪くなる可能性や，関数近似なしのSARSA法を最適方策に収束させる際に有効なGLIE方策を用いると後者の条件を満たすことができないという不都合があります．つまり，GLIE方策を用いても近似SARSA法では$\hat{Q}_{\boldsymbol{\omega}}$が収束するかは不明です．近似Q学習法の場合，$\gamma \ll 1$もしくは行動方策$\pi^{\mathrm{b}}$と基底関数$\boldsymbol{\phi} : \mathcal{S} \times \mathcal{A} \to \mathbb{R}$について，

$$\sum_{a \in \mathcal{A}} \pi^{\mathrm{b}}(s, a)\boldsymbol{\phi}(s, a) \simeq \boldsymbol{\phi}(s, \operatorname*{argmax}_{a \in \mathcal{A}} \hat{Q}_{\boldsymbol{\omega}}(s, a)), \quad \forall \boldsymbol{\omega} \in \mathbb{R}^d \tag{6.15}$$

を満たせば，収束性を保証できます*11. ただし，強化学習問題の多くは割引

表 6.1 オンライン型の強化学習法の収束性のまとめ．適当な条件のもと収束することが示されている方法と関数近似器の組合せに √ をつけている．線形関数近似器を用いたQ学習法の収束を保証するための条件は実質実現が難しいため △ としている．

アルゴリズム	関数近似なし（テーブル形式）	線形近似	非線形近似
TD(λ) 法	√	√	
Q 学習法	√	△	
SARSA 法	√	√	

---

*9 ここで示す条件[124, 149]は必要条件ではなく，十分条件であり，今後の研究の進展によって，より緩い条件のもとでの収束性が示される可能性があることに注意してください．

*10 方策モデルがパラメータに関してリプシッツ連続であるとは，方策パラメータ変化に比例した量よりも方策の変化量のほうがつねに小さいということです．よって，ε貪欲方策モデルは$\hat{Q}_{\boldsymbol{\omega}}$の微小変化により貪欲行動が入れ替わり方策が大きく変化しうるため，一般にリプシッツ連続ではありません．

*11 正確には，以下の不等式を任意のパラメータ値$\boldsymbol{\omega} \in \mathbb{R}^d$で満たすことが十分条件の1つになります．

$$\mathbb{E}^{\pi^{\mathrm{b}}}\!\left[\boldsymbol{\phi}(S, A)\boldsymbol{\phi}(S, A)^{\top}\right] > \gamma^2\, \mathbb{E}^{\pi^{\mathrm{b}}}\!\left[\boldsymbol{\phi}(S, \operatorname*{argmax}_{a \in \mathcal{A}} \hat{Q}_{\boldsymbol{\omega}}(S, a))\boldsymbol{\phi}(S, \operatorname*{argmax}_{a \in \mathcal{A}} \hat{Q}_{\boldsymbol{\omega}}(S, a))^{\top}\right]$$

率 γ を 1 に近い値に設定するため，式 (6.15) の条件を満たす必要があります．このとき，Q 学習法の特徴である行動方策を貪欲方策である目的方策と別にする方策オフ型学習（4.3.4.1 節）の実施が難しくなり，探索的な行動選択ができなくなります．そのため，前述の条件は近似 Q 学習法を実用するうえで実質達成することが不可能な厳しい条件であるといえます．オンライン型の強化学習法の収束性をまとめたものを**表 6.1** に示します．

6.2.2 損失関数にもとづく近似価値関数学習法

これまで関数近似をしない場合の強化学習法の更新則を拡張することで，関数近似する場合の学習則を導出してきました．しかし，たとえ関数近似器が線形であったとしても収束性の保証が難しかったり，発散することがあることをみました．これは導出した方法は必ずしも何らかの損失関数もしくは目的関数の最小化にもとづく方法になっておらず，(不動点は存在するにしても）明示的な目的関数をもたないことが原因と考えられます．ここでは，価値関数を近似（方策評価）するための損失関数を導入し，線形関数近似器（式 (6.1)）に対する損失関数の最小化方法として，確率的勾配法にもとづく**勾配 TD 学習**（gradient temporal difference learning）**法**，最小二乗法にもとづく**最小二乗 TD 学習**（least-squares temporal difference learning; LSTD）**法**などを説明します．なお，非線形の関数近似器の使用については，[53, 63, 120] が参考になります．

6.2.2.1 関数近似のための損失関数

強化学習の価値関数近似は，一般の教師あり学習（回帰問題）の設定とは異なり，目標値もしくは目的変数（真の価値関数）は与えられないので，目的変数との誤差から規定されるような通常の損失関数を扱うことはできません．ここでは，方策 π は固定されていて，ベルマン期待作用素 B として，真のもの B_π もしくは標本近似のもの $\hat{\mathsf{B}}$ などが与えられているとして，目的変数の設計を議論し，2 種類の代表的な損失関数を導入します．

まず，ベルマン方程式 $V^\pi(s) = \mathsf{B}_\pi V^\pi(s)$ から，単純にベルマン作用素を適用した $\mathsf{B}\hat{V}_{\boldsymbol{\omega}}$ を目的変数に用いることが考えられます．このとき，損失関数として次の重み付き二乗誤差

$$L_{\mathrm{BR}}(\boldsymbol{\omega}) \triangleq \sum_{s \in \mathcal{S}} \mu(s)\bigl(\hat{V}_{\boldsymbol{\omega}}(s) - \mathsf{B}\hat{V}_{\boldsymbol{\omega}}(s)\bigr)^2 \tag{6.16}$$

を定義できます[*12]．これは**ベルマン残差**（Bellman residual）と呼ばれます．ここで，$\mu(s) > 0$ は重み付け関数で，初期状態の分布 p_{s_0} や行動方策 π^{b} の定常分布 $p_\infty^{\pi^b}$ などが用いられます．また，ベルマン作用素 B に近似版の $\hat{\mathsf{B}}$ を用いる場合，L_{BR} を $\hat{L}_{\mathrm{BR}}$ と区別して表記し，近似ベルマン残差と呼ぶことがあります．なお，二乗誤差以外にも学習の安定化のため絶対値誤差や Huber 損失などを用いる場合があります[173, 195, 196]．

他方の目的変数として，図 6.1 のように $\mathsf{B}\hat{V}_{\boldsymbol{\omega}}$ が必ずしも関数近似器の空間 $\mathcal{V} \triangleq \{\hat{V}_{\boldsymbol{\omega}} \mid \boldsymbol{\omega} \in \mathbb{R}^d\}$ に含まれているとは限らないので，直交射影作用素 $\Gamma : \mathbb{R}^{\mathcal{S}} \to \mathbb{R}^{\mathcal{S}}$，

$$\Gamma(v) \triangleq \operatorname*{argmin}_{\hat{V}_{\boldsymbol{\omega}} \in \mathcal{V}} \sum_{s \in \mathcal{S}} \mu(s)\bigl(v(s) - \hat{V}_{\boldsymbol{\omega}}(s)\bigr)^2 \tag{6.17}$$

を用いて $\mathsf{B}\hat{V}_{\boldsymbol{\omega}}$ を関数近似器の空間に射影

$$\mathsf{B}\hat{V}_{\boldsymbol{\omega}} \xrightarrow{\Gamma} \Gamma(\mathsf{B}\hat{V}_{\boldsymbol{\omega}})$$

したものが考えられます．このときの二乗誤差は

$$L_{\mathrm{PBR}}(\boldsymbol{\omega}) \triangleq \sum_{s \in \mathcal{S}} \mu(s)\bigl(\hat{V}_{\boldsymbol{\omega}}(s) - \Gamma(\mathsf{B}\hat{V}_{\boldsymbol{\omega}})(s)\bigr)^2 \tag{6.18}$$

となり，**射影ベルマン残差**（projected Bellman residual）と呼ばれます．

ベルマン残差 L_{BR} と射影ベルマン残差 L_{PBR} の幾何的イメージを図 **6.3** に示します．なお，Γ で関数空間に射影した関数 $\Gamma(\mathsf{B}\hat{V}_{\boldsymbol{\omega}})$ と元の点 $\mathsf{B}\hat{V}_{\boldsymbol{\omega}}$ の誤差は**関数近似誤差**（式 6.4 参照）です．

ここで留意すべきは，もし $\mathcal{V}$ が B の解 $V^\star$ を含む場合，$V^\star$ はベルマン方程式 $V^\star = \mathsf{B}V^\star$ を満たすので，$\hat{V}_{\boldsymbol{\omega}} = V^\star$ ならば，ベルマン残差も射影ベルマン残差，関数近似誤差もゼロになります（図 **6.4**）．さらに，ベルマン方程式の解の一意性（命題 2.4）より，B の解は唯一なので，$V^\star$ はベルマン残差を最小化してゼロにする唯一の最適解です．射影ベルマン残差についても，

---

*12 ここでの多くの議論は目的変数に $\mathsf{B}\hat{V}_{\boldsymbol{\omega}}$ ではなく，$\hat{V}_{\boldsymbol{\omega}}$ に B を k 回適用した $\mathsf{B}^k\hat{V}$ や，エリジビリティ・トレースの考え方に従った重み付き和 $\sum_k \lambda^k \mathsf{B}^k \hat{V}_{\boldsymbol{\omega}}/(1-\lambda)$[25] などに一般化することは可能です．なお，一般に k が大きいほど，偏りと分散のトレードオフの偏りが小さく分散が大きいような目的変数を用いていることになります．

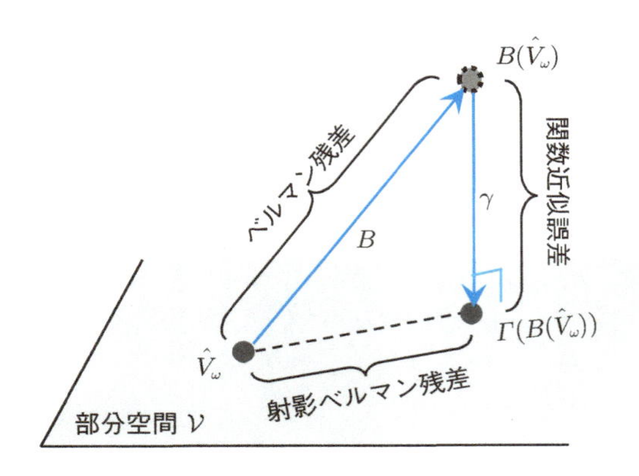

図 6.3 ベルマン残差と射影ベルマン残差の幾何的解釈.

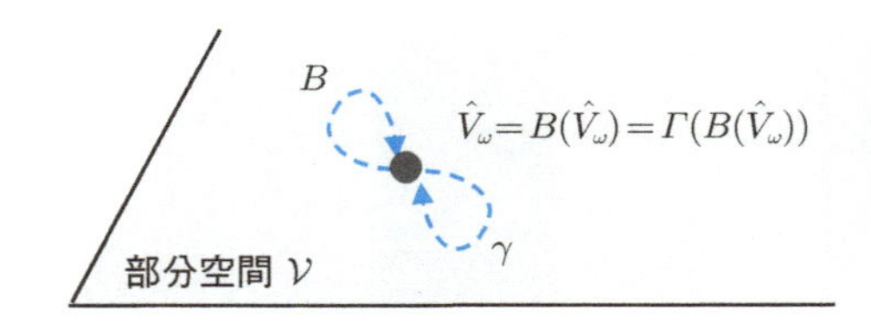

図 6.4 関数空間 $\mathcal{V} \ni \hat{V}_{\boldsymbol{\omega}}$ が B の解 $V^\star$ を含み，$V^\star = \hat{V}_{\boldsymbol{\omega}}$ の場合.

特徴ベクトルによる行列 $\mathbf{\Phi}$（式 (6.2)）のランクが $|\mathcal{S}|$ となるような線形関数近似器（式 (6.1)）を用いていれば，関数近似誤差はつねにゼロになり，射影ベルマン残差とベルマン残差は一致するので，$V^\star$ は射影ベルマン残差をゼロにする唯一の解でもあります.

関数近似器 $\hat{V}_{\boldsymbol{\omega}}$ で $V^\star$ を表現できない場合，つまり $V^\star \notin \mathcal{V}$ の場合，一般に損失関数にベルマン残差と射影ベルマン残差のどちらを用いるかで，求まる結果は異なります．そのため，どちらのほうがよい関数近似器を学習できるかという疑問が生じるでしょう．しかし両者それぞれ長所と短所があり，筆者の知る限り，この疑問に対する明確な答えはいまだ出されておらず，いまも議論されています [11, 105, 171, 197]．特徴として，ベルマン残差最小化の解析が比較的容易のため，その解に関する理論的性質がいくつか明らかになっています [171]．しかし，ベルマン残差最小化は，6.2.3 節で示すように，状態数が多い場合の実装が困難であることから，価値関数近似のオンライン学習は射影ベルマン残差の最小化にもとづくものが多いです [40,105].

6.2.3 ベルマン残差の最小化

式 (6.1) の線形関数近似器 $\hat{V}_{\boldsymbol{\omega}}(s) \triangleq \boldsymbol{\omega}^\top \boldsymbol{\phi}(s)$ を用いる場合，ベルマン期待作用素 B_π が既知，もしくは近似ベルマン作用素 $\hat{\mathsf{B}}$ を明示的に求めていれば，ベルマン残差 $L_{\mathrm{BR}}(\boldsymbol{\omega})$（式 (6.16)）は単なるパラメータ $\boldsymbol{\omega}$ についての二次形式として書くことができます．たとえば，B に真のベルマン期待作用素 B_π を用いる場合，

$$
\begin{aligned}
L_{\mathrm{BR}}(\boldsymbol{\omega}) &= \sum_{s \in \mathcal{S}} \mu(s) \big(\hat{V}_{\boldsymbol{\omega}}(s) - \mathbb{E}^\pi [g(s, A_t) + \gamma \hat{V}_{\boldsymbol{\omega}}(S_{t+1}) \,|\, S_t = s] \big)^2 \\
&= \sum_{s \in \mathcal{S}} \mu(s) \Big\{ \boldsymbol{\omega}^\top \big(\boldsymbol{\phi}(s) - \gamma \bar{\boldsymbol{\phi}}^\pi_{+1}(s) \big) - \bar{g}^\pi(s) \Big\}^2
\end{aligned}
\tag{6.19}
$$

となります．ここで，

$$
\bar{g}^\pi(s) \triangleq \mathbb{E}^\pi [g(s, A_t) \,|\, S_t = s], \quad \forall s \in \mathcal{S} \tag{6.20}
$$

$$
\bar{\boldsymbol{\phi}}^\pi_{+1}(s) \triangleq \mathbb{E}^\pi [\boldsymbol{\phi}(S_{t+1}) \,|\, S_t = s], \quad \forall s \in \mathcal{S} \tag{6.21}
$$

です．よって，$L_{\mathrm{BR}}(\boldsymbol{\omega})$ を最小にする最適パラメータ $\boldsymbol{\omega}^*_{\mathrm{BR}} \triangleq \mathrm{argmax}_{\boldsymbol{\omega}}\, L_{\mathrm{BR}}(\boldsymbol{\omega})$ を，偏微分がゼロになる解

$$
\left. \frac{\partial L_{\mathrm{BR}}(\boldsymbol{\omega})}{\partial \boldsymbol{\omega}} \right|_{\boldsymbol{\omega} := \boldsymbol{\omega}^*_{\mathrm{BR}}} = \mathbf{0}
$$

として解析的に求めることができます．つまり，式 (6.19) から，

$$
\begin{aligned}
& \sum_{s \in \mathcal{S}} \mu(s) \big\{ \boldsymbol{\omega}^{*\top}_{\mathrm{BR}} (\boldsymbol{\phi}(s) - \gamma \bar{\boldsymbol{\phi}}^\pi_{+1}(s)) - \bar{g}^\pi(s) \big\} (\boldsymbol{\phi}(s) - \gamma \bar{\boldsymbol{\phi}}^\pi_{+1}(s)) = \mathbf{0} \\
\Leftrightarrow \quad & \boldsymbol{\omega}^*_{\mathrm{BR}} = \left\{ \sum_{s \in \mathcal{S}} \mu(s) (\boldsymbol{\phi}(s) - \gamma \bar{\boldsymbol{\phi}}^\pi_{+1}(s)) (\boldsymbol{\phi}(s) - \gamma \bar{\boldsymbol{\phi}}^\pi_{+1}(s))^\top \right\}^{-1} \\
& \qquad \times \sum_{s \in \mathcal{S}} \mu(s) \bar{g}^\pi(s) (\boldsymbol{\phi}(s) - \gamma \bar{\boldsymbol{\phi}}^\pi_{+1}(s))
\end{aligned}
\tag{6.22}
$$

のように求まります*13.

ただし，従来の強化学習問題では環境は未知なので，上式を直接計算できません．そこで，バッチ学習の単純な実装として，近似ベルマン作用素 $\hat{\mathsf{B}}$ の計算と同様に，履歴データから $\bar{g}^\pi$ や $\bar{\boldsymbol{\phi}}^\pi_{+1}$ を近似（式 (4.5), (4.6) を参照）して，式 (6.22) に従い最適パラメータを推定します．しかし，関数近似を用いる状況では，状態数が膨大であったり，状態入力が連続であったりするため，$\bar{g}^\pi$ や $\bar{\boldsymbol{\phi}}^\pi_{+1}$ を陽に近似することや状態空間に関する和（周辺化）の扱いが大変な場合があります．そのような場合，履歴データから直接 $\boldsymbol{\omega}^*$ を求めるアプローチをとります．

マルコフ決定過程 $\mathrm{M}(\pi)$ はエルゴード性を満たしているとし，損失関数の重み $\mu(s)$ に定常確率 $p^\pi_\infty(s)$ を用いれば，

$$\mu(s) = \mathbb{E}^\pi\left[\lim_{T\to\infty}\frac{1}{T}\sum_{t=1}^{T}\mathbb{I}_{\{S_t=s\}} \mid S_0 = s_0\right], \quad \forall(s, s_0) \in \mathcal{S}\times\mathcal{S}$$

ですから，式 (6.22) から次の $\boldsymbol{\omega}^*_{\mathrm{BR}}$ の推定量 $\hat{\boldsymbol{\omega}}^*_{\mathrm{BR}}$ が考えられます．

$$\hat{\boldsymbol{\omega}}^*_{\mathrm{BR}} = \boldsymbol{A}^{-1}\boldsymbol{b}$$

ここで，$\boldsymbol{A}$ と $\boldsymbol{b}$ は

$$\boldsymbol{A} := \frac{1}{T}\sum_{t=0}^{T-1}(\boldsymbol{\phi}(s_t) - \gamma\boldsymbol{\phi}(s_{t+1}))(\boldsymbol{\phi}(s_t) - \gamma\boldsymbol{\phi}(\tilde{s}_{t+1}))^\top$$

$$\boldsymbol{b} := \frac{1}{T}\sum_{t=0}^{T-1} r_t(\boldsymbol{\phi}(s_t) - \gamma\boldsymbol{\phi}(s_{t+1}))$$

です．ここで留意すべき点として，$\hat{\boldsymbol{\omega}}^*_{\mathrm{BR}}$ を $\boldsymbol{\omega}^*_{\mathrm{BR}}$ の漸近不偏推定量*14 にするためには，$\boldsymbol{A}$ の計算（特に $\bar{\boldsymbol{\phi}}^\pi_{+1}(s)\bar{\boldsymbol{\phi}}^\pi_{+1}(s)^\top$ の標本近似）の際，s_{t+1} と $\tilde{s}_{t+1}$ を状態 s_t の次状態としてそれぞれ独立にサンプリングする必要があります．この二重サンプリングを実施するためには，次状態 s_{t+1} を経験してから，状

*13 ここで，特徴ベクトル $\boldsymbol{\phi}$ の各特徴は互いに独立（式 (6.2) の $\boldsymbol{\Phi} \in \mathbb{R}^{|\mathcal{S}|\times d}$ のランクが d）になるように適切に設計されていて，行列 $\sum_{s\in\mathcal{S}}\mu(s)(\boldsymbol{\phi}(s) - \gamma\bar{\boldsymbol{\phi}}^\pi_{+1}(s))^\top(\boldsymbol{\phi}(s) - \gamma\bar{\boldsymbol{\phi}}^\pi_{+1}(s))$ の逆行列が存在することを仮定しています．また，他の部分も特に断らない限り逆行列の存在を仮定します．

*14 推定量 $\hat{\theta}_n$ の期待値が漸近的に θ に一致するするとき，つまり $\lim_{n\to\infty}\mathbb{E}[\hat{\theta}_n] = \theta$ のとき，$\hat{\theta}_n$ を θ の**漸近不偏推定量**といいます．なお，任意の n で $\mathbb{E}[\hat{\theta}_n] = \theta$ の時 $\hat{\theta}_n$ を**不偏推定量**といい，$\lim_{n\to\infty}\hat{\theta}_n = \theta$ なら $\hat{\theta}_n$ を**一致推定量**といいます．

態を s_t に戻して，もう一度 p_{T} に従い新しい次状態 $\tilde{s}_{t+1}$ をサンプリングするなどの手順が必要になるので，一般の強化学習問題では実施が難しく，**二重サンプリング問題**として知られています．なお，状態遷移がつねに決定論的であれば，次状態を何度サンプリングしても同じ状態を観測するので，二重サンプリングをしなくても $\hat{\boldsymbol{\omega}}^*_{\mathrm{BR}}$ は $\boldsymbol{\omega}^*_{\mathrm{BR}}$ の漸近不偏推定量になります．

オンライン学習の実装としては，ベルマン残差 L_{BR}（式 (6.19)）を確率的勾配法に従い次のように更新することが考えられます．

$$\begin{aligned}\boldsymbol{\omega} &:= \boldsymbol{\omega} - \alpha_t\big\{\boldsymbol{\omega}^\top(\boldsymbol{\phi}(s_t) - \gamma\boldsymbol{\phi}(s_{t+1})) - r_t\big\}(\boldsymbol{\phi}(s_t) - \gamma\boldsymbol{\phi}(\tilde{s}_{t+1}))\\ &= \boldsymbol{\omega} + \alpha_t(r_t + \gamma\hat{V}_{\boldsymbol{\omega}}(s_{t+1}) - \hat{V}_{\boldsymbol{\omega}}(s_t))(\boldsymbol{\phi}(s_t) - \gamma\boldsymbol{\phi}(\tilde{s}_{t+1}))\end{aligned}$$

ここで，$\alpha_t \geq 0$ は学習率です．ただし，やはり $(s_{t+1}, \tilde{s}_{t+1})$ の二重サンプリングが必要になり，一般に実装が困難です．そこで，**残差勾配法**（residual gradient algorithm）と呼ばれる方法では，次状態の二重サンプリングを諦めて，単一の次状態標本から，次のようにパラメータ $\boldsymbol{\omega}$ を更新します [11]．

$$\boldsymbol{\omega} := \boldsymbol{\omega} + \alpha_t(r_t + \gamma\hat{V}_{\boldsymbol{\omega}}(s_{t+1}) - \hat{V}_{\boldsymbol{\omega}}(s_t))(\boldsymbol{\phi}(s_t) - \gamma\boldsymbol{\phi}(s_{t+1}))$$

この更新式は，（状態遷移がつねに決定論的でない限り）ベルマン残差についての確率的勾配法としては偏りが生じていますが，実は**期待二乗 TD 誤差**（expected squared TD error）

$$L_{\mathrm{TD}}(\boldsymbol{\omega}) \triangleq \sum_{s\in\mathcal{S}} \mu(s)\,\mathbb{E}^\pi\big[(g(s, A_t) + \gamma\hat{V}_{\boldsymbol{\omega}}(S_{t+1}) - \hat{V}_{\boldsymbol{\omega}}(s))^2 \mid S_t = s\big] \quad (6.23)$$

の重み関数を $\mu = p^\pi_\infty$ とした場合の不偏の確率的勾配法に対応し，L_{TD} を $\boldsymbol{\omega}$ について微分すれば簡単に確認できます．よって，テーブル形式を単純に拡張した方法（6.2.1 節）とは異なり，残差勾配法は対応する損失関数（L_{TD}）をもつので，安定した学習を期待できます．しかし残念ながら，ベルマン残差の最小化の場合と異なり，たとえ関数近似器族 $\boldsymbol{\mathcal{V}}$ が真の価値関数 V^π を含んでいたとしても，一般に L_{TD} の最小化で V^π は求まらないことに注意してください*15．次の例 6.4 で残差勾配法の損失関数である期待二乗 TD 誤差とベルマン残差の最適解の違いを確認します．

例 6.4 図 **6.5** の行動のない 2 状態のマルコフ報酬過程を用いて，ベルマ

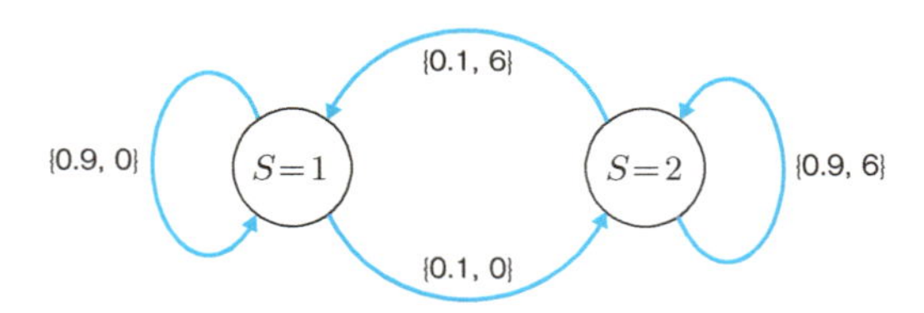

図 6.5 2 状態のマルコフ報酬過程の状態遷移図．各エッジに紐づく $\{p, r\}$ はそれぞれ状態遷移確率，報酬を示す．

ン残差 L_{BR}（式 (6.16)）と期待二乗 TD 誤差 L_{TD}（式 (6.23)）のそれぞれについて価値関数を推定しましょう．近似なしのテーブル形式の関数と同等である特徴ベクトルを $\boldsymbol{\phi}(1) \triangleq [1, 0]^\top$，$\boldsymbol{\phi}(2) \triangleq [0, 1]^\top$ とする線形関数近似器 $\hat{V}_{\boldsymbol{\omega}}(s) = \boldsymbol{\omega}^\top \boldsymbol{\phi}(s)$ を用いることにします．環境は既知であるとし，リターンの割引率は $\gamma = 0.5$ とし，損失関数の重み関数 μ は定常確率 $2p_\infty$ とします．このとき， 価値関数 V はベルマン方程式 $V = \mathsf{B}V$ から，

$$\begin{bmatrix} V(1) \\ V(2) \end{bmatrix} = \begin{bmatrix} 0 \\ 6 \end{bmatrix} + 0.5 \begin{bmatrix} 0.9 & 0.1 \\ 0.1 & 0.9 \end{bmatrix} \begin{bmatrix} V(1) \\ V(2) \end{bmatrix}$$

となるので，

$$\begin{bmatrix} V(1) \\ V(2) \end{bmatrix} = \left(\begin{bmatrix} 1 & 0 \\ 0 & 1 \end{bmatrix} - 0.5 \begin{bmatrix} 0.9 & 0.1 \\ 0.1 & 0.9 \end{bmatrix} \right)^{-1} \begin{bmatrix} 0 \\ 6 \end{bmatrix} = \begin{bmatrix} 1 \\ 11 \end{bmatrix}$$

と求まります．また，状態遷移の対称性から，損失関数の重みは $\mu(s) = 2p_\infty(s) = 1, \forall s \in \{1, 2\}$ となります．

まず，ベルマン残差についてですが，式 (6.16) の定義から $\hat{V}_{\boldsymbol{\omega}} = \mathsf{B}\hat{V}_{\boldsymbol{\omega}}$ のときベルマン残差はゼロに最小化されます．よって，ベルマン方程式の解の一意性の命題 2.4 より，最適パラメータ $\boldsymbol{\omega}^*_{\mathrm{BR}}$ をもつ推定価値関数 $\hat{V}_{\boldsymbol{\omega}^*_{\mathrm{BR}}}$ は真

*15 式 (6.23) の期待二乗 TD 誤差 L_{TD} を別の観点で捉えると興味深い結果を得ます．報酬 $r_t = g(s_t, a_t)$ を線形モデル $(\boldsymbol{\phi}(s_t) - \gamma\boldsymbol{\phi}(s_{t+1}))^\top \boldsymbol{\omega}$ を用いて予測する場合，

$$r_t = (\boldsymbol{\phi}(s_t) - \gamma\boldsymbol{\phi}(s_{t+1}))^\top \boldsymbol{\omega} + \sigma_t$$

の誤差項 σ の期待二乗値が L_{TD} に対応します．誤差項 σ_t と特徴ベクトル "$\boldsymbol{\phi}(s_t) - \gamma\boldsymbol{\phi}(s_{t+1})$" は本来無相関であるから，無相関という制約のもと，操作変数法に従って L_{TD} を最小化する方法を導出すると，6.2.4.2 節の LSTD 法と同じものを得ます．よって，$V^\pi \in \mathcal{V}$ の場合，制約なしの L_{TD} 最小化とは異なり，V^π に収束します．なお歴史的には，この導出により初めて LSTD 法が提案されました [28]．

の価値関数 V に一致します．一方，期待二乗 TD 誤差 L_{TD} は

$$\begin{aligned}L_{\mathrm{TD}}(\boldsymbol{\omega}) &= 0.9(g(1)+\gamma\hat{V}_{\boldsymbol{\omega}}(1)-\hat{V}_{\boldsymbol{\omega}}(1))^2+0.1(g(1)+\gamma\hat{V}_{\boldsymbol{\omega}}(2)-\hat{V}_{\boldsymbol{\omega}}(1))^2\\&\quad+0.1(g(2)+\gamma\hat{V}_{\boldsymbol{\omega}}(1)-\hat{V}_{\boldsymbol{\omega}}(2))^2+0.9(g(2)+\gamma\hat{V}_{\boldsymbol{\omega}}(2)-\hat{V}_{\boldsymbol{\omega}}(2))^2\\&=0.35(\omega_1^2+\omega_2^2)-0.2\omega_1\omega_2+0.6\omega_1-6.6\omega_2+36\end{aligned}$$

となり，$\boldsymbol{\omega}$ の二次形式として書けるので，$\partial L_{\mathrm{TD}}(\boldsymbol{\omega})/\partial\omega_s=0,\ \forall s\in\{1,2\}$ を満たす $\boldsymbol{\omega}^*_{\mathrm{TD}}=[2,\ 10]^\top$ が期待二乗 TD 誤差 L_{TD} を最小化する最適解になります．よって，$\hat{V}_{\boldsymbol{\omega}^*_{\mathrm{TD}}}(1)=2$, $\hat{V}_{\boldsymbol{\omega}^*_{\mathrm{TD}}}(2)=10$ となり，真の価値関数 $V(1)=1$, $V(2)=11$ と異なることがわかります．なお，このことは真の価値関数 V よりも L_{TD} を小さくできる状態関数が存在しうることを意味しています． □

6.2.4 射影ベルマン残差の最小化

ベルマン残差最小化の場合と同様に，式 (6.1) の線形の関数近似器 $\hat{V}_{\boldsymbol{\omega}}(s)\triangleq\boldsymbol{\phi}(s)^\top\boldsymbol{\omega}$ を用いて V^π を近似することを考えます．まず，6.2.4.1 節で射影ベルマン残差の特徴を確認して，6.2.4.2 節で最小二乗法にもとづく方法，6.2.4.3 節では勾配法にもとづく方法を説明します．

6.2.4.1 射影ベルマン残差の特徴

はじめに，簡単化のため，次の行列表記を導入します．

- 状態遷移行列 $\boldsymbol{P}^\pi\in\mathbb{R}^{|\mathcal{S}|\times|\mathcal{S}|}$:

$$(\boldsymbol{P}^\pi)_{i,j}\triangleq\sum_{a\in\mathcal{A}}p_{\mathrm{T}}(j|i,a)\pi(a|i),\qquad\forall(i,j)\in\mathcal{S}\times\mathcal{S}$$

- 報酬ベクトル $\boldsymbol{r}^\pi\in\mathbb{R}^{|\mathcal{S}|}$:

$$(\boldsymbol{r}^\pi)_i\triangleq\sum_{a\in\mathcal{A}}g(i,a)\pi(a|i),\qquad\forall i\in\mathcal{S}$$

- 損失関数の重み行列 $\boldsymbol{U}\in\mathbb{R}^{|\mathcal{S}|\times|\mathcal{S}|}$:

$$(\boldsymbol{U})_{i,j}\triangleq\begin{cases}\mu(i) & (i=j)\\ 0 & (i\neq j)\end{cases},\qquad\forall(i,j)\in\mathcal{S}\times\mathcal{S}$$

- 価値ベクトル $\boldsymbol{v}^\pi \in \mathbb{R}^{|\mathcal{S}|}$ と推定価値ベクトル $\hat{\boldsymbol{v}}_{\boldsymbol{\omega}} \in \mathbb{R}^{|\mathcal{S}|}$:

$$(\boldsymbol{v}^\pi)_i \triangleq V^\pi(i), \qquad \forall i \in \mathcal{S}$$
$$\hat{\boldsymbol{v}}_{\boldsymbol{\omega}} \triangleq \boldsymbol{\Phi\omega}$$

ここで，$\boldsymbol{\Phi} \in \mathbb{R}^{|\mathcal{S}| \times d}$ は式 (6.2) の特徴ベクトル $\boldsymbol{\phi}(s) \in \mathbb{R}^d$ をまとめた行列です．

射影ベルマン残差において決定的な役割を果たす式 (6.17) の直交射影作用素 $\mathit{\Gamma} : \mathbb{R}^{\mathcal{S}} \to \mathbb{R}^{\mathcal{S}}$ を確認します．これは任意の状態関数 $v \in \mathbb{R}^{\mathcal{S}}$ を関数近似器の空間に直交射影する作用素ですが（図 6.3 参照），関数近似器が線形であることを考慮すれば，$\mathit{\Gamma}$ を次のように行列として書くことができます．

$$\boldsymbol{\mathit{\Gamma}} \triangleq \boldsymbol{\Phi}(\boldsymbol{\Phi}^\top \boldsymbol{U} \boldsymbol{\Phi})^{-1} \boldsymbol{\Phi}^\top \boldsymbol{U} \tag{6.24}$$

行列 $\boldsymbol{\mathit{\Gamma}} \in \mathbb{R}^{|\mathcal{S}| \times |\mathcal{S}|}$ を**射影行列**と呼ぶことにし，（関数近似器が線形であれば）実際に射影行列 $\boldsymbol{\mathit{\Gamma}}$ が直交射影作用素 $\mathit{\Gamma}$（式 (6.17)）と同等であることは，

$$\begin{aligned}\boldsymbol{\mathit{\Gamma}} \boldsymbol{v} &= \boldsymbol{\Phi}(\boldsymbol{\Phi}^\top \boldsymbol{U} \boldsymbol{\Phi})^{-1} \boldsymbol{\Phi}^\top \boldsymbol{U} \boldsymbol{v} \\ &= \boldsymbol{\Phi} \left[\underset{\boldsymbol{\omega} \in \mathbb{R}^d}{\operatorname{argmin}} \left\{ (\boldsymbol{v} - \boldsymbol{\Phi\omega})^\top \boldsymbol{U} (\boldsymbol{v} - \boldsymbol{\Phi\omega}) \right\} \right]\end{aligned}$$

より確認できます．ここで，$\boldsymbol{v} \in \mathbb{R}^{|\mathcal{S}|}$ です．射影行列はその定義（式 (6.24)）から，

$$\boldsymbol{\mathit{\Gamma}} \boldsymbol{\Phi\omega} = \boldsymbol{\Phi\omega} \tag{6.25}$$
$$\boldsymbol{\mathit{\Gamma}} \boldsymbol{\mathit{\Gamma}} = \boldsymbol{\mathit{\Gamma}} \tag{6.26}$$

という特徴をもちます．式 (6.25) はすでに関数近似器の空間にある $\boldsymbol{\Phi\omega}$ を関数近似器の空間に射影しても何も変わらないことを意味しています．また，式 (6.26) も同様で，$\boldsymbol{\mathit{\Gamma}}$ を一度でも適用すれば任意の $\boldsymbol{v} \in \mathbb{R}^{|\mathcal{S}|}$ を関数近似器の空間に射影するので，繰り返し $\boldsymbol{\mathit{\Gamma}}$ を適用しても，その効果は変わらないことを意味しています．

以上より，線形関数近似器に対する式 (6.18) の射影ベルマン残差を次のように整理できます．

$$
\begin{aligned}
L_{\mathrm{PBR}}(\boldsymbol{\omega}) &= \left\{\boldsymbol{\Phi}\boldsymbol{\omega} - \boldsymbol{\Gamma}(\boldsymbol{r}^{\pi} + \gamma \boldsymbol{P}^{\pi}\boldsymbol{\Phi}\boldsymbol{\omega})\right\}^{\top}\boldsymbol{U}\left\{\boldsymbol{\Phi}\boldsymbol{\omega} - \boldsymbol{\Gamma}(\boldsymbol{r}^{\pi} + \gamma \boldsymbol{P}^{\pi}\boldsymbol{\Phi}\boldsymbol{\omega})\right\} \\
&= \left(\boldsymbol{\Phi}\boldsymbol{\omega} - \boldsymbol{r}^{\pi} - \gamma \boldsymbol{P}^{\pi}\boldsymbol{\Phi}\boldsymbol{\omega}\right)^{\top}\boldsymbol{\Gamma}^{\top}\boldsymbol{U}\boldsymbol{\Gamma}\left(\boldsymbol{\Phi}\boldsymbol{\omega} - \boldsymbol{r}^{\pi} - \gamma \boldsymbol{P}^{\pi}\boldsymbol{\Phi}\boldsymbol{\omega}\right) \\
&= (\boldsymbol{r}^{\pi} - \boldsymbol{L}^{\pi}\boldsymbol{\omega})^{\top}\boldsymbol{U}\boldsymbol{\Phi}(\boldsymbol{\Phi}^{\top}\boldsymbol{U}\boldsymbol{\Phi})^{-1}\boldsymbol{\Phi}^{\top}\boldsymbol{U}(\boldsymbol{r}^{\pi} - \boldsymbol{L}^{\pi}\boldsymbol{\omega})
\end{aligned}
$$

ここで，$\boldsymbol{L}^{\pi} \triangleq \boldsymbol{\Phi} - \gamma \boldsymbol{P}^{\pi}\boldsymbol{\Phi}$ です．よって，射影ベルマン残差 $L_{\mathrm{PBR}}(\boldsymbol{\omega})$ のパラメータ $\boldsymbol{\omega}$ に関する偏微分は

$$
\frac{\partial L_{\mathrm{PBR}}(\boldsymbol{\omega})}{\partial \boldsymbol{\omega}} = -2\boldsymbol{L}^{\pi\top}\boldsymbol{U}\boldsymbol{\Phi}(\boldsymbol{\Phi}^{\top}\boldsymbol{U}\boldsymbol{\Phi})^{-1}\boldsymbol{\Phi}^{\top}\boldsymbol{U}(\boldsymbol{r}^{\pi} - \boldsymbol{L}^{\pi}\boldsymbol{\omega}) \tag{6.27}
$$

であり，L_{PBR} を最小化する最適パラメータ $\boldsymbol{\omega}^{*}_{\mathrm{PBR}}$ は上式をゼロにするので，

$$
\begin{aligned}
\boldsymbol{\omega}^{*}_{\mathrm{PBR}} &= \left\{\boldsymbol{L}^{\pi\top}\boldsymbol{U}\boldsymbol{\Phi}(\boldsymbol{\Phi}^{\top}\boldsymbol{U}\boldsymbol{\Phi})^{-1}\boldsymbol{\Phi}^{\top}\boldsymbol{U}\boldsymbol{L}^{\pi}\right\}^{-1}\boldsymbol{L}^{\pi\top}\boldsymbol{U}\boldsymbol{\Phi}(\boldsymbol{\Phi}^{\top}\boldsymbol{U}\boldsymbol{\Phi})^{-1}\boldsymbol{\Phi}^{\top}\boldsymbol{U}\boldsymbol{r}^{\pi} \\
&= (\boldsymbol{\Phi}^{\top}\boldsymbol{U}\boldsymbol{L}^{\pi})^{-1}\boldsymbol{\Phi}^{\top}\boldsymbol{U}\boldsymbol{r}^{\pi} \\
&= \left\{\sum_{s\in\mathcal{S}} \mu(s)\,\boldsymbol{\phi}(s)\,(\boldsymbol{\phi}(s) - \gamma\bar{\boldsymbol{\phi}}^{\pi}_{+1}(s))^{\top}\right\}^{-1} \sum_{s\in\mathcal{S}} \mu(s)\,\bar{g}^{\pi}(s)\,\boldsymbol{\phi}(s)
\end{aligned} \tag{6.28}
$$

と求まります．ここで，$\bar{g}^{\pi}$ と $\bar{\boldsymbol{\phi}}^{\pi}_{+1}$ はそれぞれ式 (6.20) と (6.21) で定義したものです．

6.2.4.2　最小二乗法にもとづく方法

式 (6.28) より，履歴データから $\bar{g}^{\pi}$ と $\bar{\boldsymbol{\phi}}^{\pi}_{+1}$ を求めれば，射影ベルマン残差における価値関数近似器 $\hat{V}_{\boldsymbol{\omega}}(s) = \boldsymbol{\phi}(s)^{\top}\boldsymbol{\omega}$ の最適パラメータ $\boldsymbol{\omega}^{*}_{\mathrm{PBR}}$ を計算できます．ただし，ベルマン残差 L_{BR} の場合と同様ですが，関数近似器が必要な状況（状態数が膨大もしくは状態入力が連続な状況）では，一般に $\bar{g}^{\pi}$ や $\bar{\boldsymbol{\phi}}^{\pi}_{+1}$ の扱いは困難なので，$\bar{g}^{\pi}$ や $\bar{\boldsymbol{\phi}}^{\pi}_{+1}$ を経由せずデータから直接的に $\boldsymbol{\omega}^{*}_{\mathrm{PBR}}$ を推定したいような場合がほとんどです．そして，ベルマン残差の場合と異なり，都合がよいことに二重サンプリングをしなくても，$\mu = p^{\pi}_{\infty}$ と設定すれば，次のように $\boldsymbol{\omega}^{*}_{\mathrm{PBR}}$ を $\bar{g}^{\pi}$ や $\bar{\boldsymbol{\phi}}^{\pi}_{+1}$ を経由せずに（漸近的に）偏りなく推定できます．

$$
\hat{\boldsymbol{\omega}}^{*}_{\mathrm{PBR}} = \boldsymbol{C}^{-1}\boldsymbol{d} \tag{6.29}
$$

ここで，$\boldsymbol{C}$ と $\boldsymbol{d}$ は

$$
\begin{cases}
\boldsymbol{C} := \frac{1}{T} \sum_{t=0}^{T-1} \boldsymbol{\phi}(s_t)(\boldsymbol{\phi}(s_t) - \gamma \boldsymbol{\phi}(s_{t+1}))^\top \\
\boldsymbol{d} := \frac{1}{T} \sum_{t=0}^{T-1} r_t \boldsymbol{\phi}(s_t)
\end{cases}
\tag{6.30}
$$

であり，通常の（二重サンプリングのいらない）履歴データ

$$
\{s_0, r_0, \ldots, s_{T-1}, r_{T-1}, s_T\}
$$

から計算できる統計量です．二重サンプリングが不要なのは，ベルマン残差の最適パラメータの計算式 (6.22) が含む $\bar{\boldsymbol{\phi}}^\pi_{+1}(s)\,\bar{\boldsymbol{\phi}}^\pi_{+1}(s)^\top$ の項を式 (6.28) は含まないからです．なお，式 (6.29) に従い価値関数を推定する方法は**最小二乗 TD**（least squares temporal-difference; **LSTD**）**法**と呼ばれます[25, 28]．

興味深いことに，関数近似器 $\hat{V}_{\boldsymbol{\omega}}$ がテーブル形式の関数に対応して特徴ベクトル $\boldsymbol{\phi}(s)$ の各要素 $\phi_i(s) = \mathbb{I}_{\{i=s\}}$ のとき（例 6.1 参照），$(\boldsymbol{I}_{|\mathcal{S}|} - \boldsymbol{C})/\gamma$ と $\boldsymbol{d}$ はそれぞれ状態遷移行列 $\boldsymbol{P}^\pi$ と報酬ベクトル $\boldsymbol{r}^\pi$ の最尤推定量に比例し，式 (6.29) は標本近似のベルマン方程式（式 (4.10)）を解析的に解いていると解釈できます．つまり，LSTD 法は特別な場合，環境モデルを推定して，価値関数を推定していることになり，モデルベース型の強化学習法とみなすことができます．

式 (6.30) の統計量 $\boldsymbol{C}$ と $\boldsymbol{d}$ は時間ステップ t が 0 に近い古い経験 $\{s_t, r_t, s_{t+1}\}$ も最近の経験も同じ重みで使用していて，行動方策が固定ならば効率のよい統計量ですが，方策を学習などしていて，方策が可変な場合，古い経験はあまり役に立たず，直近の経験の重みを大きくしたくなります．そのため，次のように学習率 $\alpha_t \in [0,1]$ を用いて $\boldsymbol{C}$ と $\boldsymbol{d}$ の計算方法を一般化します．

$$
\begin{aligned}
\boldsymbol{C} &:= \boldsymbol{C} + \alpha_t \big\{ \boldsymbol{\phi}(s_t)(\mu(s_t)\boldsymbol{\phi}(s_t) - \gamma \boldsymbol{\phi}(s_{t+1}))^\top - \boldsymbol{C} \big\} \\
\boldsymbol{d} &:= \boldsymbol{d} + \alpha_t \big\{ \mu(s_t) r_t \boldsymbol{\phi}(s_t) - \boldsymbol{d} \big\}
\end{aligned}
$$

学習率 $\alpha_t = 1/t$ であれば，式 (6.30) の計算方法と一致し，たとえば $\alpha_t = a + b/t$（$a \in (0,1], b \in [0, 1-a]$）であれば，過去より直近の経験データを重視して，$\boldsymbol{C}$ や $\boldsymbol{d}$ を求めていることになります．

LSTD 法の関連研究を簡単に紹介します．6.2.1.2 節で近似 TD 法を近似 TD(λ) 法に拡張したように，LSTD 法にエリジビリティ・トレースを適用した LSTD(λ) 法が提案されています [25]．また，近似 TD 法を近似 SARSA 法に拡張したように，単純に状態を状態行動対として扱い，状態に関する特徴ベクトル $\boldsymbol{\phi}(s)$ の代わりに状態行動対の特徴ベクトル $\boldsymbol{\psi}(s,a)$ を用いれば，LSTD 法または LSTD（λ）法で行動価値関数 Q^π を推定でき，本方法は **LSTDQ** 法または LSTDQ（λ）法と呼ばれます．LSTDQ 法で Q^π を推定することで「方策評価」をして，推定結果にもとづき「方策更新」することを繰り返して，方策を学習する方法は**最小二乗方策反復**（least squares policy iteration; **LSPI**）**法**と呼ばれます [105]．また，LSTD 法はパラメータ $\boldsymbol{\omega} \in \mathbb{R}^d$ の更新に逆行列の計算が必要で，計算量は $\mathcal{O}(d^3)$ と重たいので，逆行列の補題（matrix inversion lemma）[27] を用いて $\mathcal{O}(d^2)$ の計算量で各時間ステップで $\boldsymbol{\omega}$ を更新する **RLSTD**（recursive LSTD; 再帰 LSTD）**法** [28] や，統計量 $\boldsymbol{C}$ や $\boldsymbol{d}$ のスパース性を利用して計算量を削減する **iLSTD**（incremental LSTD; 逐次 LSTD）**法** [66, 67] が提案されています．Ueno *et al.* (2011)[213] は TD 法や LSTD 法の漸近解析を行い，漸近分散を最小化する **gLSTD**（generalized LSTD; 一般化 LSTD）**法**を提案しています．

最後に，LSTD 法とは異なるアプローチをとる最小二乗法にもとづく方法である**最小二乗方策評価**（least squares policy evaluation; **LSPE**）**法**を説明します [139]．LSTD 法は解くべき最小二乗問題の解が射影ベルマン残差の最適パラメータ $\boldsymbol{\omega}^*_{\text{PBR}}$ になるように設計されていたのに対して，LSPE 法では部分問題を解いて，その結果を用いてパラメータを更新します．具体的には，射影ベルマン残差の部分問題である直交射影（式 (6.17)）の解

$$
\begin{aligned}
\boldsymbol{\theta}^* &\triangleq \underset{\boldsymbol{\theta}\in\mathbb{R}^d}{\operatorname{argmin}} \sum_{s\in\mathcal{S}} \mu(s)\big(V_\theta(s) - \mathsf{B}_\pi \hat{V}_{\boldsymbol{\omega}}(s)\big)^2 \\
&= (\boldsymbol{\Phi}^\top \boldsymbol{U} \boldsymbol{\Phi})^{-1} \boldsymbol{\Phi}^\top \boldsymbol{U} (\boldsymbol{r}^\pi + \gamma \boldsymbol{P}^\pi \boldsymbol{\Phi} \boldsymbol{\omega})
\end{aligned}
$$

を LSTD 法のように，$\mu := p^\pi_\infty$ として，

$$
\hat{\boldsymbol{\theta}}^* := \left(\sum_{t=0}^{T} \boldsymbol{\phi}(s_t)\boldsymbol{\phi}(s_t)^\top \right)^{-1} \left(\sum_{t=0}^{T} (r_t + \gamma \boldsymbol{\phi}(s_{t+1})^\top \boldsymbol{\omega})\, \boldsymbol{\phi}(s_t) \right)
$$

と推定してから，

$$\boldsymbol{\omega} := \boldsymbol{\omega} + \alpha_t(\hat{\boldsymbol{\theta}}^* - \boldsymbol{\omega}) \tag{6.31}$$

のように現在の推定値 $\boldsymbol{\omega}$ を $\hat{\boldsymbol{\theta}}^*$ に近づけることを繰り返すことで，射影ベルマン残差を最小化します．

LSPE 法は LSTD 法と比べて，式 (6.31) の勾配法の追加処理を含むため，学習率 α_t を適切に設定する必要があり，また学習の安定化のために α_t を小さくする必要があって，学習が遅くなってしまうことがあるので，筆者の知る限り通常は LSTD 法を用いることのほうが多いです．ただし，タスクや価値関数に関する事前知識があり，よい初期値 $\boldsymbol{\omega}_0$ を準備できるのであれば，LSPE 法は式 (6.31) の更新則より特に学習初期のパラメータ $\boldsymbol{\omega}$ は $\boldsymbol{\omega}_0$ を自然と反映したものになり，学習の効率化や安定化を期待できます．

6.2.4.3 勾配法にもとづく方法

射影ベルマン残差を最小二乗法にもとづき最小化する方法はパラメータ $\boldsymbol{\omega} \in \mathbb{R}^d$ の更新に最低でも $\mathcal{O}(d^2)$ の計算量が必要なので，経験データが次々に入ってきて高頻度にパラメータを更新したい場合に計算時間が問題になります．そこで，ここでは線形オーダ $\mathcal{O}(d)$ でパラメータを更新する確率的勾配法にもとづく方法を説明します．

射影ベルマン残差 $L_{\mathrm{PBR}}(\boldsymbol{\omega})$ の確率的勾配法による局所最小化では，基本的には，次を満たす確率勾配 $G_t \in \mathbb{R}^d$（確率変数）を用いて，

$$\lim_{T\to\infty} \mathbb{E}^{\pi}\left[\frac{1}{T}\sum_{t=0}^{T-1} G_t\right] = \frac{\partial L_{\mathrm{PBR}}(\boldsymbol{\omega})}{\partial \boldsymbol{\omega}} \tag{6.32}$$

パラメータ $\boldsymbol{\omega}$ を次のように更新します．

$$\boldsymbol{\omega} := \boldsymbol{\omega} - \alpha_t G_t$$

ただし，式 (6.27) の L_{PBR} の偏微分から，単純には確率勾配を計算できないことがわかります．そこで，L_{PBR} の偏微分を

$$\frac{\partial L_{\mathrm{PBR}}(\boldsymbol{\omega})}{\partial \boldsymbol{\omega}} = -2(\boldsymbol{\Phi} - \gamma \boldsymbol{P}^{\pi}\boldsymbol{\Phi})^{\top}\boldsymbol{U}\boldsymbol{\Phi}\underbrace{(\boldsymbol{\Phi}^{\top}\boldsymbol{U}\boldsymbol{\Phi})^{-1}\boldsymbol{\Phi}^{\top}\boldsymbol{U}(\boldsymbol{r}^{\pi} - \boldsymbol{L}^{\pi}\boldsymbol{\omega})}_{\boldsymbol{\theta}^*}$$

のように分解して捉えて，まず $\boldsymbol{\theta}^*$ を $\boldsymbol{\theta}$ として推定してから，次のように確率勾配を計算することを考えます．

$$G_t = -2(\boldsymbol{\phi}(s_t) - \gamma\boldsymbol{\phi}(s_{t+1}))\boldsymbol{\phi}(s_t)^\top\boldsymbol{\theta} \tag{6.33}$$

ここでも射影ベルマン残差の状態重み付け関数を $\mu := p^\pi_\infty$ としています．もし $\boldsymbol{\theta}$ が $\boldsymbol{\theta}^*$ に収束していれば，G_t は式 (6.32) の確率勾配の漸近不偏性の条件を満たします．

項 $\boldsymbol{\theta}^*$ の推定については，$\boldsymbol{\theta}^*$ は損失関数 L を

$$L(\boldsymbol{\theta}) \triangleq (\boldsymbol{r}^\pi - \boldsymbol{L}^\pi\boldsymbol{\omega} - \boldsymbol{\Phi}\boldsymbol{\theta})^\top\boldsymbol{U}\,(\boldsymbol{r}^\pi - \boldsymbol{L}^\pi\boldsymbol{\omega} - \boldsymbol{\Phi}\boldsymbol{\theta})$$

とする最小二乗問題の解

$$\boldsymbol{\theta}^* = \operatorname*{argmin}_{\boldsymbol{\theta}\in\mathbb{R}^d} L(\boldsymbol{\theta})$$

に対応することを利用します．L の偏微分は

$$\frac{\partial L(\boldsymbol{\theta})}{\partial\boldsymbol{\theta}} = -2\boldsymbol{\Phi}^\top\boldsymbol{U}(\boldsymbol{r}^\pi - \boldsymbol{L}^\pi\boldsymbol{\omega} - \boldsymbol{\Phi}\boldsymbol{\theta})$$

ですから，時間ステップ t での L の確率勾配を

$$G^\theta_t \triangleq -2\{R_t + \gamma\boldsymbol{\phi}(S_{t+1})^\top\boldsymbol{\omega} - \boldsymbol{\phi}(S_t)^\top\boldsymbol{\omega} - \boldsymbol{\phi}(S_t)^\top\boldsymbol{\theta}\}\boldsymbol{\phi}(S_t)$$

と計算できます．以上をまとめると，価値関数近似器のパラメータ $\boldsymbol{\omega}$ の更新式は

$$\begin{cases}\boldsymbol{\theta} := \boldsymbol{\theta} + \alpha^\theta_t\{r_t + \gamma\boldsymbol{\phi}(s_{t+1})^\top\boldsymbol{\omega} - \boldsymbol{\phi}(s_t)^\top\boldsymbol{\omega} - \boldsymbol{\phi}(s_t)^\top\boldsymbol{\theta}\}\boldsymbol{\phi}(s_t) \\ \boldsymbol{\omega} := \boldsymbol{\omega} + \alpha^\omega_t\{\boldsymbol{\phi}(s_t) - \gamma\boldsymbol{\phi}(s_{t+1})\}\boldsymbol{\phi}(s_t)^\top\boldsymbol{\theta}\end{cases}$$

となり，**GTD2 法**[*16] と呼ばれます[200]．ここで，α^θ_t と α^ω_t は学習率です．

GTD2 法とは異なる L_{PBR} の偏微分の分解

$$\begin{aligned}&\frac{\partial L_{\mathrm{PBR}}(\boldsymbol{\omega})}{\partial\boldsymbol{\omega}} \\ &= -2\boldsymbol{\Phi}^\top\boldsymbol{U}(\boldsymbol{r}^\pi - \boldsymbol{L}^\pi\boldsymbol{\omega}) + 2\gamma(\boldsymbol{P}^\pi\boldsymbol{\Phi})^\top\boldsymbol{U}\boldsymbol{\Phi}\underbrace{(\boldsymbol{\Phi}^\top\boldsymbol{U}\boldsymbol{\Phi})^{-1}\boldsymbol{\Phi}^\top\boldsymbol{U}(\boldsymbol{r}^\pi - \boldsymbol{L}^\pi\boldsymbol{\omega})}_{\boldsymbol{\theta}^*}\end{aligned}$$

---

*16 GTD2 法が提案される以前に，ヒューリスティックな価値関数推定における損失関数

$$\mathbb{E}^\pi\big[\big(R_t + \gamma\hat{V}_{\boldsymbol{\omega}}(S_{t+1}) - \hat{V}_{\boldsymbol{\omega}}(S_t)\big)\boldsymbol{\phi}(S_t)\big]^\top\mathbb{E}^\pi\big[\big(R_t + \gamma\hat{V}_{\boldsymbol{\omega}}(S_{t+1}) - \hat{V}_{\boldsymbol{\omega}}(S_t)\big)\boldsymbol{\phi}(S_t)\big]$$

に対する勾配 TD 法として **GTD**（gradient TD; 勾配 TD）法が提案されています[202]．ただし，数値実験より GTD2 法のほうが速く収束することが示されています[200]．

を考えて，$\boldsymbol{\theta}$ についてはGTD2法と同じ更新式を用いて，パラメータ $\boldsymbol{\omega}$

$$\boldsymbol{\omega} := \boldsymbol{\omega} + \alpha_t^{\omega}\left[\left\{r_t + \gamma\boldsymbol{\phi}(s_{t+1})^\top\boldsymbol{\omega} - \boldsymbol{\phi}(s_t)^\top\boldsymbol{\omega}\right\}\boldsymbol{\phi}(s_t) - \gamma\boldsymbol{\phi}(s_{t+1})\boldsymbol{\phi}(s_t)^\top\boldsymbol{\theta}\right]$$

のように更新する**TDC**（linear TD with gradient correction; 勾配補正あり線形TD）**法**も提案されています．TDC法は数値実験により学習率 α_t^{ω} の設定によってはGTD2法よりも若干よいことが報告されています[200]．

本書では割愛しますが，Q学習法に勾配TD法の考え方などを適用して，勾配Q学習法や貪欲勾配Q学習法が提案されています[119,121]．

6.2.5　関数近似器の選択と正則化

関数近似器はパラメータ $\boldsymbol{\omega} \in \mathbb{R}^d$ の次元数 d が大きいほど一般に表現能力は高く，（互いに線形独立な特徴をもつ関数近似器の場合）次元数 $d = |\mathcal{S}|$ の $\hat{V}_{\boldsymbol{\omega}}$ であれば V^π を正確に表現できます（例6.1参照）．そのため，通常は V^π の近似であれば $d \leq |\mathcal{S}|$，Q^π であれば $d \leq |\mathcal{S}||\mathcal{A}|$ であるような次元数 d の関数近似器が用いられます．

一般に，問題設定に応じて適切に関数近似器を選択することが大切です．なぜなら，たとえば単に $\hat{V}_{\boldsymbol{\omega}}(s) = \omega, \forall s \in \mathcal{S}$ のように定数を返すようなものなど，次元数 d が極端に小さい単純な $\hat{V}_{\boldsymbol{\omega}}$ を用いてしまうと，近似したい真の価値関数 V^π が状態によって大きく異なる値をとる場合，パラメータ $\boldsymbol{\omega}$ をどう調整しても V^π をほとんど近似できず，V^π に対して大きな差異（偏り）が発生してしまいます．一方，深層ニューラルネットワークモデルや高次交互作用モデルのように d が非常に大きい複雑な関数近似器の場合，たとえ真の関数を正確に近似できるようなパラメータ $\boldsymbol{\omega}^*$ が存在するとしても，有限のデータから求まるパラメータのばらつき（分散）が大きく，$\boldsymbol{\omega}^*$ からかけ離れたパラメータ値を学習してしまうリスクが小さくない場合があります*17．

このように関数近似器の複雑さに関して，偏りと分散のトレードオフがあるので，偏りと分散の和が小さくなるように，問題に応じて注意深く関数近似器を選択することや**正則化**（regularization）を導入することが大切です[57,75]．正則化とは，関数近似器のパラメータの学習の際，L_{BR} や L_{PBR} な

*17　学習データは一般に確率的に与えられるので，パラメータは確率変数であり，漸近的（データ数 $n \to \infty$）には正しいパラメータを確率1で求められるとしても，有限のデータから求まるパラメータはばらつきます．

どの近似誤差についての損失関数 $L : \mathbb{R}^d \to \mathbb{R}_{\geq 0}$ に，関数近似器を複雑にするパラメータほど大きな値を示す正則化項 $\iota : \mathbb{R}^d \to \mathbb{R}$ と呼ばれる項を追加した新たな損失関数

$$L(\boldsymbol{\omega}) + \iota(\boldsymbol{\omega})$$

を用いることで，関数近似誤差（偏り）と関数近似器の複雑さ（分散）のトレードオフをバランスする技術です．適切な正則化により，たとえば，関数近似器が必要以上に表現能力が高く複雑で，学習データはよく近似できても未知の新しいデータを近似できない（汎化能がない）といった過学習の問題を防ぐことができます．また，$L(\boldsymbol{\omega})$ を最小にするようなパラメータが複数存在して，パラメータが一意に求まらない不良設定問題も，正則化により避けることができます．

具体的な正則化項として，ほとんどの関数近似器においてパラメータの値が大きくなるほど入力の変化に対する近似結果の変化が大きくなる傾向がある，つまり複雑になることから，パラメータの値が大きいほど大きな値をとるL2 ノルムの 2 乗 $\iota(\boldsymbol{\omega}) := \lambda \sum_{i=1}^{d} \omega_i^2$ が頻繁に用いられます．ここで，λ は正則化係数と呼ばれる非負のハイパーパラメータで，正則化の強さを決定します．通常の回帰問題に対して提案された **LASSO**（least absolute shrinkage and selection operator; 最小絶対縮小選択作用素）と同様に，価値関数近似においても，L1 正則化項 $\iota(\boldsymbol{\omega}) := \lambda \sum_{i=1}^{d} |\omega_i|$ を用いて，多くの要素がゼロになるようなパラメータを推定する **LARS-TD**（least angle regression - temporal-difference; 最小角回帰 TD）**法**が提案されており [102]，特にパラメータ数 d が非常に大きい場合に有効です．これは名前のとおり，LASSO の代表的な推定法である LARS 法を TD 法に適用したものです．その他にも，LARS-TD 法を改良した方法 [64,87] や，ノンパラメトリックな価値関数推定のため再生核ヒルベルト空間で正則化を用いる方法 [56]，また探索の効率性に影響を及ぼすマルコフ決定過程の混合時間に関する正則化項を方策学習に用いる方法 [131] などがあります．

6.3　方策の関数近似

アクター・クリティック法（4.5 節）のときのように，行動価値関数から方

策を求めるのではなく，方策パラメータ $\boldsymbol{\theta} \in \mathbb{R}^d$ で確率的方策 $\pi_{\boldsymbol{\theta}} : \mathcal{A} \times \mathcal{S} \to [0,1]$ を直接規定して，$\boldsymbol{\theta}$ を学習することを考えます．6.3.1 節で方策学習の概要を確認し，6.3.2 節で勾配法に従い方策パラメータを学習する**方策勾配法**（policy gradient learning）の基礎を説明します．方策勾配法の実装例については 6.3.3 節以降で紹介します．

6.3.1 方策学習の概要

方策パラメータ $\boldsymbol{\theta}$ の各要素が各状態行動対 (s,a) に対応するとき，$\boldsymbol{\theta}$ はテーブル形式の効用関数と実質同等であり，関数近似なしの方策モデルを扱っていることになります．一方，方策パラメータ $\boldsymbol{\theta}$ の要素数 d が $|\mathcal{S}||\mathcal{A}|$ より小さい場合，$\pi_{\boldsymbol{\theta}}$ で方策を近似していることになり，$|\mathcal{S}|$ や $|\mathcal{A}|$ が大きいときに有効です．特に行動が連続の場合，行動価値関数を近似するアプローチだと行動選択や作用素 $\mathrm{argmax}_{a \in \mathcal{A}}$ などの計算が一般に困難なため，方策を関数近似するアプローチがよく用いられます．たとえば，ロボット制御においては連続値であるトルクなどが行動になり，行動を単純に離散化するよりは，連続のまま扱うことが望まれます[150]．なお，連続行動の方策モデルは，確率分布関数 $\pi : \mathcal{A} \times \mathcal{S} \to [0,1]$ ではなく，確率密度関数 $\pi : \mathcal{A} \times \mathcal{S} \to \mathbb{R}_{\geq 0}$ が用いられます．代表的な連続行動 $a \in \mathbb{R}$ を扱う方策モデルとして，次の正規分布にもとづくものがあります．

$$\pi_{\mathrm{normal}}(a|s;\boldsymbol{\theta}) \triangleq \frac{1}{\sqrt{2\pi}\sigma(s;\boldsymbol{\theta})} \exp\left(-\frac{(a-\mu(s;\boldsymbol{\theta}))^2}{2\sigma(s;\boldsymbol{\theta})^2}\right)$$

ここで，$\mu(\cdot;\boldsymbol{\theta})$ や $\sigma(\cdot;\boldsymbol{\theta})$ は入力が状態でパラメータが $\boldsymbol{\theta}$ のモデルで，たとえば線形モデルや深層ニューラルネットワークモデルが用いられます．以降もこれまで同様，状態と行動は離散であるとして扱いますが，本節で紹介する方法は，状態や行動に関する積分や argmax などの演算は不要なので，そのまま連続状態，連続行動の方策モデルの学習に適用できます．

方策を直接的にパラメータ $\boldsymbol{\theta}$ で規定する他の利点として，行動価値関数にもとづく従来の方策では行動のランダム性をハイパーパラメータとしてユーザが調整する必要があったのに対して，そのようなハイパーパラメータを方策パラメータ $\boldsymbol{\theta}$ に含めることで，学習によって自動でランダム性を調整できることがあげられます．そのため，適度なランダム性をもつ確率的方策を求める必要がある場合，特に**部分観測マルコフ決定過程**（partially observable Markov decision process; **POMDP**）をマルコフ決定過程として近似的に扱って方策を学習する場合に有効であることが示されています[13,96]．

6.3.2 方策勾配法の基礎

目的関数 $f : \mathbb{R}^d \to \mathbb{R}$ として，次の 2 つを考えます．

$$f_0(\boldsymbol{\theta}) \triangleq \sum_{s\in\mathcal{S}} p_{s_0}(s)\, V^{\pi_{\boldsymbol{\theta}}}(s) \tag{6.34}$$

$$f_\infty(\boldsymbol{\theta}) \triangleq \lim_{T\to\infty} \mathbb{E}^{\pi}\left[\frac{1}{T}\sum_{t=0}^{T-1} g(S_t, A_t)\right]$$

目的関数 f_0 は価値関数の重み付き和なので，割引率 γ に依存する時間割引ありの目的関数ですが，平均報酬 f_∞ は γ に非依存の時間割引なしの目的関数になります*18．また，f_∞ を扱う場合，マルコフ決定過程 $\mathrm{M}(\pi_{\boldsymbol{\theta}})$ はつねにエルゴード性を満たし，定常分布 $p_\infty^{\pi_{\boldsymbol{\theta}}}$ が存在することを仮定します．よって，f_∞ を次のように時間ステップ t についての和から状態行動対 (s, a) についての和に書き直すことができます（式 (1.29) 参照）．

$$f_\infty(\boldsymbol{\theta}) = \sum_{s\in\mathcal{S}}\sum_{a\in\mathcal{A}} p_\infty^{\pi_{\boldsymbol{\theta}}}(s)\, \pi_{\boldsymbol{\theta}}(a|s)\, g(s, a) \tag{6.35}$$

以降，f_0 と f_∞ を区別する必要のない場合，それらを単に f と書くことにします．

方策モデル $\pi_{\boldsymbol{\theta}}$ は任意の方策パラメータ $\boldsymbol{\theta} \in \mathbb{R}^d$ で偏微分が存在すると仮定します．このとき，各時間ステップ t で，目的関数 f の方策パラメータ $\boldsymbol{\theta}$ に関する確率勾配 $G_t^{\boldsymbol{\theta}} \in \mathbb{R}^d$ を用いて，確率的勾配法に従い，

$$\boldsymbol{\theta} := \boldsymbol{\theta} + \alpha_t G_t^{\boldsymbol{\theta}} \tag{6.36}$$

のように $\boldsymbol{\theta}$ を更新するアプローチが考えられ，このアプローチは**方策勾配法**と呼ばれます．また，目的関数 f の $\boldsymbol{\theta}$ に関する偏微分

$$\nabla_{\boldsymbol{\theta}} f(\boldsymbol{\theta}) \triangleq \left[\frac{\partial f(\boldsymbol{\theta})}{\partial \theta_1}, \dots, \frac{\partial f(\boldsymbol{\theta})}{\partial \theta_d}\right]^\top$$

---

*18　f_0 や f_∞ の定義は 1.4.3 節のものと引数やスケールが若干異なりますが，実質同じものです．

は**方策勾配**（policy gradient）と呼ばれます．方策パラメータ $\boldsymbol{\theta}$ が局所最適解に収束するために，確率勾配 $G_t^{\boldsymbol{\theta}}$ は

$$\lim_{T\to\infty} \mathbb{E}^{\pi}\left[\frac{1}{T}\sum_{t=0}^{T-1} G_t^{\boldsymbol{\theta}}\right] = \nabla_{\boldsymbol{\theta}} f(\boldsymbol{\theta})$$

を満たして，学習率 $\alpha_t \geq 0$ はロビンス・モンローの条件（式 (4.13)）を満たしている必要があります．なお，（環境が未知の場合）方策勾配は未知のため，方策勾配もしくは対応する確率勾配を履歴データから推定する必要があります．その推定方法の違いによりさまざまな方策勾配法が提案されています．

まず準備として，方策勾配法の説明に必要な関数をいくつか定義します．価値関数と同じ割引率 $\gamma \in [0, 1)$ に対する，状態の**期待割引累積訪問数**（expected discounted cumulative visiting number）$d^{\pi} : \mathcal{S} \to \mathbb{R}_{\geq 0}$ を

$$d^{\pi}(s) \triangleq \sum_{t=0}^{\infty} \gamma^t \Pr(S_t = s \,|\, \mathrm{M}(\pi)), \quad \forall s \in \mathcal{S}$$

と定義します[*19]．これは p_{s_0} に従い初期状態を定め，各時間ステップで，

- 確率 γ で，$\pi_{\boldsymbol{\theta}}$ で行動選択し，p_{T} で状態遷移して，時間ステップを進める
- それ以外は，確率過程を終了させる

という手続きを終了するまで繰り返す有限時間長のマルコフ決定過程において，各状態 s に訪問する総回数の期待値を評価したものになります．なお，マルコフ決定過程が終了するまでの系列 $\{s_0, a_0, r_0, \ldots, s_{t-1}, a_{t-1}, r_{t-1}, s_t\}$ のことを**エピソード**（episode）といいます．上記のような終了確率が $1-\gamma$ の有限時間長のマルコフ決定過程 $\mathrm{M}(\pi)$ の期待値演算子 $\mathbb{E}_{\gamma}^{\pi}$ を関数 $y : \mathcal{S} \times \mathcal{A} \to \mathbb{R}$ に対して，

$$\mathbb{E}_{\gamma}^{\pi}[y(S_t, A_t)] \triangleq \gamma^t \sum_{s\in\mathcal{S}} \sum_{a\in\mathcal{A}} \Pr(S_t = s, A_t = a \,|\, \mathrm{M}(\pi))\, y(s,a), \ \forall t \in \mathbb{N}_0$$

$$\begin{aligned} &\mathbb{E}_{\gamma}^{\pi}[y(S_{k+t}, A_{k+t}) \,|\, S_k = s] \\ &\quad \triangleq \gamma^t \sum_{s\in\mathcal{S}} \sum_{a\in\mathcal{A}} \Pr(S_t = s, A_t = a \,|\, S_0 = s, \mathrm{M}(\pi))\, y(s,a), \ \forall (k,t) \in \mathbb{N}_0 \times \mathbb{N}_0 \end{aligned}$$

*19 d^{π} は重み関数 w を初期状態確率 p_{s_0} とした式 (2.59) の周辺化経験度数関数 $\bar{\Phi}_w^{\pi}$ と同じものです．

のように定義します．このとき，たとえば，

$$d^{\pi}(s) = \mathbb{E}_{\gamma}^{\pi}\left[\sum_{t=0}^{\infty} \mathbb{I}_{\{s=S_t\}}\right] \tag{6.37}$$

$$V^{\pi}(s) = \mathbb{E}_{\gamma}^{\pi}\left[\sum_{t=0}^{\infty} g(S_t, A_t) \,\middle|\, S_0 = s\right] \tag{6.38}$$

$$\begin{aligned} Q^{\pi}(s,a) &= \mathbb{E}_{\gamma}^{\pi}\left[\sum_{t=0}^{\infty} g(S_t, A_t) \,\middle|\, S_0 = s, A_0 = a\right] \\ &= \mathbb{E}_{\gamma}^{\pi}\left[\sum_{t=k}^{\infty} g(S_t, A_t) \,\middle|\, S_k = s, A_k = a\right] \end{aligned} \tag{6.39}$$

と書けます．よって，式 (6.34) の目的関数 $f_0 \triangleq \sum_{s \in \mathcal{S}} p_{s_0}(s) V^{\pi_{\boldsymbol{\theta}}}(s)$ を

$$\begin{aligned} f_0(\boldsymbol{\theta}) &= \sum_{s \in \mathcal{S}} p_{s_0}(s)\, \mathbb{E}_{\gamma}^{\pi_{\boldsymbol{\theta}}}\left[\sum_{t=0}^{\infty} g(S_t, A_t) \,\middle|\, S_0 = s\right] \\ &= \mathbb{E}_{\gamma}^{\pi_{\boldsymbol{\theta}}}\left[\sum_{t=0}^{\infty} g(S_t, A_t)\right] \\ &= \sum_{s \in \mathcal{S}} \sum_{a \in \mathcal{A}} d^{\pi_{\boldsymbol{\theta}}}(s) \pi_{\boldsymbol{\theta}}(a|s) g(s,a) \end{aligned} \tag{6.40}$$

と書き直すことができます．

次に，**差分価値関数**（differential value function）$V_{\infty}^{\pi_{\boldsymbol{\theta}}} : \mathcal{S} \to \mathbb{R}$ と**差分行動価値関数**（differential action value function）$Q_{\infty}^{\pi_{\boldsymbol{\theta}}} : \mathcal{S} \times \mathcal{A} \to \mathbb{R}$ を次のように定義します．

$$Q_{\infty}^{\pi_{\boldsymbol{\theta}}}(s,a) \triangleq \sum_{t=0}^{\infty} \mathbb{E}^{\pi_{\boldsymbol{\theta}}}[R_t - f_{\infty}(\boldsymbol{\theta}) \mid S_0 = s, A_0 = a],\ \forall (s,a) \in \mathcal{S} \times \mathcal{A} \tag{6.41}$$

$$V_{\infty}^{\pi_{\boldsymbol{\theta}}}(s) \triangleq \sum_{a \in \mathcal{A}} \pi_{\boldsymbol{\theta}}(a|s)\, Q_{\infty}^{\pi_{\boldsymbol{\theta}}}(s,a), \quad \forall s \in \mathcal{S}$$

従来の価値関数 V^{π} や Q^{π} は時間割引ありの期待累積報酬（期待リターン）であるのに対して，これらは割引なしの期待累積報酬に対応します．ただし，単純に割引なしで報酬の累積和を計算すると発散してしまうので，式 (6.41) では報酬から平均報酬 f_{∞} を差し引くことで，偏りをなくしたものを新た

な報酬とみなして累積和をとっています．差分行動価値関数 Q^{π}_{∞} の定義式 (6.41) から，ベルマン方程式のように次の Q^{π}_{∞} に関する再帰式を得ます．

$$Q^{\pi_{\boldsymbol{\theta}}}_{\infty}(s,a) = g(s,a) - f_{\infty}(\boldsymbol{\theta}) + \sum_{s' \in \mathcal{S}} p_{\mathrm{T}}(s'|s,a) \sum_{a' \in \mathcal{A}} \pi_{\boldsymbol{\theta}}(a'|s')\, Q^{\pi_{\boldsymbol{\theta}}}_{\infty}(s',a'), \quad \forall (s,a) \in \mathcal{S} \times \mathcal{A} \tag{6.42}$$

もちろん，V^{π}_{∞} も同様に再帰式として書くことができます．以降，従来の価値関数との区別が必要でない限り，差分価値関数を単に価値関数と呼ぶことがあります．

方策勾配法を実装するための基礎となる方策勾配に関する命題を次に示します．命題 6.1 は**方策勾配定理**（policy gradient theorem）と呼ばれることもあります [48]．

命題 6.1（方策勾配 [103, 201]）

方策勾配（f の $\boldsymbol{\theta}$ に関する偏微分）は次の性質をもつ．

a. 平均報酬 f_{∞}（式 (6.35)）の方策勾配

$$\nabla_{\boldsymbol{\theta}} f_{\infty}(\boldsymbol{\theta}) = \sum_{s \in \mathcal{S}} \sum_{a \in \mathcal{A}} p^{\pi_{\boldsymbol{\theta}}}_{\infty}(s)\, \pi_{\boldsymbol{\theta}}(a|s)\, \nabla_{\boldsymbol{\theta}} \log \pi_{\boldsymbol{\theta}}(a|s) \left(Q^{\pi_{\boldsymbol{\theta}}}_{\infty}(s,a) - b(s) \right) \tag{6.43}$$

b. 価値関数の重み付き和 f_0（式 (6.34)）の方策勾配

$$\nabla_{\boldsymbol{\theta}} f_0(\boldsymbol{\theta}) = \sum_{s \in \mathcal{S}} \sum_{a \in \mathcal{A}} d^{\pi_{\boldsymbol{\theta}}}(s)\, \pi_{\boldsymbol{\theta}}(a|s)\, \nabla_{\boldsymbol{\theta}} \log \pi_{\boldsymbol{\theta}}(a|s) \left(Q^{\pi_{\boldsymbol{\theta}}}(s,a) - b(s) \right) \tag{6.44}$$

ここで，$b : \mathcal{S} \to \mathbb{R}$ は任意の状態の関数です．

証明：

a. 式 (6.42) を $\boldsymbol{\theta}$ に関して偏微分すれば，

$$\begin{aligned}\nabla_{\boldsymbol{\theta}} f_{\infty}(\boldsymbol{\theta}) &= -\nabla_{\boldsymbol{\theta}} Q^{\pi_{\boldsymbol{\theta}}}_{\infty}(s,a) \\ &\quad + \sum_{s' \in \mathcal{S}} \sum_{a' \in \mathcal{A}} p_{\mathrm{T}}(s'|s,a) \pi_{\boldsymbol{\theta}}(a'|s') \left(\nabla_{\boldsymbol{\theta}} \log \pi_{\boldsymbol{\theta}}(a'|s')\, Q^{\pi_{\boldsymbol{\theta}}}_{\infty}(s',a') + \nabla_{\boldsymbol{\theta}} Q^{\pi_{\boldsymbol{\theta}}}_{\infty}(s',a') \right)\end{aligned}$$

となり，$\sum_{s\in\mathcal{S}}\sum_{a\in\mathcal{A}} p_\infty^{\pi_\theta}(s)\pi_{\boldsymbol{\theta}}(a|s)\nabla_{\boldsymbol{\theta}} f_\infty(\boldsymbol{\theta}) = \nabla_{\boldsymbol{\theta}} f_\infty(\boldsymbol{\theta})$ ですから，

$$\nabla_{\boldsymbol{\theta}} f_\infty(\boldsymbol{\theta}) = \sum_{s\in\mathcal{S}}\sum_{a\in\mathcal{A}} p_\infty^{\pi_\theta}(s)\pi_{\boldsymbol{\theta}}(a|s)\Big\{ -\nabla_{\boldsymbol{\theta}} Q_\infty^{\pi_\theta}(s,a)$$
$$+ \sum_{s'\in\mathcal{S}}\sum_{a'\in\mathcal{A}} p_{\mathrm{T}}(s'|s,a)\pi_{\boldsymbol{\theta}}(a'|s')\big(\nabla_{\boldsymbol{\theta}} \log \pi_{\boldsymbol{\theta}}(a'|s')\, Q_\infty^{\pi_\theta}(s',a') + \nabla_{\boldsymbol{\theta}} Q_\infty^{\pi_\theta}(s',a')\big)\Big\}$$

を得ます．ここで，上式を定常分布の性質（式 (1.28)）

$$p_\infty^{\pi_\theta}(s') = \sum_{s\in\mathcal{S}}\sum_{a\in\mathcal{A}} p_{\mathrm{T}}(s'|s,a)\pi_{\boldsymbol{\theta}}(a|s) p_\infty^{\pi_\theta}(s), \quad \forall s' \in \mathcal{S}$$

を用いて整理すれば，

$$\begin{aligned}\nabla_{\boldsymbol{\theta}} f_\infty(\boldsymbol{\theta}) &= -\sum_{s\in\mathcal{S}}\sum_{a\in\mathcal{A}} p_\infty^{\pi_\theta}(s)\pi_{\boldsymbol{\theta}}(a|s)\nabla_{\boldsymbol{\theta}} Q_\infty^{\pi_\theta}(s,a) \\ &\quad + \sum_{s'\in\mathcal{S}}\sum_{a'\in\mathcal{A}} p_\infty^{\pi_\theta}(s')\pi_{\boldsymbol{\theta}}(a'|s')\big(\nabla_{\boldsymbol{\theta}} \log \pi_{\boldsymbol{\theta}}(a'|s')\, Q_\infty^{\pi_\theta}(s',a') + \nabla_{\boldsymbol{\theta}} Q_\infty^{\pi_\theta}(s',a')\big) \\ &= \sum_{s\in\mathcal{S}}\sum_{a\in\mathcal{A}} p_\infty^{\pi_\theta}(s)\pi_{\boldsymbol{\theta}}(a|s)\nabla_{\boldsymbol{\theta}} \log \pi_{\boldsymbol{\theta}}(a|s) Q_\infty^{\pi_\theta}(s,a) \end{aligned} \tag{6.45}$$

となります．また，任意の状態関数 $b : \mathcal{S} \to \mathbb{R}$ に対して，

$$\begin{aligned} &\sum_{a\in\mathcal{A}} \pi_{\boldsymbol{\theta}}(a|s)\nabla_{\boldsymbol{\theta}} \log \pi_{\boldsymbol{\theta}}(a|s) b(s) \\ &\qquad = \sum_{a\in\mathcal{A}} \nabla_{\boldsymbol{\theta}} \pi_{\boldsymbol{\theta}}(a|s) b(s) = b(s)\nabla_{\boldsymbol{\theta}}\Big\{\sum_{a\in\mathcal{A}} \pi_{\boldsymbol{\theta}}(a|s)\Big\} = b(s)\nabla_{\boldsymbol{\theta}} 1 \\ &\qquad = 0, \quad \forall s \in \mathcal{S} \end{aligned} \tag{6.46}$$

なので，式 (6.45) の $Q_\infty^{\pi_\theta}$ を $Q_\infty^{\pi_\theta} + b$ に置き換えたとしても等式は成立し，式 (6.43) の方策勾配の表現を得ます．

b. 価値関数 $V^{\pi_\theta}(s) = \sum_a \pi_{\boldsymbol{\theta}}(a|s) Q^{\pi_\theta}(s,a)$ を $\boldsymbol{\theta}$ に関して偏微分すれば，任意の状態 $s \in \mathcal{S}$ で，

$$\begin{aligned}\nabla_{\boldsymbol{\theta}} V^{\pi_\theta}(s) &= \sum_{a\in\mathcal{A}} \pi_{\boldsymbol{\theta}}(a|s)\big\{\nabla_{\boldsymbol{\theta}} \log \pi_{\boldsymbol{\theta}}(a|s)\, Q^{\pi_\theta}(s,a) + \nabla_{\boldsymbol{\theta}} Q^{\pi_\theta}(s,a)\big\} \\ &= \sum_{a\in\mathcal{A}} \pi_{\boldsymbol{\theta}}(a|s)\big\{\nabla_{\boldsymbol{\theta}} \log \pi_{\boldsymbol{\theta}}(a|s)\, Q^{\pi_\theta}(s,a) + \gamma \sum_{s'\in\mathcal{S}} p_{\mathrm{T}}(s'|s,a)\nabla_{\boldsymbol{\theta}} V^{\pi_\theta}(s')\big\}\end{aligned}$$

を得ます．上式はベルマン期待方程式（式 (1.32)）の構造をもち，$\nabla_{\theta_i} V^{\pi_{\boldsymbol{\theta}}}(s)$（$\nabla_{\boldsymbol{\theta}} V^{\pi_{\boldsymbol{\theta}}}(s)$ の第 i 要素）は報酬関数を

$$g(s,a) := \nabla_{\theta_i} \log \pi_{\boldsymbol{\theta}}(a|s) Q^{\pi_{\boldsymbol{\theta}}}(s,a), \quad \forall (s,a) \in \mathcal{S} \times \mathcal{A}$$

とした場合の価値関数に対応していることがわかります．よって，式 (6.38) から，

$$\nabla_{\boldsymbol{\theta}} V^{\pi_{\boldsymbol{\theta}}}(s) = \mathbb{E}_{\gamma}^{\pi_{\boldsymbol{\theta}}}\left[\sum_{t=0}^{\infty} \nabla_{\boldsymbol{\theta}} \log \pi_{\boldsymbol{\theta}}(A_t|S_t)\, Q^{\pi_{\boldsymbol{\theta}}}(S_t, A_t) \mid S_0 = s\right], \quad \forall s \in \mathcal{S}$$

となるので，式 (6.40) と同様にして，方策勾配は

$$\begin{aligned}
\nabla_{\boldsymbol{\theta}} f_0(\boldsymbol{\theta}) &= \sum_{s \in \mathcal{S}} p_{s_0}(s) \nabla_{\boldsymbol{\theta}} V^{\pi_{\boldsymbol{\theta}}}(s) \\
&= \mathbb{E}_{\gamma}^{\pi_{\boldsymbol{\theta}}}\left[\sum_{t=0}^{\infty} \nabla_{\boldsymbol{\theta}} \log \pi_{\boldsymbol{\theta}}(A_t|S_t)\, Q^{\pi_{\boldsymbol{\theta}}}(S_t, A_t)\right] \\
&= \sum_{s \in \mathcal{S}} \sum_{a \in \mathcal{A}} d^{\pi_{\boldsymbol{\theta}}}(s) \pi_{\boldsymbol{\theta}}(a|s) \nabla_{\boldsymbol{\theta}} \log \pi_{\boldsymbol{\theta}}(a|s)\, Q^{\pi_{\boldsymbol{\theta}}}(s,a)
\end{aligned}$$

と求まります．上式と式 (6.46) から，式 (6.44) を得ます． □

命題 6.1 は方策勾配を状態行動についての和で表していますが，時間ステップについての和に書き直します（式 (1.29)，(6.37) 参照）．

$$\nabla_{\boldsymbol{\theta}} f_\infty(\boldsymbol{\theta}) = \lim_{T \to \infty} \mathbb{E}^{\pi}\left[\frac{1}{T} \sum_{t=0}^{T} \nabla_{\boldsymbol{\theta}} \log \pi_{\boldsymbol{\theta}}(A_t|S_t) \left(Q_\infty^{\pi_{\boldsymbol{\theta}}}(S_t, A_t) - b(S_t)\right)\right] \tag{6.47}$$

$$\nabla_{\boldsymbol{\theta}} f_0(\boldsymbol{\theta}) = \mathbb{E}_{\gamma}^{\pi}\left[\sum_{t=0}^{\infty} \nabla_{\boldsymbol{\theta}} \log \pi_{\boldsymbol{\theta}}(A_t|S_t) \left(Q^{\pi_{\boldsymbol{\theta}}}(S_t, A_t) - b(S_t)\right)\right] \tag{6.48}$$

式 (6.47) より，目的関数に平均報酬 f_∞ を用いる場合，方策パラメータ $\boldsymbol{\theta}$ の更新式 (6.36) の確率方策勾配 $G_t^{\boldsymbol{\theta}}$ を

$$G_t^{\boldsymbol{\theta}} := \nabla_{\boldsymbol{\theta}} \log \pi_{\boldsymbol{\theta}}(a_t|s_t) \left(\hat{Q}_t - b(s_t)\right) \tag{6.49}$$

とすればよいことがわかります．ここで，確率変数 $\hat{Q}_t$ は差分行動価値

$Q_\infty^{\pi_\theta}(s_t, a_t)$ の推定値であり，方策勾配法（式 (6.36)）が局所最適解に収束するためには，一般に $\hat{Q}_t$ は

$$\mathbb{E}^\pi[\hat{Q}_t \mid S_t = s, A_t = a] = Q_\infty^{\pi_\theta}(s, a) \tag{6.50}$$

を満たす必要があります．また，式 (6.44) から，目的関数を f_0 とする場合は，

$$\mathbb{E}_\gamma^\pi[\hat{Q}_t \mid S_t = s, A_t = a] = Q^{\pi_\theta}(s, a) \tag{6.51}$$

を満たすような $\hat{Q}_t$ を用いた式 (6.49) の確率勾配を用いればよいことがわかります．ただし，f_0 の場合，式 (6.48) の期待値演算子が $\mathbb{E}^\pi$ ではなく $\mathbb{E}_\gamma^\pi$ であるため，各状態への訪問頻度は定常分布 $p_\infty^{\pi_\theta}$ ではなく，期待割引累積訪問数 d^{π_θ} に従っている必要があります．これまで紹介した多くの方法では，目的関数を（割引ありの）価値関数 V^π の重み付き和 f_0 や f_{w}（式 (1.26)）とし，「無限時間長」のマルコフ決定過程からの履歴データを得て，学習することを想定していたのに対して，f_0 を目的変数とする方策勾配法では，各状態への訪問頻度が d^{π_θ} に従うように，「有限時間長」のマルコフ決定過程などからデータを得て学習する必要があります．そのため，無限時間長のマルコフ決定過程の環境で学習する場合，目的関数を f_0 でなく平均報酬 f_∞ とすることが多いです．

命題 6.1 で用いられている関数 $b(s)$ は，

$$Q^\pi(s, a) - b(s) \tag{6.52}$$

のように行動価値関数 Q^π のベースライン（ゼロ点）を調整していることから，**ベースライン関数** (baseline function) と呼ばれます．命題 6.1 から，どのような b を用いても方策勾配は不偏なので，単純に $b(s) = 0, \forall s \in \mathcal{S}$ としてもよいですが，確率方策勾配 $G_t^{\boldsymbol{\theta}}$ の分散を下げるために，多くの場合，b に推定価値関数 $\hat{V}$ を用います[71, 128]．このとき，式 (6.52) はまさに式 (4.60) のアドバンテージ関数 $A^\pi(s, a) \triangleq Q^\pi(s, a) - V^\pi(s)$ に対応して，確率勾配における効用 $(Q^\pi - b(s))$ の期待値 $\sum_{a \in \mathcal{A}} \pi(a|s)(Q^\pi(s, a)) - b(s))$ をゼロに標準化していることになります．なお，確率勾配の分散を最小にするような最適ベースライン関数も解析されていますが[48, 70]，価値関数に比べて一般に推定が困難です．

以降，6.3.3 節で式 (6.49) の $\hat{Q}_t$ に単純に（モンテカルロ）標本を用いるモ

ンテカルロ方策勾配法を紹介し，6.3.4 節で行動価値関数を推定して $\hat{Q}_t$ を計算するアクター・クリティック方策勾配法を説明します．また，6.3.5 節では自然勾配法を利用する自然方策勾配法を紹介します．

6.3.3 モンテカルロ方策勾配法

方策勾配法のもっとも単純な実装として，式 (6.49) の確率方策勾配 $G_t^{\boldsymbol{\theta}}$ の $\hat{Q}_t$ にリターン C_t を用いる **REINFORCE 法**[*20] もしくは**モンテカルロ方策勾配法**と呼ばれる方法があります[72,225]．リターン C_t の期待値は $Q^{\pi_{\boldsymbol{\theta}}}(s_t, a_t)$ で，C_t は $\hat{Q}_t$ の不偏性の条件（式 (6.51)）を満足するので，REINFORCE 法は（一般的な条件下で）偏りのない方策勾配法になります．また，有限時間長のマルコフ決定過程に対する**エピソード REINFORCE**（episodic REINFORCE）**法**では，各エピソードの履歴 $\{s_0, a_0, r_0, \ldots, s_{T-1}, a_{T-1}, r_{T-1}, s_T\}$ を経験するたびに[*21]，リターン実績を

$$c_t := \sum_{k=t}^{T-1} r_k, \quad \forall t = \{0, \ldots, T-1\} \tag{6.53}$$

と計算して，(6.49) に従い，方策パラメータ $\boldsymbol{\theta}$ を次のように更新します．

$$\boldsymbol{\theta} := \boldsymbol{\theta} + \alpha_n \frac{1}{T} \sum_{t=0}^{T-1} (c_t - b(s_t)) \nabla_{\boldsymbol{\theta}} \log \pi_{\boldsymbol{\theta}}(s_t, a_t) \tag{6.54}$$

ここで，b はベースライン関数であり，計算の容易さなどから平均報酬の推定値がよく用いられます[201,222]．なお，更新式 (6.54) の確率方策勾配（式 (6.49)）の $\hat{Q}_t$ に対応する項はモンテカルロサンプリングした c_t であり，Q^{π} を学習していないので，REINFORCE 法はクリティックなしの方策勾配法に分類されます．

6.3.4 アクター・クリティック方策勾配法

冗長性を避けるため，（命題を除いて）目的関数を平均報酬 f_∞ とする場

---

*20 REINFORCE 法は更新式 (6.54) の “REward Increment = Nonnegative Factor *times* Offset Reinforcement *times* Characteristic Eligibility”（報酬増大 = 非負係数 × オフセット強化 × 特性エリジビリティ）の略称になります．なお，α_t は非負係数，$c_t - b(s_t)$ はオフセット強化，また $\nabla_{\boldsymbol{\theta}} \log \pi_{\boldsymbol{\theta}}(s_t, a_t)$ は特性エリジビリティのように対応しています．

*21 エピソードが異なれば，一般に終了時間ステップ T は異なります．

合についてのみ説明します．目的関数が f_0 の場合，$p_\infty^{\pi_\theta}$ を d^{π_θ} に置き換えれば，同様の議論が可能です．クリティックありの方策勾配法は，クリティックで行動価値関数 Q_∞^π を $\hat{Q}_{\boldsymbol{\omega}}$ で近似して，$\hat{Q}_t := \hat{Q}_{\boldsymbol{\omega}}(s_t, a_t)$ として確率勾配（式 (6.49)）を求めて，方策パラメータ（アクター）を更新します．よって，アクター・クリティック（4.5 節）の構造をもつので，**アクター・クリティック方策勾配法**とも呼ばれます．

実装例として近似 TD(λ) 法を拡張して Q_∞^π を推定するアクター・クリティック方策勾配法を次に示します．なお，従来の行動価値関数 Q^π と異なり，式 (6.41) の差分行動価値関数 Q_∞^π は通常の報酬から平均報酬 f_∞ を引いたものを報酬として扱う必要があるので，f_∞ も推定する必要があることに注意してください．ここでは，f_∞ の推定器を $\hat{f} \in \mathbb{R}$ とします．

- クリティックの更新
  - 推定平均報酬 $\hat{f}$ の更新:

$$\hat{f}_t := \hat{f}_{t-1} + \alpha_t^{\mathrm{critic}}(r_t - \hat{f}_{t-1})$$

  - TD 誤差 δ の計算：

$$\delta_t := r_t - \hat{f}_t + \hat{Q}_{\boldsymbol{\omega}_t}(s_{t+1}, a_{t+1}) - \hat{Q}_{\boldsymbol{\omega}_t}(s_t, a_t)$$

  - エリジビリティ・トレース $\boldsymbol{z}$ と関数近似器パラメータ $\boldsymbol{\omega}$ の更新

$$\boldsymbol{z}_t := \lambda \boldsymbol{z}_{t-1} + \nabla_{\boldsymbol{\omega}} \hat{Q}_{\boldsymbol{\omega}_t}(s_t, a_t)$$
$$\boldsymbol{\omega}_{t+1} := \boldsymbol{\omega}_t + \alpha_t^{\mathrm{critic}} \delta_t \boldsymbol{z}_t$$

- アクターの更新
  - 方策パラメータ $\boldsymbol{\theta}$ の更新

$$\boldsymbol{\theta}_{t+1} := \boldsymbol{\theta}_t + \alpha_t^{\mathrm{actor}} \hat{Q}_{\boldsymbol{\omega}_t}(s_t, a_t) \nabla_{\boldsymbol{\theta}} \log \pi_{\boldsymbol{\theta}}(a_t|s_t) \tag{6.55}$$

ここで，$\alpha_t^{\mathrm{critic}} \geq 0$ と $\alpha_t^{\mathrm{actor}} \geq 0$ はクリティックもしくはアクターにおける学習率，$\lambda \in [0, 1]$ はエリジビリティ減衰率です．方策パラメータ $\boldsymbol{\theta}$ と行動価値近似器のパラメータ $\boldsymbol{\omega}$ に加え，平均報酬も推定していて，相互に関係しているため，収束性の証明や条件は複雑なため省略します．興味のある読者は [103, 201] を参照ください．

では，アクター・クリティック方策勾配法のために，実際にどのような関数近似器 $\hat{Q}_{\boldsymbol{\omega}}$ を用いるとよいのでしょうか．実は正確に行動価値関数を表現できるような関数近似器を用いなくても，方策勾配を正確に表現することが可能です．そのことを次の命題で示し，$\hat{Q}_{\boldsymbol{\omega}}$ の設計に関して簡単に議論します．

命題 6.2（方策勾配の適合関数（compatible function））

パラメータ $\boldsymbol{\omega} \triangleq [\boldsymbol{\omega}_1^\top, \boldsymbol{\omega}_2^\top]^\top$ で規定される関数近似器 $\hat{Q}_{\boldsymbol{\omega}}$ を

$$\hat{Q}_{\boldsymbol{\omega}}(s,a) \triangleq \boldsymbol{\omega}_1^\top \nabla_{\boldsymbol{\theta}} \log \pi_{\boldsymbol{\theta}}(a|s) + b_{\boldsymbol{\omega}_2}(s),\ \forall (s,a) \in \mathcal{S} \times \mathcal{A} \quad (6.56)$$

と定義する．ここで，$b_{\boldsymbol{\omega}_2} : \mathcal{S} \to \mathbb{R}$ は $\boldsymbol{\omega}_2$ で規定される任意の状態関数である．

a. $\mathrm{M}(\pi_{\boldsymbol{\theta}})$ がエルゴード性を満たすとき，

$$\frac{\partial}{\partial \boldsymbol{\omega}_1} \mathbb{E}^{\pi}\left[\lim_{T\to\infty} \frac{1}{T} \sum_{t=0}^{T-1} \left(Q_\infty^\pi(S_t, A_t) - \hat{Q}_{\boldsymbol{\omega}}(S_t, A_t)\right)^2\right]\Bigg|_{\boldsymbol{\omega}=\boldsymbol{\omega}_\infty^*} = \mathbf{0} \quad (6.57)$$

を満たすパラメータ $\boldsymbol{\omega}_\infty^*$ をもつ関数近似器 $\hat{Q}_{\boldsymbol{\omega}_\infty^*}$ は次を満たす．

$$\nabla_{\boldsymbol{\theta}} f_\infty(\boldsymbol{\theta}) = \sum_{s\in\mathcal{S}} \sum_{a\in\mathcal{A}} p_\infty^{\pi_{\boldsymbol{\theta}}}(s)\, \pi_{\boldsymbol{\theta}}(a|s)\, \nabla_{\boldsymbol{\theta}} \log \pi_{\boldsymbol{\theta}}(a|s)\, \hat{Q}_{\boldsymbol{\omega}_\infty^*}(s,a) \quad (6.58)$$

b. 次を満たすパラメータ $\boldsymbol{\omega}_0^*$ をもつ関数近似器 $\hat{Q}_{\boldsymbol{\omega}_0^*}$ は，

$$\frac{\partial}{\partial \boldsymbol{\omega}_1} \mathbb{E}_\gamma^{\pi}\left[\sum_{t=0}^{\infty} \left(Q^\pi(S_t, A_t) - \hat{Q}_{\boldsymbol{\omega}}(S_t, A_t)\right)^2\right]\Bigg|_{\boldsymbol{\omega}=\boldsymbol{\omega}_0^*} = \mathbf{0}$$

次を満たす．

$$\nabla_{\boldsymbol{\theta}} f_0(\boldsymbol{\theta}) = \sum_{s\in\mathcal{S}} \sum_{a\in\mathcal{A}} d^{\pi_{\boldsymbol{\theta}}}(s)\, \pi_{\boldsymbol{\theta}}(a|s)\, \nabla_{\boldsymbol{\theta}} \log \pi_{\boldsymbol{\theta}}(a|s)\, \hat{Q}_{\boldsymbol{\omega}_0^*}(s,a)$$

証明：

a. $\mathrm{M}(\pi_{\boldsymbol{\theta}})$ はエルゴード性を満たすので，式 (6.57) の時間ステップについて

の和を状態行動についての和

$$\frac{\partial}{\partial \boldsymbol{\omega}_1}\left\{\sum_{s\in\mathcal{S}}\sum_{a\in\mathcal{A}} p_\infty^{\pi_\theta}(s)\pi_{\boldsymbol{\theta}}(a|s)\big(Q_\infty^\pi(s,a)-\hat{Q}_{\boldsymbol{\omega}}(s_t,a)\big)^2\right\}\bigg|_{\boldsymbol{\omega}=\boldsymbol{\omega}_\infty^*}=\mathbf{0}$$

に書き直すことができ（式 (1.29) 参照），関数近似器の定義（式 (6.56)）から，

$$\nabla_{\boldsymbol{\omega}_1}\hat{Q}_{\boldsymbol{\omega}}(s,a)=\nabla_{\boldsymbol{\theta}}\log\pi_{\boldsymbol{\theta}}(a|s)$$

であるので，

$$\sum_{s\in\mathcal{S}}\sum_{a\in\mathcal{A}} p_\infty^{\pi_\theta}(s)\pi_{\boldsymbol{\theta}}(a|s)\nabla_{\boldsymbol{\theta}}\log\pi_{\boldsymbol{\theta}}(a|s)\big(Q_\infty^{\pi_\theta}(s,a)-\hat{Q}_{\boldsymbol{\omega}_\infty^*}(s_t,a)\big)=\mathbf{0}$$

を得ます．よって，式 (6.45) から式 (6.58) を得ます．

b. a. と同様にして，証明できます*22． □

命題 6.2 から，方策勾配の推定のために行動価値関数 $Q_\infty^{\pi_\theta}$ を近似する際，必ずしも真の $Q_\infty^{\pi_\theta}$ を厳密に表現できるような関数近似器を用いなくても，式 (6.56) の関数近似器を用いれば，偏りなく方策勾配を求められることがわかります．そのため，式 (6.56) の関数近似器は方策勾配に適合（compatible）しているといい，**適合関数近似器**（compatible function approximator）と呼ばれます．また，式 (6.56) の適合関数近似器のベースライン関数 $b_{\boldsymbol{\omega}_2}$ は任意なので，用いなくてもよく，その場合，適合関数近似器 $\hat{Q}_{\boldsymbol{\omega}}$ は特徴ベクトル $\nabla_{\boldsymbol{\theta}}\log\pi_{\boldsymbol{\theta}}(a|s)\in\mathbb{R}^d$ をもつ線形関数近似器になります．このことは，方策勾配の推定においては，$\nabla_{\boldsymbol{\theta}}\log\pi_{\boldsymbol{\theta}}(a|s)\in\mathbb{R}^d$ の張る空間で行動価値関数を近似すれば十分であることがわかります．ただし，任意のパラメータ $\boldsymbol{\omega}_1\in\mathbb{R}^d$ に対して，

$$\sum_{a\in\mathcal{A}}\pi_{\boldsymbol{\theta}}(a|s)\hat{Q}_{\boldsymbol{\omega}}(s,a)=\sum_{a\in\mathcal{A}}\pi_{\boldsymbol{\theta}}(a|s)\boldsymbol{\omega}_1^\top\nabla_{\boldsymbol{\theta}}\log\pi_{\boldsymbol{\theta}}(a|s)=0,\quad \forall s\in\mathcal{S}$$

となり，$\nabla_{\boldsymbol{\theta}}\log\pi_{\boldsymbol{\theta}}(a|s)$ は状態の価値 $V_\infty^\pi=\sum_a\pi(a|s)Q_\infty^\pi(s,a)$ に関する表現能力を一切もちません．そのため，推定量 $\boldsymbol{\omega}_1$ の分散を抑えるため，状態に関する特徴ベクトル $\boldsymbol{\phi}(s)\in\mathbb{R}^{d'}$ を追加した

*22 a. の場合と異なり，定常分布 $p_\infty^{\pi_\theta}$ の存在性を仮定していないので，$\mathrm{M}(\pi_{\boldsymbol{\theta}})$ のエルゴード性の条件は不要です．

$$\boldsymbol{\varphi}(s,a) \triangleq \begin{bmatrix} \nabla_{\boldsymbol{\theta}} \log \pi_{\boldsymbol{\theta}}(a|s) \\ \boldsymbol{\phi}(s) \end{bmatrix} \in \mathbb{R}^{d+d'} \tag{6.59}$$

のような特徴ベクトルをもつ線形関数近似器を用いることが一般的です.

他に留意すべきこととして，式 (6.57) の条件から，パラメータ $\boldsymbol{\omega}^*_\infty$ は関数近似器 $\hat{Q}_{\boldsymbol{\omega}}$ と行動価値関数 $Q^{\pi_{\boldsymbol{\theta}}}_\infty$ との期待二乗誤差を最小化するパラメータに対応しますが，6.2 節の価値関数の関数近似で議論したように，一般の強化学習問題では真の期待リターン $Q^{\pi_{\boldsymbol{\theta}}}_\infty$ が目的変数（教師信号）として与えられることはないので，偏りなく $\boldsymbol{\omega}^*_\infty$ を推定することは困難です．エリジビリティ・トレースを用いてエリジビリティ減衰率 λ を 1 に近づけると，4.2.3.2 節の TD(λ) 法で示したように，価値関数の再帰性にもとづく推定ではなく，リターン実績（期待リターンではないことに注意）のサンプリングによるモンテカルロ推定に近くなるので，$\boldsymbol{\omega}^*_\infty$ の推定の偏りは小さくなります.

なお，本書で紹介したアクター・クリティック方策勾配法の実装以外にも，平均報酬の推定を避けるために時間減衰のない差分行動価値関数 $Q^{\pi_{\boldsymbol{\theta}}}_\infty$ の推定をせずに，（推定方策勾配に偏りが生じてしまいますが）代わりに時間減衰ありの従来の行動価値関数 $Q^{\pi_{\boldsymbol{\theta}}}$ を $\gamma \simeq 1$ として推定したり，行動価値関数の推定に近似 TD(λ) 法を用いるのではなく LSTDQ(λ) 法を用いるような実装もあります[152]．また，状態の価値関数 $V^{\pi_{\boldsymbol{\theta}}}_\infty$ の TD 誤差 $\delta_t \triangleq g(s_t,a_t) - f_\infty(\boldsymbol{\theta}) + V^{\pi_{\boldsymbol{\theta}}}_\infty(s_{t+1}) - V^{\pi_{\boldsymbol{\theta}}}_\infty(s_t)$ が

$$\mathbb{E}[\delta_t \mid S_t = s, A_t = a] = Q^{\pi_{\boldsymbol{\theta}}}_\infty(s_t,a_t) - V^{\pi_{\boldsymbol{\theta}}}_\infty(s_t)$$

という性質をもつことを利用して，$Q^{\pi_{\boldsymbol{\theta}}}_\infty$ ではなく，推定することがいくらか簡単な $V^{\pi_{\boldsymbol{\theta}}}_\infty$ を近似器 $\hat{V}_{\boldsymbol{\omega}}$ で推定して，式 (6.49) の確率方策勾配を

$$G^{\boldsymbol{\theta}}_t := \nabla_{\boldsymbol{\theta}} \log \pi_{\boldsymbol{\theta}}(a_t|s_t)\,(r_t - \hat{f}_t + \hat{V}_{\boldsymbol{\omega}}(s_{t+1}) - \hat{V}_{\boldsymbol{\omega}}(s_t))$$

のように計算したり[21, 134]，さらに n ステップ切断リターンの TD 誤差 $\delta^{(n)}_t$（式 (4.18)）の考え方に従い，

$$G^{\boldsymbol{\theta}}_t := \nabla_{\boldsymbol{\theta}} \log \pi_{\boldsymbol{\theta}}(a_t|s_t) \left\{ \sum_{k=0}^{n-1} (r_{t+k} - \hat{f}) + \hat{V}_{\boldsymbol{\omega}}(s_{t+n}) - \hat{V}_{\boldsymbol{\omega}}(s_t) \right\}$$

として偏りを抑えたり，$V^{\pi_{\boldsymbol{\theta}}}_\infty$ ではなく γ 減衰の $V^{\pi_{\boldsymbol{\theta}}}$ を $\hat{V}_{\boldsymbol{\omega}}$ で推定して，

$$G_t^{\boldsymbol{\theta}} := \nabla_{\boldsymbol{\theta}} \log \pi_{\boldsymbol{\theta}}(a_t|s_t) \left(\sum_{k=0}^{n-1} \gamma^k r_{t+k} + \gamma^n \hat{V}_{\boldsymbol{\omega}}(s_{t+n}) - \hat{V}_{\boldsymbol{\omega}}(s_t) \right)$$

のように確率方策勾配を計算する **A3C**（asynchronous advantage actor critic; 非同期アドバンテージアクター・クリティック）法や **A2C**（advantage actor critic）法があります．行動が連続で，$p_{\mathrm{T}}(s'|s,a)$ が行動 a について微分可能な特別なマルコフ決定過程の場合，決定的方策を用いたとしても価値関数勾配 $\nabla_{\boldsymbol{\omega}} V^{\pi_{\boldsymbol{\theta}}}$ が存在しうることを利用して，目的方策を決定的方策にして，行動選択のランダム性を排除して効率よく方策勾配を求める **DPG**（deterministic policy gradient; 決定的方策勾配）法 [181] や **DDPG**（deep DPG; 深層 DPG）法 [109] も有名です．他にも，価値関数を近似しないでエリジビリティ・トレースを利用する **GPOMDP**（gradient POMDP; 勾配 POMDP）法 [13] や，方策オフ型の方策勾配法 [47, 181] などさまざま提案されています．

6.3.5* 自然方策勾配法

関数近似器や統計モデルのパラメータがもつ構造，たとえば各パラメータの微小変化がモデルやシステムに与える影響の強弱やパラメータ間の関係性などをリーマン計量を導入して考慮する方法として**自然勾配法** (natural gradient learning) [6] があり，それを方策勾配法に応用する**自然方策勾配法**（natural policy gradient learning）もしくは**自然アクター・クリティック法**（natural actor critic learning）と呼ばれるアプローチがあります [91]．自然勾配法では，パラメータがユークリッド空間ではなく，点 $\boldsymbol{\theta} \in \mathbb{R}^d$ と微小変化 $\Delta\boldsymbol{\theta} \in \mathbb{R}^d$ させた点 $(\boldsymbol{\theta} + \Delta\boldsymbol{\theta})$ との距離がリーマン計量 $\boldsymbol{R}_{\boldsymbol{\theta}} \in \mathbb{R}^{d \times d}$ に従い，

$$\sqrt{\Delta\boldsymbol{\theta}^\top \boldsymbol{R}_{\boldsymbol{\theta}} \, \Delta\boldsymbol{\theta}}$$

と定義されるようなリーマン多様体上にパラメータがあるとして，目的関数 $f(\boldsymbol{\theta})$ の最急勾配 $\widetilde{\nabla} f(\boldsymbol{\theta})$ を求めて，$\boldsymbol{\theta} := \boldsymbol{\theta} + \alpha \widetilde{\nabla} f(\boldsymbol{\theta})$ のようにパラメータを更新します．リーマン計量 $\boldsymbol{R}_{\boldsymbol{\theta}}$ をもつリーマン多様体における最急勾配は**自然勾配**と呼ばれ，

$$\widetilde{\nabla} f(\boldsymbol{\theta}) = \boldsymbol{R}_{\boldsymbol{\theta}}^{-1} \nabla_{\boldsymbol{\theta}} f(\boldsymbol{\theta})$$

として求まります．自然勾配の導出は補足 A.4.1 にあります．

自然方策勾配法におけるリーマン計量の設計はいくつか提案されていますが [10,135,136,152]，ここではオリジナルのもっともよく使われる Kakade (2002) [91] の例を紹介します．Kakade (2002) [91] は，各状態 s における方策モデル $\pi_{\boldsymbol{\theta}}$ のフィッシャー情報行列

$$\boldsymbol{F}_{\boldsymbol{\theta}}(s) \triangleq \sum_{a\in\mathcal{A}} \pi_{\boldsymbol{\theta}}(a|s)\nabla_{\boldsymbol{\theta}} \log \pi_{\boldsymbol{\theta}}(s|a)\nabla_{\boldsymbol{\theta}} \log \pi_{\boldsymbol{\theta}}(s|a)^\top \tag{6.60}$$

を定常分布 $p_\infty^{\pi_{\boldsymbol{\theta}}}$ の重み付き和をとった期待フィッシャー情報行列

$$\bar{\boldsymbol{F}}_{\boldsymbol{\theta}} \triangleq \sum_{s\in\mathcal{S}} p_\infty^{\pi_{\boldsymbol{\theta}}}(s)\boldsymbol{F}_{\boldsymbol{\theta}}(s) \tag{6.61}$$

を自然方策勾配法におけるリーマン計量として扱うことを提案しています．フィッシャー情報行列はパラメータを微小変化させた場合の確率モデル間の KL (Kullback Leibler; カルバック・ライブラー) ダイバージェンスの 2 次近似の距離計量行列に対応するので (補足 A.4.2 参照)，方策パラメータ $\boldsymbol{\theta}$ を $\Delta\boldsymbol{\theta}$ だけ微小変化させたときの状態 s における方策モデルの変化量は $\Delta\boldsymbol{\theta}^\top \boldsymbol{F}_{\boldsymbol{\theta}}(s)\Delta\boldsymbol{\theta}$ と評価でき，$\Delta\boldsymbol{\theta}^\top \bar{\boldsymbol{F}}_{\boldsymbol{\theta}}\Delta\boldsymbol{\theta}$ は各状態の方策の変化量を $p_\infty^{\pi_{\boldsymbol{\theta}}}$ で重み付き平均をとったものと解釈できます．このときの f_∞ の自然勾配は

$$\widetilde{\nabla}_{\boldsymbol{\theta}} f_\infty(\boldsymbol{\theta}) = \bar{\boldsymbol{F}}_{\boldsymbol{\theta}}^{-1}\nabla_{\boldsymbol{\theta}} f_\infty(\boldsymbol{\theta}) \tag{6.62}$$

となります．なお，$\widetilde{\nabla}_{\boldsymbol{\theta}} f_\infty(\boldsymbol{\theta})$ は**自然方策勾配**と呼ばれます．

期待フィッシャー情報行列 $\bar{\boldsymbol{F}}_{\boldsymbol{\theta}}$ をリーマン計量に用いる場合の有用な性質として，適合関数近似器 (式 (6.56)) との親和性があります．適合関数近似器の最適性の条件 (式 (6.57)) を満たす最適パラメータを $\boldsymbol{\omega}^* \triangleq [\boldsymbol{\omega}_1^{*\top}, \boldsymbol{\omega}_2^{*\top}]^\top$ と書けば，ベースライン関数 $b(s)$ の部分は式 (6.46) より消えるので，従来の方策勾配 (式 (6.58)) を

$$\begin{aligned}\nabla_{\boldsymbol{\theta}} f_\infty(\boldsymbol{\theta}) &= \sum_{s\in\mathcal{S}}\sum_{a\in\mathcal{A}} p_\infty^{\pi_{\boldsymbol{\theta}}}(s)\,\pi_{\boldsymbol{\theta}}(a|s)\,\nabla_{\boldsymbol{\theta}} \log \pi_{\boldsymbol{\theta}}(a|s)\,\nabla_{\boldsymbol{\theta}} \log \pi_{\boldsymbol{\theta}}(a|s)^\top \boldsymbol{\omega}_1^* \\ &= \bar{\boldsymbol{F}}_{\boldsymbol{\theta}}\boldsymbol{\omega}_1^*\end{aligned}$$

と書くことができ，式 (6.62) の自然方策勾配を

$$\widetilde{\nabla}_{\boldsymbol{\theta}} f_\infty(\boldsymbol{\theta}) = \boldsymbol{\omega}_1^* \tag{6.63}$$

といった非常に単純な形に書き換えることができます．そのため，前節で紹介したアクター・クリティック方策勾配法の実装を自然方策勾配法に拡張するには，行動価値関数の関数近似器に適合関数近似器（式 (6.56)）を用いて，時間ステップ t で特徴ベクトル $\nabla_{\boldsymbol{\theta}} \log \pi_{\boldsymbol{\theta}}$ に対応するパラメータを $\boldsymbol{\omega}_t^{sa}$ とすれば，方策パラメータ $\boldsymbol{\theta}$ の更新式 (6.55) を

$$\boldsymbol{\theta}_{t+1} := \boldsymbol{\theta}_t + \alpha_t^{\mathrm{actor}} \boldsymbol{\omega}_t^{sa}$$

と変更するだけです．

自然方策勾配法の実装もさまざま提案されていて，たとえば価値関数のTD 誤差を利用する方法 [21, 134] があります．また，期待フィッシャー情報行列 $\bar{\boldsymbol{F}}_{\boldsymbol{\theta}}$（式 (6.61)）とは異なるリーマン計量を用いる自然方策勾配として，方策パラメータの更新により行動選択確率だけでなくシステムの挙動（状態の定常分布）も変化することを考慮するものがあり，数値実験により $\bar{\boldsymbol{F}}_{\boldsymbol{\theta}}$ による従来の自然方策勾配 [91] より学習の停滞に陥り難いことが示されています [135]．しかし，その実装は従来のものに比べ若干複雑です [136]．なお，自然方策勾配法を含む方策勾配法の解説としては，文献 [48, 71] が参考になります．

自然方策勾配法に類似する他のアプローチとして，保守的な方策反復法 [90] にもとづき一度の更新で方策が大きく変わらないように方策パラメータを更新する **TRPO**（trust region policy optimization; 信頼領域方策最適化）**法** [174] や **PPO**（proximal policy optimization; 近接方策最適化）**法** [175] が有名です．

Chapter 7

部分観測マルコフ決定過程

これまで，エージェントはマルコフ性のある状態を観測できると仮定していました．しかし，実問題によってはマルコフ性の仮定は現実的ではなく，状態を部分的にしか観測できず，未来の出来事が現在の観測だけでなく過去の履歴にも依存することがあります．このような状況を数理モデル化したものとして，部分観測マルコフ決定過程があります．本章では，部分観測マルコフ決定過程とその解法を紹介します．

7.1 部分観測マルコフ決定過程（POMDP）の基礎

マルコフ決定過程（Markov decision process; MDP）ではエージェント（意思決定者）はマルコフ性のある状態をつねに観測できるとしていましたが，**部分観測マルコフ決定過程**（partially observable Markov decision process; **POMDP**）では状態を部分的にしか観測できず，観測状態がマルコフ性を満たすとは限らない状況を扱う確率過程です [88, 189]．たとえば，対話エージェントの学習を考える場合，観測は対話相手の発話，行動はエージェント自身の発話などになりますが，多くの場合，会話の文脈（発話履歴）に依存して直前の発話の意味が異なりますので，マルコフ決定過程では適切に数理モデル化できず，POMDP が利用されます [227]．また，本書では詳細は割愛しますが，POMDP と対になる非マルコフの確率制御過程に対するアプローチとして，**予測状態表現**（predictive state representation; PSR）があります[112, 186]. 大まかには，POMDP では後述の信念状態のように**過去**に何を経験したかとう観点で状態を表現するのに対して，PSR では**未来**に何が起きそうかという観点で状態を表現するという違いがあります．

以降，本節では POMDP を定義し，POMDP を信念 MDP と呼ばれる連続状態のマルコフ決定過程として定式化できることを示します．7.2 節では，POMDP の環境モデルは既知であるとして最適方策を求めるプランニング方法を説明します．POMDP の環境モデルが未知の場合の方策学習については，筆者の知る限り，あまり研究が進んでいない領域ですが，7.3 節で簡単に紹介します．

7.1.1 POMDP の定義と基本的な性質

本書では，POMDP として $\mathrm{P} \triangleq \{\mathcal{S}, \mathcal{A}, p_{s_0}, p_{\mathrm{T}}, g, \mathcal{O}, p_{\mathrm{o}}\}$ の 7 つ組で定義される離散時間の確率過程を考えます．ここで，$\{\mathcal{S}, \mathcal{A}, p_{s_0}, p_{\mathrm{T}}, g\}$ はマルコフ決定過程で用いられるものと同じであり（1.2.2 節参照），他は次のとおりです．

- 有限観測集合:　$\mathcal{O} \triangleq \{o^1, \ldots, o^{|\mathcal{O}|}\} \ni o$
- 観測確率関数:　$p_{\mathrm{o}} : \mathcal{O} \times \mathcal{A} \times \mathcal{S} \to [0, 1]$:

$$p_{\mathrm{o}}(o | \grave{a}, s) \triangleq \Pr(O_t = o \,|\, A_{t-1} = \grave{a}, S_t = s), \quad \forall t \in \mathbb{N}$$

もっとも重要な点として，マルコフ決定過程と異なりエージェントは状態 $s \in \mathcal{S}$ を観測できず，代わりに，観測信号もしくは単に観測と呼ばれる値 $o \in \mathcal{O}$ を環境から観測します．なお，POMDP での状態 s のように観測することのできない変数は**潜在変数**（latent variable）もしくは**隠れ状態**（hidden state）と呼ばれます．

POMDP での時間ステップ t までの履歴 $\check{h}_t \in \check{\mathcal{H}}_t$ を次のように定義します．

$$\check{h}_t \triangleq \{a_0, r_0, o_1, \ldots, a_{t-1}, r_{t-1}, o_t\} \tag{7.1}$$

「履歴」のようにマルコフ決定過程と POMDP とで名称は同じでも定義が異なるような変数や関数については，混乱をさけるため，$\check{h}$ のようにチェック $\check{}$ をつけて区別することがあります．図 **7.1** にマルコフ決定過程と POMDP

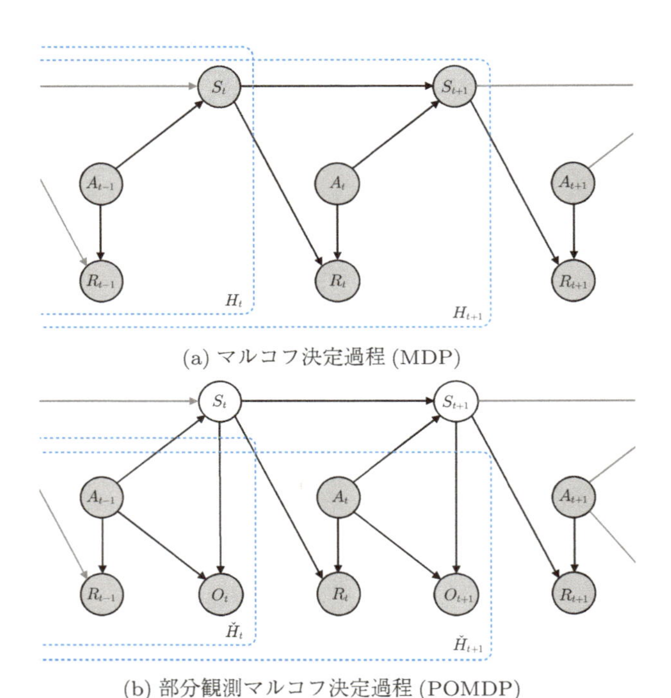

図 7.1 MDP と POMDP のグラフィカルモデル表現．灰色のノードは観測可能な確率変数，白色のノードは観測できない確率変数（潜在変数）を表します，また青色の枠は各履歴に含まれる確率変数の範囲を表します．

のグラフィカルモデル表現を示します．

図 7.1 (b) の POMDP のグラフィカルモデルから，S_t が与えられると $\check{H}_t$ と $\check{H}_{t+1} \setminus \check{H}_t$（$\triangleq \{A_t, R_t, O_{t+1}\}$）が独立であることがわかります [22]．つまり，

$$\Pr(\check{H}_t, A_t, R_t, O_{t+1} \mid S_t, \mathrm{P}) = \Pr(\check{H}_t \mid S_t, \mathrm{P}) \Pr(A_t, R_t, O_{t+1} \mid S_t, \mathrm{P}) \tag{7.2}$$

が成り立ちます．式 (7.2) のような条件付き独立を，Dawid (1979)[41] の記法を用いて，

$$\check{H}_t \perp\!\!\!\perp A_t, R_t, O_{t+1} \mid S_t$$

表 7.1 マルコフ性のある確率過程モデルの分類

		行動入力や報酬観測 なし	行動入力や報酬観測 あり
状態観測	完全	マルコフ連鎖（MC）	マルコフ決定過程（MDP）
	部分	隠れマルコフモデル（HMM）	部分観測マルコフ決定過程（POMDP）

と表記します．同様にグラフィカルモデルから，次のようなさまざまな条件付き独立性を示すことができます．

$$\check{H}_t \perp\!\!\!\perp A_t, R_t, S_{t+1}, O_{t+1} \mid S_t \tag{7.3}$$

$$R_t \perp\!\!\!\perp S_{t+1}, O_{t+1} \mid S_t, A_t \tag{7.4}$$

POMDP の解法では，このような確率変数の独立性を利用します．

最後に，**表 7.1** に POMDP とマルコフ決定過程またマルコフ連鎖，隠れマルコフモデルの関係性を整理します．

7.1.2* 信念状態

POMDP を考えるうえで大切な役割をはたす**信念状態**（belief state）を導入して，信念状態にもとづく方策の性質を説明します．信念状態とはこれまでの履歴からいま現在いずれの隠れ状態 $s \in \mathcal{S}$ にあるかを表す変数で，環境からの観測があるたびに更新されます．具体的には，ある時間ステップ $t \in \mathbb{N}_0$ の信念状態 b_t は履歴 $\check{h}_t$ が与えられたときの状態 S_t の条件付き確率関数 $b_t : \mathcal{S} \times \check{\mathcal{H}}_t \to [0, 1]$ として定義されます．

$$b_t(s; \check{h}_t) \triangleq \Pr(S_t = s \mid \check{H}_t = \check{h}_t, \mathrm{P}), \quad \forall s \in \mathcal{S} \tag{7.5}$$

以降，簡便化のため，履歴 $\check{h}_t$ の区別が必要でない限り，$b_t(s; \check{h}_t)$ の $\check{h}_t$ を省略して $b_t(s)$ と表記することにします．信念状態の集合を

$$\mathcal{B} \triangleq \left\{ b : \mathcal{S} \to [0, 1] \,:\, \sum_{s \in \mathcal{S}} b(s) = 1 \right\} \tag{7.6}$$

と表記し，**信念空間**（belief space）と呼びます．なお，信念状態は確率変数である履歴 $\check{H}$ に依存するので確率変数であり，これまで通り確率変数として扱う場合は B，実現値の場合は b と表記します．

信念状態の計算方法ですが，その定義から，b_{t+1} を単純に計算しようとすると，履歴全体 $\check{h}_{t+1} = \{a_0, r_0, o_1, \ldots, a_t, r_t, o_{t+1}\}$ から求める必要があり，大変です．しかし，信念状態の重要な特徴として，次式のように $\{b_t, a_t, r_t, o_{t+1}\}$ が b_{t+1} に対する十分統計量になり，$\check{h}_t$ の代わりに b_t を用いても b_{t+1} を求められること，つまり系列 $B_0, B_1, \ldots$ をマルコフ過程とみなすことができます[*1]．

$$
\begin{aligned}
b_{t+1}(s') &= \Pr(S_{t+1}=s' \mid \check{h}_{t+1}) = \Pr(S_{t+1}=s' \mid \check{h}_t, a_t, r_t, o_{t+1}) \\
&= \frac{\Pr(r_t, S_{t+1}=s', o_{t+1} \mid \check{h}_t, a_t)}{\sum_{s'\in\mathcal{S}} \Pr(r_t, S_{t+1}=s', o_{t+1} \mid \check{h}_t, a_t)} \\
&= \frac{\sum_{s\in\mathcal{S}} \Pr(r_t, S_{t+1}=s', o_{t+1} \mid S_t=s, a_t) \Pr(S_t=s \mid \check{h}_t)}{\sum_{s'\in\mathcal{S}} \sum_{s\in\mathcal{S}} \Pr(r_t, S_{t+1}=s', o_{t+1} \mid S_t=s, a_t) \Pr(S_t=s \mid \check{h}_t)} \\
&= \frac{p_{\mathrm{o}}(o_{t+1}|a_t, s') \sum_{s\in\mathcal{S}} p_{\mathrm{T}}(s'|s, a_t)\, \mathbb{I}_{\{g(s,a_t)=r_t\}} b_t(s)}{\sum_{s'\in\mathcal{S}} p_{\mathrm{o}}(o_{t+1}|a_t, s') \sum_{s\in\mathcal{S}} p_{\mathrm{T}}(s'|s, a_t)\, \mathbb{I}_{\{g(s,a_t)=r_t\}} b_t(s)}, \\
&\qquad \forall s' \in \mathcal{S} \quad (7.7)
\end{aligned}
$$

ここで，2 行目の等式の導出にはベイズの定理，3 行目や 4 行目の導出には式 (7.3) や (7.4) の条件付き独立性を用いています．簡便化のため，**信念状態作用素** $\Psi : \mathcal{B} \times \mathcal{A} \times \mathcal{R} \times \mathcal{O} \to \mathcal{B}$ を任意の $s' \in \mathcal{S}$ に対して，

$$
(\Psi(b, a, r, o'))\,(s') \triangleq \frac{p_{\mathrm{o}}(o'|a, s') \sum_{s\in\mathcal{S}} p_{\mathrm{T}}(s'|s, a)\, \mathbb{I}_{\{g(s,a)=r\}} b(s)}{\sum_{s'\in\mathcal{S}} p_{\mathrm{o}}(o'|a, s') \sum_{s\in\mathcal{S}} p_{\mathrm{T}}(s'|s, a)\, \mathbb{I}_{\{g(s,a)=r\}} b(s)} \quad (7.8)
$$

と定義します[*2]．このとき，信念状態の再帰式 (7.7) を

$$
b_{t+1} = \Psi(b_t, a_t, r_t, o_{t+1})
$$

と書き直せます．作用素 Ψ は，ベルマン作用素 B などと同様に，環境モデル $p_{s_0}, p_{\mathrm{T}}, p_{\mathrm{o}}$ が既知であれば計算可能ですから，信念状態 b を逐次的に更新 $b_{t+1} := \Psi(b_t, a_t, r_t, o_{t+1})$ することは（隠れ状態数 $|\mathcal{S}|$ が膨大でなければ）

---

*1 簡便化のため，$\Pr(A_t = a_t)$ のように確率変数 A_t と実現値 a_t とで添字 t が一致するなどして，実現値に対応する確率変数が明らかな場合，$\Pr(A_t = a_t)$ を $\Pr(a_t)$ のように略して書くことがあります．また，$p_{s_0}, p_{\mathrm{T}}, p_{\mathrm{o}}$ などの時間不変な条件についても，$\Pr(S_t = s \mid \check{h}_t, p_{s_0}, p_{\mathrm{T}}, p_{\mathrm{o}})$ を $\Pr(S_t = s \mid \check{h}_t)$ のように省略して書くことがあります．

*2 式 (7.8) の右辺の分母がゼロの場合，Ψ は定義されません．

簡単です．

なお，本書では行動 a と観測 o だけでなく報酬 r も考慮して式 (7.5) のように信念状態を定義していますが，POMDP のベンチマーク課題 [33] の多くは状態 S_t と報酬系列 $\{R_0, \ldots, R_t\}$ とが条件付き独立になるような特別な構造 *3 をもつため，報酬を考慮しないで信念状態を定義することも多いです [88, 223]．つまり，式 (7.1) の履歴 $\check{h}_t$ から報酬を省略した履歴 $\bar{h}_t \triangleq \{a_0, o_1, \ldots, a_{t-1}, o_t\}$ を用いて信念状態を

$$\bar{b}_t(s) \triangleq \Pr(S_t = s \mid \bar{H}_t = \bar{h}_t)$$

と定義します．このときの信念状態 $\bar{b}$ の更新則は

$$\bar{b}_{t+1}(s') \propto p_{\mathrm{o}}(o_{t+1}|a_t, s') \sum_{s \in \mathcal{S}} p_{\mathrm{T}}(s'|s, a_t)\, \bar{b}_t(s) \tag{7.9}$$

となり，b の更新式 (7.7) と比べて簡単です．しかし，状態と報酬とが条件付き独立とは限らない一般の POMDP の場合，信念状態の更新に報酬を用いないと，報酬を用いた場合に比べ信念状態の不確実性が大きくなり，信念状態にもとづく方策の性能が著しく悪くなる場合があることが実験的にも示されています [83]．

例 7.1 POMDP の代表的な課題の 1 つである虎問題 [88] を用いて信念状態の時間遷移の様子を確認します．虎問題は，ドアが 2 つ左右にあり，どちらかのドアの奥に獰猛な虎がいて，もう片方にはお宝があり，どちらに何があるかを完全にはわからない状況を想定します．虎がいるほうのドアを開くと大きな負の報酬 -25 が与えられ，もう片方のドアを開く

---

*3 任意の $(\grave{a}, s) \in \mathcal{A} \times \mathcal{S}$ の状態集合 $\mathcal{S}_{\grave{a},o} \triangleq \{s \in \mathcal{S} : p_{\mathrm{o}}(o \mid \grave{a}, s) > 0\}$ に対して，報酬関数 g を関数 $\bar{g} : \mathcal{A} \times \mathcal{O} \times \mathcal{A} \to \mathcal{R}$ を用いて，

$$g(s, a) = \bar{g}(\grave{a}, o, a), \quad \forall s \in \mathcal{S}_{\grave{a},o}, \forall a \in \mathcal{A}$$

と書くことのできる POMDP であれば，状態と報酬は条件付き独立となり，信念状態の計算で報酬を考慮する必要がなくなります．ここで，$\grave{a}$ は 1 ステップ前の行動を表します．なぜなら，信念状態 b の更新式 (7.7) より $\{s \in \mathcal{S} : b_t(s) > 0\} \subseteq \mathcal{S}_{a_{t-1}, o_t}$ なので，仮定より

$$g(s, a_t) = \bar{g}(a_{t-1}, o_t, a_t) = r_t, \ \forall s \in \{s \in \mathcal{S} : b_t(s) > 0\}$$

となり，

$$\mathbb{I}_{\{g(s, a_t) = r_t\}} = 1, \ \forall s \in \{s \in \mathcal{S} : b_t(s) > 0\}$$

となりますので，b の更新式 (7.7) を $\bar{b}$ の更新式 (7.9) に書き換えることができるからです．

と正の報酬 +10 を得ます．一度どちらかのドアを開くと，ランダムに虎の位置が初期化されます．ドアを開くという行動のほかに，耳を澄まして音を聞くという行動 **listen** があり，**listen** を実行すると確率 0.75 で虎のいるほうのドアから音が聞こえ，確率 0.25 で虎のいないほうから音が聞こえます．なお，このときの報酬は −1 です．以上より，本課題はどちらに虎がいるかを表す 2 つの隠れ状態 {**tiger-left**, **tiger-right**}，3 種類の行動 {**listen**, **open-left**, **open-right**}，そして 2 種類の観測 {**left-sound**, **right-sound**} をもつ POMDP になります． なお，便宜上，**listen** 以外の行動を実行したとしても音の観測はあるものとし，虎の場所とは関係なくランダムに音が聞こえてきます．状態遷移図を**図 7.2** に，観測確率を**表 7.2** に示します．

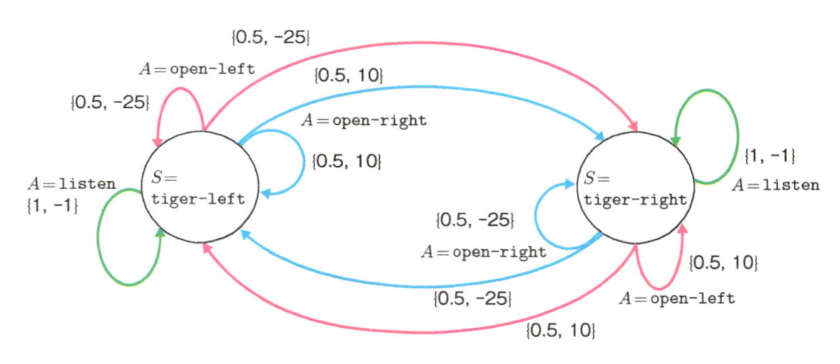

図 7.2 虎問題 [88] の状態遷移図．図中の各 (s, a) の矢印に紐づく $\{x, y\}$ の x は状態遷移確率，y は報酬値を表します．

表 7.2 虎問題の観測の条件付き確率 $p_o(o|\grave{a}, s) \triangleq \Pr(O_t = o \mid A_{t-1} = \grave{a}, S_t = s)$.

条件部		O_t	
A_{t-1}	S_t	left-sound	right-sound
listen	tiger-left	0.75	0.25
listen	tiger-right	0.25	0.75
open-left	tiger-left	0.5	0.5
open-left	tiger-right	0.5	0.5
open-right	tiger-left	0.5	0.5
open-right	tiger-right	0.5	0.5

初期状態確率 $p_{s_0}(\texttt{tiger-left}) = p_{s_0}(\texttt{tiger-right}) = 0.5$ とし，各履歴に対する信念状態の時間遷移を式 (7.7) に従い計算した結果を図 **7.3** に示します．ドアを開くと信念状態は p_{s_0} にリセットされ，行動 `listen` で音を観測すると，音が聞こえたドアのほうに虎がいるとする隠れ状態に対応する信念状態が大きくなることを確認できます．

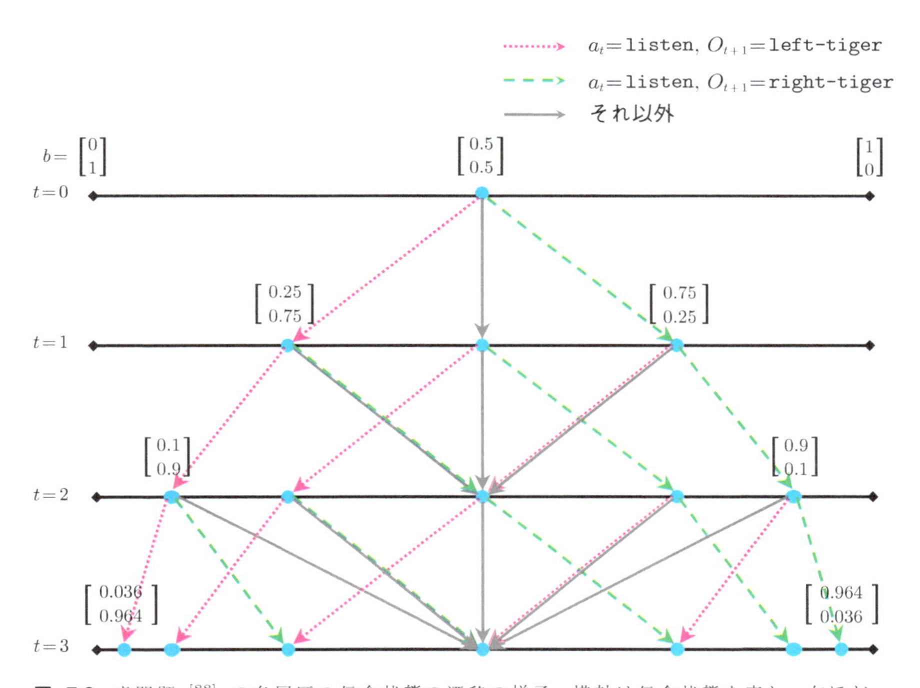

図 7.3 虎問題 [88] の各履歴の信念状態の遷移の様子．横軸は信念状態を表し，右ほど $b(\texttt{tiger-right})$ が大きいです．縦軸は時間ステップ t を表します．

□

7.1.3* 方策

POMDP における方策を定義します．POMDP はマルコフ決定過程とは違って状態 s を観測できないので，マルコフ決定過程の $\pi^{\mathrm{d}} \in \Pi^{\mathrm{d}}$（式 (1.5)）や $\pi^{\mathrm{h}} \in \Pi^{\mathrm{h}}$（式 (1.11)）などの状態 s や履歴 h に関する方策を，次のように

信念状態 b や POMDP での履歴 $\check{h}$ に関する方策として再定義します．

$$
\begin{aligned}
\check{\Pi} &\triangleq \left\{\check{\pi} : \mathcal{A} \times \mathcal{B} \to [0,1] \;:\; \sum_{a \in \mathcal{A}} \check{\pi}(a|b) = 1,\, \forall s \in \mathcal{S}\right\} \\
\check{\Pi}^{\mathrm{d}} &\triangleq \left\{\check{\pi}^{\mathrm{d}} : \mathcal{B} \to \mathcal{A}\right\} \qquad (7.10) \\
\check{\Pi}^{\mathrm{h}}_t &\triangleq \left\{\check{\pi}^{\mathrm{h}}_t : \mathcal{A} \times \check{\mathcal{H}}_t \to [0,1] \;:\; \sum_{a \in \mathcal{A}} \check{\pi}^{\mathrm{h}}_t(a \,|\, \check{h}_t) = 1,\, \forall \check{h}_t \in \check{\mathcal{H}}_t\right\}
\end{aligned}
$$

ここで，$\check{\pi} \in \check{\Pi}$ と $\check{\pi}^{\mathrm{d}} \in \check{\Pi}^{\mathrm{d}}$ はそれぞれ信念状態 b の確率的方策と決定的方策であり，それらを単にマルコフ方策と呼ぶこともあります．$\check{\pi}^{\mathrm{h}}_t \in \check{\Pi}^{\mathrm{h}}_t$ は履歴 $\check{h}_t$ の確率的方策です．明示的には示しませんが，方策系列についても同様に再定義でき，以降，チェック ˇ をつけてマルコフ決定過程のものと区別することにします．

以下，マルコフ方策系列 $\check{\boldsymbol{\pi}}^{\mathrm{m}} \triangleq \{\check{\pi}_0 \in \check{\Pi}, \check{\pi}_1 \in \check{\Pi}, \ldots\}$ の特徴を確認します．

命題 7.1（信念状態のマルコフ方策の妥当性）

任意の部分観測マルコフ決定過程 P と履歴依存の方策系列 $\check{\boldsymbol{\pi}}^{\mathrm{h}} = \{\check{\pi}^{\mathrm{h}}_0 \in \check{\Pi}^{\mathrm{h}}_0, \check{\pi}^{\mathrm{h}}_1 \in \check{\Pi}^{\mathrm{h}}_1, \ldots\} \in \check{\boldsymbol{\Pi}}^{\mathrm{H}}$ に対して，次を満たすような信念状態の確率的方策の系列 $\check{\boldsymbol{\pi}}^{\mathrm{m}} = \{\check{\pi}_0 \in \check{\Pi}, \check{\pi}_1 \in \check{\Pi}, \ldots\} \in \check{\boldsymbol{\Pi}}^{\mathrm{M}}$ が存在する．

$$
\begin{aligned}
&\Pr(S_t = s, A_t = a \,|\, \mathrm{P}(\check{\boldsymbol{\pi}}^{\mathrm{h}})) \\
&= \Pr(S_t = s, A_t = a \,|\, \mathrm{P}(\check{\boldsymbol{\pi}}^{\mathrm{m}})), \quad \forall (t, s, a) \in \mathbb{N}_0 \times \mathcal{S} \times \mathcal{A} \qquad (7.11)
\end{aligned}
$$

証明：マルコフ決定過程の場合の命題 1.1 と同様に，帰納法を用いて証明されます．詳細は補足 A.1.6 にあります． □

以降，方策の集合をひとまとめにして $\check{\boldsymbol{\Pi}} \triangleq (\check{\boldsymbol{\Pi}}^{\mathrm{H}} \cup \check{\boldsymbol{\Pi}}^{\mathrm{M}})$ と定義します．なお，遷移可能な信念状態はつねに対応する履歴を 1 つ以上もつので，実質 $\check{\boldsymbol{\Pi}}^{\mathrm{M}} \subseteq \check{\boldsymbol{\Pi}}^{\mathrm{H}}$ です．よって，命題 7.1 から，マルコフ決定過程の場合（系 1.2）

と同様に，目的関数 $f : \check{\boldsymbol{\Pi}} \to \mathbb{R}$ を

$$f(\check{\boldsymbol{\pi}}) = f'(\Pr(S_0, A_0|\mathrm{P}(\check{\boldsymbol{\pi}})), \Pr(S_1, A_1|\mathrm{P}(\check{\boldsymbol{\pi}})), \ldots), \ \forall \check{\boldsymbol{\pi}} \in \check{\boldsymbol{\Pi}} \tag{7.12}$$

のように表現できるのならば，

$$\max_{\check{\boldsymbol{\pi}} \in \check{\boldsymbol{\Pi}}^{\mathrm{M}}} f(\check{\boldsymbol{\pi}}) = \max_{\check{\boldsymbol{\pi}} \in \check{\boldsymbol{\Pi}}^{\mathrm{H}}} f(\check{\boldsymbol{\pi}})$$

が成立することになります．そのため，マルコフ決定過程の場合（式 (1.26)）と同様に，期待リターン

$$f_{\mathrm{P}}(\check{\boldsymbol{\pi}}) \triangleq \mathbb{E}\left[\sum_{t=0}^{\infty} \gamma^t R_t \,\middle|\, \mathrm{P}(\check{\boldsymbol{\pi}})\right] \tag{7.13}$$

を目的関数とすれば*4，

$$\begin{aligned} f_{\mathrm{P}}(\check{\boldsymbol{\pi}}) &= \sum_{t=0}^{\infty} \gamma^t \mathbb{E}\left[g(S_t, A_t) \mid \mathrm{P}(\check{\boldsymbol{\pi}})\right] \\ &= \sum_{t=0}^{\infty} \sum_{s_t \in \mathcal{S}} \sum_{a_t \in \mathcal{A}} \Pr(S_t, A_t \mid \mathrm{P}(\check{\boldsymbol{\pi}})) g(S_t, A_t) \end{aligned}$$

のように書き直せ，式 (7.12) の構造をもつので，

$$\max_{\check{\boldsymbol{\pi}} \in \check{\boldsymbol{\Pi}}^{\mathrm{M}}} f_{\mathrm{P}}(\check{\boldsymbol{\pi}}) = \max_{\check{\boldsymbol{\pi}} \in \check{\boldsymbol{\Pi}}^{\mathrm{H}}} f_{\mathrm{P}}(\check{\boldsymbol{\pi}}) \tag{7.14}$$

が成立します．したがって，目的関数が式 (7.13) の場合，履歴依存の方策系列の集合 $\check{\boldsymbol{\Pi}}^{\mathrm{H}}$ まで考える必要はなく，信念状態にもとづくマルコフ方策系列の集合 $\check{\boldsymbol{\Pi}}^{\mathrm{M}}$ を考えれば十分です．つまり，POMDP における期待リターンの最大化問題は次の最適方策 $\check{\boldsymbol{\pi}}^*$ の探索問題に帰着できます．

$$\check{\boldsymbol{\pi}}^* = \operatorname*{argmax}_{\check{\boldsymbol{\pi}} \in \check{\boldsymbol{\Pi}}^{\mathrm{M}}} f_{\mathrm{P}}(\check{\boldsymbol{\pi}}) \tag{7.15}$$

以降は，POMDP 問題として上式の最適化問題を考えます．

7.1.4* 信念 MDP

7.1.2 節の式 (7.7) で示したように信念状態の系列 $B_0, B_1, \ldots$ はマルコフ

---

*4　$\mathrm{P} = \{\mathcal{S}, \mathcal{A}, p_{s_0}, p_{\mathrm{T}}, g, \mathcal{O}, p_{\mathrm{o}}\}$ ですので，f_{P} は（特定の状態に対する期待リターンではなく）$s_0 \sim p_{s_0}$ の場合の期待リターンを考えていることになります．

性をもつ確率過程であり，行動選択に依存するので，信念状態を状態とするマルコフ決定過程を考えることができます．これは**信念マルコフ決定過程**（belief Markov decision process）もしくは**信念 MDP**（belief MDP）と呼ばれ，基本的にはベルマン方程式の解の一意性など2章で示した性質をもちます．ただし，これまで扱ってきたマルコフ決定過程では状態数 $|\mathcal{S}|$ が有限だったのに対して，信念状態の定義域である信念空間 $\mathcal{B}$（式 (7.6)）は実数空間であり，状態数は発散しうるので*5，信念 MDP は従来のマルコフ決定過程と少し異なります．特に，価値関数の扱いが難しく，後述の近似的アプローチが必要です．また，本来であれば信念 MDP を厳密に扱うため，（可算）無限大の状態をもつマルコフ決定過程の数理 [163] の確認が必要ですが，考え方は有限状態のマルコフ決定過程とほとんど変わりませんので省略します．以下，信念 MDP を定義し，価値関数 V_{b} を導入し，V_{b} と POMDP における目的関数 f_{p} との関係性を明らかにして，式 (7.15) の POMDP 問題を解くために信念 MDP を扱うことが妥当であることを示します．

信念 MDP の状態である信念状態の遷移確率ですが，状態が連続空間にあるので，確率分布関数ではなく確率密度関数 $p_{\mathrm{b}}: \mathcal{B} \times \mathcal{B} \times \mathcal{A} \to \overline{\mathbb{R}}_{\geq 0}$, $\int_{b' \in \mathcal{B}} p_{\mathrm{b}}(b'|b,a)db' = 1$ として，式 (7.8) の信念状態作用素 Ψ を用いて，次のように定義できます．

$$
\begin{aligned}
p_{\mathrm{b}}(b'|b,a) &\triangleq \lim_{\varepsilon \to \infty} \frac{\Pr(b' \leq B_{t+1} \leq b' + \varepsilon \,|\, B_t = b, A_t = a)}{\varepsilon} \\
&= \sum_{s' \in \mathcal{S}} \sum_{o' \in \mathcal{O}} \sum_{r \in \mathcal{R}} \sum_{s \in \mathcal{S}} \delta_{\{b' = \Psi(b,a,r,o')\}} p_{\mathrm{O}}(o'|a,s') p_{\mathrm{T}}(s'|s,a) \mathbb{I}_{\{g(s,a)=r\}} b(s), \\
&\qquad \forall (b', b, a) \in \mathcal{B} \times \mathcal{B} \times \mathcal{A} \qquad (7.16)
\end{aligned}
$$

ここで，$\delta_{\{x\}}$ はディラックのデルタ関数で，

$$
\delta_{\{x\}} = \begin{cases} +\infty & (x = 0) \\ 0 & (x \neq 0) \end{cases}
$$

であり，$\int_{-\infty}^{\infty} \delta_{\{x\}} dx = 1$ を満たす関数です．信念 MDP における報酬関数 $g_{\mathrm{b}}: \mathcal{B} \times \mathcal{A} \to \mathbb{R}$ としては，元の報酬関数 g の信念状態 b による線形和

*5 初期信念状態 b_0 が固定の場合，有限の時間ステップ t でとりうる信念状態の種類は信念状態の再帰式 (7.7) から，たかだか履歴の数 $|\mathcal{H}_t|$ です．ただし，極限 $t \to \infty$ では履歴数は可算無限大になり，信念状態数も無限大になりえます．

$$g_{\mathrm{b}}(b,a) \triangleq \sum_{s\in\mathcal{S}} b(s)g(s,a) \tag{7.17}$$

を用いることにします．また，初期状態（時間ステップ $t=0$ の信念状態）は b_0 とします．以上より，信念 MDP を $\mathrm{M_b} \triangleq \{\mathcal{B},\mathcal{A},b_0,p_{\mathrm{b}},g_{\mathrm{b}}\}$ の 5 つ組として定義できます．また，$\mathrm{M_b}$ において方策 $\bar{\pi}$ に従い行動選択する確率過程を $\mathrm{M_b}(\bar{\pi})$ と表記することにします．

ここで簡単化のため，行動 a_t を選択し実行し，次に行動 a_{t+1} を実行するまでに観測される情報 r_t と o_{t+1} をまとめて $z_t \triangleq (r_t, o_{t+1}) \in \mathcal{Z} \triangleq \mathcal{R}\times\mathcal{O}$ と表記することにします．確率変数 Z に関する条件付き確率分布関数を次のように定義します．

- 条件 (s,a) のもとでの (z,s') の確率 $p^{\mathrm{sa}}_{\mathrm{zs'}} : \mathcal{Z}\times\mathcal{S}\times\mathcal{S}\times\mathcal{A}\to[0,1]$:

$$\begin{aligned} p^{\mathrm{sa}}_{\mathrm{zs'}}(z=(r,o'),s'\,|\,s,a) &\triangleq \Pr(Z_t=z, S_{t+1}=s'\,|\,S_t=s, A_t=a) \\ &= p_{\mathrm{o}}(o'|a,s')\,p_{\mathrm{T}}(s'|s,a)\,\mathbb{I}_{\{g(s,a)=r\}} \end{aligned} \tag{7.18}$$

- 条件 (s,a) のもとでの z の確率 $p^{\mathrm{sa}}_{\mathrm{z}} : \mathcal{Z}\times\mathcal{S}\times\mathcal{A}\to[0,1]$:

$$\begin{aligned} p^{\mathrm{sa}}_{\mathrm{z}}(z\,|\,s,a) &\triangleq \Pr(Z_t=z\,|\,S_t=s, A_t=a) \\ &= \sum_{s'\in\mathcal{S}} p_{\mathrm{o}}(o'|a,s')\,p_{\mathrm{T}}(s'|s,a)\,\mathbb{I}_{\{g(s,a)=r\}} \\ &= \sum_{s'\in\mathcal{S}} p^{\mathrm{sa}}_{\mathrm{zs'}}(z,s'\,|\,s,a) \end{aligned} \tag{7.19}$$

- 条件 (b,a) のもとでの z の確率 $p^{\mathrm{ba}}_{\mathrm{z}} : \mathcal{Z}\times B\times A\to[0,1]$:

$$\begin{aligned} p^{\mathrm{ba}}_{\mathrm{z}}(z\,|\,b,a) &\triangleq \Pr(Z_t=z\,|\,B_t=b, A_t=a) \\ &= \sum_{s'\in\mathcal{S}} p_{\mathrm{o}}(o'|a,s') \sum_{s\in\mathcal{S}} p_{\mathrm{T}}(s'|s,a)\,\mathbb{I}_{\{g(s,a)=r\}} b(s) \\ &= \sum_{s\in\mathcal{S}} p^{\mathrm{sa}}_{\mathrm{z}}(z|s,a)\,b(s) \end{aligned} \tag{7.20}$$

また，生起確率がゼロでない $\mathcal{Z}$ の要素のみからなる部分集合を

$$\tilde{\mathcal{Z}} \triangleq \left\{ z\in\mathcal{Z} \,:\, \sum_{s\in\mathcal{S}}\sum_{a\in\mathcal{A}} p^{\mathrm{sa}}_{\mathrm{z}}(z|s,a) > 0 \right\}$$

と定義します．以上の定義を用いることで，式の見通しがよくなります．たとえば，式 (7.20) から，式 (7.16) の信念状態の遷移の確率密度を

$$p_{\mathrm{b}}(b'|b,a) = \sum_{z\in\tilde{\mathcal{Z}}} \delta_{\{b'=\Psi(b,a,z)\}} p_{\mathrm{z}}^{\mathrm{ba}}(z|b,a) \tag{7.21}$$

と書き直すことができ，p_{b} は実質 z の条件付き生起確率 $p_{\mathrm{z}}^{\mathrm{ba}}$ であることがわかります．

次に，信念 MDP における価値関数を導入し，POMDP 問題との関連性を明らかにします．価値関数とは初期状態と方策が与えられたときの期待リターンのことなので，信念 MDP における方策系列 $\check{\boldsymbol{\pi}} \in \check{\boldsymbol{\Pi}}$ の価値関数 $V_{\mathrm{b}}^{\check{\boldsymbol{\pi}}} : \mathcal{B} \to \mathbb{R}$ を

$$V_{\mathrm{b}}^{\check{\boldsymbol{\pi}}}(b) \triangleq \mathbb{E}\left[\sum_{t=0}^{\infty} \gamma^t g_{\mathrm{b}}(B_t, A_t) \,|\, B_0 = b, \mathrm{M}_{\mathrm{b}}(\check{\boldsymbol{\pi}})\right], \quad \forall b \in \mathcal{B} \tag{7.22}$$

と定義します．このとき，信念状態の定義（式 (7.5)）から，

$$\begin{aligned}
\mathbb{E}\big[B_t(s) \,|\, B_0 = b, \mathrm{M}_{\mathrm{b}}(\check{\boldsymbol{\pi}})\big] &= \sum_{h\in\check{\mathcal{H}}_t} b_t(s;h)\, \Pr(\check{H}_t = h \,|\, p_{s_0} = b, \mathrm{P}(\check{\boldsymbol{\pi}})) \\
&= \sum_{h\in\check{\mathcal{H}}_t} \Pr(S_t = s \,|\, \check{H}_t = h, \mathrm{P})\, \Pr(\check{H}_t = h \,|\, p_{s_0} = b, \mathrm{P}(\check{\boldsymbol{\pi}})) \\
&= \Pr(S_t = s \,|\, p_{s_0} = b, \mathrm{P}(\check{\boldsymbol{\pi}})), \quad \forall (s, b, \boldsymbol{\pi}) \in \mathcal{S} \times \mathcal{B} \times \check{\boldsymbol{\Pi}}
\end{aligned}$$

が成り立ちますので，任意の $\check{\boldsymbol{\pi}} \in \check{\boldsymbol{\Pi}}$ について，式 (7.22) の価値関数を

$$\begin{aligned}
V_{\mathrm{b}}^{\check{\boldsymbol{\pi}}}(b) &= \sum_{t=0}^{\infty} \gamma^t \mathbb{E}\left[g_{\mathrm{b}}(B_t, A_t) \,|\, B_0 = b, \mathrm{M}_{\mathrm{b}}(\check{\boldsymbol{\pi}})\right] \\
&= \sum_{t=0}^{\infty} \gamma^t \mathbb{E}\left[\sum_{s\in\mathcal{S}} B_t(s) g(s, A_t) \,|\, B_0 = b, \mathrm{M}_{\mathrm{b}}(\check{\boldsymbol{\pi}})\right] \\
&= \sum_{t=0}^{\infty} \gamma^t \sum_{s\in\mathcal{S}} \sum_{a\in\mathcal{A}} \Pr(S_t = s, A_t = a \,|\, p_{s_0} = b, \mathrm{P}(\check{\boldsymbol{\pi}}))\, g(s,a) \\
&= \mathbb{E}\left[\sum_{t=0}^{\infty} \gamma^t R_t \,|\, p_{s_0} = b, \mathrm{P}(\check{\boldsymbol{\pi}})\right], \quad \forall b \in \mathcal{B}
\end{aligned} \tag{7.23}$$

と書き直すことができます．よって，任意の $\check{\boldsymbol{\pi}} \in \check{\boldsymbol{\Pi}}$ について，POMDP の

目的関数（式 (7.13)）を信念状態の価値関数 $V_{\mathrm{b}}^{\check{\boldsymbol{\pi}}}$ を用いて，

$$f_{\mathrm{p}}(\check{\boldsymbol{\pi}}) = V_{\mathrm{b}}^{\check{\boldsymbol{\pi}}}(p_{s_0}) \tag{7.24}$$

と書くことができ，POMDP 問題（式 (7.15)）を信念 MDP における最適方策

$$\check{\boldsymbol{\pi}}^* = \underset{\check{\boldsymbol{\pi}} \in \check{\boldsymbol{\Pi}}^{\mathrm{M}}}{\operatorname{argmax}} V_{\mathrm{b}}^{\check{\boldsymbol{\pi}}}(p_{s_0})$$

の探索問題に帰着できます．

上記は非常に有益な結果で，隠れ状態のある一見取り扱いが難しそうな POMDP を直接扱う必要がなくなります．また，アルゴリズムの設計に有用なマルコフ決定過程の理論解析結果を利用でき，特に，命題 2.7 から，非定常な方策（方策系列）$\check{\boldsymbol{\pi}} \in \check{\boldsymbol{\Pi}}^{\mathrm{M}}$ でなくても，定常な決定的方策 $\check{\pi}^{\mathrm{d}} \in \check{\Pi}^{\mathrm{d}}$（式 (7.10)）でも最適方策を達成できます．つまり，

$$\max_{\check{\pi}^{\mathrm{d}} \in \check{\Pi}^{\mathrm{d}}} V_{\mathrm{b}}^{\check{\pi}^{\mathrm{d}}}(p_{s_0}) = \max_{\check{\boldsymbol{\pi}} \in \check{\boldsymbol{\Pi}}^{\mathrm{M}}} V_{\mathrm{b}}^{\check{\boldsymbol{\pi}}}(p_{s_0}) = \max_{\check{\boldsymbol{\pi}} \in \check{\boldsymbol{\Pi}}^{\mathrm{M}}} f_{\mathrm{p}}(\check{\boldsymbol{\pi}}) \tag{7.25}$$

が成立します．さらに，命題 2.7 から，信念 MDP における最適価値関数

$$V_{\mathrm{b}}^*(b) \triangleq \max_{\check{\pi} \in \check{\Pi}^{\mathrm{d}}} V_{\mathrm{b}}^{\check{\pi}}(b), \quad \forall b \in \mathcal{B} \tag{7.26}$$

に対して，

$$V_{\mathrm{b}}^*(b) = V_{\mathrm{b}}^{\check{\pi}^{\mathrm{d}*}}(b), \quad \forall b \in \mathcal{B}$$

を満たす最適方策 $\check{\pi}^{\mathrm{d}*} \in \check{\Pi}^{\mathrm{d}}$ が存在します．また，式 (2.29) から，次のように最適方策 $\check{\pi}^{\mathrm{d}*} : \mathcal{B} \to \mathcal{A}$ を求めることができます．

$$\check{\pi}^{\mathrm{d}*}(b) := \underset{a \in \mathcal{A}}{\operatorname{argmax}} \left\{ g_{\mathrm{b}}(b,a) + \gamma \int_{b'} p_{\mathrm{b}}(b'|b,a) V_{\mathrm{b}}^*(b') db' \right\}, \ b \in \mathcal{B} \tag{7.27}$$

そして，命題 2.4 から，V_{b}^* は次の信念 MDP におけるベルマン最適方程式の唯一の解になります．

$$V_{\mathrm{b}}^*(b) = \max_{a \in \mathcal{A}} \left\{ g_{\mathrm{b}}(b,a) + \gamma \int_{b'} p_{\mathrm{b}}(b'|b,a) V_{\mathrm{b}}^*(b') db' \right\}, \ \forall b \in \mathcal{B} \tag{7.28}$$

以上より，POMDP における最適方策の探索問題は，基本的には，マルコフ決定過程における価値反復法のように，式 (7.28) のベルマン最適方程式を解くことで V_{b}^* を求めて，式 (7.27) にもとづいて，V_{b}^* から最適方策 $\check{\pi}^{\mathrm{d}*}$ を

求めればよいことがわかります．

ただし注意すべきは，通常の有限状態数のマルコフ決定過程と異なり，信念 MDP では状態数が有限でないため，テーブル形式の関数で価値関数を正確に表現することはできず，また式 (7.27)，(7.28) は b に関する積分を含むため，従来の価値反復法などをそのまま適用することはできません．そのため，7.2 節で紹介するような信念 MDP の特徴を利用して，プランニング方法を設計する必要があります．

7.2* POMDP のプランニング

POMDP の環境モデル P が既知であるとして，プランニング（最適方策を求める）方法を説明します．前節で POMDP を信念 MDP の問題に帰着できることを確認しましたが，信念状態が連続空間にあるため，離散状態のマルコフ決定過程のプランニング方法をそのまま利用することはできません．そこで，7.2.1 節でプランニング方法を導出するうえでの大切な信念 MDP の特徴を示し，7.2.2 節で動的計画法にもとづくプランニングを説明します．実装例として，厳密法（7.2.3 節）と計算量を抑えて近似的にプランニングを行う**点近似の価値反復法**（7.2.4 節）を紹介します．

7.2.1* 信念 MDP の特徴

式 (7.27) や (7.28) が b に関する積分を含む問題点ですが，式 (7.21) の信念状態の遷移の密度関数 p_{b} と $z \triangleq (r, o')$ の条件付き確率関数 $p_{\mathrm{z}}^{\mathrm{ba}}$（式 (7.20)）の関係性から，式 (7.27) と式 (7.28) をそれぞれ

$$\breve{\pi}^{\mathrm{d}*}(b) := \operatorname*{argmax}_{a \in \mathcal{A}} \left\{ g_{\mathrm{b}}(b, a) + \gamma \sum_{z \in \tilde{\mathcal{Z}}} p_{\mathrm{z}}^{\mathrm{ba}}(z|b, a)\, V_{\mathrm{b}}^{*}(\Psi(b, a, z)) \right\},\ b \in \mathcal{B} \tag{7.29}$$

$$V_{\mathrm{b}}^{*}(b) = \max_{a \in \mathcal{A}} \left\{ g_{\mathrm{b}}(b, a) + \gamma \sum_{z \in \tilde{\mathcal{Z}}} p_{\mathrm{z}}^{\mathrm{ba}}(z|b, a)\, V_{\mathrm{b}}^{*}(\Psi(b, a, z)) \right\},\ \forall b \in \mathcal{B} \tag{7.30}$$

と書き直すことができ，積分を有限項の和に変換できます．式 (7.29) から，$V_{\rm b}^*$ が求まれば簡単に最適方策 $\breve{\pi}^{\rm d*}$ を計算できることがわかります．よって，以降はプランニング問題として，$V_{\rm b}^*$ の推定問題を扱います．

まず，最適価値関数 $V_{\rm b}^*$ の推定の基礎となる信念 MDP におけるベルマン最適作用素と動的計画法を説明します．信念 MDP におけるベルマン最適作用素 $\mathsf{B}_{\rm b}^*:\mathbb{R}^{\mathcal{B}}\to\mathbb{R}^{\mathcal{B}}$ は，従来のベルマン最適作用素 B_* と同様，ベルマン最適方程式（式 (7.30)）の右辺から定義され，信念状態 $b\in\mathcal{B}$ の関数 $v\in\mathbb{R}^{\mathcal{B}}$ に対して*6，

$$\mathsf{B}_{\rm b}^* v(b) \triangleq \max_{a\in\mathcal{A}}\left\{ g_{\rm b}(b,a) + \gamma\sum_{z\in\tilde{\mathcal{Z}}} p_{\rm z}^{\rm ba}(z|b,a)\, v(\Psi(b,a,z))\right\},\quad \forall b\in\mathcal{B} \tag{7.31}$$

となります．ここで，$\mathsf{B}_{\rm b}^* v$ は関数 $(\mathsf{B}_{\rm b}^*(v))\in\mathbb{R}^{\mathcal{B}}$ を意味します．このとき，式 (7.30) のベルマン最適方程式を $V_{\rm b}^* = \mathsf{B}_{\rm b}^* V_{\rm b}^*$ と書くことができます．信念 MDP は従来のマルコフ決定過程と同様の性質をもつので，命題 2.3 から，動的計画法（式 (2.6)）に従い信念状態の関数 $v\in\mathbb{R}^{\mathcal{B}}$ に $\mathsf{B}_{\rm b}^*$ を適用して，

$$v(b) := \mathsf{B}_{\rm b}^* v(b),\quad \forall b\in\mathcal{B} \tag{7.32}$$

のように更新することを繰り返せば，v はいずれ $V_{\rm b}^*$ に収束します．ここで注意すべきは，関数 v の定義域は連続空間である信念空間 $\mathcal{B}$ であり，無限の自由度をもつため，更新式 (7.32) を単純に計算機で実施できないということです．そこで，有限個のパラメータで規定されるような関数近似器で関数 v を表現して，更新式 (7.32) に従いパラメータを更新することを考えます．では，どのような関数近似器を用いるのがよいでしょうか．以降，はじめに信念 MDP における価値関数 $V_{\rm b}^{\breve{\pi}}$ の構造を示して，最適価値関数 $V_{\rm b}^*$ の関数近似器について議論します．

価値関数 $V_{\rm b}^{\breve{\pi}}$ の構造を確認します．議論の便宜上，信念状態の方策ではなく，履歴依存の方策系列 $\breve{\boldsymbol{\pi}}^{\rm h} = \{\breve{\pi}_0^{\rm h}\in\breve{\Pi}_0^{\rm h}, \breve{\pi}_1^{\rm h}\in\breve{\Pi}_1^{\rm h},\ldots\}\in\breve{\boldsymbol{\Pi}}^{\rm H}$ を扱います．履歴依存の方策 $\breve{\pi}_t^{\rm h}$ は履歴 $\breve{h}_t = \{a_0, r_0, o_1, \ldots, a_{t-1}, r_{t-1}, o_t\}$ に依存して，信念状態（初期状態の確率分布）には依存しないので，任意の $\breve{\boldsymbol{\pi}}^{\rm h}\in\breve{\boldsymbol{\Pi}}^{\rm H}$ の

*6　表記 $v\in\mathbb{R}^{\mathcal{B}}$ は $v:\mathcal{B}\to\mathbb{R}$ と同義です．

価値関数 $V_{\mathrm{b}}^{\check{\boldsymbol{\pi}}^{\mathrm{h}}}$ を，式 (7.23) の結果を用いて，次のように書くことができます[*7].

$$\begin{aligned} V_{\mathrm{b}}^{\check{\boldsymbol{\pi}}^{\mathrm{h}}}(b) &= \mathbb{E}\left[\sum_{t=0}^{\infty} \gamma^t R_t \,\middle|\, p_{s_0} = b, \mathrm{P}(\check{\boldsymbol{\pi}}^{\mathrm{h}})\right] \\ &= \sum_{s \in \mathcal{S}} b(s) V_{\mathrm{b}}^{\check{\boldsymbol{\pi}}^{\mathrm{h}}}(s), \quad \forall b \in \mathcal{B} \end{aligned} \tag{7.33}$$

ここで，$V_{\mathrm{b}}^{\check{\boldsymbol{\pi}}^{\mathrm{h}}}(s) \triangleq V_{\mathrm{b}}^{\check{\boldsymbol{\pi}}^{\mathrm{h}}}(b := \boldsymbol{e}_s^{|\mathcal{S}|})$ です．上式は重要な結果で，状態 s を引数とする関数と関数 b の内積で $V_{\mathrm{b}}^{\check{\boldsymbol{\pi}}^{\mathrm{h}}}(b)$ を表現できることを意味しています．つまり，パラメータが無数にあるような複雑な関数近似器を考える必要はなく，**アルファベクトル**（alpha vector）と呼ばれる状態の関数 $\alpha : \mathcal{S} \to \mathbb{R}$ を用いて，価値関数 $V_{\mathrm{b}}^{\check{\boldsymbol{\pi}}^{\mathrm{h}}}$ を

$$V_{\mathrm{b}}^{\check{\boldsymbol{\pi}}^{\mathrm{h}}}(b) = \sum_{s \in \mathcal{S}} b(s)\, \alpha(s), \quad \forall b \in \mathcal{B}$$

という形で簡素に表現できます．もちろん，上式は $\alpha(s) = V_{\mathrm{b}}^{\check{\boldsymbol{\pi}}^{\mathrm{h}}}(s), \forall s \in \mathcal{S}$ のときに成立します．以降，簡単化のため $\sum_{s \in \mathcal{S}} b(s)\, \alpha(s)$ のような内積を単純に $b \cdot \alpha$ と書くことがあります．

次に，式 (7.26) の最適価値関数 V_{b}^* の関数近似器についてですが，式 (7.24) から f_{p} と $V_{\mathrm{b}}^{\check{\pi}}$ は対応し，式 (7.14) と (7.25) の f_{p} の特徴から，

$$V_{\mathrm{b}}^*(b) \triangleq \max_{\check{\pi} \in \check{\Pi}^{\mathrm{d}}} V_{\mathrm{b}}^{\check{\pi}}(b) = \max_{\check{\boldsymbol{\pi}}^{\mathrm{h}} \in \check{\boldsymbol{\Pi}}^{\mathrm{H}}} V_{\mathrm{b}}^{\check{\boldsymbol{\pi}}^{\mathrm{h}}}(b), \quad \forall b \in \mathcal{B} \tag{7.34}$$

の関係性が成立しています．よって，アルファベクトルの結果から，各方策系列 $\check{\boldsymbol{\pi}} \in \check{\boldsymbol{\Pi}}^{\mathrm{H}}$ に対応するアルファベクトル $\alpha^{\check{\boldsymbol{\pi}}^{\mathrm{h}}} \triangleq [V_{\mathrm{b}}^{\check{\boldsymbol{\pi}}^{\mathrm{h}}}(1), \ldots, V_{\mathrm{b}}^{\check{\boldsymbol{\pi}}^{\mathrm{h}}}(|\mathcal{S}|)]$ の集合を $\mathcal{V}_{\mathrm{full}} = \{\alpha^{\check{\boldsymbol{\pi}}^{\mathrm{h}}} \mid \check{\boldsymbol{\pi}}^{\mathrm{h}} \in \check{\boldsymbol{\Pi}}^{\mathrm{H}}\}$ と定義すれば，V_{b}^* を

$$V_{\mathrm{b}}^*(b) = \max_{\alpha \in \mathcal{V}_{\mathrm{full}}} \alpha \cdot b, \quad \forall b \in \mathcal{B}$$

と書くことができます．ただし，一般に $|\check{\boldsymbol{\Pi}}^{\mathrm{H}}|$ は無限大なので，計算機で実装するには有限個 $|\mathcal{V}| = K < \infty$ のアルファベクトルの集合 $\mathcal{V} \triangleq \{\alpha_1, \ldots, \alpha_K\}$

*7 履歴依存の方策系列 $\check{\boldsymbol{\pi}}^{\mathrm{h}}$ は履歴が与えられれば信念状態 b と独立です．しかし，信念状態の方策系列 $\check{\boldsymbol{\pi}} \in \check{\boldsymbol{\Pi}}^{\mathrm{M}}$ の価値関数 $V_{\mathrm{b}}^{\check{\boldsymbol{\pi}}}(b)$ については，$\check{\boldsymbol{\pi}}$ は価値関数の引数 b に依存して，$b_0 \neq b_0'$ のとき $\check{\pi}_0(\cdot \mid b_0) \neq \check{\pi}_0(\cdot \mid b_0')$ となりうるので，式 (7.33) のように $V_{\mathrm{b}}^{\check{\boldsymbol{\pi}}}(b)$ を状態 s の価値関数 $V_{\mathrm{b}}^{\check{\boldsymbol{\pi}}}(s)$ の重み付き和に分解して書くことができないことに注意してください．

で規定される関数近似器 $\hat{V}_{\mathcal{V}} : \mathcal{B} \to \mathbb{R}$,

$$\hat{V}_{\mathcal{V}}(b) \triangleq \max_{\alpha \in \mathcal{V}} \alpha \cdot b \tag{7.35}$$

を用いて，V_{b}^* を近似するアプローチがよくとられます [88, 130, 178, 189]*8．なお，アルファベクトルの集合族（family of sets）については $\mathbb{V}$ （$\ni \mathcal{V}$）と表記することにします．

7.2.2* 動的計画法にもとづくプランニング

式 (7.32) の動的計画法に従い，式 (7.31) のベルマン最適作用素 $\mathsf{B}_{\mathrm{b}}^*$ をアルファベクトル集合 $\mathcal{V} = \{\alpha_1, \ldots, \alpha_{|\mathcal{V}|}\}$ で規定される関数 $\hat{V}_{\mathcal{V}}$（式 (7.35)）に適用して，

$$\hat{V}_{\mathcal{V}}(b) := \mathsf{B}_{\mathrm{b}}^* \hat{V}_{\mathcal{V}}(b), \quad \forall b \in \mathcal{B} \tag{7.36}$$

のように更新することを考えます．式 (7.8) の信念状態作用素 Ψ は $p_{\mathrm{zs'}}^{\mathrm{sa}}$（式 (7.18)）と $p_{\mathrm{z}}^{\mathrm{ba}}$（式 (7.20)）を用いて，

$$(\Psi(b, a, z))(s') = \frac{\sum_{s \in \mathcal{S}} p_{\mathrm{zs'}}^{\mathrm{sa}}(z, a'|s, a)\, b(s)}{p_{\mathrm{z}}^{\mathrm{ba}}(z|b, a)}, \quad \forall s' \in \mathcal{S}$$

と書けるので，

$$\begin{aligned}
\mathsf{B}_{\mathrm{b}}^* \hat{V}_{\mathcal{V}}(b) &= \max_{a' \in \mathcal{A}} \left\{ g_{\mathrm{b}}(b, a) + \gamma \sum_{z \in \tilde{\mathcal{Z}}} p_{\mathrm{z}}^{\mathrm{ba}}(z|b, a) \max_{\alpha \in \mathcal{V}} \left\{ \alpha \cdot \Psi(b, a, z) \right\} \right\} \\
&= \max_{a \in \mathcal{A}} \left\{ \sum_{s \in \mathcal{S}} b(s) g(s, a) + \gamma \sum_{z \in \tilde{\mathcal{Z}}} \max_{\alpha \in \mathcal{V}} \left\{ \sum_{s' \in \mathcal{S}} \alpha(s') \sum_{s \in \mathcal{S}} p_{\mathrm{zs'}}^{\mathrm{sa}}(z, s'|s, a)\, b(s) \right\} \right\}
\end{aligned} \tag{7.37}$$

となります．上式を整理するため，各行動 $a \in \mathcal{A}$ の行動報酬関数 $g_{\mathrm{a}} : \mathcal{S} \to \mathbb{R}$ を

*8　遷移可能な信念状態においては $\check{\mathbf{\Pi}}^{\mathrm{SD}} \subseteq \check{\mathbf{\Pi}}^{\mathrm{HD}}$ なので，履歴依存の決定的方策の集合 $\check{\mathbf{\Pi}}^{\mathrm{HD}}$ も最適方策を含みます．そして，有限時間ステップ長 T の POMDP 問題においては，とりうる履歴の数（$|\check{\mathcal{H}}_T|$）は有限であり，$|\check{\mathbf{\Pi}}^{\mathrm{HD}}|$ も有限個になりますので，有限個のアルファベクトルで厳密に最適価値関数を表現できることになります [189]．この結果が示されたことやアルファベクトルによる関数近似器とベルマン作用素の親和性のよさ（たとえば式 (7.46)）によって，POMDP のプランニングでの価値関数近似にアルファベクトルを用いることが標準化したようです [88, 178]．

$$g_{\mathrm{a}}(s) \triangleq g(s,a), \quad \forall s \in \mathcal{S} \tag{7.38}$$

と定義し，また $(a,z) \in \mathcal{A} \times \tilde{\mathcal{Z}}$ に関してアルファベクトル $\alpha \in \mathbb{R}^{\mathcal{S}}$ の作用素 $\Lambda : \mathbb{R}^{\mathcal{S}} \times \mathcal{A} \times \tilde{\mathcal{Z}} \to \mathbb{R}^{\mathcal{S}}$ を

$$(\Lambda(\alpha; a, z))(s) \triangleq \sum_{s' \in \mathcal{S}} \alpha(s')\, p^{\mathrm{sa}}_{\mathrm{zs'}}(z, s'|s, a), \quad \forall s \in \mathcal{S} \tag{7.39}$$

と定義すれば，式 (7.37) を

$$\mathsf{B}^*_{\mathrm{b}} \hat{V}_{\mathcal{V}}(b) = \max_{a \in \mathcal{A}} \left\{ b \cdot g_{\mathrm{a}} + \gamma \sum_{z \in \tilde{\mathcal{Z}}} \max_{\alpha \in \mathcal{V}} \left\{ b \cdot \Lambda(\alpha; a, z) \right\} \right\} \tag{7.40}$$

と書き直すことができます．さらに，

$$\alpha^{a,b} \triangleq g_{\mathrm{a}} + \gamma \sum_{z \in \tilde{\mathcal{Z}}} \operatorname*{argmax}_{\alpha \in \mathcal{V}} \left\{ b \cdot \Lambda(\alpha; a, z) \right\} \tag{7.41}$$

として，

$$\mathcal{V}^b \triangleq \{\alpha^{a=1,b}, \ldots, \alpha^{a=|\mathcal{A}|,b}\} \tag{7.42}$$

と定義すれば，関数近似器 $\hat{V}_{\mathcal{V}}$ の定義（式 (7.35)）から，式 (7.40) を

$$\mathsf{B}^*_{\mathrm{b}} \hat{V}_{\mathcal{V}}(b) = \max_{\alpha \in \mathcal{V}^b} b \cdot \alpha = \hat{V}_{\mathcal{V}^b}(b) \tag{7.43}$$

と書くことができます．これは，ある $b' \in \mathcal{B}$ に対応する式 (7.42) のアルファベクトル集合 $\mathcal{V}^{b'}$ による近似器 $\hat{V}_{\mathcal{V}^{b'}}$ は少なくとも特定の b' で $\mathsf{B}^*_{\mathrm{b}} \hat{V}_{\mathcal{V}}(b')$ を正確に表現できることを意味します．また，$\mathcal{V}^b$ の作成において，式 (7.41) で b に対する内積に関してアルファベクトルの argmax をとっていますので，b と異なる信念状態 $b' \neq b$ に対応する近似器 $\hat{V}_{\mathcal{V}^{b'}}$ に対して，つねに $\hat{V}_{\mathcal{V}^{b'}}(b) \leq \hat{V}_{\mathcal{V}^b}(b)$ が成立します．以上より，**バックアップ作用素**（backup operator）**backup** : $\mathbb{V} \times \mathcal{B} \to \mathbb{R}^{|\mathcal{S}|}$:

$$\mathtt{backup}(\mathcal{V}; b) \triangleq \operatorname*{argmax}_{\alpha \in \mathcal{V}^b} b \cdot \alpha \tag{7.44}$$

と定義して，アルファベクトル集合 $\mathcal{V}$ を

$$\mathcal{V}' := \bigcup_{b \in \mathcal{B}} \mathtt{backup}(\mathcal{V}; b) \tag{7.45}$$

のように更新すれば，

$$\mathsf{B}_\mathrm{b}^* \hat{V}_\mathcal{V}(b) = \hat{V}_{\mathcal{V}'}(b), \quad \forall b \in \mathcal{B} \tag{7.46}$$

が成立し，関数 $\mathsf{B}_\mathrm{b}^* \hat{V}_\mathcal{V}$ をアルファベクトル集合による近似器 $\hat{V}_{\mathcal{V}'}$ で厳密に表現できることがわかります．よって，式 (7.45) の操作はベルマン最適作用素にもとづく $\hat{V}_\mathcal{V}$ の更新を厳密に行っていること，つまり動的計画法（式 (7.36)）を厳密に実施していることになりますので，$\mathcal{V} := \cup_{b\in\mathcal{B}} \mathtt{backup}(\mathcal{V}; b)$ を繰り返し行えば，命題 2.3 から関数近似器 $\hat{V}_\mathcal{V}$ は真の最適価値関数に収束することがわかります．

上記の結果は最適方策の計算においても有用です．式 (7.45) の更新後のアルファベクトル集合 $\mathcal{V}'$ は，その作り方，特に式 (7.42) から，$\mathcal{V}'$ の各アルファベクトルには対応する行動 a が存在することがわかります．そのため，$\mathcal{V}'$ の各アルファベクトルに対応する行動を記憶しておけば，ある b の最適行動を求めるために，式 (7.29) をわざわざ計算しなくても，式 (7.35) の $\hat{V}_\mathcal{V}$ を計算する際に選択されるアルファベクトルから簡単に求めることができます．

最後に，実装についてですが，式 (7.45) の $\mathcal{V}$ の更新処理で，連続空間である信念空間 $\mathcal{B}$ についてのアルファベクトルの和 $\cup$ の計算が必要なため，残念ながら，単純には実装することはできません．この問題を解消する実装例として，厳密法（7.2.3 節）と計算量を抑え効率よく近似解を求める近似法（7.2.4 節）を次に説明します．

7.2.3* 厳密法

POMDP の厳密価値反復法（exact value iteration for POMDP）として，**モナハン**（Monahan）**の価値反復法**を紹介します[34, 130]．式 (7.35) のパラメータとしてアルファベクトル集合 $\mathcal{V} \triangleq \{\alpha_1, \ldots, \alpha_{|\mathcal{V}|}\} \in \mathbb{V}$ をもつ関数近似器 $\hat{V}_\mathcal{V}(b) \triangleq \max_{\alpha\in\mathcal{V}} \alpha \cdot b$ を B_b^* にもとづき更新します．前節で示したように，式 (7.45) に従い $\mathcal{V}$ を更新すれば，B_b^* にもとづいた厳密な更新を実施していることになります．しかし，連続空間である信念空間 $\mathcal{B}$ についてのアルファベクトルの和 $\cup$ の計算が必要になり，式 (7.45) の実装は困難でした．そこで，モナハンの価値反復法では B_b^* による更新で候補となりうるアルファベクトルがたかだか有限個しか存在しない事実（後述）を利用して，いったんそれらをすべて列挙して，次に信念空間 $\mathcal{B}$ のどの信念状態 b におい

ても選択されることのないアルファベクトルを削除する，という 2 つの手順で式 (7.45) と等価な $\mathcal{V}$ の更新を実施します．

まず，式 (7.45) の更新後のアルファベクトル $\alpha \in \mathcal{V}'$ の候補ですが，式 (7.40) から，各 $z \in \tilde{\mathcal{Z}}$ について $\mathcal{V}$ からアルファベクトルを 1 つ選択し，それらを足し合わせているので，この段階で候補になりうるアルファベクトルはたかだか $|\mathcal{V}|^{|\tilde{\mathcal{Z}}|}$ 個です．これが各行動で実施されるため，$|\mathcal{A}|$ セット存在することになり，全体としてはたかだか $|\mathcal{A}||\mathcal{V}|^{|\tilde{\mathcal{Z}}|}$ 個の有限個しか存在しないことになります．よって，次の**列挙作用素**（enumeration operator）$\texttt{enum} : \mathbb{V} \to \mathbb{V}$：

$$\begin{aligned}
\texttt{enum}(\mathcal{V}) &\triangleq \bigcup_{a \in A} \mathcal{V}^a \\
\mathcal{V}^a &\triangleq \bigoplus_{z \in \tilde{\mathcal{Z}}} \mathcal{V}^{a,z}, && \forall a \in \mathcal{A} \\
\mathcal{V}^{a,z} &\triangleq \left\{ \frac{1}{|\tilde{\mathcal{Z}}|} g_{\mathrm{a}} + \gamma \Lambda(\alpha; a, z) \,:\, \alpha \in \mathcal{V} \right\}, && \forall z \in \tilde{\mathcal{Z}}
\end{aligned}$$

を用いて候補となるアルファベクトルを全列挙すれば，式 (7.40) から，

$$\mathsf{B}_{\mathrm{b}}^* \hat{V}_{\mathcal{V}}(b) = \max_{\alpha \in \texttt{enum}(\mathcal{V})} b \cdot \alpha = \hat{V}_{\texttt{enum}(\mathcal{V})}(b), \quad \forall b \in \mathcal{B} \tag{7.47}$$

が成立することがわかります．ここで，作用素 $\oplus$ は**クロス和**（cross sum）と呼ばれるもので，有限集合 $\mathcal{X}_k \triangleq \{x_1 \in \mathbb{R}^d, \ldots, x_{n_k} \in \mathbb{R}^d\}$ に対して，

$$\begin{aligned}
\bigoplus_{k \in \{1,\ldots,K\}} \mathcal{X}_k &\triangleq \mathcal{X}_1 \oplus \mathcal{X}_2 \oplus \cdots \oplus \mathcal{X}_K \\
\mathcal{X}_1 \oplus \mathcal{X}_2 &\triangleq \{x_1 + x_2 \,:\, x_1 \in \mathcal{X}_1, x_2 \in \mathcal{X}_2\}
\end{aligned}$$

と定義されます．たとえば，$\mathcal{X}_1 = \{1, 2\}$，$\mathcal{X}_2 = \{5, 6, 10\}$ である場合，$\mathcal{X}_1 \oplus \mathcal{X}_2 = \{6, 7, 8, 11, 12\}$ です．また，g_{a} と Λ は式 (7.38) と (7.39) で定義したものです．よって式 (7.47) より，式 (7.45) の代わりに作用素 $\texttt{enum}$ を用いてアルファベクトル集合を $\mathcal{V} := \texttt{enum}(\mathcal{V})$ のように更新したとしても，関数近似器 $\hat{V}_{\mathcal{V}}$ をベルマン最適作用素 $\mathsf{B}_{\mathrm{b}}^*$ にもとづき厳密に更新していることになります．

ここで注意すべきは，$\texttt{enum}$ の処理のたびにアルファベクトルの数が

$|\mathcal{A}||\mathcal{V}|^{|\tilde{\mathcal{Z}}|}$ 倍され，組合せ爆発を起こすため，単に enum を繰り返し適用して $\mathcal{V}$ を学習することは実質不可能なことです．そのため，次に紹介するアルファベクトルの**枝刈り作用素**（pruning operator）prune : $\mathbb{V} \to \mathbb{V}$ が重要な役割を果たします．

アルファベクトルの枝刈り作用素 prune は，作用素 enum で列挙したアルファベクトル集合から，どの信念状態 $b \in \mathcal{B}$ においても式 (7.47) の計算に用いられることのないアルファベクトルを削除して，集合を小さくするために用いられます．つまり，

$$\max_{\alpha \in \mathcal{V}} b \cdot \alpha = \max_{\alpha \in \texttt{prune}(\mathcal{V})} b \cdot \alpha, \quad \forall b \in \mathcal{B}$$

を満たし，かつ

$$|\texttt{prune}(\mathcal{V})| \ll |\mathcal{V}|$$

となることを期待した操作です．作用素 prune の実装は，各 $\alpha \in \mathcal{V}$ について次の線形計画問題を解いて，

$$\begin{cases} \text{Maximize} & \varepsilon \\ \text{subject to} & b \cdot (\alpha - \tilde{\alpha}) \geq \varepsilon, \quad \forall \tilde{\alpha} \in \{\tilde{\alpha} \in \mathcal{V} : \tilde{\alpha} \neq \alpha\} \\ & b \in \mathcal{B} \end{cases} \tag{7.48}$$

解 ε が負ならば，つねに α は選択されないことを意味しますので，α を $\mathcal{V}$ から削除します．線形計画法の概説は補足 A.3 にあります．

以上より，モナハンの価値反復法では，関数近似器 $\hat{V}_{\mathcal{V}}$ のパラメータ $\mathcal{V}$ を

$$\mathcal{V} := \texttt{prune}(\texttt{enum}(\mathcal{V}))$$

のように更新することを繰り返します．これは信念 MDP（つまり POMDP）における価値反復法を近似なしで厳密に実施していることになり，$\hat{V}_{\mathcal{V}}$ は最適価値関数 V^*_{b} に収束します．次の例 7.2 でモナハンの価値反復法の実際の様子を確認しましょう．

例 7.2　例 7.1 の虎問題 [88] に対して，モナハンの価値反復法 [130] を適用します．ここでは，リターンの割引率 γ を 0.95 とし，初期のアルファベクト

ルに行動報酬関数 g_{a} を用います．つまり，

$$\mathcal{V}_1 = \{g_{a:=\mathtt{listen}}, g_{a:=\mathtt{open\text{-}left}}, g_{a:=\mathtt{open\text{-}right}}\}$$

です．**図 7.4** (a) から，各繰り返しでアルファベクトルの候補が多数列挙されていること，また図 7.4 (b) から，選択されることのない不要なアルファベクトルが枝刈りされていることを確認できます． □

最後に，計算量についてですが，モナハンの価値反復法は，**enum** でアルファベクトル数を組合せ的に増加させてしまい，**prune** でその膨大なアルファベクトルそれぞれについて線形計画問題 (7.48) を解く必要があって，計算量は非常に大きくなります．そのため，次の性質

$$\mathtt{prune}(\mathcal{V} \oplus \mathcal{V}'' \oplus \mathcal{V}''') = \mathtt{prune}(\mathtt{prune}(\mathcal{V} \oplus \mathcal{V}'') \oplus \mathcal{V}''')$$

を利用して，モナハンの価値反復法のようにアルファベクトルを全列挙してから枝刈りするのではなく，アルファベクトルを部分的に列挙しては枝刈りすることを逐次的に行って，無駄なアルファベクトルの列挙を抑える**逐次的枝刈り**（incremental pruning）というアプローチが提案されています [35, 58, 228]．ただし，計算オーダーに関しては変わらず，一般に POMDP プランニング問題の厳密解を多項式時間で解くことはできず [118]，小規模の POMDP でない限りは 7.2.4 節で示すような近似法が必要になります．

7.2.4* 近似法

POMDP（信念 MDP）のプランニングの厳密法は計算量が問題になるため，さまざまな近似法が提案されています [73, 125, 157, 229]．もっとも代表的なものとして，**点近似の価値反復**（point-based value iteration: **PBVI**）**法**と呼ばれるアプローチがあります [114, 153]．また，価値反復法ではなく方策反復法の考え方に従う**点近似の方策反復**（point-based policy iteration）**法** [86] もあります．ただ，筆者の知る限り，点近似の方策反復法は PBVI 法のように盛んに研究されておらず，発展が限られていますので，現状あまり一般的なアプローチとはいえません．

PBVI 法は，厳密法のように式 (7.45) の $\cup_{b\in\mathcal{B}}\mathtt{backup}(\mathcal{V};b)$ に該当するアルファベクトルを漏れなくすべて集めることはせず，信念空間を有限個の信

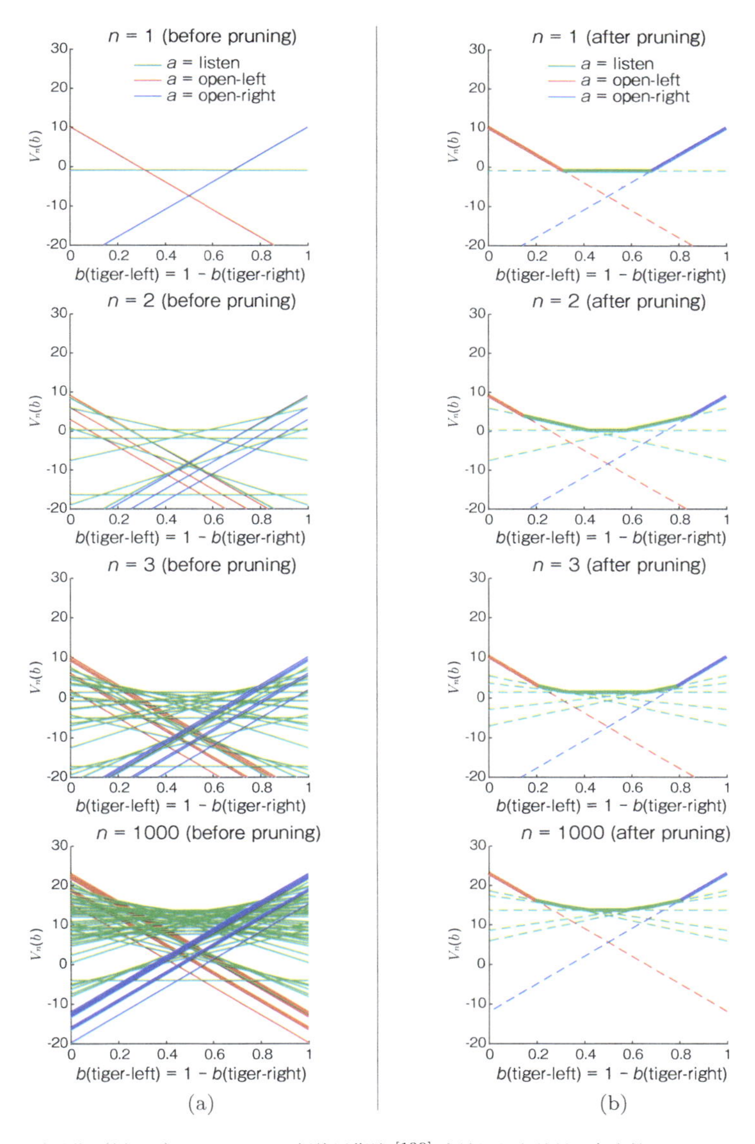

図 7.4　虎問題（例 7.1）にモナハンの価値反復法 [130] を適用した結果．各直線はアルファベクトルを表し，直線の色はアルファベクトルに対応する行動を表す．(a) 各繰り返しステップ n での枝刈り前の全アルファベクトル，(b) 枝刈り後のアルファベクトルと最適価値関数の推定結果 $\hat{V}_{\mathcal{V}}$（太線）．

念状態からなる集合 $\hat{\mathcal{B}} \triangleq \{b_1, \ldots, b_M\}$ で近似し，

$$\mathcal{V} := \cup_{b \in \hat{\mathcal{B}}} \mathtt{backup}(\mathcal{V}; b)$$

のように（近似的な）アルファベクトル集合 $\mathcal{V}$ の更新を繰り返します．各繰り返しで作用素 backup を計算する回数は $|\hat{\mathcal{B}}|$ なので，$|\hat{\mathcal{B}}|$ が大きくなければ，全体の計算量を抑えられます．一方，$\hat{\mathcal{B}}$ が粗過ぎると，重要なアルファベクトルを見落とす可能性が高まり，求まる方策の精度を期待できません．よって，PBVI 法では $\hat{\mathcal{B}}$ の構成方法，つまり信念空間の近似方法が重要になります．

単純な信念空間の近似方法としては，信念空間を格子状に分割する方法 [114]，初期信念状態 b_0 からランダム探索して意思決定系列をシミュレートし，信念状態をサンプリングする方法 [76,190] があります．しかし，状態数 $|\mathcal{S}|$ が大きく，また報酬関数が疎で，ランダム探索では意味のある報酬や信念状態のサンプリングが難しい POMDP に対しては，単純な信念空間の近似方法は機能しないことがあります．そのため，より効率のよい信念空間の近似が求められます．

Pineau *et al.* (2003) [153] では，既存の $\hat{\mathcal{B}}$ に属するいずれの信念状態にも似ていない信念状態を経験できるように，貪欲に $(a, z) \in \mathcal{A} \times \tilde{\mathcal{Z}}$ を選択し，信念状態を $b := \Psi(b, a, z)$ のように更新し，b を $\hat{\mathcal{B}}$ に追加しながら系列をシミュレートすることを繰り返すことで，$\hat{\mathcal{B}}$ が多様な信念状態を含むように信念空間 $\mathcal{B}$ を近似します．**PEMA**（point-based error minimization algorithm; 点近似の誤差最小化法）[154] では，単に目新しい信念状態を探しに行くのではなく，最適価値関数の推定誤差に注目して，各 $b \in \hat{\mathcal{B}}$ の推定誤差の上限を見積もり，誤差上限が最大となる $b_{\mathrm{worst}} \in \hat{\mathcal{B}}$ を同定して，b_{worst} の誤差上限にもっとも寄与している b_{worst} に続く信念状態 $\Psi(b_{\mathrm{worst}}, a, z)$ を $\hat{\mathcal{B}}$ に加えることで，推定誤差の上限が小さくなるように $\hat{\mathcal{B}}$ を構築します．系列をシミュレート（深さ優先探索）して信念状態をサンプリングするのではなく，幅優先で信念状態を探索して $\hat{\mathcal{B}}$ を構築する **GapMin 法** [158] という方法もあります．

他のアプローチとして，最適価値関数の下限や上限を利用する方法があります．**Perseus 法** [190] では，最適価値関数の下限 $V_{\mathrm{b}}^* \geq -R_{\max}/(1-\gamma)$ に対応するように $\mathcal{V}$ を初期化して，最適価値関数の下限が単調改善するよ

うに $\mathcal{V}$ を学習します．**HSVI**（heuristic search value iteration; ヒューリスティック探索価値反復）**法** [187] では，最適価値関数の上下限を推定して，それらを利用してヒューリスティックに信念状態を選択します．**SARSOP**（successive approximations of the reachable space under optimal policies; 最適方策で到達可能な空間の逐次近似）**法** [104] は POMDP のプランニングにおける最高水準（state-of-the-art）の方法の 1 つとされていて [184,188]，HSVI 法の信念状態の探索空間について，最適方策では遷移しないような部分を枝刈りすることで探索空間を簡素化して，HSVI 法を効率化した方法になります．

また，連続な状態や行動，観測空間をもつ POMDP に対して PBVI 法を拡張する研究もあります [156]．なお，数値実験による比較を含む PBVI 法の詳細な解説として [178] が参考になります．

7.3* POMDP の学習

前節では POMDP のモデル P を既知としていましたが，ここでは未知とし，方策を学習することを考えます．これまで重要な役割を果たしていた信念状態ですが，求めるには P の知識が必要なため，本問題設定では信念状態によらない方策の扱いや信念状態の推定などが必要になります．以降，ブラックボックスなシミュレータから学習する方法を 7.3.1 節，データから学習する方法を 7.3.2 節で説明します．

7.3.1* シミュレータを用いた学習

POMDP のモデル P は未知ですが，シミュレータもしくはブラックボックス生成モデルが与えられているとして，マルコフ決定過程の場合（5.3 節）と同じように，木探索などを用いて最適方策を推定するアプローチが考えられます．その代表的な方法として，**POMCP**（partially observable Monte Carlo planning; 部分観測モンテカルロプランニング）**法**があります [184]．これは MCTS 法（5.3.3 節）にもとづく方法で，シミュレータとして確率的な生成モデル $\mathcal{G} : \mathcal{S} \times \mathcal{A} \to \mathcal{R} \times \mathcal{S} \times \mathcal{O}$

$$(r_t, s_{t+1}, o_{t+1}) \sim \mathcal{G}(s_t, a_t) \tag{7.49}$$

が利用可能である状況を想定しています．POMCP 法は木を利用する方法で，木の各ノードで信念状態を推定して，木構造を用いて信念状態間の遷移を近似的に表現します．そして，UCB1 法に従って行動選択することで効率よく木探索をして，最適方策を推定します．数値実験により，従来の POMDP のプランニング法では扱うことが困難であった大規模な POMDP ($|\mathcal{S}| \simeq 10^{56}$, $|\mathcal{A}|=4$, $|\mathcal{O}|=1,024$ のビデオゲーム）の問題を解けることが示され，有効性が確認されています．POMCP 法は報酬の扱いや行動価値の計算方法など基本的な手続きは従来の MCTS 法と同じですが，離散状態の代わりに信念状態（連続変数）を扱うための工夫が主に 2 つあり，以降それらを説明します．

1 つ目の工夫として，従来の MCTS 法では (a_t, s_{t+1}) ごとに子ノードを作成していたのに対して，POMCP 法では (a_t, o_{t+1}) ごとに子ノードを作成します．そして，観測 o_{t+1} と同時に生成モデル $\mathcal{G}$ から生成（サンプリング）される状態 s_{t+1} については，対応する子ノードに記録して，各ノードで状態の確率分布である信念状態を近似するという特徴があります．つまり，履歴 $(a_0, o_1, \ldots, a_t, o_{t+1})$ ごとにノードが存在して，各ノードは訪問回数個のサンプリングされた状態を保持していることになります．このサンプリングされた状態はパーティクル（particle）と呼ばれ，あるノード n に K 回訪問しているなら，ノード n は K 個のパーティクル $\{\varsigma_k^{(n)} \in \mathcal{S}\}_{k=1}^K$ をもち，信念状態 $b^{(n)}$ は

$$\hat{b}^{(n)}(s) := \frac{1}{K}\sum_{k=1}^{K} \mathbb{I}_{\{\varsigma_k^{(n)}=s\}}$$

と近似されます．なお，近似器 $\hat{b}^{(n)}$ の作成方法は標準的なモンテカルロ法であり，極限 $K \to \infty$ で $\hat{b}^{(n)}$ は真の信念状態 $b^{(n)}$ に収束します *9.

もう 1 つの工夫は，生成モデル $\mathcal{G}$ から経験データ (r_t, s_{t+1}, o_{t+1}) をサンプリングする手順についてです．UCB1 法に従ってノードに保持されている行動価値推定値と行動選択回数から行動 a_t の選択する部分は従来の MCTS 法と同じですが，生成モデル $\mathcal{G}$ を利用するために，現ノードの状態 s_t を定める必要があります．POMCP 法では，単純に現ノード n に保持されている

*9 収束性を保証するには，根ノードでの状態 s_0 のサンプリングが真の初期状態の分布 p_{s_0} に従っている必要があります．

パーティクル集合からパーティクル $\varsigma_k^{(n)}$ をランダムに選択し，$s_t := \varsigma_k^{(n)}$ と設定します．この処理は信念状態の近似器 $\hat{b}^{(n)}$ に従って，状態をサンプリングしていることに対応します．一度，(s_t, a_t) が定まれば，後は単にそれらを生成モデル $\mathcal{G}$ に与えて，経験データ (r_t, s_{t+1}, o_{t+1}) を 1 つサンプリングするだけになります．なお，ロールアウト時は，各ステップの前ステップでサンプリングされた状態と既定方策（多くの場合，単純に一様に行動を乱択する方策）で選択した行動を生成モデル $\mathcal{G}$ に与えて，新しい経験データをサンプリングすることを繰り返します．

7.3.2* データからの学習

マルコフ決定過程についての強化学習法の場合と同様に，モデルベース型とモデルフリー型のアプローチが考えられます．ただし，マルコフ決定過程の場合と異なり，POMDP の複雑性から事前知識なしにデータのみから POMDP 問題を解くことは非常に難しく，筆者の知る限り実応用されている事例は限られており，今後の研究の進展が期待されます．以下，簡単にモデルベース型とモデルフリー型の研究事例を紹介します．

モデルベース型のアプローチでは，マルコフ決定過程の場合（5 章）と同様，データから POMDP モデルを推定して，推定した POMDP モデルに対して 7.2 節や 7.3.1 節のプランニング方法を適用して最適方策を学習します．POMDP モデルの推定法として，隠れマルコフモデルの代表的な学習法であるバウム・ウェルチ（Baum-Welch）アルゴリズムにもとづく方法 [99] や，ノンパラメトリックベイズのビームサンプリング（beam sampling）[60] に従い，隠れ状態数 $|\mathcal{S}|$ も含めて POMDP モデルを推定する方法 [50] があります．また，POMDP を動的意思決定ネットワーク（dynamic decision network; DDN）*10 として再定式化し，モデルベース型のベイズ強化学習 [160] を拡張して，最適方策を推定するアプローチもあります [159]．

モデルフリー型のアプローチとしては，直近の観測 o もしくは直近数ステップの観測を単純に状態とみなしてマルコフ方策を学習する**メモリなし**（memoryless）のアプローチと，履歴考慮の非マルコフ方策を学習する**メモリあり**のアプローチがあります．メモリなしのアプローチとして，(s, a) で

*10　DDN とは動的ベイズネットワーク（dynamic Bayesian network; DBN）を用いて意思決定ネットワークを構成したものです．

はなく (o, a) の行動価値関数を学習することになり，エリジビリティ・トレースを用いる SARSA(λ) 法が実験的に有効であることが示されています [113]．これはエリジビリティ・トレースが現在の経験を過去に伝播させる効果をもつために，部分的に履歴を考慮した行動価値の推定になっているからだと考えられています．別の言い方をすれば，行動価値の推定値の偏りが大きいため，エリジビリティ・トレースを用いて偏りを減らす必要があるということです．また，観測 o を状態として扱うと，ベルマン最適方程式が成り立たず，一般に命題 2.7 は成立せず，決定的方策では十分でなく，確率的方策のほうがより大きい期待リターンを得られる可能性があります．そのため，確率的方策の学習が可能なアクター・クリティック法や方策勾配法を用いることも多いです [4, 13, 96]．

メモリありのアプローチでは履歴依存の方策を学習しますが，完全な履歴をそのまま入力とするような方策は自由度が高過ぎて扱えません．そこで，履歴を**内部状態**（internal state）と呼ばれる何かしら簡潔な値に変換して，内部状態を入力とするような方策の学習を扱うことが多いです．この内部状態は POMDP のプランニングで利用される信念状態に対応し，信念状態のように可能な限りマルコフ性を満たすように設計されます．たとえば，接尾辞木（suffix-tree）を用いて内部状態を構成するアプローチ [79, 122] や，LSTM (long short-term memory; 長短期記憶) の構造をもつ再帰型ニューラルネットワークモデルの内部変数を内部状態に用いるアプローチ [12] などがあります．なお，接尾辞木など離散構造のモデルであれば，動的計画法にもとづく方法で最適方策を推定することも可能です [122, 177]．

Chapter 8

最近の話題

最近の強化学習の新展開として，期待リターン（価値関数）ではなくリターン分布にもとづく分布強化学習と，関数近似器に深層ニューラルネットワークモデルを用いる深層強化学習を紹介します．

8.1 分布強化学習

強化学習の応用が広がる一方で，一般的な強化学習法の適用が困難な事例も数多く指摘されています[1,126,148]．その要因の１つとして，多くの強化学習法はリターンの「期待値」の最大化を目的としていることがあげられます．実際に，期待リターンの最大化問題もしくは期待コストの最小化問題として定式化できない実例が数多く報告されています[62,126]．たとえば，起こる確率は小さいが，大きな損失が発生してしまうような可能性があり，ユーザがそのリスクをなるべく回避することに興味があるような場合，期待リターンはその目的を正しく反映する指標とはいえません．なぜなら，期待リターンの最大化は全体として発生するコストを軽減しますが，高いコストの発生するリスクを積極的に回避することを目指していないからです．特に，金融工学において，リスク回避は主要なテーマであり，たとえば，株式投資の場合には，小さな確率で起きる大きな損失を回避しながら収益を高めるようなポートフォリオを組むことが必要になります[115]．

このような背景などから，近年，期待リターン以外の指標を考慮する**リスク**

考慮型強化学習の研究が盛んです[49,61,62,78,126]．特に，リターンの確率分布がわかれば，分布から規定される任意の指標にもとづく意思決定ルールの設計が可能になるため，リターン分布推定はリスク考慮型強化学習の実現において重要な役割を担います[46]．たとえば，リスク指標を用いて保守的な行動選択を行えばリスク回避型の方策となり[46,133]，逆にリスク（チャンス）を積極的にとりに行くような方策を設計することで効率のよい探索を実現できることが示されています[10,132,207]．また，頑健な推定が可能である中央値など[100]を用いることで状態観測や報酬観測の失敗時の異常値などの外れ値に頑健な学習も可能になります[196]．さらに興味深いことに，8.2.1.4節で示すように，深層強化学習でリターン分布推定を行うことで，（期待リターン最大化という問題設定はそのままに）学習の効率を大きく改善できることも示されています[15]．

以降，8.1.1節でリスク考慮型強化学習法を紹介し，8.1.2節でリターン分布推定の方法を説明します．なお，リターン分布を推定する強化学習は一般に**分布強化学習**（distributional reinforcement learning）と呼ばれます．なお，本書では**リターン分布**として，主に次のリターンの条件付き累積分布関数

$$P^{\pi}_{\mathrm{C}}(c|s) \triangleq \Pr(C_t \leq c \,|\, S_t = s, \mathrm{M}(\pi)) \tag{8.1}$$

を考えることにします．累積分布関数ではなく報酬は連続確率分布から生成されるとして，密度関数としてリターン分布を定義，学習することも可能です[133]．

8.1.1* リスク考慮型強化学習

リスク考慮型強化学習法を

（i）ある種の最悪ケース評価

（ii）効用関数や TD 誤差の非線形化

（iii）リターン以外のリスク指標の導入

の 3 つのタイプに分類して説明します．

(i) ある種の最悪ケースを評価するアプローチ

リスク考慮型強化学習の先駆的な研究として，Heger (1994)[78]によるリターンの最悪ケースを評価する Q 学習法の拡張があります．これは $\hat{Q}$ 学習

法と呼ばれ，式 (2.5) の期待リターンについてのベルマン最適方程式を次の最小リターンについての方程式に拡張できることを利用して，

$$Q^*_{\mathrm{worst}}(s,a) = \min\left[g(s,a) + \gamma \max_{b\in\mathcal{A}} Q^*_{\mathrm{worst}}(S_{t+1},b) \mid S_t = s, A_t = a, \mathrm{M}\right]$$

最悪の状況下でのリターンを最大化する maxmin 方策，つまり

$$f(\pi) \triangleq \sum_{s\in\mathcal{S}} \min[C_t \mid S_t = s, \mathrm{M}(\pi)] \tag{8.2}$$

を最大化する方策を求める方法です．$\hat{Q}$ 学習法の更新則は Q 学習法と類似しており，$\hat{Q}(s,a) \geq Q^*_{\mathrm{worst}}(s,a)$ となるよう $\hat{Q}$ を楽観的に初期化し，従来の式 (4.49) の更新則を

$$\hat{Q}(s_t,a_t) := \min\left[Q(s_t,a_t),\, r_{t+1} + \gamma \max_{b\in\mathcal{A}} \hat{Q}(S_{t+1},b) \mid S_t = s, A_t = a, \mathrm{M}\right] \tag{8.3}$$

とわずかに変更するだけです．

他の (i) のタイプのリスク考慮型強化学習として，リターンの分散を評価するアプローチが数多く研究されています [45, 53, 68, 169]．これらはチェビシェフ（Chebyshev）の不等式の観点から，「ある種の最悪ケース評価」しているとみなせます．たとえば，状態 s からのリターンの期待値 μ_s と分散 σ_s^2 がわかれば，任意の実数 $k > 0$ に対して，

$$P^{\pi}_{\mathrm{C}}(|C - \mu_s| \geq k\sigma_s \mid s) \leq \frac{1}{k^2}$$

が成り立つため [147]，リターンが期待リターン μ_s より $k\sigma_s$ 以上小さくなる確率を $1/k^2$ 以内に抑えることが可能になります．Dearden *et al.* (1998)[45] は，リターンの 2 次モーメント $\mathbb{E}^{\pi}[C_t^2 \mid S_t = s, A = a]$ についての再帰式

$$\begin{aligned}
&\mathbb{E}^{\pi}[C_t^2 \mid S_t = s, A_t = a] \\
&= \mathbb{E}^{\pi}[(g(s_t,a_t) + C_{t+1})^2 \mid S_t = s, A_t = a] \\
&= g(s_t,a_t)^2 + 2\gamma g(s_t,a_t) \sum_{s'\in\mathcal{S}} p_{\mathrm{T}}(s' \mid s,a)\, V^{\pi}(s') \\
&\qquad + \gamma^2 \sum_{s'\in\mathcal{S}} \sum_{a'\in\mathcal{A}} p_{\mathrm{T}}(s' \mid s,a)\pi(a'|s')\, \mathbb{E}^{\pi}[C_t^2 \mid S_t = s', A_t = a']
\end{aligned}$$

を導出し，リターン分布を正規ガンマ（normal-gamma）分布を用いてベイ

ズ推定により近似する**ベイズ Q 学習**（Bayesian Q learning）を提案しました．Sato & Kobayashi (2000, 2001)[168,169] は，リターンの分散の再帰式を導出し，分散ペナルティを追加した目的関数

$$f(\pi) \triangleq \sum_{s\in\mathcal{S}} \mathbb{E}^{\pi}\left[C_t - k(C_t - V^{\pi}(s))^2 \,\middle|\, S_t = s\right]$$

を最大化する方策反復型の強化学習法を提案しています．ここで，k は分散ペナルティの強さを調整するハイパーパラメータです．また，Engel *et al.* (2005)[53] は正規過程 [117] を用いて，リターンをノンパラメトリックに正規分布で近似する**正規過程 TD 学習**（Gaussian process TD learning）を提案しています．

(ii) 効用関数や TD 誤差を非線形化するアプローチ

線形な効用関数である期待リターン $\mathbb{E}^{\pi}[C_0 \mid S_0 = s] = V^{\pi}(s)$ の代わりに，ファイナンスや制御理論ではリスク指標として，非線形な効用関数である指数効用関数

$$\beta^{-1} \log \mathbb{E}^{\pi}[\exp(\beta C_0) \mid S_0 = s]$$

がよく用いられます [98,126,162]．ここで，β はリターンのリスクもしくは分散の選好度を調整するハイパーパラメータであり，たとえば，次のような指数効用関数にもとづく目的関数

$$f(\pi) \triangleq \sum_{s\in\mathcal{S}} \beta^{-1} \log \mathbb{E}^{\pi}[\exp(\beta C_0) \mid S_0 = s] \tag{8.4}$$

を最大化する方策は，$\beta < 0$ の場合，リスクを回避しリターンの分散を抑える方策となり，$\beta > 0$ の場合，リスクやリターンの分散が大きい方策を好むことになります [98,126]．しかし，期待リターンのときのようには指数効用関数についてのベルマン最適方程式を導出できず，動的計画法を適用できません．このためか，式 (8.4) を最大化する Q 学習法のようなモデルフリー型の強化学習法は，筆者の知る限り，ありません．

式 (8.4) の指数効用関数にもとづくアプローチの実装面での難点を避ける工夫として，式 (4.16) や式 (4.50) などの TD 誤差を偏重することでリスク考慮型の効用関数を算出することが Mihatsch & Neuneier (2002)[126] によって提案されました．彼らは，次の変換関数 $\mathcal{X}^{\kappa} : \mathbb{R} \to \mathbb{R}$ を用いて TD 誤差 δ

を非線形変換し，

$$\mathcal{X}^{\kappa}(\delta) = \begin{cases} (1-\kappa)\delta & (\delta > 0) \\ (1+\kappa)\delta & (\text{それ以外}) \end{cases}$$

変換された TD 誤差 $\mathcal{X}^{\kappa}(\delta)$ を，δ の代わりに，従来の式 (4.15) や式 (4.49) などの TD 法で用いて，効用関数を推定し，最適化することで，ユーザのリスク選好性を反映した方策を獲得することを目指しています．ここでの $\kappa \in (-1, 1)$ がリスク選好性を定めるハイパーパラメータであり，κ が 1 に近いほど，負の TD 誤差の重みを大きくし，また正の TD 誤差の重みを小さくして，リスク回避性を高めます．極限 $\kappa \to 1$ では，その更新則は Heger (1994)[78] の更新式 (8.3) と同等となり，式 (8.2) の目的関数を最大化するようなマックスミニ戦略（maxmin strategy; 最小リターンの最大化）の方策を探索していることになります．逆の場合 $\kappa < 0$ もまた同様です．また，$\kappa = 0$ の場合は従来の TD 学習と等価になります．ただし，$|\kappa| \to 1$ もしくは $\kappa = 0$ とする特別な場合を除いて，算出される効用関数の明示的な解釈は知られていません．

TD 誤差に着目する他のアプローチとして，TD 誤差の二乗損失 δ^2 ではなく絶対値損失 $|\delta|$ を最小化することで，報酬 R の中央値の期待割引累積値を効用関数として推定する方法も提案されています [196]．

(iii) リターン以外のリスク指標を導入するアプローチ

リターン以外でのリスク因子に着目し，報酬やリターンとは直接的には関係しないリスクを考慮するアプローチがあります．Geibel & Wysotzki (2005)[62] は，エラー状態という望ましくない危険な状態が既知であるという問題設定のもと，各状態 s からエラー状態に到達する確率をリスク関数 $\rho^{\pi}(s)$ として導入します．そして次の目的関数

$$f(\pi) \triangleq \sum_{s \in \mathcal{S}} \left(\xi V^{\pi}(s) - \rho^{\pi}(s) \right)$$

を TD 学習などで最大化することで，エラー状態への到達リスクを抑えつつ，期待リターンを最適化することを可能にしました．ここで，$\xi \geq 0$ は期待リターンを考慮する強さを定めるハイパーパラメータであり，$\xi = 0$ のときは

エラー状態への到達リスクのみが考慮されることになります.

8.1.2* リターン分布推定

8.1.2.1 節でリターン分布推定によるリスク考慮型学習を概説し, 8.1.2.2 節以降でリターン分布推定法を説明します. 価値関数の推定と同様, リターン分布の推定も「モンテカルロ法にもとづくアプローチ」と, TD 学習のように目的変数の再帰構造を利用する「解析的なアプローチ」の 2 つのアプローチが考えられます. それらを 8.1.2.2 節と 8.1.2.3 節でそれぞれ説明します.

8.1.2.1* リターン分布推定によるリスク考慮型学習

8.1.1 節で紹介したリスク考慮型強化学習は, (iii) の「リターン以外のリスク指標」のタイプを除けば, いずれもリターンの分布から導出可能なリスク指標, もしくは特別なケース以外は解釈できないリスク指標を最適化する方法とみなすことができます. また, リターン分布を正規分布と仮定して扱う方法もありますが, リターン分布の非対称性や多峰性, 裾の厚みを適切に表現できない場合があります. そのため, 金融などでよく用いられる, 実務家が直感的に解釈しやすい VaR (value-at-risk; バリュー・アット・リスク) や CVaR (conditional value-at-risk; 条件付きバリュー・アット・リスク) などのリスク指標 [93, 115] を正しく算出できない可能性があります.

一方で, リターン分布 P_{C}^{π} (式 (8.1)) を正確に推定できれば, リターン分布から規定される VaR や CVaR を含む任意の特徴量 $\mathcal{F}_0, \mathcal{F}_1, \ldots, \mathcal{F}_k$ 等を用いて,

$$
\begin{aligned}
\max_{\pi \in \Pi} \quad & \mathcal{F}_0[P_{\mathrm{C}}^{\pi}], \\
\text{s.t.} \quad & \mathcal{F}_1[P_{\mathrm{C}}^{\pi}] \geq \varepsilon_1, \ldots, \mathcal{F}_k[P_{\mathrm{C}}^{\pi}] \geq \varepsilon_k,
\end{aligned}
$$

といった最適化問題を考えることが可能になります*1. たとえば, Morimura *et al.* (2010b) [133] では, リターンの q 分位点

$$
\mathcal{Q}_q\left[P_{\mathrm{C}}^{\pi} \mid s\right] \triangleq \inf_{c \in \mathbb{R}} \{P_{\mathrm{C}}^{\pi}(c|s) \geq q\}
$$

*1 期待リターンや反復リスク指標 (iterated risk measure) のように時間的再帰構造をもつ目的関数 $\mathcal{F}_0$ や単調性のある制約 $\mathcal{F}_1, \ldots, \mathcal{F}_k$ を用いない場合, 時間不整合性 (ある時点での最適計画が, その後の時点の最適計画と必ずしも一致しない. 1.4.4 節参照) の問題が生じることがあります [146].

に着目し，次の最適化問題を近似的に解いています．

$$\max_{\pi \in \Pi} \quad \sum_{s \in \mathcal{S}} \mathcal{Q}_q[P_{\mathrm{C}}^{\pi} \mid s]. \tag{8.5}$$

q 分位点は VaR と同義であり，ある一定の確率 q の範囲内で起こりうる最小リターン値（もしくは最大損失額）を表すリスク指標と解釈できます．また，分位点は $q \simeq 0.5$ ならば，頑健な統計量としても知られています[100,101]．実際，数値実験より，式 (8.5) の最適化問題（の緩和問題）により得られた方策はリスク考慮型方策になり，その学習過程は頑健であったことが示されています[133]．さらに，目的は期待リターンの最大化のままであっても，リスク指標（たとえば CVaR）を利用して，積極的にリスクを負うことで，効果的な探索を達成できることも示されています[132]．以上のように，リターン分布を推定する分布強化学習はリスク考慮型強化学習の新たな展開へ向けて重要な要素になると期待されます．

8.1.2.2* モンテカルロ推定

もっとも直接的なリターン分布の推定法に，モンテカルロ法による推定があります．各時間ステップ t のリターンの標本を

$$c_t \triangleq \sum_{k=t}^{T} \gamma^{k-t} r_{k+1}$$

と計算して，c_t を状態 s_t（もしくは状態行動対）と一緒に記憶しておきます．このとき，T を十分に大きくすれば，各状態（もしくは各状態行動対）からのリターンの標本が多数集まるので，各状態で条件付けられたリターン分布推定が可能になります．

しかし，期待リターン（価値関数）のモンテカルロ推定の場合と同様，訪問確率の低い状態に関する標本を十分に観測するには，非常に多数の繰り返しが必要であり，膨大な記憶領域も必要になります．また，リターン値がほぼ確定するまでの時間遅れも問題になります．

8.1.2.3* 解析的アプローチ

リターン分布推定問題を (半) 解析的に解くための基礎となる「リターン分布についての再帰式」をはじめに紹介します．これは通常の期待リターン

についての再帰式であるベルマン方程式をリターン分布についてに拡張したものであり，分布ベルマン方程式と呼ばれます．次に，リターン分布を粒子（particle）で近似して，分布ベルマン方程式に従って粒子を更新することで分布推定する方法を紹介します．

分布ベルマン方程式

近年，期待リターンの再帰式であるベルマン期待方程式 (1.32) をリターン分布 P_{C}^{π} に拡張した P_{C}^{π} の再帰式

$$P_{\mathrm{C}}^{\pi}(c|s) = \sum_{a\in\mathcal{A}}\sum_{s'\in\mathcal{S}} p_{\mathrm{T}}(s'|s,a)\pi(a|s)P_{\mathrm{C}}^{\pi}\Big(\frac{c-g(s,a)}{\gamma}\,|\,s'\Big), \quad {}^{\forall}c\in\mathbb{R},\ s\in\mathcal{S} \tag{8.6}$$

が導出されました[132, 237]．これは方策 π の分布ベルマン期待方程式もしくは単に**分布ベルマン方程式**（distributional Bellman equation）と呼ばれます．ここで，簡便化のため，方策 π に関する**分布ベルマン作用素** $\mathcal{D}_{\pi}$ を（条件付き）累積分布 $F(c|s)$ に対して，

$$\mathcal{D}_{\pi}F(c|s) \triangleq \sum_{a\in\mathcal{A}}\sum_{s'\in\mathcal{S}} p_{\mathrm{T}}(s'|s,a)\pi(a|s)F\Big(\frac{c-g(s,a)}{\gamma}\,|\,s'\Big), \quad {}^{\forall}c\in\mathbb{R},\ s\in\mathcal{S}$$

と定義します．このとき，式 (8.6) の分布ベルマン方程式を $P_{\mathrm{C}}^{\pi} = \mathcal{D}_{\pi}P_{\mathrm{C}}^{\pi}$ と書くことができます．なお本書では詳細を省略しますが，期待リターンの場合と同様に，分布ベルマン作用素を状態行動空間に拡張した分布ベルマン行動作用素や，標本近似による近似分布ベルマン作用素，貪欲方策に関する分布ベルマン最適作用素，またこれらの拡張を組み合わせた作用素（たとえば，**近似分布ベルマン行動最適作用素**）を考えることができます．

分布ベルマン方程式を解けば，その解がリターン分布です．具体的には，ある条件付き累積分布関数 $F(c|s)$ が，任意の状態 $s\in\mathcal{S}$ で分布ベルマン方程式 $F(\cdot|s) = \mathcal{D}_{\pi}F(\cdot|s)$ を満たせば，F は分布ベルマン方程式の解であり，$F = P_{\mathrm{C}}^{\pi}$ が成り立ちます[240]．

分布ベルマン方程式にもとづくリターン分布推定法

分布ベルマン方程式を解くことで，リターン分布を推定することを考えま

す．ただし，分布ベルマン方程式は汎関数の自由度をもつため，一般に解くことは困難です．そのため，リターン分布についてある分布族 $\mathcal{G}$ を仮定して，近似的に分布ベルマン方程式を満たすような $G \in \mathcal{G}$ を求めるリターン分布推定法が提案されています [15, 132, 133]．

以下，Morimura *et al.* (2010a) [132] の **RDPS** (Return Distribution Particle Smoothing; リターン分布粒子平滑化) 法を紹介します．RDPS 法は各状態 s（もしくは各状態行動対）に N 個の粒子（particle）$v_{s,n} \in \mathbb{R}$

$$\mathcal{V}_s = \{v_{s,1}, \ldots, v_{s,N}\}$$

を割り当て，その粒子の値のばらつきでリターン分布をノンパラメトリック近似

$$\hat{P}_{\mathrm{C}}(c|s) \triangleq \frac{1}{N} \sum_{n=1}^{N} \mathbb{I}_{\{v_{s,n} \leq c\}} \tag{8.7}$$

します．そして，$\hat{P}_{\mathrm{C}}$ が分布ベルマン方程式を満たすように粒子を逐次的に更新します．

推定リターン分布が真のリターン分布に等しい場合，分布ベルマン方程式の左辺 $\hat{P}_{\mathrm{C}}$ と右辺 $\mathcal{D}_\pi \hat{P}_{\mathrm{C}}$ が一致することから，価値関数の学習と同様に，$\hat{P}_{\mathrm{C}}$ が $\mathcal{D}_\pi \hat{P}_{\mathrm{C}}$ に近づくように学習します．実装としては，分布 $\mathcal{D}_\pi \hat{P}_{\mathrm{C}}(\cdot|s)$ に従う標本 c をサンプリングして，$\hat{P}_{\mathrm{C}}(\cdot|s)$ のある粒子 $v \in \mathcal{V}_s$ の値を c に更新します．具体的な粒子の更新手続きは，各時間ステップ t で，観測報酬 r_t と次時間ステップ $t+1$ の状態 s_{t+1} の粒子集合 $\mathcal{V}_{s_{t+1}}$ を用いて，次の手順を学習率 $\alpha \in [0, 1]$ に比例した $\lceil \alpha N \rceil$ 回繰り返して，$\mathcal{V}_{s_t}$ を更新します．

- $n \sim \mathrm{U}(N)$, $n' \sim \mathrm{U}(N)$
- $v_{s_t,n} := r_{t+1} + \gamma v_{s_{t+1},n'}$

ここで，$\mathrm{U}(N)$ は 1 から N までの自然数の一様分布です．以上のように RDPS 法は実装は単純ですが，粒子数 N を増やせば，多峰性のあるような分布でも何でも任意の分布の推定が可能であることが示されています [132]．また，リターン分布推定を効率化するために，TD 法を TD(λ) 法に拡張したように，RDPS 法にエリジビレティ・トレースを適用する RDPS(λ) 法もあ

ります[132]．なお，数値実験を通して，RDPS(λ) 法はモンテカルロ推定よりも効率よくリターン分布推定が可能であることが示されています[132]．

8.2 深層強化学習

深層モデル[107]を利用する強化学習を**深層強化学習**（deep reinforcement learning）といいますが，近年テレビゲームや囲碁で人を超える性能を発揮し，多くの注目を浴びています．ここでは深層強化学習の話題をいくつか紹介します．ただし，通常の深層学習を含め深層モデルに関する技術は2018年現在も急速に進展しており，理論的な理解も十分に追いついているとはいえず，ここで紹介する技術のいくつかはすぐに一新される可能性があることに注意してください．たとえば，2016年に発表された囲碁に対するアルファ碁（AlphaGo）[179]は翌年2017年に発表されたアルファ碁ゼロ（AlphaGoZero）[182]で全面的に改良され，より強い方策の学習が可能になったにもかかわらずアルゴリズム手続きは簡素化され，いまや元の複雑なアルファ碁を詳細に紐解く必要性はほとんどなくなりました．また，深層強化学習を適用するうえで，CNN（convolutional neural network; 畳み込みニューラルネットワーク）[107]や残差学習（residual learning）[77]，バッチ正規化（batch normalization）[82]，学習率の自動調整[166]など深層学習の一般的な技術も非常に重要になりますが，本書の範囲を超えるため取り扱いません．

以降，8.2.1節で，行動価値関数 Q^{π} の関数近似器として深層モデルを用いる**深層 Q ネットワーク**（deep Q network; **DQN**）法に関連する方法を説明し，8.2.2節でアルファゼロを紹介します．なお，方策の関数近似器に深層モデルを用いる場合の方法として，6.3節で簡単に紹介したA3C法[128]やTRPO法[174]，PPO法[175]，DDPG法[109]が代表的です．また，紙面の都合により詳細は割愛しますが，環境モデルの推定に深層モデルを用いるモデルベース型の深層強化学習の取り組みや[127,217,221]，プランニングの手続きに対応する構造（ほとんどCNNと最大値プーリング）を方策の深層モデルに内包させて，モデルフリーとモデルベース両方の特徴をもたせる**価値反復ネットワーク**（value iteration network）[205]などがあります．これらは純粋なモデルフリー型の学習と比べ，効率のよい探索や方策の高い汎化能を期待でき，今後の進展が興味深いです．

8.2.1 深層 Q ネットワーク (DQN) 法

行動価値関数 Q^π の近似に深層モデル $\hat{Q}_{\boldsymbol{\omega}}$ を用いる適合 Q 反復法として **DQN**（deep Q network; **深層 Q ネットワーク**）法を 6.2.1.1 節で簡単に紹介しましたが，ここではその改善法をいくつか紹介します．その前に DQN 法を振り返ります．DQN 法はモデルフリー型のバッチ学習に分類され*2，適当に深層モデル $\hat{Q}_{\boldsymbol{\omega}}$ のパラメータ $\boldsymbol{\omega}_0$ を初期化し，各繰り返し $k = 1, 2, \ldots$ で以下を実行します．

履歴データ $\mathcal{D}$ に含まれる全 N 個の経験データ $(s_n, a_n, r_n, s'_n),\ n \in \{1, \ldots, N\}$ それぞれについて目的変数（ターゲット値）を

$$q_n := r_n + \gamma \max_{a' \in \mathcal{A}} \hat{Q}_{\boldsymbol{\omega}_k}(s'_n, a') \tag{8.8}$$

と計算（fixing target）します．次に，近似誤差の損失関数

$$l(\boldsymbol{\omega}) \triangleq \frac{1}{2N} \sum_{n=1}^{N} (\hat{Q}_{\boldsymbol{\omega}}(s_n, a_n) - q_n)^2 \tag{8.9}$$

が小さくなるように，確率的勾配法で $\boldsymbol{\omega}_k$ を初期値として $\boldsymbol{\omega}$ を最適化し，$\boldsymbol{\omega}_{k+1} := \boldsymbol{\omega}$ とします．

なお，確率的勾配法を実施する際，時間ステップの近い経験データ間は強い相関をもつことが多いので，経験データを観測した順番に読み込むのではなく，経験を一様に乱択する経験再生を用いることが DQN 法の大切な特徴になります*3．具体的には，確率的勾配法のステップでは以下を繰り返します．

- 経験データ n の乱択
- パラメータの更新

$$\boldsymbol{\omega} := \boldsymbol{\omega} - \alpha \boldsymbol{g}_n$$

ここで，$\alpha \geq 0$ は学習率，$\boldsymbol{g}_n$ は損失関数 $l(\boldsymbol{\omega})$ の次の経験データ n の確率勾配です．

---

*2 多くの場合，DQN 法によるバッチ学習と環境との相互作用（経験データを履歴データに追加）を交互に繰り返します．

*3 経験再生はアクター・クリティック型の深層モデルの学習する **ACER**（actor critic with experience replay; 経験再生ありアクター・クリティック）法 [218] などにおいても有用であることが示されています．

$$\boldsymbol{g}_n \triangleq (\hat{Q}_{\boldsymbol{\omega}}(s_n, a_n) - q_n)\nabla_{\boldsymbol{\omega}}\hat{Q}_{\boldsymbol{\omega}}(s_n, a_n)$$

以下，DQN 法を改善する代表的な方法として，8.2.1.1 節で目的変数 q_n の作り方を工夫する**二重 DNQ**（double DQN）**法** [215]，8.2.1.2 節で経験データの選択方法を工夫する**優先度付け経験再生**（prioritized experience replay）**法** [170]，8.2.1.3 節で関数近似器のネットワーク構造を工夫する**衝突 Q ネットワーク**（dueling Q network）**法** [219] を解説します．また，予測の対象を価値関数（期待リターン）ではなくリターン分布とする**カテゴリ DQN**（categorical DQN）**法** [15]，探索に偏りを与えて探索を効率化する**ノイズネットワーク**（noisy network）[59] なども 8.2.1.4 節や 8.2.1.5 節で説明します．最後に 8.2.1.6 節で，DQN 法に関する 7 つの技術を組み合わせた**レインボー DQN**（rainbow DQN）**法** [80] を簡単に紹介します．

8.2.1.1　二重 DQN 法

最適行動価値関数 Q^* を推定する際，Q 学習法などのオンライン学習の場合も適合 Q 反復法や DQN 法などのバッチ学習の場合も，価値反復法の考え方に従い，基本的には，目的変数 q_n を式 (8.8) に従い求めて，$\hat{Q}(s_n, a_n)$ と q_n の誤差が小さくなるように $\hat{Q}$ を学習していました．実はこの目的変数の求め方は，以下に示すように，問題があることが知られています [210, 214]．

ある $\epsilon \geq 0$ について，ϵ 最適な行動の集合を

$$\mathcal{A}_s(\epsilon) \triangleq \{a \in \mathcal{A} \,|\, Q^*(s, a) \geq \max_{a \in \mathcal{A}} Q^*(s, a) - \epsilon\}$$

と定義します．もし推定価値 $\hat{Q}(s, \cdot)$ が各行動 $a \in \mathcal{A}$ で独立な推定誤差をもつとすれば，ϵ 最適な行動数 $|\mathcal{A}_s(\epsilon)|$ が大きいほど，$\mathcal{A}_s(\epsilon)$ のいずれかの行動でたまたま 2ϵ ほど過大評価してしまい，

$$\max_{a \in \mathcal{A}} \hat{Q}(s, a) \geq \max_{a \in \mathcal{A}} Q^*(s, a) + \epsilon$$

が成立してしまう確率が高くなります．そのため，一般に $|\mathcal{A}_s(\epsilon)|$ が大きいほど，上の不等式が成立して，式 (8.8) から目的変数 q_n が少なくても $\gamma\epsilon$ 過大評価される確率が高くなります*4．そして，この影響により，目的変数に

*4　探索のために不確実なときは楽観的に行動価値を過大評価することと，ここでの目的変数の過大評価は異なることに注意してください．

偏りが発生するため，$\hat{Q}$ の学習効率が悪くなると考えられます．一般に，行動数 $|\mathcal{A}|$ が大きい場合ほど，$|\mathcal{A}_s(\epsilon)|$ が大きくなりやすいため，目的変数の過大評価の問題は行動数が多い場合ほど問題になりやすいです．

このような目的変数の過大評価問題を解消するため，van Hasselt (2011)[214] は**二重 Q 学習**（double Q learning）という方法を提案しました．式 (8.8) を

$$\text{(行動選択)} \qquad a^\star := \operatorname*{argmax}_{a' \in \mathcal{A}} \hat{Q}(s'_n, a')$$

$$\text{(価値評価)} \qquad q_n := r_n + \gamma \hat{Q}(s'_n, a^\star)$$

と書き表すことができ，q_n を計算するために，$\hat{Q}$ を「行動選択」と「価値評価」とで二度使っていることに着目して，二重 Q 学習では 2 つの関数近似器 $\hat{Q}_{\boldsymbol{\omega}}$ と $\hat{Q}_{\boldsymbol{\omega}'}$ を準備して，行動選択と価値評価でそれぞれ異なる関数近似器を用いて $\hat{Q}$ を計算します．そのため，$\hat{Q}_{\boldsymbol{\omega}}$ がある行動 $a^\star$ の価値を大きく過大評価してしまい，行動選択のステップで $a^\star$ を選択したとしても，$\hat{Q}_{\boldsymbol{\omega}'}$ も同様に $a^\star$ を大きく過大評価している可能性は低く，目的変数の過大評価問題を抑制できることが期待されます．たとえば，$|\mathcal{A}| = 10$ であり，$\hat{Q}_{\boldsymbol{\omega}}$ と $\hat{Q}_{\boldsymbol{\omega}'}$ が独立であり，$\hat{Q}_{\boldsymbol{\omega}}, \hat{Q}_{\boldsymbol{\omega}'}$ ともに行動価値を異常に大きく過大評価する確率が約 0.01 だとすると，従来の方法（式 (8.8)）で目的変数を計算すれば確率 0.1（$\simeq 1 - 0.99^{|\mathcal{A}|}$）で目的変数を異常に大きく評価していたのに対して，二重 Q 学習ではこの確率を 0.01 にまで抑えることができます．

二重 Q 学習の考え方を DQN 法に適用したものとして，**二重 DQN 法**[215] があります．通常の DQN 法では，各繰り返し $k = 1, 2, \ldots$ で，確率的勾配法を実施する前に目的変数 q_n を式 (8.8) に従い計算していましたが，二重 DQN 法では確率的勾配法の最中に，乱択した経験データ n に対して，

$$q_n := r_n + \gamma \hat{Q}_{\boldsymbol{\omega}_k}\big(s'_n, \operatorname*{argmax}_{a' \in \mathcal{A}} \hat{Q}_{\boldsymbol{\omega}}(s'_n, a')\big)$$

のように q_n を計算します．「行動選択」には確率的勾配法で逐次更新している最新のパラメータ $\boldsymbol{\omega}$ による行動価値推定値 $\hat{Q}_{\boldsymbol{\omega}}$ を用い，「価値評価」は前回の繰り返し*5 で求めたパラメータ $\boldsymbol{\omega}_k$ を用います．これにより，たまたま

*5 DQN 法は各繰り返し $k = 1, 2, \ldots$ で確率的勾配法を実施しますが，ここでの繰り返しは確率的勾配法内での繰り返しではなくて，その外側の全体の繰り返し k であることに注意してください．

$\hat{Q}_{\boldsymbol{\omega}}$ で過大評価されている $a^\star$ を選択しても，$\hat{Q}_{\boldsymbol{\omega}_k}(s'_n, a^\star)$ は異なる推定誤差をもつため，目的変数の過大評価の傾向が抑制されることがわかります．なお，アタリ（Atari）社の複数のビデオゲームを自動操作させる数値実験で，二重 DQN 法はほとんどのビデオゲームで元の DQN 法の性能を改善できることが示されています [215].

8.2.1.2* 優先度付け経験再生

確率的勾配法の実施時に，近い時間ステップの経験データ間の相関の影響を解消するため，DQN 法では経験データを時間ステップ順で処理せず，経験再生というヒューリスティックに従い経験データを**一様に**乱択して確率的勾配法を実施していました．**優先度付け経験再生** [170] では一様に乱択するのではなく，各経験データ n に対して学習すべき重要な標本であるほど高い値をもつように優先度 $\nu_n > 0$ を付けて，選択確率 p_ν

$$p_\nu(n) \triangleq \frac{\nu_n}{\sum_{n=1}^{N} \nu_n}$$

に従い選択します．優先度の決め方は後述します．優先度の高い経験ほど，高い確率で選択されるので，学習効率の改善を期待できます．ただし，経験データの分布（特に状態遷移確率）に偏りを与えていることになり，このままではパラメータ $\boldsymbol{\omega}$ の期待更新方向

$$\sum_{n=1}^{N} p_\nu(n) \boldsymbol{g}_n$$

と損失関数 $l(\boldsymbol{\omega})$ の勾配方向

$$\nabla_{\boldsymbol{\omega}} l(\boldsymbol{\omega}) = \sum_{n=1}^{N} \frac{1}{N} \boldsymbol{g}_n$$

が一致せず，パラメータ学習が偏ってしまうため，**重点サンプリング**（importance sampling）[165] と呼ばれる技術を利用します．重点サンプリングは目的の分布と実際の選択に用いる挙動分布の差異を解消するために一般によく用いられる技術で，目的分布における選択確率（今回は一様乱択なので $1/N$）を挙動分布での選択確率 $p_\nu(n)$ で割った重み係数 $\rho(n)$

$$\rho(n) := \frac{1}{N}\frac{1}{p_\nu(n)}$$

で勾配 $\boldsymbol{g}_n$ を重み付けします．この処理により，$p_\nu(n) > 0, \forall n$ であれば，次のようにパラメータの期待更新方向が $\nabla_{\boldsymbol{\omega}} l(\boldsymbol{\omega})$ に一致することを確認できます．

$$\sum_{n=1}^{N} p_\nu(n)\rho(n)\boldsymbol{g}_n = \sum_{n=1}^{N} \frac{1}{N}\boldsymbol{g}_n = \nabla_{\boldsymbol{\omega}} l(\boldsymbol{\omega})$$

なお，目的分布と挙動分布の差異が大きいほど重点サンプリングの重み係数 ρ の分散が大きくなり，推定量（確率勾配）の分散も大きくなってしまいます．そのため，偏りは生じてしまいますが，重み係数 ρ を

$$\rho(n) := \left(\frac{1}{N}\frac{1}{p_\nu(n)}\right)^\beta$$

のように $\beta \in [0,1]$ 乗して ρ を平準化することが有効であると報告されています [170]．また，重み係数 $\rho(n)$ がある定数 b を超えたら b に丸めるヒューリスティックも強化学習における重点サンプリングではよく用いられます [137,218]．

次に優先度 ν_n の決め方ですが，近似誤差 $\delta_n \triangleq q_n - \hat{Q}_{\boldsymbol{\omega}}(s_n, a_n)$ の絶対値の大きい経験データ n ほど，損失関数 $l(\boldsymbol{\omega})$（式 (8.9)）を大きくすることに寄与するため，$|\delta_n|$ の大きい経験 n ほど，重要な標本といえます．そこで，優先度 ν_n を $|\delta_n|$ を用いて，単純に

$$\nu_n := (|\delta_n| + \epsilon)^\eta$$

としたり，$|\delta_n|$ の大きさの順位 $\mathrm{rank}(n)$（もっとも大きいと 1，小さいと N）を用いて，

$$\nu_n := \frac{1}{(\mathrm{rank}(n))^\eta}$$

としたりします．ここで，$\epsilon > 0$ はたまたま近似誤差 δ_n がほぼゼロとなり，経験データ n の選択確率がほぼゼロにならないようにするためのハイパーパラメータです．また，$\eta \geq 0$ は優先度の程度を定めるハイパーパラメータで，$\eta = 0$ にすると選択確率 p_ν は一様になるので，通常の経験再生と一致します．

以上より，優先度付け経験再生は経験データの近似誤差 $|\delta_n|$ の大きさにも

とづく優先度付け選択と，重点サンプリングによる経験データへの重み付けが特徴といえます．全体として，（相対的に）近似誤差の大きい経験データは，優先的に選択される一方，重点サンプリングによる重み付けにより 1 より小さい重み係数が掛けられ，1 回の選択当たりのパラメータの更新量は元よりも小さくなります．近似誤差の小さな経験については，選択されにくくなる一方，大きい重み係数が掛けられ，本来よりパラメータの更新量が大きくなります．つまり，$|\delta_n|$ が大きく元の更新量の大きい経験データは高確率で選択される分，更新量が割り引かれ，逆もまた同様です．よって，確率的勾配法の各繰り返しでのパラメータの更新量が従来より揃う傾向があり，つまり

$$\frac{1}{N}\sum_{n=1}^{N}\delta_n^2 \gg \sum_{n=1}^{N} p_\nu(n)(\rho(n)\delta_n)^2$$

を期待できるため，学習率 α を不必要に小さな値にする必要がなくなり，学習を改善できると考えられます．

なお，アタリ社の複数のビデオゲームを用いた数値実験から，η を徐々に小さくし，ゼロに近づけるように調整することが有効であり，優先度付け経験再生を用いた二重 DQN 法は通常の経験再生を用いた二重 DQN 法より大半のゲームで性能がよかったことが報告されています [170]．

8.2.1.3* 衝突 Q ネットワーク法

Q 学習法や DQN 法など価値反復法にもとづくアプローチでは最適行動価値関数を近似しますが，**衝突 Q ネットワーク法** [219] は一般の状態行動の関数（深層モデル）で最適行動価値関数を近似するのではなく，行動価値関数がもつ構造を関数近似器に埋め込むことで，学習の効率化を目指します．なお，衝突 Q ネットワークの考え方は DQN 法に限らず，他の行動価値関数を関数近似する方法に適用することができます．

任意の方策 $\pi \in \Pi$ についての行動価値関数 Q^π は，アドバンテージ関数 A^π（式 (4.60)）を用いて，

$$Q^\pi(s,a) = V^\pi(s) + A^\pi(s,a) \tag{8.10}$$

のように書くことができます．アドバンテージ関数 A^π は，

$$\sum_{a \in \mathcal{A}} \pi(s,a) A^{\pi}(s,a) = 0, \quad \forall s \in \mathcal{S} \tag{8.11}$$

という性質をもち，状態 s に関する情報を一切もちませんので，式 (8.10) から，Q^{π} を状態に関する成分 V^{π} と，それ以外の成分 A^{π} に分解して表現できることがわかります．そして，どの行動を選択しても期待リターンがほとんど変わらないような状態 $s^{\star}$ があるなら，$A^{\pi}(s^{\star}, a) \simeq 0$, $\forall a \in \mathcal{A}$ であり，$s^{\star}$ の行動価値 Q^{π} は実質 V^{π} のみで定まり，（A^{π} の近似器の出力がほぼゼロになるよう適切に初期化されていれば）状態 $s^{\star}$ に関する A^{π} の学習は不要といえます．しかし，テーブル形式の関数など一般の関数近似器で行動価値関数を推定しようとすると，関数近似器の出力間に特に構造がないため*6，各行動 $a \in \mathcal{A}$ の行動価値 $\hat{Q}(s^{\star}, a)$ をそれぞれ学習する必要があります．そのため，$s^{\star}$ のような状態が少なくなく，行動数が多い場合，従来の関数近似器による学習は効率的とはいえません．

そこで，衝突 Q ネットワーク法では式 (8.10) の形式で，

$$\hat{Q}(s,a) := \hat{V}(s) + \hat{A}(s,a)$$

のように明示的に $\hat{V}$ と $\hat{A}$ に分解し，$\hat{V}$ と $\hat{A}$ を学習して，それらの和をとる（衝突（dueling）させる）ことで最適行動価値関数 Q^* を推定します．なお，最適行動価値関数 Q^* も Q^{π} 同様，最適価値関数 V^* と最適アドバンテージ関数 A^* を用いて

$$Q^*(s,a) = V^*(s) + A^*(s,a) \tag{8.12}$$

と書くことでき，A^* も A^{π} の式 (8.11) と同様の制約

$$\sum_{a \in \mathcal{A}} \pi^*(a|s) A^*(s,a) = 0, \quad \forall s \in \mathcal{S} \tag{8.13}$$

をもちます．

次に，A^* の推定ですが，A^* は式 (8.13) の制約をもつので，制約付きの最適化問題として $\hat{A}$ を求めるか，もしくは方策勾配法の適合関数近似器（式 (6.56)）のようにつねに制約を満たすような構造をもつ関数近似器を用いる

*6 関数近似しないテーブル形式の関数を関数近似器に用いる場合，各状態行動対の入力に対する出力はそれぞれ独立です．

必要があります．衝突Qネットワーク法は後者のアプローチをとり，A^* が

$$
\begin{aligned}
A^*(s,a) &= Q^*(s,a) - V^*(s) \\
&= \begin{cases} 0 & (Q^*(s,a) = \max_a Q^*(s,a)) \\ Q^*(s,a) - V^*(s) & (\text{それ以外}) \end{cases}
\end{aligned}
$$

であることを利用して，$\hat{A}$ を関数近似器 $\dot{A} : \mathcal{S} \times \mathcal{A} \to \mathbb{R}$ を用いて，

$$
\hat{A}(s,a) \triangleq \dot{A}(s,a) - \max_{a \in \mathcal{A}} \dot{A}(s,a)
$$

と設計します．よって，Q^* の関数近似器 $\hat{Q}^{\text{dueling}}$ は

$$
\hat{Q}^{\text{dueling}}(s,a) := \hat{V}(s) + \dot{A}(s,a) - \max_{a \in \mathcal{A}} \dot{A}(s,a) \tag{8.14}
$$

となります．このとき，$\hat{Q}^{\text{dueling}}$ から定まる推定最適方策 $\hat{\pi}^*$ は

$$
\hat{\pi}^*(a|s) = \begin{cases} 1 & (a = \operatorname{argmax}_a \hat{Q}^{\text{dueling}}(s,a)) \\ 0 & (\text{それ以外}) \end{cases}
$$

ですから，

$$
\sum_{a \in \mathcal{A}} \hat{\pi}^*(a|s) \hat{A}(s,a) = \dot{A}\big(s, \operatorname*{argmax}_{a \in \mathcal{A}} \hat{Q}^{\text{dueling}}(s,a)\big) - \max_{a \in \mathcal{A}} \dot{A}(s,a) = 0
$$

が成り立ちます．よって，$\hat{Q}^{\text{dueling}}$ がもつ $\hat{A}$ は，$\hat{\pi}^*$ に対して，つねに制約 (8.13) を満たしていることがわかります．

ここで注意すべきは，$\hat{Q}^{\text{dueling}}$ は最大化作用素 max をもつことで，つねに $\hat{Q}$ が微分可能とは限らないことや，一般に最大化作用素をもつ関数近似器は安定しないことから*7，$\hat{Q}^{\text{dueling}}$ は扱いやすい関数近似器とはいえません．そのため，衝突Qネットワーク法の原論文 [219] では，式 (8.14) の $\hat{Q}^{\text{dueling}}$ 内の max 演算を平均に変更する

$$
\hat{Q}^{\text{dueling}'}(s,a) := \hat{V}(s) + \dot{A}(s,a) - \frac{1}{|\mathcal{A}|} \sum_{a \in \mathcal{A}} \dot{A}(s,a) \tag{8.15}
$$

という関数近似器も提案しています．近似器 $\hat{Q}^{\text{dueling}'}$ のアドバンテージ関

*7 不安定になりやすい理由は二重 DQN 法（8.2.1.1 節）と同様で，最大化演算子の性質上たまたま過大評価してしまった推定値の影響を受けやすいからです．

数に対応する部分 $\dot{A}(s,a) - 1/|\mathcal{A}|\sum_a \dot{A}(s,a)$ は一般に式 (8.13) の A^* の制約を満たさないため，残念ながら，厳密には行動価値を状態に関する成分と行動に関する成分に分解することはできません*8．しかし，アタリ社のビデオゲームを用いた数値実験より，通常の関数近似器を式 (8.15) の構造をもつ関数近似器に差し替えることで，多くのゲームで性能が改善することが示されています [219]．また，8.2.1.2 節で説明した優先度付け経験再生を用いた二重 DQN 法（8.2.1.1 節）に衝突 Q ネットワーク法を適用した方法が多くのゲームでもっとも高い性能を示したことも報告されています．

なお，$\hat{Q}^{\mathrm{dueling}}$ は 2 つの関数近似器 $\hat{V}$ と $\dot{A}$ を内在しますが，微分可能であれば，それらが互いに独立であっても，一部パラメータを共有していても原理的にはどちらでも構いません．ただし，深層モデルを用いる場合，下層部分（入力に近い側の層）は $\hat{V}$ と $\dot{A}$ で共有して，入力 s に対して $[\hat{V}(s), \dot{A}(s,a_1), \ldots, \dot{A}(s,a_{|\mathcal{A}|})]$ の $|\mathcal{A}|+1$ 次元のベクトルを出力するような単一の深層モデルを使用することが推奨されています [219]．

8.2.1.4* カテゴリ DQN 法

8.1 節で紹介した分布強化学習の考え方を DQN 法に応用したものとして**カテゴリ DQN 法** [15] があります．従来の DQN 法は状態行動対 $(s,a) \in \mathcal{S} \times \mathcal{A}$ の入力に対して行動価値（期待リターン）の推定値 $\hat{Q}(s,a)$ を出力するような深層モデル $\mathcal{S} \times \mathcal{A} \to \mathbb{R}$ を学習する方法でしたが*9，カテゴリ DQN 法では，状態行動の入力に対して対応する推定リターン分布を出力する深層モデルを学習します．ただし，カテゴリ DQN 法の目的はあくまでも他の DQN 法と同じく期待リターンの最大化で，推定リターン分布から求まる平均値（行動価値）のみを用いて行動を選択します．つまり，従来の分布強化学習法とは異なり，わざわざリターン分布を推定しているにもかかわらず，平均以外の統計量を一切使わず，実質，期待リターンを推定する通常の DQN 法と大差ないと思えるかもしれません．しかし，アタリ社のビデオゲームを

*8 式 (8.15) のような $\dot{A}$ の重み付けなし平均ではなく，行動方策の行動選択確率で重み付けするアプローチも考えられますが，重み付けなし平均の場合と同様の性能であったことが報告されています [219]．

*9 状態 s の入力に対して，対応する状態行動対の推定行動価値 $[\hat{Q}(s,a_1), \ldots, \hat{Q}(s,a_{|\mathcal{A}|})]$ を出力する深層モデルを学習しているとみなすこともできます．

用いた数値実験より，2017 年当時の最新型の DQN 法*10 を大きく改善できることが報告されています．性能改善の要因として，マルチタスク学習のように目的タスク（期待リターン推定）の学習と並行して関連する多数のタスク（リターン分布推定）を学習することによる効果[32,84] などが考察されていますが，いまだ議論の段階で，今後さらなる解析が期待されます．

8.1.2 節でもみたように，リターン分布は一般に関数の自由度をもちますので，計算機上で扱うために何らかの近似が必要です．カテゴリ DQN 法では，リターン分布を離散化し多項分布として近似します．ハイパーパラメータとして，近似リターン分布のビン数 $M \in \mathbb{N}_{\geq 2}$ と，近似リターン分布の上下限 $Q_{\max}, Q_{\min}$ をあらかじめ定めます．ビン間隔 Δ_z を

$$\Delta_z := \frac{Q_{\max} - Q_{\min}}{M - 1}$$

のように定数として，各ビン $m \in \{1, \ldots, M\}$ に対応するリターン代表値 z_m を

$$z_m := Q_{\min} + (m - 1)\Delta_z$$

とします．そして，状態行動対 (s, a) の入力に対して M 次元ベクトル $[q_1(s, a), \ldots, q_M(s, a)]$ を出力する深層モデル $\mathcal{S} \times \mathcal{A} \to \mathbb{R}^M$ を用いて，推定リターン分布 $\hat{P}$ を

$$\hat{P}(C = z_m \mid s, a) := \frac{\exp(q_m(s, a))}{\sum_{m'=1}^{M} \exp(q_{m'}(s, a))}, \qquad \forall m \in \{1, \ldots, M\}$$

と計算します．このとき，行動価値（期待リターン）の推定値 $\hat{Q}^{\text{cate}}$ は

$$\hat{Q}^{\text{cate}}(s, a) \triangleq \sum_{m=1}^{M} z_m \hat{P}(C = z_m \mid s, a)$$

となります．

最後に学習方法についてですが，各繰り返し $k = 1, 2, \ldots$ で，DQN 法など適合 Q 反復法で近似ベルマン行動最適作用素を用いるのと同様に，近似分布ベルマン行動最適作用素 $\hat{D}$（8.1.2.3 節参照）を適用して，現在の推定リター

*10 ここでの最新型の DQN 法とは，衝突 Q ネットワーク（8.2.1.3 節）の構造をもつ深層モデルを優先度付け経験再生（8.2.1.2 節）を適用した二重 DQN 法（8.2.1.1 節）で学習する方法のことです．

ン分布 $\hat{P}$ から目的分布 $P_n^{\text{target}} := \hat{D}(\hat{P}; s_n, a_n, r_n, s_n')$ を求めます．そして，適当に経験 n を選択して，目的分布 P_n^{target} と現在の推定分布 $\hat{P}(\cdot \mid s_n, a_n)$ との差異が小さくなるように確率的勾配法に従い深層モデルのパラメータを更新します．このとき，目的分布 P_n^{target} は一般に元の多項分布とは異なるリターン代表値 z_m をもつ多項分布となるので，いったん元の多項分布に射影する必要があります．また，分布間の差異を評価する指標として KL ダイバージェンスなどが用いられます．

8.2.1.5* ノイズネットワーク

DQN 法は多くの場合，推定行動価値関数にもとづく ε 貪欲方策モデル（3.3.1.2 節）に従って行動を選択し，環境と相互作用して，経験データを取得します．DQN 法に限らず ε 貪欲方策は標準的によく用いられますが，各時間ステップで独立に行動を乱択するため，探索行動が単調で偏りがなく，探索効率が問題になることがあります．探索行動に偏りがない場合，たとえば状態が 1 次元空間，行動が $a \in \{\text{left}, \text{right}\}$ の 2 つの場合，right，left，right，left, left, rigth のような行動選択をして，同じ状態ばかりを何度も観測して，未知の新しい状態になかなかたどり着けない可能性が考えられます．一方，行動を left, left, left, left のように偏りのある探索ができれば，いまの状態から遠くにある状態に少ない試行錯誤回数で到達できるようになる可能性があります．

ノイズネットワーク[59] では，行動価値関数を近似する深層モデルの最終層のパラメータ $\boldsymbol{\omega}_{\text{last}} \in \mathbb{R}^d$ にノイズを加えることで，探索行動が効果的に偏ることを期待します．なぜなら，関数近似をしない場合のテーブル形式の関数モデルを除く一般の関数近似器では，各パラメータが複数の状態行動対の推定価値と関係するため，ノイズの影響が単調ではないからです．そこで，ノイズネットワークは単純に

$$\boldsymbol{\omega}' := \boldsymbol{\omega} + \boldsymbol{\rho} \circ \boldsymbol{\sigma}$$

のようにゼロ平均のノイズ $\boldsymbol{\sigma} \in \mathbb{R}^d$ を加えて，深層モデルの（最終層の）パラメータ $\boldsymbol{\omega}'$ を計算します．ここで，学習対象のパラメータは $\boldsymbol{\omega}$ と $\boldsymbol{\rho} \in \mathbb{R}^d$ であり，$\circ$ は要素ごとの積（アダマール積）を意味します．ノイズはゼロ平均なので，$\boldsymbol{\omega}'$ の期待値は $\boldsymbol{\omega}$ です．また，$\boldsymbol{\omega}$ に加えて，ノイズの強さを調整

するパラメータ $\boldsymbol{\rho}$ も経験データから最適化されるので，行動価値の学習が進むに従い，探索が不要になり，$\boldsymbol{\rho}$ が小さくなることが期待されます．実際に数値実験によりそのような挙動をとることが確認されています [59]．

ノイズネットワーク以外にも，DQN 法の探索を効率化するアプローチはいくつか提案されています．たとえば，複数の行動価値推定の深層モデル $\{\hat{Q}_{\boldsymbol{\omega}^1},\ldots,\hat{Q}_{\boldsymbol{\omega}^K}\}$ を用いる**ブートストラップ DQN**（bootstrapped DQN）**法**があります [144]*11．これは各深層モデルのパラメータ $\boldsymbol{\omega}^1,\ldots,\boldsymbol{\omega}^K$ をそれぞれ独立に乱数を用いて初期化して，学習データもブートストラップ*12 を用いて互いに異なる履歴データ $\mathcal{D}^1,\ldots,\mathcal{D}^K$ を用意して，各モデルを DQN 法に従い学習します．行動選択については，各エピソードのはじめ，もしくはある時間ステップの間隔で，行動選択に利用する深層モデル $\hat{Q}_{\boldsymbol{\omega}_k}$ を一様分布に従い選択して（$k \sim \mathrm{U}(K)$），$\hat{Q}_{\boldsymbol{\omega}^k}$ に従い貪欲に行動を選択します．よって，行動選択に用いる深層モデルが切り替わるまで，一貫した偏りのある探索を続けることになり，効率のよい深い探索（deep exploration）を期待できます．なお，複数の深層モデルの出力が行動価値の事後分布に対応するとみなせば，ブートストラップ DQN 法は**トンプソンサンプリング**（Thompson sampling）*13 に従っているとみなせます．

他にも，報酬に**探索ボーナス**（exploration bonus）$b(s,a)$ を加え，

$$r_t^{\text{bonus}} \triangleq r_t + b(s_t, a_t)$$

のように報酬を加工して，偏りのある効率のよい探索行動が促進されるように推定行動価値に偏りを与えるアプローチもあります [16,192,206]．たとえば，[16,206] では，各状態（もしくは状態行動対）の経験回数を記憶しておいて「不確かなときは楽観に」の原則に従い報酬に探索ボーナスを与える **MBIE-**

*11 Osband *et al.* (2016) [144] の実装では，各深層モデルの下層部分のパラメータを共有化する工夫がなされています．

*12 ブートストラップとは，データ（標本の集合）から標本の重複を許して独立に複数回サンプリングして，擬似的に新しいデータを作成する方法です．

*13 トンプソンサンプリング [209] はもともとベルヌーイ・バンディット問題に対して 1933 年にトンプソン（Thompson）が提案した方法ですが，近年，Chapelle & Li (2011) [36] により一般の多腕バンディット問題についても UCB にもとづく方法（3.3.2 節）よりもリグレット（探索と活用のトレードオフに関する指標）を抑えられることが実験的に示され，それ以降，理論解析を含め研究が盛んです [5,23,167]．トンプソンサンプリングはベイズ推定にもとづき定まる行動 $a \in \mathcal{A}$ の価値の事後確率に対して，行動 a を「a の推定価値が最大になる確率」で選択する方法で，行動選択確率を推定価値が最大となる確率に一致させてサンプリングすることから，確率一致法（probability matching）とも呼ばれます．

EB（model based interval estimation with exploration bonus; 探索ボーナスありモデルベース区間推定）**法**[194] などのアプローチを，高次元の連続状態空間でも効率よく実施する方法を提案しています．

8.2.1.6 レインボー深層 Q ネットワーク

これまでに紹介した DQN 法に関する

- 初代の DQN 法
- 二重 Q 学習（二重 DQN 法）
- 優先度付け経験再生
- 衝突 Q ネットワーク法
- 分布強化学習（カテゴリ DQN 法）
- ノイズネットワーク

の技術と，n ステップ切断リターン（式 (4.17)）を用いて目的変数を計算する技術の計 7 つの技術をすべて取り入れた DQN 法は**レインボー DQN 法**[80] と呼ばれ，アタリ社のビデオゲームを用いた実験で（執筆時 2018 年において）もっとも高い性能を発揮しています．

8.2.2 アルファゼロ

アルファゼロ（AlphaZero）[180, 182] は囲碁をはじめ将棋やチェスなどの完全情報ゲームで，ルールのみを与えて，自己対戦から学習することで，人を超える方策を獲得することに成功した強化学習法です*14．アルファゼロのもとになる方法として**アルファ碁**（AlphaGo）[179] があり，コンピュータ囲碁プログラムとして 2015 年にはじめてプロ囲碁棋士を破り，2016 年に世界トップレベルのイ・セドル棋士を破ったことで一躍有名になりました．アルファ碁は価値関数と方策に関する 2 つの深層モデルをもち，自己対戦からの経験データ以外にも棋譜（エキスパートの行動選択事例）を用いて学習したり，複数の碁に特化したモジュールの組合せによる方法です．その翌年 2017

---

*14　歴史的には囲碁専用の**アルファ碁ゼロ**[182] が報告され，少し遅れて一般の完全情報ゲームへの適用を想定するアルファゼロ[180] が発表されました．アルファ碁ゼロと比べて，アルファゼロは囲碁独自のヒューリスティックを排除したり，パラメータ更新を簡素化（更新パラメータと旧パラメータの方策を対戦させて更新パラメータを採用するかどうか決める手順の省略など）したりと細かな部分で異なりますが，基本的なアプローチは同じです．

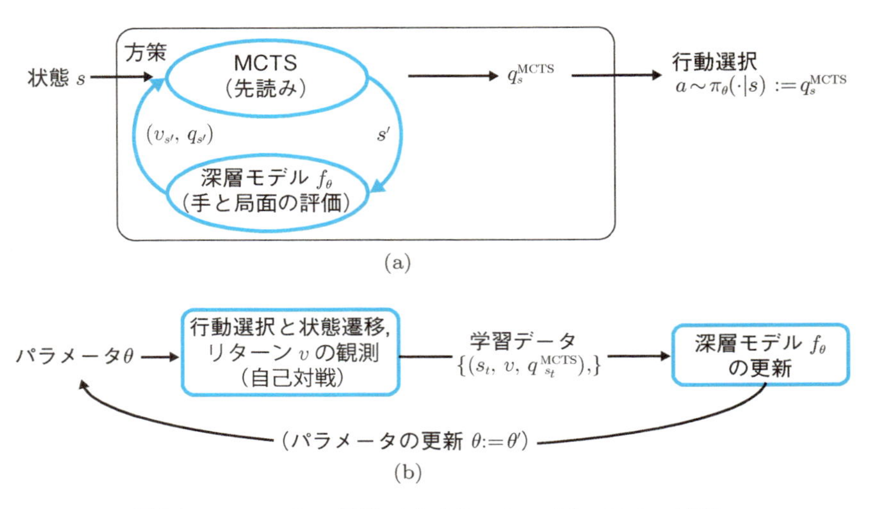

図 8.1 アルファゼロの概要. (a) 方策モデル, (b) パラメータ学習.

年に発表されたアルファゼロ [180, 182] は棋譜を用いず, ルールのみから (つまりゼロから), 単一の深層モデルを学習します. それにもかかわらず, アルファゼロはアルファ碁以上の性能を達成し, 多くの人を驚かせました.

本書では, アルファゼロの基本的なアプローチのみを説明することにして, 完全情報ゲームに特有なトピックは触れず, 5.3 節のブラックボックス生成モデルに対するプランニング (図 5.1(b) 参照) の問題設定を考えます. 有限時間ステップ長で終端状態に到達し, 勝敗が決定して, エピソード (ゲーム) は終了するとします. また, 任意の有界な報酬関数についての方法に一般化できますが, Silver *et al.* (2017) [180] に従って, 報酬は終端状態以外ではつねにゼロであり, リターンの割引率 γ は 1 とします. よって, 同エピソードで訪問したどの状態も, リターンは終端状態で観測した報酬になります.

アルファゼロの主要な特徴として方策モデルの構造があげられます. 図 **8.1** (a) で示すように, 方策モデルは深層モデルと MCTS (Monte Carlo tree search; モンテカルロ木探索, 5.3.3 節) の 2 つのモジュールからなります. 深層モデル $f_{\boldsymbol{\theta}}$ はパラメータ $\boldsymbol{\theta} \in \mathbb{R}^d$ で規定され,

$$(\hat{v}_s, \boldsymbol{q}_s) := f_{\boldsymbol{\theta}}(s)$$

のように入力の状態（局面）s の推定価値 $v_s \in \mathbb{R}$ と，状態 s における各行動（手）$a \in \mathcal{A}$ の事前行動選択確率ベクトル $\boldsymbol{q}_s \in [0,1]^{|\mathcal{A}|}$: $\sum_{a \in \mathcal{A}} (\boldsymbol{q}_s)_a = 1$ を出力します．MCTS モジュールでは，深層モデルを利用して木探索（先読み）して，入力の状態 s の事後行動選択確率 $\boldsymbol{q}_s^{\mathrm{MCTS}}$ を出力します．

$$\boldsymbol{q}_s^{\mathrm{MCTS}} := \mathrm{MCTS}(s; f_{\boldsymbol{\theta}})$$

なお，MCTS モジュールは学習により調整されるようなパラメータをもたないため，方策パラメータは深層モデルのパラメータ $\boldsymbol{\theta}$ のみになります．

深層モデルのパラメータ $\boldsymbol{\theta}$ は教師あり学習のアプローチで学習されます（図 8.1 (b)）．まず学習データの準備ですが，適当に初期状態 s_0 を定めて，(1) 方策モデルによる $\boldsymbol{q}^{\mathrm{MCTS}}$ の計算，(2) 行動選択と状態遷移，を交互に繰り返して，時間ステップ T でゲームの終端に到達したら，勝敗結果などからリターン v を計算して，次のように学習データ $\mathcal{D}$ を準備します．

$$\mathcal{D} \triangleq \{(s_0, v, \boldsymbol{q}_{s_0}^{\mathrm{MCTS}}), \ldots, (s_T, v, \boldsymbol{q}_{s_T}^{\mathrm{MCTS}})\}$$

そして，確率的勾配法に従い，$\mathcal{D}$ から標本 $(s_n, v, \boldsymbol{q}_{s_n}^{\mathrm{MCTS}})$, $n \in \{0, \ldots, T\}$ を乱択して，深層モデル $f_{\boldsymbol{\theta}}$ の出力 $(\hat{v}_{s_n}, \boldsymbol{q}_{s_n}) := f_{\boldsymbol{\theta}}(s_n)$ との差を表す即時損失

$$l_n := (\hat{v}_{s_n} - v)^2 - (\log \boldsymbol{q}_{s_n})^\top \boldsymbol{q}_{s_n}^{\mathrm{MCTS}} + \lambda \|\boldsymbol{\theta}\|^2 \tag{8.16}$$

が小さくなるように，学習率 α を用いて，

$$\boldsymbol{\theta} := \boldsymbol{\theta} - \alpha \nabla_{\boldsymbol{\theta}} l_n$$

と更新することを繰り返します．ここで，式 (8.16) の第 2 項 $-(\log \boldsymbol{q}_s)^\top \boldsymbol{q}_s^{\mathrm{MCTS}}$ は $\boldsymbol{q}_s^{\mathrm{MCTS}}$ と $\boldsymbol{q}_s$ との確率分布の KL ダイバージェンス（から定数項を除外したもの）に対応します．また，$\lambda\|\boldsymbol{\theta}\|^2$ は深層モデルが不必要に複雑にならないようにするための正則化項で，$\lambda \geq 0$ は正則化の強さを調整するハイパーパラメータになります．

アルファゼロのアプローチが成立するポイントは何といっても，深層モデル $f_{\boldsymbol{\theta}}$ の出力 $(\hat{v}, \boldsymbol{q})$ そのものよりも，$f_{\boldsymbol{\theta}}$ の出力を MCTS モジュールを通して変換した結果 $(v, \boldsymbol{q}^{\mathrm{MCTS}})$ のほうが平均的によいものになるように設計できているところです．つまり，アルファゼロは MCTS モジュールを行動選

択のためだけではなく，方策改善の道具としても利用し，逐次的に方策パラメータを改善する方策反復型の強化学習法であると解釈できます．

以下，MCTSモジュールを説明します．葉ノードの評価手順以外は従来のMCTS法と基本的には同じで，入力状態 s を根ノード s_0 とし，各深さ d で状態ノードの層と状態行動対ノードの層の2層をもつような木（図1.5参照）を成長させ，意思決定系列空間を効率よく探索することで，最適な行動選択確率を推定します．通常のMCTS法では根ノードから木探索して葉ノード (s_D, a_D) に到達したら，葉ノードを評価するため，ランダム方策などの既定方策を用いて，葉ノードから終端状態までロールアウト（シミュレーション）して，実績リターンを求めていました．一方，アルファゼロはロールアウトを行わず，深層モデル f_θ を用いて葉ノードを評価します．具体的には，木探索後に，次の手続きを一度だけ実行します．

- 葉ノード (s_D, a_D) から生成モデルに従い次状態 s' を観測．状態 s' が終端状態の場合，残り手続きを行わず，実績リターン v を求めて終了．
- 状態ノード s' と対応する状態行動対の子ノード $(s', a), \forall a \in \mathcal{A}$ を作成（ノード展開）し，選択回数 m と推定行動価値 $\hat{Q}$ をゼロに初期化．
- 深層モデル $(\hat{v}, \boldsymbol{q}) := \boldsymbol{f_\theta}(s')$ を計算して，推定価値 $\hat{v}$ を求めて（葉ノード評価），$\boldsymbol{q}$ を対応する各葉ノードに保存 $q(s', a) := (\boldsymbol{q})_a, \forall a \in \mathcal{A}$.

続いて，深層モデルの推定価値 $\hat{v}$（終端状態に到達した場合は実績リターン v）を根ノード s_0 までの各親ノードに伝播させ，ノード更新を行います．更新則は従来の式(5.8)と同様で，該当する各深さ $d \in \{0, \ldots, D\}$ の親ノード (s_d, a_d) の選択回数 m と推定行動価値 $\hat{Q}$ を

$$
\begin{aligned}
m(s_d, a_d) &:= m(s_d, a_d) + 1 \\
\hat{Q}(s_d, a_d) &:= \hat{Q}(s_d, a_d) + \frac{1}{m(s_d, a_d)}(\hat{v} - \hat{Q}(s_d, a_d))
\end{aligned}
$$

と更新します．以上より，従来のMCTS法では既定方策によるロールアウトに頼って葉ノードを評価していたのに対し，アルファゼロのMCTSモジュールは深層モデル $\boldsymbol{f_\theta}$ に頼って葉ノードを評価する特徴をもち，$\boldsymbol{f_\theta}$ の精度が高くなるほど，探索が効率的になると考えられます．

木探索の際の行動選択は，UCB1法と同様で，選択回数 m に応じた探索

ボーナス u を与えて,

$$\underset{a\in\mathcal{A}}{\operatorname{argmax}}\left\{\hat{Q}(s,a)+u(s,a)\right\}$$

のように実施します．ここで，不確実度 u は

$$u(s,a) := \beta\, q(s,a)\frac{\sqrt{\sum_{a\in\mathcal{A}} m(s,a)}}{1+m(s,a)}$$

であり，m だけでなく，深層モデル $f_{\boldsymbol{\theta}}$ の出力 $\boldsymbol{q}$ も利用して算出されます．ここで，$\beta \geq 0$ は探索の度合いを定めるハイパーパラメータです．なお，行動選択の際に新たに深層モデルを計算する必要はなく，ノードに保存されている情報のみから行動選択していることに注意してください．深層モデルの計算量は一般に小さくないので，可能な限り深層モデルの計算を行わないようにアルゴリズムを設計することは大切です．

以上の処理（木探索，ノード展開，深層モデル計算，ノード更新）を所定の回数反復したら，もしくは所定の計算時間を超えたら，探索を終了し，最後に，根ノード s_0 の事後行動選択確率 $\boldsymbol{q}^{\mathrm{MCTS}}$ を

$$(\boldsymbol{q}^{\mathrm{MCTS}})_a := \frac{m(s_0,a)^{1/\tau}}{\sum_{a\in\mathcal{A}} m(s_0,a)^{1/\tau}}$$

と求めて，$\boldsymbol{q}^{\mathrm{MCTS}}$ を出力して，MCTS モジュールは終了します．ここで，$\tau > 0$ は行動選択のランダム性を定めるハイパーパラメータで，大きいほどランダムな行動選択となります．

本書では深層モデルのネットワーク構造やハイパーパラメータ調整について割愛しましたが，これらはアルファゼロの成功に不可欠な話題です．大槻 (2017) [231] や牧野ほか (2016) [239] の 3.7 節にて日本語で詳しく解説されています．特に，囲碁や将棋，チェスにおいては，ある特定の深層モデルで調整されたハイパーパラメータを用いることで，非常に強いエージェントを学習できることが実証されています．しかし，どのような課題に対して，どのような深層モデルを用いるとよいのか，また多数あるハイパーパラメータをどのように決定すべきなのかなどの数理的性質はほとんど解き明かされておらず，今後，数値的な研究のみならず，数理的な研究も進展することが期待されます．

A p p e n d i x 

付録 A 補足

A.1 証明

A.1.1 命題 2.8 の証明

a. 簡便化のため，$\overline{\varepsilon}_k^{*,v}$ と $\underline{\varepsilon}_k^{*,v}$ をそれぞれ $\overline{\varepsilon}_k$ と $\underline{\varepsilon}_k$ と表記することにします．式 (2.31) の $\underline{\varepsilon}_k$ の定義から，任意の $s \in \mathcal{S}$，$k \in \mathbb{N}$ に対して，

$$(\mathsf{B}_*^{k-1}v)(s) + \underline{\varepsilon}_k \leq (\mathsf{B}_*^k v)(s)$$

が成り立ちます．両辺にベルマン最適作用素 B_* を適用すれば，単調性の補題 2.1 と補題 2.2 より，

$$(\mathsf{B}_*^k v)(s) + \gamma\underline{\varepsilon}_k \leq (\mathsf{B}_*^{k+1}v)(s), \quad \forall s \in \mathcal{S},\ \forall k \in \mathbb{N} \tag{A.1}$$

となります．式 (A.1) の両辺にもう一度 B_* を適用して，

$$(\mathsf{B}_*^{k+1}v)(s) + \gamma^2\underline{\varepsilon}_k \leq (\mathsf{B}_*^{k+2}v)(s), \quad \forall s \in \mathcal{S},\ \forall k \in \mathbb{N}$$

式 (A.1) と組み合わせれば，任意の $s \in \mathcal{S}$，$k \in \mathbb{N}$ に対して，

$$(\mathsf{B}_*^k v)(s) + (\gamma + \gamma^2)\underline{\varepsilon}_k \leq (\mathsf{B}_*^{k+1}v)(s) + \gamma^2\underline{\varepsilon}_k \leq (\mathsf{B}_*^{k+2}v)(s)$$

を得ます．同様の操作を $N-2$ 回繰り返せば，任意の $s \in \mathcal{S}$，$k \in \mathbb{N}$ に対して，

$$(\mathsf{B}_*^k v)(s) + \left(\sum_{n=1}^{N} \gamma^n\right)\underline{\varepsilon}_k \leq (\mathsf{B}_*^{k+1}v)(s) + \left(\sum_{n=2}^{N} \gamma^n\right)\underline{\varepsilon}_k$$

$$
\begin{aligned}
&\leq (\mathsf{B}_*^{k+2}v)(s) + \left(\sum_{n=3}^{N} \gamma^k\right)\underline{\varepsilon}_k \\
&\cdots \\
&\leq (\mathsf{B}_*^{k+N}v)(s)
\end{aligned}
$$

が成立することがわかります．さらに，動的計画法の収束性の命題 2.3 から，$\lim_{N\to\infty} \mathsf{B}_*^N v = V^*$ ですから，

$$
\frac{\gamma}{1-\gamma}\underline{\varepsilon}_k \leq V^*(s) - (\mathsf{B}_*^k v)(s), \quad \forall s \in \mathcal{S}, k \in \mathbb{N}
$$

のように下限を得ます．同様にして，上限 $\overline{\varepsilon}_k$ についても，

$$
V^*(s) - (\mathsf{B}_*^k v)(s) \leq \frac{\gamma}{1-\gamma}\overline{\varepsilon}_k, \quad \forall s \in \mathcal{S}, k \in \mathbb{N}
$$

と導出できるので，式 (2.32) は成り立ちます．

次に，式 (2.33) と (2.34) を示します．ベルマン作用素の縮小性（補題 2.5）の式 (2.21) と (2.22) の k を 1 とし，さらに v と v' にそれぞれ $\mathsf{B}_*^k v$ と $\mathsf{B}_*^{k-1} v$ を代入すれば，式 (2.33) を得ます．また，$\overline{\varepsilon}_k$，$\underline{\varepsilon}_k$ の定義（式 (2.31)）から，

$$
\max\left\{|\underline{\varepsilon}_k|, |\overline{\varepsilon}_k|\right\} = \max_{s\in\mathcal{S}} \left|\left(\mathsf{B}_*^k v\right)(s) - \left(\mathsf{B}_*^{k-1} v\right)(s)\right|
$$

ですから，補題 2.5 の式 (2.23) から式 (2.34) を得ます．

b. a. と同様にして，証明できます．□

A.1.2 命題 2.9 の証明

式 (2.7) のベルマン期待作用素 B_π とベルマン期待方程式 (2.10) より，任意の方策 $\pi_k^{\mathrm{d}} : \mathcal{S} \to \mathcal{A}$，$k \in \mathbb{N}_0$ と $s \in \mathcal{S}$ に対して，

$$
\begin{aligned}
V^{\pi_k^{\mathrm{d}}}(s) &= (B_{\pi_k^{\mathrm{d}}} V^{\pi_k^{\mathrm{d}}})(s) \\
&= g(s, \pi_k^{\mathrm{d}}(s)) + \sum_{s'\in\mathcal{S}} p_{\mathrm{T}}(s'|s, \pi_k^{\mathrm{d}}(s)) V^{\pi_k^{\mathrm{d}}}(s') \\
&\leq \max_{a\in\mathcal{A}} \left\{ g(s,a) + \sum_{s'\in\mathcal{S}} p_{\mathrm{T}}(s'|s,a) V^{\pi_k^{\mathrm{d}}}(s') \right\} \\
&= g(s, \pi_{k+1}^{\mathrm{d}}(s)) + \gamma \sum_{s'\in\mathcal{S}} p_{\mathrm{T}}(s' \mid s, \pi_{k+1}^{\mathrm{d}}(s)) V^{\pi_k^{\mathrm{d}}}(s')
\end{aligned}
$$

$$= \left(B_{\pi_{k+1}^{\mathrm{d}}} V^{\pi_k^{\mathrm{d}}}\right)(s)$$

と書けます．さらに，単調性の補題 2.1 と動的計画法の収束性の命題 2.3 a. を用いれば，任意の $s \in \mathcal{S}$ に対して，

$$\begin{aligned}V^{\pi_k^{\mathrm{d}}}(s) &\le \left(B_{\pi_{k+1}^{\mathrm{d}}} V^{\pi_k^{\mathrm{d}}}\right)(s) \le \left(B^2_{\pi_{k+1}^{\mathrm{d}}} V^{\pi_k^{\mathrm{d}}}\right)(s) \\ &\le \cdots \le \left(B^n_{\pi_{k+1}^{\mathrm{d}}} V^{\pi_k^{\mathrm{d}}}\right)(s) \le \cdots \le \lim_{N\to\infty} \left(B^N_{\pi_{k+1}^{\mathrm{d}}} V^{\pi_k^{\mathrm{d}}}\right)(s) = V^{\pi_{k+1}^{\mathrm{d}}}(s)\end{aligned} \tag{A.2}$$

を得ます．したがって，式 (2.51) を証明できました．

次に，式 (2.53) が成立することを背理法を用いて証明します．

方策 π_k^{d} の価値関数 $V^{\pi_k^{\mathrm{d}}}$ について，$\exists s \in \mathcal{S}$, $V^{\pi_k^{\mathrm{d}}}(s) \neq V^*(s)$ のとき，

$$V^{\pi_k^{\mathrm{d}}}(s) = V^{\pi_{k+1}^{\mathrm{d}}}(s), \quad \forall s \in \mathcal{S}$$

と仮定します．しかし，ベルマン方程式の不動点に関する命題 2.4 a. から，

$$V^{\pi_k^{\mathrm{d}}}(s) \neq (\mathsf{B}_* V^{\pi_k^{\mathrm{d}}})(s) = V^{\pi_{k+1}^{\mathrm{d}}}(s), \quad \exists s \in \mathcal{S}$$

となり矛盾します．したがって，$V^{\pi_k^{\mathrm{d}}} \neq V^*$ のとき，

$$\exists s \in \mathcal{S}, \ \ V^{\pi_k^{\mathrm{d}}}(s) \neq V^{\pi_{k+1}^{\mathrm{d}}}(s)$$

ですから，式 (A.2) より，

$$\exists s \in \mathcal{S}, \ V^{\pi_k^{\mathrm{d}}}(s) \neq V^*(s) \quad \Rightarrow \quad \exists s \in \mathcal{S}, \ V^{\pi_k^{\mathrm{d}}}(s) < V^{\pi_{k+1}^{\mathrm{d}}}(s)$$

を得ます．また，最適価値関数 V^* の定義（式 (2.2)）から，逆

$$\exists s \in \mathcal{S}, \ V^{\pi_k^{\mathrm{d}}}(s) < V^{\pi_{k+1}^{\mathrm{d}}}(s) \quad \Rightarrow \quad \exists s \in \mathcal{S}, \ V^{\pi_k^{\mathrm{d}}}(s) \neq V^*(s)$$

は明らかです．以上より，式 (2.53) は証明されました．

最後に，式 (2.52) ですが，式 (2.51) と (2.53) から明らかに成立します． □

A.1.3 命題 2.12 の証明

a. 経験度数関数 Φ_w^π はその定義（式 (2.57)）から，任意の方策 $\pi \in \Pi$ で $\Phi_w^\pi(s,a) \ge 0, \forall (s,a) \in \mathcal{S} \times \mathcal{A}$ なので，Φ_w^π は双対問題 (2.56) の不等式の制約条件を満たします．また，任意の方策 $\pi \in \Pi$ に対して，次のように書ける

ので，Φ_w^π は等式の方の制約条件も満足します．

$$
\begin{aligned}
&\sum_{s\in\mathcal{S}}\sum_{a\in\mathcal{A}}\gamma p_{\mathrm{T}}(s'|s,a)\Phi_w^\pi(s,a)\\
&=\sum_{s_0\in\mathcal{S}}w(s_0)\sum_{s\in\mathcal{S}}\sum_{a\in\mathcal{A}}\gamma p_{\mathrm{T}}(s'|s,a)\sum_{t=0}^{\infty}\gamma^t\Pr(S_t=s,A_t=a\mid S_0=s_0,\mathrm{M}(\pi))\\
&=\sum_{s_0\in\mathcal{S}}w(s_0)\sum_{t=0}^{\infty}\gamma^{t+1}\Pr(S_{t+1}=s'\mid S_0=s_0,\mathrm{M}(\pi))\\
&=\sum_{s_0\in\mathcal{S}}w(s_0)\sum_{t=1}^{\infty}\gamma^{t}\Pr(S_{t}=s'\mid S_0=s_0,\mathrm{M}(\pi))\\
&=\sum_{s_0\in\mathcal{S}}w(s_0)\left(\sum_{t=0}^{\infty}\gamma^{t}\Pr(S_{t}=s'\mid S_0=s_0,\mathrm{M}(\pi))-\Pr(S_0=s'\mid S_0=s_0,\mathrm{M}(\pi))\right)\\
&=\sum_{s_0\in\mathcal{S}}w(s_0)\left(\sum_{t=0}^{\infty}\gamma^{t}\Pr(S_{t}=s'\mid S_0=s_0,\mathrm{M}(\pi))-\mathbb{I}_{\{s'=s_0\}}\right)\\
&=\sum_{s_0\in\mathcal{S}}w(s_0)\sum_{t=0}^{\infty}\gamma^{t}\Pr(S_{t}=s'\mid S_0=s_0,\mathrm{M}(\pi))-w(s')\\
&=\sum_{a'\in\mathcal{A}}\Phi_w^\pi(s',a')-w(s')
\end{aligned}
$$

なお，最後の等式の導出には式 (2.59) を用いています．以上より，Φ_w^π は実行可能解です．

b.　仮定より関数 $x(s,a)$ は実行可能解なので，双対問題 (2.56) の不等式の制約条件より $x(s,a)\geq 0, \forall(s,a)\in\mathcal{S}\times\mathcal{A}$ です．また，双対問題 (2.56) の等式の制約条件より $\sum_{a\in\mathcal{A}}x(s,a)\geq w(s)>0$ を得ます．よって，式 (2.62) の関数 π_x は $\mathcal{A}\times\mathcal{S}\to[0,1]$ であり，$\sum_{a\in\mathcal{A}}\pi_x(a|s)=1, \forall s\in\mathcal{S}$ となり，$\pi_x\in\Pi$ が成り立ちます．

以下，式 (2.63) を証明します．まず簡便化のため，

$$
\bar{x}(s)\triangleq\sum_{a\in\mathcal{A}}x(s,a) \tag{A.3}
$$

と表記して，双対問題 (2.56) の等号の制約条件を次のように書き換えます．

$$\begin{aligned}
w(s') &= \bar{x}(s') - \gamma \sum_{s\in\mathcal{S}} \sum_{a\in\mathcal{A}} p_{\mathrm{T}}(s'|s,a)x(s,a) \\
&= \bar{x}(s') - \gamma \sum_{s\in\mathcal{S}} \sum_{a\in\mathcal{A}} p_{\mathrm{T}}(s'|s,a)x(s,a)\frac{\bar{x}(s)}{\sum_{a\in\mathcal{A}} x(s,a)} \\
&= \bar{x}(s') - \gamma \sum_{s\in\mathcal{S}} \sum_{a\in\mathcal{A}} p_{\mathrm{T}}(s'|s,a)\pi_x(a|s)\bar{x}(s)
\end{aligned} \tag{A.4}$$

さらに，$\boldsymbol{w} \triangleq [w(1),\ldots,w(|\mathcal{S}|)]^\top$ や $\bar{\boldsymbol{x}} \triangleq [\bar{x}(1),\ldots,\bar{x}(|\mathcal{S}|)]^\top$，

$$\boldsymbol{P}_{\pi_x} \in [0,1]^{|\mathcal{S}|\times|\mathcal{S}|} : [\boldsymbol{P}_{\pi_x}]_{s,s'} = \sum_{a\in\mathcal{A}} p_{\mathrm{T}}(s'|s,a)\pi_x(a|s)$$

のような行列表記を用いれば，上式を

$$\boldsymbol{w} = (\boldsymbol{I} - \gamma \boldsymbol{P}_{\pi_x}^\top)\bar{\boldsymbol{x}} \tag{A.5}$$

と書き直すことができます．行列 $\gamma\boldsymbol{P}_{\pi_x}$ のスペクトル半径は，補題 A.3 より，

$$\rho(\gamma\boldsymbol{P}_{\pi_x}^\top) = \gamma\rho(\boldsymbol{P}_{\pi_x}) = \gamma < 1$$

なので，補題 A.5 から，$(\boldsymbol{I} - \gamma\boldsymbol{P}_{\pi_x}^\top)$ の逆行列は存在し，

$$(\boldsymbol{I} - \gamma\boldsymbol{P}_{\pi_x}^\top)^{-1} = \sum_{n=0}^{\infty} (\gamma\boldsymbol{P}_{\pi_x}^\top)^n$$

です．よって，式 (A.5) は

$$\bar{\boldsymbol{x}} = \sum_{n=0}^{\infty} (\gamma\boldsymbol{P}_{\pi_x}^\top)^n \boldsymbol{w}$$

となり，要素単位で書き下せば，

$$\begin{aligned}
\bar{x}(s) &= w(s) + \gamma \sum_{s_0\in\mathcal{S}} \sum_{a_0\in\mathcal{A}} p_{\mathrm{T}}(s|s_0,a_0)\pi_x(a_0|s_0)w(s_0) \\
&\quad + \gamma^2 \sum_{s_1\in\mathcal{S}} \sum_{a_1\in\mathcal{A}} p_{\mathrm{T}}(s|s_1,a_1)\pi_x(a_1|s_1) \sum_{s_0\in\mathcal{S}} \sum_{a_0\in\mathcal{A}} p_{\mathrm{T}}(s_1|s_0,a_0)\pi_x(a_0|s_0)w(s_0) \\
&\quad + \ldots \\
&= \sum_{s_0\in\mathcal{S}} w(s_0) \sum_{n=0}^{\infty} \gamma^t \Pr(S_t = s \mid S = s_0, \mathrm{M}(\pi_x)), \quad \forall s \in \mathcal{S}
\end{aligned} \tag{A.6}$$

を得ます．よって，式 (2.59) から，任意の $s \in \mathcal{S}$ に対して，

$$\bar{\Phi}^{\pi_x}_w(s) = \bar{x}(s) \tag{A.7}$$

が成り立ちます．以上より，次のように式 (2.63) を示せます．

$$\begin{aligned}
\Phi^{\pi_x}_w(s,a) &= \pi_x(a|s) \sum_{s_0 \in \mathcal{S}} w(s_0) \sum_{n=0}^{\infty} \gamma^t \Pr(S_t = s \mid S = s_0, \mathrm{M}(\pi_x)) \\
&= \frac{x(s,a)}{\sum_{a \in \mathcal{A}} x(s,a)} \sum_{s_0 \in \mathcal{S}} w(s_0) \sum_{n=0}^{\infty} \gamma^t \Pr(S_t = s \mid S = s_0, \mathrm{M}(\pi_x)) \\
&= \frac{x(s,a)}{\bar{x}(s)} \bar{\Phi}^{\pi_x}_w(s) \\
&= x(s,a), \quad \forall (s,a) \in \mathcal{S} \times \mathcal{A}
\end{aligned}$$

なお, 2 番目の等式の導出には π_x の定義式 (2.62), 3 番目の等式には式 (2.59) と式 (A.3)，4 番目の等式には式 (A.7) を用いています．□

A.1.4　命題 2.13 の証明

はじめに，$\mathcal{D}$ について全単射性と式 (2.64) を示します．命題 2.12 b. より，任意の双対問題 (2.56) の実行可能解 $x \in \mathcal{X}$ に対して，

$$\mathcal{D}(\mathcal{P}(x)) = x$$

が成り立つので，$\mathcal{D}$ は全射であり，$\mathcal{P} = \mathcal{D}^{-1}$（式 (2.64)）は成立します．また，補題 2.11 より，$\mathcal{D}(\pi) = \mathcal{D}(\pi')$ ならば $\pi = \pi'$ ですから，$\mathcal{D}$ は単射でもあります．以上より，$\mathcal{D}$ が全単射であることが示されました．

以下，$\mathcal{P}$ について示します．全単射の逆作用素も全単射なので，$\mathcal{P} = \mathcal{D}^{-1}$ より，$\mathcal{P}$ も全単射です．$\mathcal{P}$ の全単射性より，$\Pi = \{\pi = \mathcal{P}(x) : x \in \mathcal{X}\}$ ですから，

$$\mathcal{P}(\mathcal{D}(\mathcal{P}(x))) = \mathcal{P}(x),\ \forall x \in \mathcal{X} \quad \Leftrightarrow \quad \mathcal{P}(\mathcal{D}(\pi)) = \pi,\ \forall \pi \in \Pi$$

を得ます．よって，$\mathcal{D} = \mathcal{P}^{-1}$（式 (2.65)）も成立します．□

A.1.5　命題 2.14 の証明

a.　命題 2.13 から，方策 $\pi \in \Pi$ の経験度数関数 Φ^{π}_w を用いて双対問題

(2.56) の実行可能解の集合 $\mathcal{X}$ を

$$\mathcal{X} = \{\Phi_w^{\pi} \,:\, \pi \in \Pi\} \tag{A.8}$$

と表現できます．また，Φ_w^{π} はその定義（式 (2.57)）から，

$$\Phi_w^{\pi}(s,a) \leq \frac{\pi(a|s)\sum_{s_0\in\mathcal{S}} w(s_0)}{1-\gamma}, \quad \forall\pi\in\Pi,\ \forall(s,a)\in\mathcal{S}\times\mathcal{A}$$

であり，重み関数 w は有界なので，関数 Φ_w^{π} は任意の $\pi \in \Pi$ で有界です．よって，最適解 $x^* \in \mathcal{X}$ は有界です．

b. a. より最適解 x^* は有界ですから，線形計画問題の強双対性（命題 A.6 a.）より，主問題と双対問題の目的関数の最適値は一致します．よって，主問題 (2.55) の最適解を v^* とすれば，次が成立します．

$$\sum_{s\in\mathcal{S}}\sum_{a\in\mathcal{A}} x^*(s,a)g(s,a) = \sum_{s\in\mathcal{S}} w(s)v^*(s) \tag{A.9}$$

また，v^* は主問題 (2.55) の制約条件を満足するので，最適価値関数 V^* の上界に関する命題 2.10 a. より v^* は V^* の上界であり，重み関数 w は正なので，

$$\sum_{s\in\mathcal{S}} w(s)V^*(s) \leq \sum_{s\in\mathcal{S}} w(s)v^*(s) \tag{A.10}$$

を得ます．また，命題 2.12 b. より $x^* = \Phi_w^{\pi_{x^*}}$ ですから，式 (A.9) と式 (2.58) から，

$$\begin{aligned}
\sum_{s\in\mathcal{S}} w(s)v^*(s) &= \sum_{s\in\mathcal{S}}\sum_{a\in\mathcal{A}} x^*(s,a)g(s,a)\\
&= \sum_{s\in\mathcal{S}}\sum_{a\in\mathcal{A}} \Phi_w^{\pi_{x^*}}(s,a)g(s,a)\\
&= \sum_{s\in\mathcal{S}} w(s)V^{\pi_{x^*}}(s)
\end{aligned}$$

を得ます．式 (A.10) と上式から，

$$\sum_{s\in\mathcal{S}} w(s)V^*(s) \leq \sum_{s\in\mathcal{S}} w(s)V^{\pi_{x^*}}(s)$$

となりますが，$w > 0$ であり，V^* の定義（式 (2.2)）から任意の方策 π に対

して $V^*(s) \geq V^\pi(s), \forall s \in \mathcal{S}$ ですから,

$$V^*(s) = V^{\pi_{x^*}}(s), \quad \forall s \in \mathcal{S}$$

を得ます．よって，π_{x^*} は最適方策です．以上より，b. の仮定が π_{x^*} が最適方策になる十分条件であることが示されました．

以下，π^* が最適方策ならば $\Phi_w^{\pi^*} = \mathcal{D}(\pi^*)$ が双対問題の最適解になることを示して，b. の仮定は必要条件でもあることを示します．最適方策の定義 2.6 より，π^* が最適方策ならば，任意の方策 $\pi \in \Pi$ に対して，

$$V^{\pi^*}(s) = V^*(s) \geq V^\pi(s), \quad \forall s \in \mathcal{S}$$

が成立するので，任意の重み関数 $w : \mathcal{S} \to \mathbb{R}_{>0}$ に対して，式 (2.58) より，

$$\begin{aligned}\sum_{s\in\mathcal{S}}\sum_{a\in\mathcal{A}} \Phi_w^{\pi^*}(s,a)g(s,a) &= \sum_{s\in\mathcal{S}} w(s)V^{\pi^*}(s)\\ &\geq \sum_{s\in\mathcal{S}} w(s)V^\pi(s) = \sum_{s\in\mathcal{S}}\sum_{a\in\mathcal{A}} \Phi_w^\pi(s,a)g(s,a), \quad \forall\pi \in \Pi\end{aligned}$$

が成り立ちます．さらに，式 (A.8) から上式を

$$\sum_{s\in\mathcal{S}}\sum_{a\in\mathcal{A}} \Phi_w^{\pi^*}(s,a)g(s,a) \geq \sum_{s\in\mathcal{S}}\sum_{a\in\mathcal{A}} x(s,a)g(s,a) \quad \forall x \in \mathcal{X}$$

と書き換えられるので，Φ^{π^*} は双対問題 (2.56) の最適解です． □

A.1.6 命題 7.1 の証明

部分観測マルコフ決定過程 $\mathrm{P} \triangleq \{\mathcal{S}, \mathcal{O}, \mathcal{A}, p_{s_0}, p_{\mathrm{T}}, p_{\mathrm{o}}, g\}$ に対し，履歴依存の方策系列 $\check{\boldsymbol{\pi}}^{\mathrm{h}} \triangleq \{\check{\pi}_1^{\mathrm{h}}, \check{\pi}_2^{\mathrm{h}}, \dots\} \in \check{\boldsymbol{\Pi}}^{\mathrm{H}}$ に従い行動選択して，時間ステップ $t \in \mathbb{N}_0$ で到達可能な信念状態の集合を

$$\mathcal{B}_t \triangleq \left\{b \in \mathcal{B} : \Pr(B_t = b \,|\, \mathrm{P}(\check{\boldsymbol{\pi}}^{\mathrm{h}})) > 0\right\}$$

と定義します．また，信念状態依存の方策を

$$\check{\pi}_t^\star(a|b) \triangleq \frac{\Pr(B_t = b, A_t = a \,|\, \mathrm{P}(\check{\boldsymbol{\pi}}^{\mathrm{h}}))}{\Pr(B_t = b \,|\, \mathrm{P}(\check{\boldsymbol{\pi}}^{\mathrm{h}}))}, \quad \forall(a,b) \in \mathcal{A} \times \mathcal{B}_t \qquad \text{(A.11)}$$

と定義します．なお，ここでは一般性を失わず，特定の P と $\check{\boldsymbol{\pi}}^{\mathrm{h}}$ について，本命題を証明します．

以降，簡便化のため，式 (7.7) と同様に，文脈から存在が明らかな変数や条件などを一部省略する表記法を用いることがあります．各確率変数の定義より，状態と行動の同時分布を

$$
\begin{aligned}
&\Pr(S_t = s, A_t = a \mid \mathrm{P}(\check{\boldsymbol{\pi}}^{\mathrm{h}})) \\
&= \sum_{b_t \in \mathcal{B}_t} \sum_{\check{h}_t \in \check{\mathcal{H}}_t} \Pr(S_t = s, A_t = a, b_t, \check{h}_t \mid \check{\boldsymbol{\pi}}^{\mathrm{h}}) \\
&= \sum_{b_t \in \mathcal{B}_t} \sum_{\check{h}_t \in \check{\mathcal{H}}_t} \Pr(S_t = s \mid b_t) \Pr(A_t = a \mid \check{h}_t, \check{\boldsymbol{\pi}}^{\mathrm{h}}_t) \Pr(b_t \mid \check{h}_t, \check{\boldsymbol{\pi}}^{\mathrm{h}}_t) \Pr(\check{h}_t \mid \check{\boldsymbol{\pi}}^{\mathrm{h}}_t) \\
&= \sum_{b_t \in \mathcal{B}_t} b_t(s) \Pr(b_t, A_t = a \mid \check{\boldsymbol{\pi}}^{\mathrm{h}}) \\
&= \sum_{b_t \in \mathcal{B}_t} b_t(s) \frac{\Pr(b_t, A_k = a \mid \check{\boldsymbol{\pi}}^{\mathrm{h}})}{\Pr(b_t \mid \check{\boldsymbol{\pi}}^{\mathrm{h}})} \Pr(b_t \mid \check{\boldsymbol{\pi}}^{\mathrm{h}}) \\
&= \sum_{b_t \in \mathcal{B}_t} b_t(s)\, \check{\pi}^{\star}_t(a|b) \Pr(b_t \mid \check{\boldsymbol{\pi}}^{\mathrm{h}}), \quad \forall (s, a) \in \mathcal{S} \times \mathcal{A}
\end{aligned}
$$

と書くことができます．ここで，最後の等式の導出には式 (A.11) を用いています．よって，もし式 (A.11) のマルコフ方策の系列 $\check{\boldsymbol{\pi}}^{\star} \triangleq \{\check{\pi}^{\star}_0, \check{\pi}^{\star}_1, \ldots\}$ が任意の時間ステップ $t \in \mathbb{N}_0$ で，

$$
\Pr(B_t = b \mid \mathrm{P}(\check{\boldsymbol{\pi}}^{\mathrm{h}})) = \Pr(B_t = b \mid \mathrm{P}(\check{\boldsymbol{\pi}}^{\star})), \quad \forall b \in \mathcal{B}_t \tag{A.12}
$$

を満たすとすれば，

$$
\begin{aligned}
\Pr(S_t = s, A_t = a \mid \check{\boldsymbol{\pi}}^{\mathrm{h}}) &= \sum_{b_t \in \mathcal{B}_t} b_t(s)\, \check{\pi}^{\star}_t(a|b) \Pr(b_t \mid \check{\boldsymbol{\pi}}^{\star}) \\
&= \sum_{b_t \in \mathcal{B}_t} b_t(s) \Pr(b_t, A_t = a \mid \check{\boldsymbol{\pi}}^{\star}) \\
&= \Pr(S_t = s, A_t = a \mid \mathrm{P}(\check{\boldsymbol{\pi}}^{\star})), \quad \forall (s, a) \in \mathcal{S} \times \mathcal{A}
\end{aligned}
$$

となり，式 (7.11) は成立することがわかります．以下，式 (A.12) を帰納法を用いて示すことで，命題 7.1 を証明します．

まず，信念状態の定義（式 (7.5)）から，$t = 0$ の信念状態 b_0 は初期状態確率 p_{s_0} に等しく，任意の $b \in \mathcal{B}$，$\check{\boldsymbol{\pi}}^{\mathrm{h}} \in \check{\boldsymbol{\Pi}}^{\mathrm{H}}$, $\check{\boldsymbol{\pi}}^{\mathrm{m}} \in \check{\boldsymbol{\Pi}}^{\mathrm{M}}$ について，

$$
\Pr(B_0 = b \mid \mathrm{P}(\check{\boldsymbol{\pi}}^{\mathrm{h}})) = \Pr(B_0 = b \mid \mathrm{P}(\check{\boldsymbol{\pi}}^{\mathrm{m}})) = \Pr(B_0 = b) = \mathbb{I}_{\{p_{s_0} = b\}}
$$

と書けるので，$t = 0$ のときの式 (A.12) は成り立ちます．次に，任意の $(b, a, r, o') \in \mathcal{B} \times \mathcal{A} \times \mathcal{R} \times \mathcal{O}$ と方策 $\check{\boldsymbol{\pi}} \in (\check{\boldsymbol{\Pi}}^{\mathrm{H}} \cup \check{\boldsymbol{\Pi}}^{\mathrm{M}})$ について，

$$
\begin{aligned}
&\Pr(B_k = b, A_k = a, R_k = r, O_{k+1} = o' \mid \mathrm{P}(\check{\boldsymbol{\pi}})) \\
&= \Pr(B_k = b, A_k = a \mid \mathrm{P}(\check{\boldsymbol{\pi}})) \sum_{s \in \mathcal{S}} \sum_{s' \in \mathcal{S}} b(s) \mathbb{I}_{\{g(s,a)=r\}} p_{\mathrm{T}}(s'|s, a)\ p_{\mathrm{o}}(o'|a, s') \\
&= \Pr(R_k = r, O_{k+1} = o \mid B_k = b, A_k = a, \mathrm{P}) \Pr(B_k = b, A_k = a \mid \mathrm{P}(\check{\boldsymbol{\pi}}))
\end{aligned}
$$

と書けるので，

$$
\begin{aligned}
&\Pr(B_{k+1} = b' \mid \mathrm{P}(\check{\boldsymbol{\pi}})) \\
&= \sum_{b \in \mathcal{B}_k} \sum_{a \in \mathcal{A}} \sum_{r \in \mathcal{R}} \sum_{o' \in \mathcal{O}} \mathbb{I}_{\{b' = \Psi(b,a,r,o')\}} \\
&\qquad\qquad \times \Pr(B_k = b, A_k = a, R_k = r, O_{k+1} = o' \mid \mathrm{P}(\check{\boldsymbol{\pi}})) \\
&= \sum_{b \in \mathcal{B}_k} \sum_{a \in \mathcal{A}} \sum_{r \in \mathcal{R}} \sum_{o' \in \mathcal{O}} \mathbb{I}_{\{b' = \Psi(b,a,r,o')\}} \Pr(R_k = r, O_{k+1} = o \mid B_k = b, A_k = a, \mathrm{P}) \\
&\qquad\qquad \times \Pr(B_k = b, A_k = a \mid \mathrm{P}(\check{\boldsymbol{\pi}})) \\
&= \sum_{b \in \mathcal{B}_k} \sum_{a \in \mathcal{A}} \sum_{r \in \mathcal{R}} \sum_{o' \in \mathcal{O}} \mathbb{I}_{\{b' = \Psi(b,a,r,o')\}} \Pr(R_k = r, O_{k+1} = o \mid B_k = b, A_k = a, \mathrm{P}) \\
&\qquad\qquad \times \check{\pi}_k^{\star}(a|b) \Pr(B_k = b \mid \mathrm{P}(\check{\boldsymbol{\pi}})), \qquad \forall b' \in \mathcal{B},\ \check{\boldsymbol{\pi}} \in (\check{\boldsymbol{\Pi}}^{\mathrm{H}} \cup \check{\boldsymbol{\Pi}}^{\mathrm{M}})
\end{aligned}
$$

を得ます．ここで，ある $k \in \mathbb{N}_0$ について式 (A.12) が成立すると仮定すれば，上式から

$$
\begin{aligned}
&\Pr(B_{k+1} = b' \mid \mathrm{P}(\check{\boldsymbol{\pi}}^{\mathrm{h}})) \\
&= \sum_{b \in \mathcal{B}_k} \sum_{a \in \mathcal{A}} \sum_{r \in \mathcal{R}} \sum_{o' \in \mathcal{O}} \mathbb{I}_{\{b' = \Psi(b,a,r,o')\}} \Pr(R_k = r, O_{k+1} = o \mid B_k = b, A_k = a, \mathrm{P}) \\
&\qquad\qquad \times \Pr(A_k = a \mid B_k = b, \check{\pi}_k^{\star}) \Pr(B_k = b \mid \mathrm{P}(\check{\boldsymbol{\pi}}^{\star})) \\
&= \sum_{b \in \mathcal{B}_k} \sum_{a \in \mathcal{A}} \sum_{r \in \mathcal{R}} \sum_{o' \in \mathcal{O}} \mathbb{I}_{\{b' = \Psi(b,a,r,o')\}} \\
&\qquad\qquad \times \Pr(B_k = b, A_k = a, R_k = r, O_{k+1} = o' \mid \mathrm{P}(\check{\boldsymbol{\pi}}^{\star})) \\
&= \Pr(B_{k+1} = b' \mid \mathrm{P}(\check{\boldsymbol{\pi}}^{\star})), \quad \forall b' \in \mathcal{B}
\end{aligned}
$$

を得ることができ，$k+1$ についても式(A.12)は成立します．以上より，帰納法により式(A.12)を示すことができたので，命題7.1は証明されました． □

A.2 ノルム

ここでは，$\mathbb{K}$ を実数体 $\mathbb{R}$ もしくは複素数体 $\mathbb{C}$ を表すものとして，$\mathbb{K}$ 上のベクトル空間[*1] $\mathcal{V}$ を考えます．

定義 A.1（ノルム，ノルム空間）

体 $\mathbb{K}$ 上のベクトル空間 $\mathcal{V}$ において，任意の $a \in \mathbb{K}$ と任意の $\boldsymbol{x}, \boldsymbol{y} \in \mathcal{V}$ に対して，

(i) 独立性： $\boldsymbol{x} = \boldsymbol{0} \Leftrightarrow \|\boldsymbol{x}\| = 0$

(ii) 斉次性： $\|a\boldsymbol{x}\| = |a|\|\boldsymbol{x}\|$

(iii) 劣加法性： $\|\boldsymbol{x} + \boldsymbol{y}\| \leq \|\boldsymbol{x}\| + \|\boldsymbol{y}\|$

を満たすような関数 $\|\cdot\| : \mathcal{V} \Rightarrow \mathbb{R}$ を $\mathcal{V}$ 上の**ノルム**と呼ぶ．ベクトル空間 $\mathcal{V}$ とノルム $\|\cdot\|$ の組 "$(\mathcal{V}, \|\cdot\|)$" を**ノルム空間**と呼ぶ．

定義 A.1 の (ii) と (iii) から，$0 = \|\boldsymbol{x} - \boldsymbol{x}\| \leq \|\boldsymbol{x}\| + \|-\boldsymbol{x}\| = 2\|\boldsymbol{x}\|$ なので，ノルムは非負（$\|\boldsymbol{x}\| \geq 0, \forall \boldsymbol{x} \in \mathcal{V}$）であることがわかります．

A.2.1 ベクトルのノルム

ベクトル $\boldsymbol{x} \in \mathbb{K}^d$ の **p ノルム** $\|\boldsymbol{x}\|_p$ は，$p \in \mathbb{R}_{\geq 1} \cup \{\infty\}$ に対して，

$$\|\boldsymbol{x}\|_p \triangleq \begin{cases} \left(\sum_{i=1}^{d} |x_i|^p\right)^{1/p} & (1 \leq p < \infty) \\ \max_{i=\{1,\ldots,d\}} |x_i| & (p \to \infty) \end{cases}$$

のように定義されます．特に $p = 2$ のときはユークリッドノルム，$p \to \infty$ のときは無限大ノルムと呼ばれます．また無限大ノルムは $\|\cdot\|_\infty$ とも表記されます．

p ノルムが定義 A.1 のノルムの 3 要件をもつことは簡単に確認できます．

---

*1 ベクトル空間 $\mathcal{V}$ とは，集合 $\mathcal{V}$ に対して「和」と「スカラー倍」の 2 つ演算を定義した空間のことで，線形空間とも呼ばれます [232]．

よって，ベクトル空間 $\mathcal{V}$ と関数 $\|\cdot\|_p : \mathcal{V} \to \mathbb{R}$ からなる組 $(\mathcal{V}, \|\cdot\|_p)$ はノルム空間です．また，第 1 要素が $\|\boldsymbol{x}\|_\infty$ で他の要素は 0 である d 次元ベクトル $\boldsymbol{y}$ を考えると，任意の p ノルムに対して，

$$\max_{i=\{1,\ldots,d\}} |x_i| = \|\boldsymbol{y}\|_p \leq \|\boldsymbol{x}\|_p \tag{A.13}$$

が成り立つので，$\|\boldsymbol{x}\|_\infty$ は任意の p ノルムの下界になります．

A.2.2 行列のノルム

行列 $\boldsymbol{A} \in \mathbb{K}^{c \times d}$ の**作用素ノルム**（operator norm）[*2] は，ベクトルの p ノルムを用いて，

$$\|\boldsymbol{A}\|_p \triangleq \max_{\boldsymbol{x} \in \{\boldsymbol{x} \in \mathbb{K}^d \mid \|\boldsymbol{x}\|_p = 1\}} \|\boldsymbol{A}\boldsymbol{x}\|_p \tag{A.14}$$

と定義されます[*3]．作用素ノルムは定義 A.1 のノルムの 3 要件に加え，次の 3 つの有用な特徴をもちます．第一の特徴として，次のように $\|\boldsymbol{A}\|_p$ は $\boldsymbol{A}$ の任意の要素の絶対値の上限になります．

$$\max_{i=\{1,\ldots,c\}} |a_{ij}| \leq \|\boldsymbol{a}_{*j}\|_p = \|\boldsymbol{A}\boldsymbol{e}_j\|_p \leq \|\boldsymbol{A}\|_p, \quad \forall j \in \{1, \ldots, d\} \tag{A.15}$$

ここで，$\boldsymbol{a}_{*j}$ は行列 $\boldsymbol{A}$ の第 j の列，$\boldsymbol{e}_j$ は第 j 要素が 1 で他の要素が 0 である単位ベクトルを表します．上式の左側の不等式の導出には式 (A.13)，右側の不等式には作用素ノルムの定義（式 (A.14)）を用いています．第二の特徴として，任意の $\boldsymbol{A} \in \mathbb{K}^{c \times d}$ と任意の $\boldsymbol{y} \in \mathbb{K}^d$ に対して，

$$\begin{aligned}
\|\boldsymbol{A}\boldsymbol{y}\|_p &= \|\boldsymbol{y}\|_p \left\| \boldsymbol{A} \frac{\boldsymbol{y}}{\|\boldsymbol{y}\|_p} \right\|_p \\
&\leq \|\boldsymbol{y}\|_p \max_{\boldsymbol{x} \in \{\boldsymbol{x} \in \mathbb{K}^d \mid \|\boldsymbol{x}\|_p = 1\}} \|\boldsymbol{A}\boldsymbol{x}\|_p \\
&= \|\boldsymbol{A}\|_p \|\boldsymbol{y}\|_p
\end{aligned} \tag{A.16}$$

が成り立ちます．第三は，$\boldsymbol{y}^* \triangleq \mathrm{argmax}_{\boldsymbol{y} \in \{\boldsymbol{y} \in \mathbb{K}^d \mid \|\boldsymbol{y}\|_p = 1\}} \|\boldsymbol{A}\boldsymbol{B}\boldsymbol{y}\|_p$ として，

---

*2 作用素ノルムは誘導されたノルム（induced norm）とも呼ばれます．

*3 作用素ノルムの計算に用いるベクトルのノルムは p ノルムに限りませんが，ここでは他のベクトルノルムは考えません．また，ベクトルの p ノルムと同様に，ノルムの定義 A.1 から，組 ($\mathbb{K}^{c \times d}$ 上のベクトル空間, $\|\cdot\|_p : \mathbb{K}^{c \times d} \to \mathbb{R}$) はノルム空間であることがわかります．

任意の $\boldsymbol{A}, \boldsymbol{B} \in \mathbb{K}^{c \times d}$ に対して，

$$\begin{aligned} \|\boldsymbol{A}\boldsymbol{B}\|_p &= \|\boldsymbol{A}(\boldsymbol{B}\boldsymbol{y}^*)\|_p \\ &\leq \|\boldsymbol{A}\|_p \|\boldsymbol{B}\boldsymbol{y}^*\|_p \\ &\leq \|\boldsymbol{A}\|_p \|\boldsymbol{B}\|_p \end{aligned} \tag{A.17}$$

という「劣乗法性」と呼ばれる特徴です．式 (A.17) の導出において，1 段目から 2 段目の式変形に式 (A.16) の不等式を用いており，2 段目から 3 段目は作用素ノルムの定義（式 (A.14)）を用いています．

作用素ノルム $\|\cdot\|_p : \mathbb{K}^{c \times d} \to \mathbb{R}$ の特別な場合として，$p = 1$ もしくは $p \to \infty$ のとき，

$$\begin{aligned} \|\boldsymbol{A}\|_1 &= \max_{j \in \{1,\ldots,d\}} \sum_{i=1}^{c} |a_{ij}| \\ \|\boldsymbol{A}\|_\infty &= \max_{i \in \{1,\ldots,c\}} \sum_{j=1}^{d} |a_{ij}| \end{aligned} \tag{A.18}$$

と計算できます．

作用素ノルムは行列を行単位で評価していますが，他の行列ノルムとして，フロベニウスノルムのように，成分ごとで評価する行列ノルムもあります[142]．そのようなノルムは本書では使用しないので省略します．

A.2.3 行列のスペクトル半径

スペクトル半径（spectral radius）とは正方行列 $\boldsymbol{A} \in \mathbb{K}^{d \times d}$ の固有値の絶対値の最大値のことで，$\boldsymbol{A}$ の固有値が $\lambda_1, \ldots, \lambda_d$ であるとき，スペクトル半径 $\rho(\boldsymbol{A})$ は

$$\rho(\boldsymbol{A}) \triangleq \max_{i \in \{1,\ldots,d\}} |\lambda_i| \tag{A.19}$$

と定義されます．

行列 $\boldsymbol{A}$ の最大固有値に対応する正規化した固有ベクトルを $\boldsymbol{x}^*$（$\|\boldsymbol{x}^*\|_p = 1$）とすれば，$\|\boldsymbol{A}\boldsymbol{x}^*\|_p = \|\rho(\boldsymbol{A})\boldsymbol{x}^*\|_p = \rho(\boldsymbol{A})$ であるから，式 (A.16) より，

$$\rho(\boldsymbol{A}) \leq \|\boldsymbol{A}\|_p$$

が成立します．また，転置行列 $\boldsymbol{A}^\top$ の固有値の集合は元の行列 $\boldsymbol{A}$ のものと同じですから，$\rho(\boldsymbol{A}) = \rho(\boldsymbol{A}^\top)$ です．また，$\beta \in \mathbb{K}$ を用いて，$\boldsymbol{A}$ を β 倍すると固有値も β 倍になることから，$\rho(\beta\boldsymbol{A}) = |\beta|\rho(\boldsymbol{A})$ が成立します．

A.2.4 スペクトル半径の諸性質

マルコフ連鎖の状態遷移行列のスペクトル半径や，スペクトル半径の値による逆行列の存在性の判定などを紹介します．

はじめに，スペクトル半径を行列ノルムで上から抑えられることを示します．

補題 A.2

行列 $\boldsymbol{A} \in \mathbb{K}^{d\times d}$ のスペクトル半径 $\rho(\boldsymbol{A})$ と任意の $p \in \mathbb{R}_{\geq 1} \cup \{\infty\}$ の作用素ノルム $\|\cdot\|_p$，任意の $n \in \mathbb{N}$ に対して，

$$\rho(\boldsymbol{A}) \leq \|\boldsymbol{A}^n\|_p^{\frac{1}{n}} \tag{A.20}$$

が成立する．

証明：行列 $\boldsymbol{A}$ の固有値と固有ベクトルの任意の組 $(\lambda, \boldsymbol{v})$ に対して，

$$|\lambda|^n \|\boldsymbol{v}\|_p = \|\lambda^n \boldsymbol{v}\|_p = \|\boldsymbol{A}^n \boldsymbol{v}\|_p \leq \|\boldsymbol{A}^n\|_p \|\boldsymbol{v}\|_p \tag{A.21}$$

となります．最初の等式の導出には定義 A.1 のノルムの斉次性，2 つ目の等式には固有値と固有ベクトルの特性 *4，最後の不等式には式 (A.16) を利用しています．固有ベクトル $\boldsymbol{v}$ は $\boldsymbol{v} \neq \boldsymbol{0}$ なので，式 (A.21) は

$$|\lambda| \leq \|\boldsymbol{A}^n\|_p^{\frac{1}{n}}$$

となり，式 (A.19) のスペクトル半径の定義から，式 (A.20) は成立します． □

次に，状態遷移確率行列のスペクトル半径についての補題です．

---

*4 行列 $\boldsymbol{A}$ の固有値 λ と固有ベクトル $\boldsymbol{v}$ はその定義 [232] から，$\boldsymbol{A}\boldsymbol{v} = \lambda\boldsymbol{v}$，$\boldsymbol{v} \neq \boldsymbol{0}$ です．

補題 A.3

行列 $\boldsymbol{P} \in \mathbb{R}_{\geq 0}^{d \times d}$ が正規化

$$\sum_{j=1}^{d} [\boldsymbol{P}]_{ij} = 1$$

されていれば，$\boldsymbol{P}$ のスペクトル半径 $\rho(\boldsymbol{A})$ は 1 である．

証明：行列 $\boldsymbol{P}$ の正規性の仮定から，$\boldsymbol{P1} = \boldsymbol{1}$ なので，$\boldsymbol{P}$ は固有値に 1 をもちます．よって，式 (A.19) のスペクトル半径の定義から，

$$\rho(\boldsymbol{P}) \geq 1$$

が成り立ちます．また，$p = \infty$ の作用素ノルム $\|\cdot\|_{\infty}$（式 (A.18)）から，$\|\boldsymbol{P}\|_{\infty} = 1$ なので，補題 A.2 から，

$$\rho(\boldsymbol{P}) \leq \|\boldsymbol{P}\|_{\infty} = 1$$

を得ます．以上より，$\rho(\boldsymbol{P}) = 1$ が示されました． □

最後に逆行列の級数展開に関する補題を導入します．まずはその準備のため，次の補題を示します．

補題 A.4

行列 $\boldsymbol{A} \in \mathbb{K}^{d \times d}$ のスペクトル半径 $\rho(\boldsymbol{A})$ が $\rho(\boldsymbol{A}) < 1$ であれば，

$$\lim_{N \to \infty} \boldsymbol{A}^{N} = \boldsymbol{0}$$

が成立する．

略証：ジョルダン標準形で $\boldsymbol{A}$ を書き下して，各ジョルダンブロックが $\boldsymbol{0}$ に収束することを示すことで，補題 A.4 は証明されます． □

補題 A.4 を用いれば，次の補題を導出できます．

補題 A.5（逆行列の級数展開）

行列 $\boldsymbol{A} \in \mathbb{R}^{d \times d}$ のスペクトル半径 $\rho(\boldsymbol{A})$ が $\rho(\boldsymbol{A}) < 1$ とする．このとき，$(\boldsymbol{I}_d - \boldsymbol{A})$ の逆行列として，有界で唯一の行列 $\boldsymbol{B} \in \mathbb{R}^{d \times d}$ が存在する．

$$(\boldsymbol{I}_d - \boldsymbol{A})^{-1} = \boldsymbol{B}$$

このとき，$\boldsymbol{B}$ は次の極限と一致する．

$$\boldsymbol{B} = \lim_{N \to \infty} \sum_{n=0}^{N} \boldsymbol{A}^n$$

証明：$\rho(\boldsymbol{A}) < 1$ から，補題 A.4 より，$\lim_{N \to \infty} \boldsymbol{A}^N = \boldsymbol{0}$ ですから，

$$\begin{aligned}\lim_{N \to \infty} \left\{ (\boldsymbol{I}_d - \boldsymbol{A}) \sum_{n=0}^{N} \boldsymbol{A}^n \right\} &= \lim_{N \to \infty} \left\{ \sum_{n=0}^{N} \boldsymbol{A}^n - \sum_{n=1}^{N+1} \boldsymbol{A}^n \right\} \\ &= \boldsymbol{I}_d - \lim_{N \to \infty} \boldsymbol{A}^{N+1} \\ &= \boldsymbol{I}_d\end{aligned}$$

となり，

$$(\boldsymbol{I}_d - \boldsymbol{A})^{-1} = \lim_{N \to \infty} \sum_{n=0}^{N} \boldsymbol{A}^n$$

を得ます．後は，$\sum_{n=0}^{N} \boldsymbol{A}^n$ の極限 $N \to \infty$ が有界な値に収束することを示せば，補題 A.5 は証明されます．

実数列がコーシー列ならば，ある実数に収束するといえるので [234]，以降，$\sum_{k=0}^{n} \boldsymbol{A}^k$ の各要素の実数列 $\{a_{ij}^{(n)}\}_n$ がコーシー列であることを示すことで，$n \to \infty$ で $\sum_{k=0}^{n} \boldsymbol{A}^k$ が実数行列に収束することを証明します．なお，以下を満たす実数列 $\{a^{(n)}\}_n$ がコーシー列です．

$$\forall \varepsilon > 0,\ \exists L \in \mathbb{N}\ s.t.\ |a^{(n)} - a^{(m)}| \leq \varepsilon,\ \forall (n, m) \in \{(n, m) \in \mathbb{N} \times \mathbb{N} \mid n, m \geq L\} \tag{A.22}$$

$\rho(A) < 1$ から，補題 A.4 より，任意の $\epsilon > 0$ に対して，ある $L \in \mathbb{N}$ が存在し，任意の $k \geq L$ について $\|A^k\|_2 \leq \epsilon$ を満たします．そのような L と ϵ について，一般性を失わずに $n > m \geq L$ として，

$$\begin{aligned}\left\|\sum_{k=0}^{n} \boldsymbol{A}^k - \sum_{k=0}^{m} \boldsymbol{A}^k\right\|_2 &= \left\|\sum_{k=m+1}^{n} \boldsymbol{A}^k\right\|_2 \\ &\leq \sum_{k=m+1}^{n} \|\boldsymbol{A}^k\|_2 \\ &\leq \sum_{k=m+1}^{n} \epsilon \\ &= (n-m)\epsilon\end{aligned}$$

を得ます．ここで，最初の不等式の導出にはノルムの劣加法性（定義 A.1）を用いています．この不等式により，$\sum_{k=0}^{n} \boldsymbol{A}^k$ の各要素の実数列 $\{a_{ij}^{(n)}\}_n$ はコーシー列であることが示されました．□

A.3　線形計画法

本書で用いる**線形計画法**（linear programming）の基本的事項を簡単に紹介します．具体例や証明などの詳細は割愛するため，線形計画法に不慣れな読者は [116, 142, 235] などを併せて確認することをおすすめします．

線形計画問題とは，最適化対象の変数 $\boldsymbol{x} \in \mathbb{R}^n$ に対して線形の目的関数と線形な制約（等式制約や不等式制約）をもつ最適化問題のことです．後ほど実例を示しますが，変数の置換などをすることで，実質的に同じ線形計画問題であるにもかかわらず，他のさまざまな形式の線形計画問題として再定式化することが可能です．そのため，多くの場合，標準形と呼ばれる線形計画問題を軸にして理論的性質などを調べます．

線形計画問題の標準形とは，ある $\boldsymbol{A} \in \mathbb{R}^{m \times n}$，$\boldsymbol{b} \in \mathbb{R}^m$，$\boldsymbol{c} \in \mathbb{R}^n$ に対して，最適な $\boldsymbol{x} \in \mathbb{R}^n$ を求めることを目的とした以下の線形計画問題のことです．

$$\begin{cases} \text{Maximize} & f(\boldsymbol{x}) \triangleq \boldsymbol{c}^\top \boldsymbol{x} \\ \text{subject to} & \boldsymbol{A}\boldsymbol{x} = \boldsymbol{b}, \\ & \boldsymbol{x} \geq \boldsymbol{0}_n \end{cases} \tag{A.23}$$

ここで，$f(\boldsymbol{x})$ は目的関数であり，“subject to” の $\boldsymbol{x}$ についての条件式は制約条件といいます．制約条件を満たす $\boldsymbol{x}$ のことを実行可能解と呼び，実行可能解の集合のことを実行可能領域 $\mathcal{X}$ といいます．実行可能領域が空集合の場合 *5，線形計画問題は**実行不可能**（infeasible case）であるといい，最適解は存在しません．実行可能領域が空でない場合，実行可能な問題であるといい，さらに以下の 2 つのケースに小分類されます．

- 目的関数が**非有界**（unbounded case）：任意の $M \in \mathbb{R}$ に対して，目的関数値 $f(\boldsymbol{x})$ を M より大きくできるような実行可能解 $\boldsymbol{x} \in \mathcal{X}$ が存在する場合．
- 目的関数が**有界**（bounded case）：目的関数が非有界でない場合．

線形計画問題 (A.23) の実行可能領域 $\mathcal{X}$ が空ではなく，目的関数が有界であれば，解は存在し，目的関数を最大にするような実行可能解のことを（有界な）最適解 $\boldsymbol{x}^*$ と呼びます．

A.3.1 双対化

最適化問題の**双対化**とは，元の最適化問題の特性を変えずに，目的関数を制約条件として，また制約条件を目的変数として捉えて，互いの役割を逆転させることで，最適化問題を再定式化することをいいます．元の問題は**主問題**，双対化された問題は**双対問題**と呼ばれます．双対問題を導入することで，マルコフ決定過程の線形計画法による解法（2.4 節）でも示したように，異なる視点で最適化問題や最適解を捉えられるようになります．そのため，問題の性質を詳細に調べたり，最適化問題の解法や近似方法を設計したりする場合に，双対化は有用な手段です [27, 142]．ここでは，はじめに一般的な双対化の概要を説明して，次に実際に線形計画問題の標準形 (A.23) を双対化して，

---

*5 言い換えれば，制約条件を満たす $\boldsymbol{x}$ が存在しない場合です．

標準形の双対問題を導出します．

微分可能な関数 $f, g_1, \ldots, g_m, h_1, \ldots, h_n$ からなる一般的な制約付き最適化問題

$$\begin{cases} \text{Maximize}_{\boldsymbol{x} \in \mathbb{R}^d} & f(\boldsymbol{x}) \\ \text{subject to} & g_i(\boldsymbol{x}) = 0, \quad \forall i \in \{1, \ldots, m\} \\ & h_i(\boldsymbol{x}) \geq 0, \quad \forall i \in \{1, \ldots, n\} \end{cases} \tag{A.24}$$

を考えます．実行可能解は存在し，目的関数が有界であると仮定します．実行可能解の集合を $\tilde{\mathcal{X}}$ と表記します．また，最適解（の１つ）を

$$\boldsymbol{x}^* \triangleq \operatorname*{argmax}_{\boldsymbol{x} \in \tilde{\mathcal{X}}} f$$

と定義し，$\boldsymbol{x}^*$ に対応する目的関数の最適値を $p^* \triangleq f(\boldsymbol{x}^*)$ と定義することにします．また簡便化のため以下では，制約関数 g_i や h_i をベクトル表記 $\boldsymbol{g}(\boldsymbol{x}) \triangleq [g_1(\boldsymbol{x}), \ldots, g_m(\boldsymbol{x})]^\top$，$\boldsymbol{h}(\boldsymbol{x}) = [h_1(\boldsymbol{x}), \ldots, h_n(\boldsymbol{x})]^\top$ することがあります．

ここで，制約付き最適化問題の性質や双対化を考えるうえで基礎になる**ラグランジュ関数**を導入します．これは目的関数と制約条件を関係付ける変数 $\boldsymbol{\nu} \in \mathbb{R}^m$, $\boldsymbol{\lambda} \in \mathbb{R}^n$ を新たに導入し，目的関数と制約条件を１つの関数で表現したもので，次のように定義されます．

$$L(\boldsymbol{x}, \boldsymbol{\nu}, \boldsymbol{\lambda}) = f(\boldsymbol{x}) + \boldsymbol{\nu}^\top \boldsymbol{g}(\boldsymbol{x}) + \boldsymbol{\lambda}^\top \boldsymbol{h}(\boldsymbol{x}) \tag{A.25}$$

ここでの $\boldsymbol{\nu}$ は 0 にすべき等号制約 $\boldsymbol{g}_i$，$\boldsymbol{\lambda}$ は 0 以上にすべき不等号制約 $\boldsymbol{h}_i$ に対する重み係数と解釈でき，ともに**ラグランジュ未定乗数**と呼ばれます．ラグランジュ関数の特徴として，次のように（局所）最適解の必要条件を導出できます．これは，$\boldsymbol{x}^* \in \mathbb{R}^d$ が最適化問題 (A.24) の最適解であれば，

$$\begin{cases} \left.\dfrac{\partial L(\boldsymbol{x}, \boldsymbol{\nu}, \boldsymbol{\lambda})}{\partial \boldsymbol{x}}\right|_{\boldsymbol{x}=\boldsymbol{x}^*, \boldsymbol{\nu}=\boldsymbol{\nu}^*, \boldsymbol{\lambda}=\boldsymbol{\lambda}^*} = \boldsymbol{0} \\ g_i(\boldsymbol{x}^*) = 0, \quad \forall i \in \{1, \ldots, m\} \\ h_i(\boldsymbol{x}^*) \geq 0, \quad \forall i \in \{1, \ldots, n\} \\ \lambda_i^* \geq 0, \quad \forall i \in \{1, \ldots, n\} \\ \lambda_i^* h_i(\boldsymbol{x}^*) = 0, \quad \forall i \in \{1, \ldots, n\} \end{cases} \tag{A.26}$$

を満たすラグランジュ未定乗数 $\boldsymbol{\nu}^*$, $\boldsymbol{\lambda}^*$ が存在するというもので，**KKT** (Karush-Kuhn-Tucker; カルーシュ・クーン・タッカー) **条件**と呼ばれます [142]．実際に A.3.2 節で，主問題と双対問題の関係を調べる際に KKT 条件を用います．

次に，本節の本題である双対化という操作を説明します．最適化問題 (A.24) の目的関数の最適値の上界を表す関数として

$$q(\boldsymbol{\nu}, \boldsymbol{\lambda}) \triangleq \sup_{\boldsymbol{x} \in \mathbb{R}^d} L(\boldsymbol{x}, \boldsymbol{\nu}, \boldsymbol{\lambda}), \quad \forall \boldsymbol{\nu} \in \mathbb{R}^m, \boldsymbol{\lambda} \in \mathbb{R}^n_{\geq 0} \tag{A.27}$$

を考えます．これはラグランジュ双対関数と呼ばれます．念のため，関数 q がつねに主問題の最適値 p^* の上界になっていることを確認します．式 (A.27) の定義より，$\boldsymbol{\lambda}$ の値域が $\boldsymbol{\lambda} \geq \boldsymbol{0}$ ですから，最適化問題 (A.24) の任意の実行可能解 $\tilde{\boldsymbol{x}} \in \tilde{\mathcal{X}}$ $(\subseteq \mathbb{R}^d)$ について，

$$f(\tilde{\boldsymbol{x}}) \leq L(\tilde{\boldsymbol{x}}, \boldsymbol{\nu}, \boldsymbol{\lambda}) \leq \sup_{\boldsymbol{x} \in \mathbb{R}^d} L(\boldsymbol{x}, \boldsymbol{\nu}, \boldsymbol{\lambda}) = q(\boldsymbol{\nu}, \boldsymbol{\lambda})$$

が成り立ちます．さらに左辺で $\tilde{\boldsymbol{x}} \in \tilde{\mathcal{X}}$ についての最大値をとれば，$p^* = \max_{\tilde{\boldsymbol{x}} \in \tilde{\mathcal{X}}} f(\tilde{\boldsymbol{x}}) \leq g(\boldsymbol{\nu}, \boldsymbol{\lambda})$ を得ることから，q は目的関数 f の上界であることを確認できました．この上界 q の最小化問題として，問題 (A.24) の双対問題

$$\begin{cases} \text{Minimize}_{\boldsymbol{\nu} \in \mathbb{R}^m, \boldsymbol{\lambda} \in \mathbb{R}^n} & q(\boldsymbol{\nu}, \boldsymbol{\lambda}) \triangleq \sup_{\boldsymbol{x} \in \mathbb{R}^d} L(\boldsymbol{x}, \boldsymbol{\nu}, \boldsymbol{\lambda}) \\ \text{subject to} & \boldsymbol{\lambda} \geq \boldsymbol{0} \end{cases} \tag{A.28}$$

が定義されます．ここで留意すべきは，元の最適化問題の制約条件に対応する変数（ラグランジュ未定乗数）が目的変数になっていることです．

なお，双対問題 (A.28) をさらに双対化すると，

$$\begin{cases} \text{Maximize}_{\boldsymbol{y} \in \mathbb{R}^n} & r(\boldsymbol{y}) \triangleq \inf_{\boldsymbol{\nu}, \boldsymbol{\lambda}} \sup_{\boldsymbol{x}} \{f(\boldsymbol{x}) + \boldsymbol{\nu}^\top \boldsymbol{g}(\boldsymbol{x}) + \boldsymbol{\lambda}^\top \boldsymbol{h}(\boldsymbol{x}) - \boldsymbol{y}^\top \boldsymbol{\lambda}\} \\ \text{subject to} & \boldsymbol{y} \geq \boldsymbol{0} \end{cases} \tag{A.29}$$

という最適化問題を得ます．この問題の目的関数に登場する $\boldsymbol{x} \in \mathbb{R}^d$ が仮に元の最適化問題 (A.24) の制約条件を破るような $\bar{\boldsymbol{x}}$ であった場合，つまり $\exists i \in \{1, \ldots, m\}$, $g_i(\bar{\boldsymbol{x}}) \neq 0$ もしくは $\exists i \in \{1, \ldots, n\}$, $h_i(\bar{\boldsymbol{x}}) < 0$ の場合，目

的関数 $r(\boldsymbol{y})$ は任意の $\boldsymbol{y}$ に対して $-\infty$ となります．一方，もし $\boldsymbol{x}$ が元の問題 (A.24) の制約条件を満たす実行可能解 $\tilde{\boldsymbol{x}} \in \tilde{\mathcal{X}}$ であれば，問題 (A.29) は $\sup_{\boldsymbol{x}\in\tilde{\mathcal{X}}} f(\boldsymbol{x})$ と書き直せます．以上より，問題 (A.29) は式 (A.24) の主問題と等価であり，双対化の操作を二度実施すると，元の主問題に戻ることがわかります．

最後に，線形計画問題の標準形 (A.23) を双対化し，双対問題を導出します．問題 (A.23) を式 (A.28) のときのように双対化すれば，

$$\begin{cases} \text{Minimize}_{\boldsymbol{\nu}\in\mathbb{R}^m,\, \boldsymbol{\lambda}\in\mathbb{R}^n} & \sup_{\boldsymbol{x}\in\mathbb{R}^n}\{\boldsymbol{c}^\top\boldsymbol{x} + \boldsymbol{\nu}^\top(\boldsymbol{b} - \boldsymbol{A}\boldsymbol{x}) + \lambda^\top\boldsymbol{x}\} \\ \text{subject to} & \boldsymbol{\lambda} \geq \boldsymbol{0} \end{cases} \tag{A.30}$$

を得ます．問題 (A.30) の目的変数は

$$\sup_{\boldsymbol{x}\in\mathbb{R}^n}\{\boldsymbol{c}^\top\boldsymbol{x} + \boldsymbol{\nu}^\top(\boldsymbol{b} - \boldsymbol{A}\boldsymbol{x}) + \lambda^\top\boldsymbol{x}\} = \begin{cases} \boldsymbol{b}^\top\boldsymbol{\nu} & (\boldsymbol{A}^\top\boldsymbol{\nu} - \boldsymbol{c} - \boldsymbol{\lambda} = \boldsymbol{0}) \\ \infty & (\text{それ以外}) \end{cases}$$

ですから，問題 (A.30) を

$$\begin{cases} \text{Minimize}_{\boldsymbol{\nu}\in\mathbb{R}^m} & \boldsymbol{b}^\top\boldsymbol{\nu} \\ \text{subject to} & \boldsymbol{A}^\top\boldsymbol{\nu} - \boldsymbol{c} = \boldsymbol{\lambda} \\ & \boldsymbol{\lambda} \geq \boldsymbol{0} \end{cases}$$

と書き直すことができ，さらに次のように制約条件を 1 つにまとめることができます．

$$\begin{cases} \text{Minimize}_{\boldsymbol{\nu}\in\mathbb{R}^m} & f_{\text{dual}}(\boldsymbol{\nu}) \triangleq \boldsymbol{b}^\top\boldsymbol{\nu} \\ \text{subject to} & \boldsymbol{A}^\top\boldsymbol{\nu} \geq \boldsymbol{c} \end{cases} \tag{A.31}$$

この線形計画問題の問題形式が，線形計画主問題 (A.23) の双対問題です*6．

A.3.2 主問題と双対問題の関係

線形計画の主問題 (A.23) と双対問題 (A.31) の最適解の必要十分条件をそれぞれ導出して，それらの一致性から主問題と双対問題の関係性を議論し

*6 これまでの内容の理解を確実にするため，線形計画問題の双対問題 (A.31) を双対化して，主問題 (A.23) に実際に戻ることを確認することをおすすめします．

ます．

主問題 (A.23) のラグランジュ関数（式 (A.25) 参照）は

$$L_{\mathrm{primal}}(\boldsymbol{x},\boldsymbol{\nu},\boldsymbol{\lambda}) \triangleq \boldsymbol{c}^\top\boldsymbol{x} + \boldsymbol{\nu}^\top(\boldsymbol{b}-\boldsymbol{A}\boldsymbol{x}) + \boldsymbol{\lambda}^\top\boldsymbol{x}$$

となり，$\boldsymbol{x}^*$ が最適解のとき，次の最適解の必要条件である次の KKT 条件（式 (A.26)）を満たす，ラグランジュ未定乗数 $\boldsymbol{\nu}^*$ と $\boldsymbol{\lambda}^*$ が存在します．

$$\begin{cases} \left.\dfrac{\partial L_{\mathrm{primal}}(\boldsymbol{x},\boldsymbol{\nu},\boldsymbol{\lambda})}{\partial \boldsymbol{x}}\right|_{\boldsymbol{x}=\boldsymbol{x}^*,\,\boldsymbol{\nu}=\boldsymbol{\nu}^*,\,\boldsymbol{\lambda}=\boldsymbol{\lambda}^*} = \boldsymbol{c}-\boldsymbol{A}^\top\boldsymbol{\nu}^*+\boldsymbol{\lambda}^* = \boldsymbol{0} \\ \boldsymbol{A}\boldsymbol{x}^*-\boldsymbol{b} = \boldsymbol{0} \\ \boldsymbol{x}^* \geq \boldsymbol{0} \\ \boldsymbol{\lambda}^* \geq \boldsymbol{0} \\ (\boldsymbol{\lambda}^*)^\top\boldsymbol{x}^* = \boldsymbol{0} \end{cases}$$

ここで，1つ目の条件

$$\boldsymbol{\lambda}^* = \boldsymbol{A}^\top\boldsymbol{\nu}^* - \boldsymbol{c}$$

を他の条件の $\boldsymbol{\lambda}^*$ に代入すれば，次のように上の必要条件を書き換えることができます．

$$\begin{cases} \boldsymbol{A}\boldsymbol{x}^*-\boldsymbol{b} = \boldsymbol{0} \\ \boldsymbol{x}^* \geq \boldsymbol{0} \\ \boldsymbol{A}^\top\boldsymbol{\nu}^*-\boldsymbol{c} \geq \boldsymbol{0} \\ (\boldsymbol{A}^\top\boldsymbol{\nu}^*-\boldsymbol{c})^\top\boldsymbol{x}^* = \boldsymbol{0} \end{cases} \tag{A.32}$$

ここで，条件 (A.32) が成立しているとすれば，主問題 (A.23) の任意の実行可能解 $\tilde{\boldsymbol{x}} \in \tilde{\mathcal{X}}$ に対して，

$$\begin{aligned} \boldsymbol{c}^\top\tilde{\boldsymbol{x}} &\leq (\boldsymbol{A}^\top\boldsymbol{\nu}^*)^\top\tilde{\boldsymbol{x}} = (\boldsymbol{A}\tilde{\boldsymbol{x}})^\top\boldsymbol{\nu}^* \\ &= \boldsymbol{b}^\top\boldsymbol{\nu}^* \\ &= (\boldsymbol{A}\boldsymbol{x}^*)^\top\boldsymbol{\nu}^* = (\boldsymbol{A}^\top\boldsymbol{\nu}^*-\boldsymbol{c})^\top\boldsymbol{x}^* + \boldsymbol{c}^\top\boldsymbol{x}^* \\ &= \boldsymbol{c}^\top\boldsymbol{x}^* \end{aligned}$$

が成立し，$\boldsymbol{c}^\top\boldsymbol{x}^*$ は任意の実行可能解 $\tilde{\boldsymbol{x}}$ の目的関数 $\boldsymbol{c}^\top\tilde{\boldsymbol{x}}$ の上界であり，また $\boldsymbol{x}^*$ は主問題の条件を満たしているので，$\boldsymbol{x}^*$ は主問題 (A.23) の最適解です．よって，条件 (A.32) は主問題 (A.23) の最適解の十分条件にもなります．な

お，最初の不等式と 3 段目と 4 段目への等式の導出には式 (A.32) の必要条件，2 段目への等式の導出には式 (A.23) の実行可能解の性質を用いています．以上より，条件 (A.32) は $\boldsymbol{x}^*$ が最適解であるための必要十分条件になります．

一方，双対問題 (A.31) は不等号の制約のみのため，ラグランジュ関数も等号制約に関する項をもたず，不等号制約に関するラグランジュ未定乗数を $\boldsymbol{x} \in \mathbb{R}^n$ とすれば，ラグランジュ関数は

$$L_{\mathrm{dual}}(\boldsymbol{\lambda}, \emptyset, \boldsymbol{x}) \triangleq -\boldsymbol{b}^\top \boldsymbol{\nu} + \boldsymbol{x}^\top (\boldsymbol{A}^\top \boldsymbol{\nu} - \boldsymbol{c})$$

となります．ここで，$\emptyset$ は空値（null）であり，式 (A.25) のラグランジュ関数の引数の数を揃えるための便宜上のものです．ある $\boldsymbol{\nu}^* \in \mathbb{R}^m$ が双対問題 (A.31) の最適解のとき，式 (A.26) の KKT 条件から，次を満たすラグランジュ未定乗数 $\boldsymbol{x}^*$ が存在します．

$$\begin{cases} \left.\dfrac{\partial L_{\mathrm{dual}}(\boldsymbol{\nu}, \emptyset, \boldsymbol{x})}{\partial \boldsymbol{\nu}}\right|_{\boldsymbol{\nu}=\boldsymbol{\nu}^*,\, \boldsymbol{x}=\boldsymbol{x}^*} = -\boldsymbol{b} + \boldsymbol{A}\boldsymbol{x}^* = \boldsymbol{0} \\ \boldsymbol{A}^\top \boldsymbol{\nu}^* - \boldsymbol{c} \geq \boldsymbol{0} \\ \boldsymbol{x}^* \geq \boldsymbol{0} \\ (\boldsymbol{A}^\top \boldsymbol{\nu}^* - \boldsymbol{c})^\top \boldsymbol{x}^* = \boldsymbol{0} \end{cases} \tag{A.33}$$

この条件が成立しているとすれば，主問題の場合と同様に，双対問題 (A.33) の任意の実行可能解 $\tilde{\boldsymbol{\nu}}$ に対して，

$$\boldsymbol{b}^\top \tilde{\boldsymbol{\nu}} = (\boldsymbol{A}\tilde{\boldsymbol{\nu}})^\top \boldsymbol{x}^* \geq \boldsymbol{c}\boldsymbol{x}^* = -(\boldsymbol{A}^\top \boldsymbol{\nu}^* - \boldsymbol{c})^\top \boldsymbol{x}^* + (\boldsymbol{A}\boldsymbol{x}^*)^\top \boldsymbol{\nu}^* = \boldsymbol{b}^\top \boldsymbol{\nu}^*$$

が成り立つので，条件 (A.33) は $\boldsymbol{\nu}^*$ が最適解であるための必要十分条件になります．

これまで，主問題 (A.23) と双対問題 (A.31) それぞれの最適解の必要十分条件 (A.32) と (A.33) を確認しました．いま，条件 (A.32) と (A.33) を見比べると，実は明らかに同一な条件であることがわかります．よって，$(\boldsymbol{x}^*, \boldsymbol{\nu}^*)$ が本条件を満たすとき，かつそのときに限り，$\boldsymbol{x}^*$ は主問題の最適解であり，$\boldsymbol{\nu}^*$ は双対問題の最適解になります．さらに，目的関数 f, f_{dual} が有界であれば，条件 (A.33) の 4 段目に 1 段目を代入することで，次の一致性があることがわかります．

$$f(\boldsymbol{x}^*) \triangleq \boldsymbol{c}^\top \boldsymbol{x}^* = \boldsymbol{b}^\top \boldsymbol{\nu}^* \triangleq f_{\mathrm{dual}}(\boldsymbol{\nu})$$

一方，もし主問題 (A.23) の目的関数 f が非有界ならば，次を満たす数列 $\boldsymbol{x}_k,\ k = 1, 2, 3, \ldots$ が存在します．

$$\boldsymbol{A}\boldsymbol{x}_k = \boldsymbol{b}, \quad \boldsymbol{x}_k \geq \boldsymbol{0}, \quad \lim_{k \to \infty} \boldsymbol{c}^\top \boldsymbol{x}_k = \infty \tag{A.34}$$

このとき，双対問題 (A.31) が実行可能であると仮定すると，次の制約を満たす実行可能解 $\tilde{\boldsymbol{\nu}} \in \mathbb{R}^m$ が存在するはずです．

$$\boldsymbol{A}^\top \tilde{\boldsymbol{\nu}} \geq \boldsymbol{c} \tag{A.35}$$

しかしながら，式 (A.34) の $\boldsymbol{x}_k$ の仮定から，上式は

$$\tilde{\boldsymbol{\nu}}^\top \boldsymbol{b} \geq \boldsymbol{c}^\top \boldsymbol{x}_k$$

となり，極限 $k \to \infty$ をとると，

$$\tilde{\boldsymbol{\nu}}^\top \boldsymbol{b} \geq \lim_{k \to \infty} \boldsymbol{c}^\top \boldsymbol{x}_k = \infty$$

となるので，制約 (A.35) を満たすような（有界な）解 $\tilde{\boldsymbol{\nu}}$ は存在せず，双対問題が実行可能であるという仮定に矛盾します．よって，主問題の目的関数が非有界ならば，双対問題は実行不可能であることがわかります．逆も同様に示すことができます．

以上のような主問題と双対問題の関係性は**強双対性**と呼ばれ，次の命題にまとめます．

命題 A.6（**線形計画問題の強双対性**）

a. 線形計画主問題 (A.23)（もしくは双対問題 (A.31)）が有界な最適解 $\boldsymbol{x}^*$ をもつならば，双対問題（もしくは主問題）も有界の最適解 $\boldsymbol{\nu}^*$ をもち，互いの問題の目的関数の最適値は一致する．

$$\boldsymbol{c}^\top \boldsymbol{x}^* = \boldsymbol{b}^\top \boldsymbol{v}^*$$

b. 主問題 (A.23)（もしくは双対問題 (A.31)）の目的関数が非有界ならば，双対問題（もしくは主問題）は実行不可能である．

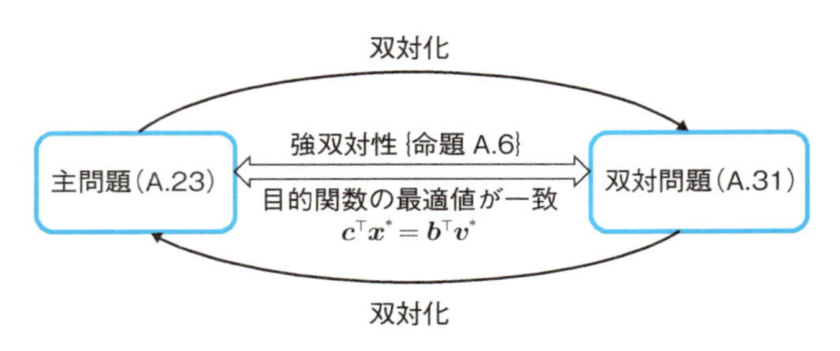

図 A.1　線形計画問題の双対関係.

最後に，線形計画問題の双対関係の概念を図 **A.1** に示します.

A.3.3　問題形式の変換例

線形計画問題 (A.31) を標準形 (A.23) に書き直すことができることを示します．問題 (A.31) の変数 $\boldsymbol{v} \in \mathbb{R}^m$ を冗長ですが非負の変数 $\boldsymbol{v}_+ \in \mathbb{R}^m_{\geq 0}$ と $\boldsymbol{v}_- \in \mathbb{R}^m_{\geq 0}$ の差として表し，

$$\boldsymbol{v} \triangleq \boldsymbol{v}_+ - \boldsymbol{v}_-$$

スラック変数 $\boldsymbol{z} \in \mathbb{R}^n_{\geq 0}$ を導入すれば，問題 (A.31) を

$$\begin{cases} \text{Minimize} & \boldsymbol{b}^\top \boldsymbol{v}_+ - \boldsymbol{b}^\top \boldsymbol{v}_- \\ \text{subject to} & \boldsymbol{A}^\top \boldsymbol{v}_+ - \boldsymbol{A}^\top \boldsymbol{v}_- = \boldsymbol{c} + \boldsymbol{z}, \\ & \boldsymbol{v}_+ \geq \boldsymbol{0}_m, \boldsymbol{v}_- \geq \boldsymbol{0}_m\, \boldsymbol{z} \geq \boldsymbol{0}_n \end{cases} \tag{A.36}$$

と表現することができます．ここで，$\tilde{\boldsymbol{x}} \triangleq [\boldsymbol{v}_+^\top, \boldsymbol{v}_-^\top, \boldsymbol{z}^\top]^\top$，$\tilde{\boldsymbol{A}} \triangleq [\boldsymbol{A}^\top, -\boldsymbol{A}^\top, -\boldsymbol{I}_n]$，$\tilde{\boldsymbol{b}} \triangleq \boldsymbol{c}$，$\tilde{\boldsymbol{c}} \triangleq [-\boldsymbol{b}^\top, \boldsymbol{b}^\top, \boldsymbol{0}_n^\top]^\top$ のように定義すれば，式 (A.36) は

$$\begin{cases} \text{Maximize} & \tilde{\boldsymbol{c}}^\top \tilde{\boldsymbol{x}} \\ \text{subject to} & \tilde{\boldsymbol{A}} \tilde{\boldsymbol{x}} = \tilde{\boldsymbol{b}}, \\ & \tilde{\boldsymbol{x}} \geq \boldsymbol{0}_{2m+n} \end{cases}$$

となり，式 (A.23) の線形計画法の標準形に書き換えることができました.

A.3.4　マルコフ決定過程の線形計画双対問題 (2.56) の導出

次の行列表記を用いることにします．

$$
\boldsymbol{v} \triangleq \begin{bmatrix} v(1) \\ v(2) \\ \vdots \\ v(|\mathcal{S}|) \end{bmatrix}, \quad \boldsymbol{w} \triangleq \begin{bmatrix} w(1) \\ w(2) \\ \vdots \\ v(|\mathcal{S}|) \end{bmatrix}, \quad \tilde{\boldsymbol{I}} \triangleq \begin{bmatrix} \boldsymbol{I}_{|\mathcal{S}|} \\ \boldsymbol{I}_{|\mathcal{S}|} \\ \vdots \\ \boldsymbol{I}_{|\mathcal{S}|} \end{bmatrix} \in \mathbb{R}^{|\mathcal{S}||\mathcal{A}|\times|\mathcal{S}|}
$$

$$
\tilde{\boldsymbol{P}} \triangleq \begin{bmatrix}
p_{\mathrm{T}}(1 \,|\, 1, 1) & p_{\mathrm{T}}(2 \,|\, 1, 1) & \cdots & p_{\mathrm{T}}(|\mathcal{S}| \,|\, 1, 1) \\
p_{\mathrm{T}}(1 \,|\, 2, 1) & p_{\mathrm{T}}(2 \,|\, 2, 1) & \cdots & p_{\mathrm{T}}(|\mathcal{S}| \,|\, 2, 1) \\
 & & \vdots & \\
p_{\mathrm{T}}(1 \,|\, |\mathcal{S}|, 1) & p_{\mathrm{T}}(2 \,|\, |\mathcal{S}|, 1) & \cdots & p_{\mathrm{T}}(|\mathcal{S}| \,|\, |\mathcal{S}|, 1) \\
p_{\mathrm{T}}(1 \,|\, 1, 2) & p_{\mathrm{T}}(2 \,|\, 1, 2) & \cdots & p_{\mathrm{T}}(|\mathcal{S}| \,|\, 1, 2) \\
 & & \vdots & \\
p_{\mathrm{T}}(1 \,|\, |\mathcal{S}|, |\mathcal{A}|) & p_{\mathrm{T}}(2 \,|\, |\mathcal{S}|, |\mathcal{A}|) & \cdots & p_{\mathrm{T}}(|\mathcal{S}| \,|\, |\mathcal{S}|, |\mathcal{A}|)
\end{bmatrix} \in \mathbb{R}^{|\mathcal{S}||\mathcal{A}|\times|\mathcal{S}|}
$$

$$
\boldsymbol{g} \triangleq \begin{bmatrix} g(1,1) \\ g(2,1) \\ \vdots \\ g(|\mathcal{S}|,1) \\ g(1,2) \\ \vdots \\ g(|\mathcal{S}|,|\mathcal{A}|) \end{bmatrix} \in \mathbb{R}^{|\mathcal{S}||\mathcal{A}|}, \quad \boldsymbol{x} \triangleq \begin{bmatrix} x(1,1) \\ x(2,1) \\ \vdots \\ x(|\mathcal{S}|,1) \\ x(1,2) \\ \vdots \\ x(|\mathcal{S}|,|\mathcal{A}|) \end{bmatrix} \in \mathbb{R}^{|\mathcal{S}||\mathcal{A}|}
$$

このとき，マルコフ決定過程の線形計画主問題 (2.55) を

$$
\begin{cases}
\text{Minimize} & \boldsymbol{w}^\top \boldsymbol{v} \\
\text{subject to} & (\tilde{\boldsymbol{I}} - \gamma \tilde{\boldsymbol{P}})\boldsymbol{v} \geq \boldsymbol{g}
\end{cases}
$$

と書くことができます．上の問題を従来の線形計画法の双対問題 (A.31) の形式とみなして，双対化して，主問題 (A.23) の形式に変換すれば，

$$\begin{cases} \text{Maximize} & \boldsymbol{g}^\top \boldsymbol{x} \\ \text{subject to} & (\tilde{\boldsymbol{I}} - \gamma \tilde{\boldsymbol{P}})^\top \boldsymbol{x} = \boldsymbol{w}, \\ & \boldsymbol{x} \geq \boldsymbol{0} \end{cases}$$

を得ます．後は，上の問題を要素単位に単に書き直せば，マルコフ決定過程の双対問題 (2.56) を導出できます．

A.4 自然勾配法の補足

A.4.1 自然勾配の導出

パラメータ $\boldsymbol{\theta} \in \mathbb{R}^d$ は，正定値行列であるリーマン計量行列 $\boldsymbol{R}_{\boldsymbol{\theta}} \in \mathbb{R}^{d \times d}$ により，$\boldsymbol{\theta}$ と $\boldsymbol{\theta}$ を $\boldsymbol{g} \in \mathbb{R}^d$ だけ微小変化させた $\boldsymbol{\theta} + \boldsymbol{g}$ との距離が

$$\|\boldsymbol{g}\|_{\boldsymbol{R}_{\boldsymbol{\theta}}}^2 \triangleq \boldsymbol{g}^\top \boldsymbol{R}_{\boldsymbol{\theta}} \boldsymbol{g}$$

と規定されるリーマン多様体にあるとします．なお，$\boldsymbol{R}_{\boldsymbol{\theta}}$ が単位行列のとき，パラメータ空間はユークリッド空間に対応します．

目的関数 $f : \mathbb{R}^d \to \mathbb{R}$ の自然勾配とは，リーマン計量 $\boldsymbol{R}_{\boldsymbol{\theta}}$ をもつリーマン多様体における f の最急勾配方向であり，具体的には，十分に小さい定数 ε に対する，

$$\|\boldsymbol{g}\|_{\boldsymbol{R}_{\boldsymbol{\theta}}}^2 = \varepsilon^2 \tag{A.37}$$

という条件のもと，$f(\boldsymbol{\theta} + \boldsymbol{g})$ を最大にする $\boldsymbol{g}^* \in \mathbb{R}^d$ に対応する方向 $\{a\boldsymbol{g}^* : a \in \mathbb{R}_{>0}\}$ のことです．ここで，ラグランジュの未定乗数法（式 (A.26) 参照）[142] を用いれば，自然勾配 $\boldsymbol{g}^*$ は

$$\nabla_{\boldsymbol{g}} \{\boldsymbol{g}^\top \nabla_{\boldsymbol{\theta}} f(\boldsymbol{\theta}) - \lambda(\boldsymbol{g}^\top \boldsymbol{R}_{\boldsymbol{\theta}} \boldsymbol{g} - \varepsilon^2)\}\big|_{\boldsymbol{g}:=\boldsymbol{g}^*} = \boldsymbol{0}$$

を満たす必要があるため，

$$\begin{aligned} \boldsymbol{g}^* &= \frac{1}{2\lambda} \boldsymbol{R}_{\boldsymbol{\theta}}^{-1} \nabla_{\boldsymbol{\theta}} f(\boldsymbol{\theta}) \\ &\propto \boldsymbol{R}_{\boldsymbol{\theta}}^{-1} \nabla_{\boldsymbol{\theta}} f(\boldsymbol{\theta}) \end{aligned}$$

と求められます．なお，λ は制約条件 (A.37) から定まる定数です．

A.4.2 KL ダイバージェンスとフィッシャー情報行列の関係性

パラメータ $\boldsymbol{\theta} \in \mathbb{R}^d$ で規定される離散確率変数 X の確率モデル $p(X|\boldsymbol{\theta})$ について，パラメータを微小変化 $\Delta\boldsymbol{\theta}$ させた場合の確率モデルと元の確率モデルの KL ダイバージェンス $D_{\mathrm{KL}}[p(X|\boldsymbol{\theta}), p(X|\boldsymbol{\theta}+\Delta\boldsymbol{\theta})]$ を $\boldsymbol{\theta}$ まわりでテイラー展開して 2 次近似すれば，

$$
\begin{aligned}
&D_{\mathrm{KL}}[p(X|\boldsymbol{\theta}), p(X|\boldsymbol{\theta}+\Delta\boldsymbol{\theta})] \triangleq \sum_{x\in\mathcal{X}} p(x|\boldsymbol{\theta}) \log \frac{p(x|\boldsymbol{\theta})}{p(x|\boldsymbol{\theta}+\Delta\boldsymbol{\theta})} \\
&\simeq -\Delta\boldsymbol{\theta}^\top \sum_{x\in\mathcal{X}} p(x|\boldsymbol{\theta}) \nabla_{\boldsymbol{\theta}} \log p(x|\boldsymbol{\theta}) - \frac{1}{2}\Delta\boldsymbol{\theta}^\top \left\{ \sum_{x\in\mathcal{X}} p(x|\boldsymbol{\theta}) \nabla^2_{\boldsymbol{\theta}} \log p(x|\boldsymbol{\theta}) \right\} \Delta\boldsymbol{\theta} \\
&= \frac{1}{2}\Delta\boldsymbol{\theta}^\top \boldsymbol{F}_{\boldsymbol{\theta}} \Delta\boldsymbol{\theta}
\end{aligned}
$$

を得ます．ここで，$\boldsymbol{F}_{\boldsymbol{\theta}} \triangleq \sum_{x\in\mathcal{X}} p(x|\boldsymbol{\theta}) \nabla_{\boldsymbol{\theta}} \log p(x|\boldsymbol{\theta}) \nabla_{\boldsymbol{\theta}} \log p(x|\boldsymbol{\theta})^\top$ はフィッシャー情報行列であり，$\nabla^2_{\boldsymbol{\theta}} \log P(x|\boldsymbol{\theta}) \in \mathbb{R}^{d\times d}$ は $\log P(x|\boldsymbol{\theta})$ の $\boldsymbol{\theta}$ に関する 2 階偏微分です．なお，最後の等式の導出には次の $\boldsymbol{F}_{\boldsymbol{\theta}}$ の特性を用いています．

$$
\begin{aligned}
&\sum_{x\in\mathcal{X}} p(x|\boldsymbol{\theta}) \nabla^2_{\boldsymbol{\theta}} \log p(x|\boldsymbol{\theta}) = \sum_{x\in\mathcal{X}} p(x|\boldsymbol{\theta}) \nabla_{\boldsymbol{\theta}} \left\{ \frac{1}{p(x|\boldsymbol{\theta})} \nabla_{\boldsymbol{\theta}} p(x|\boldsymbol{\theta}) \right\} \\
&\quad = \sum_{x\in\mathcal{X}} p(x|\boldsymbol{\theta}) \left\{ -\frac{1}{p(x|\boldsymbol{\theta})^2} \nabla_{\boldsymbol{\theta}} p(x|\boldsymbol{\theta}) \nabla_{\boldsymbol{\theta}} p(x|\boldsymbol{\theta})^\top + \frac{1}{p(x|\boldsymbol{\theta})} \nabla^2_{\boldsymbol{\theta}} p(x|\boldsymbol{\theta}) \right\} \\
&\quad = -\sum_{x\in\mathcal{X}} p(x|\boldsymbol{\theta}) \nabla_{\boldsymbol{\theta}} \log p(x|\boldsymbol{\theta}) \nabla_{\boldsymbol{\theta}} \log p(x|\boldsymbol{\theta})^\top + \nabla^2_{\boldsymbol{\theta}} \sum_{x\in\mathcal{X}} p(x|\boldsymbol{\theta}) \\
&\quad = -\boldsymbol{F}_{\boldsymbol{\theta}}
\end{aligned}
$$

以上より，フィッシャー情報行列 $\boldsymbol{F}_{\boldsymbol{\theta}}$ は KL ダイバージェンスの 2 次近似の距離計量行列に対応していることがわかります．

B i b l i o g r a p h y

参考文献

[1] P. Abbeel and A. Y. Ng. Apprenticeship learning via inverse reinforcement learning. In *International Conference on Machine Learning*, 2004.

[2] N. Abe, P. Melville, C. Pendus, C. K. Reddy, D. L. Jensen, V. P. Thomas, J. J. Bennett, G. F. Anderson, B. R. Cooley, M. Kowalczyk, M. Domick, and T. Gardinier. Optimizing debt collections using constrained reinforcement learning. In *International Conference on Knowledge Discovery and Data Mining*, pages 75–84, 2010.

[3] N. Abe, N. K. Verma, C. Apté, and R. Schroko. Cross channel optimized marketing by reinforcement learning. In *International Conference on Knowledge Discovery and Data Mining*, pages 767–772, 2004.

[4] D. Aberdeen. *Policy-Gradient Algorithms for Partially Observable Markov Decision Processes.* PhD thesis, Australian National University, 2003.

[5] S. Agrawal and N. Goyal. Analysis of Thompson sampling for the multi-armed bandit problem. In *Annual Conference on Learning Theory*, 2012.

[6] S. Amari. Natural gradient works efficiently in learning. *Neural Computation*, 10(2):251–276, 1998.

[7] A. Antos, R. Munos, and C. Szepesvári. Fitted Q-iteration in continuous action-space MDPs. In *Advances in Neural Information Processing Systems*, 2008.

[8] P. Auer, N. Cesa-Bianchi, and P. Fischer. Finite-time analysis of the multiarmed bandit problem. *Machine Learning*, 47(2-3):235-256, 2002.

[9] P. Auer and R. Ortner. Logarithmic online regret bounds for undiscounted reinforcement learning. In *Advances in Neural Information Processing Systems*, pages 49–56, 2007.

[10] J. A. Bagnell and J. G. Schneider. Covariant policy search. In *Proceedings of the International Joint Conference on Artificial Intelligence*, 2003.

[11] L. Baird. Residual algorithms: Reinforcement learning with function approximation. In *International Conference on Machine Learning*, 1995.

[12] B. Bakker. Reinforcement learning with long short-term memory. In *Advances in Neural Information Processing Systems*, 2002.

[13] J. Baxter and P. Bartlett. Infinite-horizon policy-gradient estimation. *Journal of Artificial Intelligence Research*, 15:319–350, 2001.

[14] J. Baxter, P. Bartlett, and L. Weaver. Experiments with infinite-horizon policy-gradient estimation. *Journal of Artificial Intelligence Research*, 15:351–381, 2001.

[15] M. G. Bellemare, W. Dabney, and R. Munos. A distributional perspective on reinforcement learning. In *International Conference on Machine Learning*, pages 449–458, 2017.

[16] M. G. Bellemare, S. Srinivasan, G. Ostrovski, T. Schaul, D. Saxton, and R. Munos. Unifying count-based exploration and intrinsic motivation. In *Advances in Neural Information Processing Systems*, pages 1471–1479, 2016.

[17] R. E. Bellman. *Dynamic Programming*. Princeton University Press, 1957.

[18] D. P. Bertsekas. *Dynamic Programming and Optimal Control*, volume I. Athena Scientific, 2nd edition, 1995.

[19] D. P. Bertsekas. *Dynamic Programming and Optimal Control*, volume II. Athena Scientific, 4th edition, 2012.

[20] D. P. Bertsekas and J. N. Tsitsiklis. *Neuro-Dynamic Programming.* Athena Scientific, 1996.

[21] S. Bhatnagar, R. S. Sutton, M. Ghavamzadeh, and M. Lee. Natural actor-critic algorithms. *Automatica*, 45(11):2471–2482, 2009.

[22] C. M. Bishop. Pattern Recognition and Machine Learning. Springer, 2006. (元田浩, 栗田多喜夫, 樋口知之, 松本裕治, 村田昇 監訳：パターン認識と機械学習 上下, 丸善出版, 2012)

[23] C. Blundell, J. Cornebise, K. Kavukcuoglu, and D. Wierstra. Weight uncertainty in neural network. In *International Conference on Machine Learning*, pages 1613–1622, 2015.

[24] M. K. Bothe, L. Dickens, K. Reichel, A. Tellmann, B. Ellger, M. Westphal, and A. A. Faisal. The use of reinforcement learning algorithms to meet the challenges of an artificial pancreas. *Expert Review of Medical Devices*, 10(5):661–673, 2013.

[25] J. A. Boyan. Technical update: Least-squares temporal difference learning. *Machine Learning*, 49(2-3):233–246, 2002.

[26] J. A. Boyan and A. W. Moore. Generalization in reinforcement learning: Safely approximating the value function. In *Advances in Neural Information Processing Systems*, 1995.

[27] S. Boyd and L. Vandenberghe. *Convex Optimization.* Cambridge University Press, 2004.

[28] S. J. Bradtke and A. G. Barto. Linear least-squares algorithms for temporal difference learning. *Machine Learning*, 22(2):33–57, 1996.

[29] R. I. Brafman and M. Tennenholtz. R-max — A general polynomial time algorithm for near-optimal reinforcement learning. *Journal of Machine Learning Research*, 3:213–231, 2002.

[30] S. R. K. Branavan, H. Chen, L. S. Zettlemoyer, and R. Barzilay. Reinforcement learning for mapping instructions to actions. In *Annual Meeting of the Association for Computational Linguistics*,

2009.

[31] C. Browne, E. Powley, D. Whitehouse, S. Lucas, P. I. Cowling, P. Rohlfshagen, S. Tavener, D. Perez, S. Samothrakis, and S. Colton. A survey of Monte Carlo tree search methods. *IEEE Transactions on Computational Intelligence and AI in Games*, 4(1):1–43, 2012.

[32] R. Caruana. Multitask learning. *Machine Learning*, 28(1):41–75, 1997.

[33] A. Cassandra. Tony's POMDP page. `http://www.cs.brown.edu/research/ai/pomdp/code/index.html`, 1999. Accessed: 2019-03-21.

[34] A. R. Cassandra. *Exact and Approximate Algorithms for Partially Observable Markov Decision Processes.* PhD thesis, Brown University, 1998.

[35] A. R. Cassandra, M. Littman, and N. L. Zhang. Incremental pruning: A simple, fast, exact method for partially observable Markov decision processes. In *Conference on Uncertainty in Artificial Intelligence*, pages 54–61, 1997.

[36] O. Chapelle and L. Li. An empirical evaluation of Thompson sampling. In *Advances in Neural Information Processing Systems*, pages 2249–2257, 2011.

[37] B. E. Childs, J. H. Brodeur, and L. Kocsis. Transpositions and move groups in Monte Carlo tree search. In *IEEE Symposium on Computational Intelligence and Games*, pages 389–395, 2008.

[38] R. Coquelin and R. Munos. Bandit algorithms for tree search. In *Conference on Uncertainty in Artificial Intelligence*, pages 67–74, 2007.

[39] R. Coulom. Efficient selectivity and backup operators in Monte-Carlo tree search. In *International Conference on Computers and Games*, pages 72–83, 2006.

[40] C. Dann, G. Neumann, and J. Peters. Policy evaluation with temporal differences: A survey and comparison. *Journal of Machine Learning Research*, 15:809–883, 2014.

[41] A. P. Dawid. Conditional independence in statistical theory. *Journal of the Royal Statistical Society, Series B*, 41(1):1–31, 1979.

[42] P. Dayan and G. E. Hinton. Using expectation-maximization for reinforcement learning. *Neural Computation*, 9(2):271–278, 1997.

[43] D. P. de Farias and B. Van Roy. The linear programming approach to approximate dynamic programming. *Operations Research*, 51(6):850–865, 2003.

[44] D. P. de Farias and B. Van Roy. On constraint sampling in the linear programming approach to approximate dynamic programming. *Mathematics of Operations Research*, 29(3):462–478, 2004.

[45] R. Dearden, N. Friedman, and S. Russell. Bayesian Q-learning. In *National Conference on Artificial Intelligence*, pages 761–768, 1998.

[46] B. Defourny, D. Ernst, and L. Wehenkel. Risk-aware decision making and dynamic programming. In *NIPS Workshop on Model Uncertainty and Risk in RL*, 2008.

[47] T. Degris, M. White, and R. S. Sutton. Off-policy actor-critic. In *International Conference on Machine Learning*, pages 457-464, 2012.

[48] M. P. Deisenroth, G. Neumann, and J. Peters. A survey on policy search for robotics. *Foundations and Trends in Robotics*, 2(1-2):1–141, 2013.

[49] E. Delage and S. Mannor. Percentile optimization for Markov decision processes with parameter uncertainty. *Operations Research*, 58(1):203–213, 2010.

[50] F. Doshi-Velez, D. Pfau, F. Wood, and N. Roy. Bayesian nonparametric methods for partially-observable reinforcement learn-

ing. *IEEE Transactions on Pattern Analysis and Machine Intelligence*, 37(2):394–407, 2015.

[51] K. Doya. Reinforcement learning in continuous time and space. *Neural Computation*, 12(1):219–245, 2000.

[52] A. Dvoretzky. On stochastic approximation. In *Third Berkeley Symposium on Mathematical Statistics and Probability*, pages 39–55. University of California Press, 1956.

[53] Y. Engel, S. Mannor, and R. Meir. Reinforcement learning with Gaussian processes. In *International Conference on Machine Learning*, pages 201–208, 2005.

[54] D. Ernst, P. Geurts, and L. Wehenkel. Tree-based batch mode reinforcement learning. *Journal of Machine Learning Research*, 6(1):503–556, 2005.

[55] P. Escandell-Montero, M. Chermisi, J. M. Martínez-Martínez, J. Gómez-Sanchis, C. Barbieri, E. Soria-Olivas, F. Mari, J. Vila-Francés, A. Stopper, E. Gatti, and J. D. Martín-Guerrero. Optimization of anemia treatment in hemodialysis patients via reinforcement learning. *Artificial Intelligence in Medicine*, 62(1):47–60, 2014.

[56] A. Farahmand, M. Ghavamzadeh, C. Szepesvári, and S. Mannor. Regularized policy iteration with nonparametric function spaces. *Journal of Machine Learning Research*, 17(139):1–66, 2016.

[57] A. Farahmand and C. Szepesvári. Model selection in reinforcement learning. *Machine Learning*, 85(3):299–332, 2011.

[58] Z. Feng and S. Zilberstein. Region-based incremental pruning for POMDPs. In *Conference on Uncertainty in Artificial Intelligence*, pages 146–153, 2004.

[59] M. Fortunato, M. G. Azar, B. Piot, J. Menick, I. Osband, A. Graves, V. Mnih, R. Munos, D. Hassabis, O. Pietquin, C. Blundell, and S. Legg. Noisy networks for exploration. In *International*

Conference on Learning Representations, 2018.

[60] J. V. Gael, Y. Saatci, Y. W. Teh, and Z. Ghahramani. Beam sampling for the infinite hidden Markov model. In *International Conference on Machine Learning*, pages 1088–1095, 2008.

[61] J. Garc´a and F. Fernández. A comprehensive survey on safe reinforcement learning. *Journal of Machine Learning Research*, 16:1437–1480, 2015.

[62] P. Geibel and F. Wysotzki. Risk-sensitive reinforcement learning applied to control under constraints. *Journal of Artificial Intelligence Research*, 24:81–108, 2005.

[63] M. Geist and O. Pietquin. Kalman temporal differences. *Journal of Artificial Intelligence Research*, 39:483–532, 2010.

[64] M. Geist, B. Scherrer, A. Lazaric, and M. Ghavamzadeh. A dantzig selector approach to temporal difference learning. In *International Conference on Machine Learning*, 2012.

[65] S. Gelly and Y. Wang. Exploration exploitation in Go: UCT for Monte-Carlo Go. In *NIPS Workshop on On-line Trading of Exploration and Exploitation*, 2006.

[66] A. Geramifard, M. Bowling, and R. S. Sutton. Incremental least-squares temporal difference learning. In *National Conference on Artificial Intelligence*, pages 356–361. AAAI Press, 2006.

[67] A. Geramifard, M. Bowling, M. Zinkevich, and R. S. Sutton. iLSTD: Eligibility traces and convergence analysis. In *Advances in Neural Information Processing Systems*, pages 441–448, 2007.

[68] M. Ghavamzadeh and Y. Engel. Bayesian actor-critic algorithms. In *International Conference on Machine Learning*, pages 297–304, 2007.

[69] G. J. Gordon. *Approximate Solutions to Markov Decision Processes*. PhD thesis, Carnegie Mellon University, 1999.

[70] E. Greensmith, P. L. Bartlett, and J. Baxter. Variance reduc-

tion techniques for gradient estimates in reinforcement learning. *Journal of Machine Learning Research*, 5:1471–1530, 2004.

[71] I. Grondman, L.Busoniu, G. Lopes, and R. Babuska. A survey of actor-critic reinforcement learning: Standard and natural policy gradients. *IEEE Transactions on Systems, Man, and Cybernetics, Part C: Applications and Reviews*, 42(6):1291–1307, 2012.

[72] V. Gullapalli. A stochastic reinforcement learning algorithm for learning real-valued functions. *Neural Networks*, 3(6):671–692, 1990.

[73] E. A. Hansen. Solving POMDPs by searching in policy space. In *Conference on Uncertainty in Artificial Intelligence*, pages 211–219, 1998.

[74] M. R. Hardy and J. L. Wirch. The iterated cte: A dynamic risk measure. *North American Actuarial Journal*, 8:62–75, 2004.

[75] T. Hastie and R. Tibshirani and J. Friedman. *The Elements of Statistical Learning: Data Mining, Inference, and Prediction*. Springer, 2009. (杉山将, 井手剛, 神嶌敏弘, 栗田多喜夫, 前田英作 監訳：統計的学習の基礎 —データマイニング・推論・予測— , 共立出版, 2014)

[76] M. Hauskrecht. Value function approximations for partially observable Markov decision processes. *Journal of Artificial Intelligence Research*, 13:33–94, 2000.

[77] K. He, X. Zhang, S. Ren, and J. Sun. Deep residual learning for image recognition. In *IEEE Conference on Computer Vision and Pattern Recognition*, pages 770–778, 2016.

[78] M. Heger. Consideration of risk in reinforcement learning. In *International Conference on Machine Learning*, pages 105–111, 1994.

[79] N. Hernandez-Gardiol and S. Mahadevan. Hierarchical memory-based reinforcement learning. In *Advances in Neural Information*

Processing Systems, 2000.

[80] M. Hessel, J. Modayil, H. van Hasselt, T. Schaul, G. Ostrovski, W. Dabney, D. Horgan, B. Piot, M. Azar, and D. Silver. Rainbow: Combining improvements in deep reinforcement learning. In *AAAI Conference on Artificial Intelligence*, 2018.

[81] R. A. Howard. *Dynamic Programming and Markov Processes*. MIT Press, 1960.

[82] S. Ioffe and C. Szegedy. Batch normalization: Accelerating deep network training by reducing internal covariate shift. In *International Conference on Machine Learning*, pages 448–456, 2015.

[83] M. T. Izadi and D. Precup. Using rewards for belief state updates in partially observable Markov decision processes. In *European Conference on Machine Learning*, pages 593–600, 2005.

[84] M. Jaderberg, V. Mnih, W. M. Czarnecki, T. Schaul, J. Z Leibo, D. Silver, and K. Kavukcuoglu. Reinforcement learning with unsupervised auxiliary tasks. In *International Conference on Learning Representations*, 2017.

[85] T. Jaksch, R. Ortner, and P. Auer. Near-optimal regret bounds for reinforcement learning. *Journal of Machine Learning Research*, 11:1563–1600, 2010.

[86] S. Ji, R. Parr, H. Li, X. Liao, and L. Carin. Point-based policy iteration. In *National Conference on Artificial Intelligence*, pages 1243–1249. AAAI Press, 2007.

[87] J. Johns, C. Painter-Wakefield, and R. Parr. Linear complementarity for regularized policy evaluation and improvement. In *Advances in Neural Information Processing Systems*, 2010.

[88] L. P. Kaelbling, M. L. Littman, and A. R. Cassandra. Planning and acting in partially observable stochastic domains. *Artificial Intelligence*, 101(1-2):99–134, 1998.

[89] L. P. Kaelbling, M. L. Littman, and A. W. Moore. Reinforcement

learning: A survey. *Journal of AI Research*, 4:237–285, 1996.

[90] S. Kakade and J. Langford. Approximately optimal approximate reinforcement learning. In *International Conference on Machine Learning*, pages 267–274, 2002.

[91] S. M. Kakade. A natural policy gradient. In *Advances in Neural Information Processing Systems*, 2002.

[92] S. M. Kakade. *On the Sample Complexity of Reinforcement Learning.* PhD thesis, University College London, 2003.

[93] H. Kashima. Risk-sensitive learning via minimization of empirical conditional value-at-risk. *IEICE Transaction on Information and Systems*, E90-D(12):2043–2052, 2007.

[94] M. Kearns, Y. Mansour, and A. Y. Ng. A sparse sampling algorithm for near-optimal planning in large Markov decision processes. *Machine Learning*, 49(2-3):193–208, 2002.

[95] M. Kearns and S. Singh. Near-optimal reinforcement learning in polynomial time. *Machine Learning*, 49(2-3):209232, 2002.

[96] H. Kimura, K. Miyazaki, and S. Kobayashi. Reinforcement learning in POMDPs with function approximation. In *International Conference on Machine Learning*, 1997.

[97] L. Kocsis and C. Szepesvári. Bandit based Monte-Carlo planning. In *European Conference on Machine Learning*, pages 282–293, 2006.

[98] S. Koenig and R. G. Simmons. Risk-sensitive planning with probabilistic decision graphs. In *International Conference on Principles of Knowledge Representation and Reasoning*, pages 363–373, 1994.

[99] S. Koenig and R.G. Simmons. Unsupervised learning of probabilistic models for robot navigation. In *International Conference on Robotics and Automation*, pages 2301–2308, 1996.

[100] R. Koenker. *Quantile Regression.* Cambridge University Press,

2005.

[101] A. N. Kolmogorov. The method of the median in the theory of errors. *Matermatichiskii Sbornik*, 38:47–50, 1931. Reprinted in English in *Selected Works of A.N. Kolmogorov*, vol. II, A.N. Shiryayev, (ed), Kluwer : Dordrecht.

[102] J. Z. Kolter and A. Y. Ng. Regularization and feature selection in least-squares temporal difference learning. In *International Conference on Machine Learning*, 2009.

[103] V. S. Konda and J. N. Tsitsiklis. On actor-critic algorithms. *SIAM Journal on Control and Optimization*, 42(4):1143–1166, 2003.

[104] H. Kurniawati, D. Hsu, and W. S. Lee. SARSOP: Efficient point-based POMDP planning by approximating optimally reachable belief spaces. In *Robotics: Science and Systems*, 2008.

[105] M. G. Lagoudakis and R. Parr. Least-squares policy iteration. *Journal of Machine Learning Research*, 4:1107–1149, 2003.

[106] A. Lazaric, M. Restelli, and A. Bonarini. Reinforcement learning in continuous action spaces through sequential Monte Carlo methods. In *Advances in Neural Information Processing Systems*, pages 833–840, 2007.

[107] Y. LeCun, Y. Bengio, and G. Hinton. Deep learning. *Nature*, 521(7553):436–444, 2015.

[108] D. Levin, Y. Peres, and E. Wilmer. *Markov Chains and Mixing Times*. American Mathematical Society, 2008.

[109] T. P. Lillicrap, J. J. Hunt, A. Pritzel, N. Heess, T. Erez, Y. Tassa, D. Silver, and D. Wierstra. Continuous control with deep reinforcement learning. *International Conference on Learning Representations*, 2016.

[110] L. Li, M. L. Littman, T. J. Walsh, and A. L. Strehl. Knows what it knows: A framework for self-aware learning. *Machine Learning*, 82(3):399–443, 2011.

[111] L. J. Lin. *Reinforcement Learning for Robots Using Neural Networks*. PhD thesis, University College London, 1992.

[112] M. L. Littman, R. S. Sutton, and S. Singh. Predictive representations of state. In *Advances in Neural Information Processing Systems*, 2002.

[113] J. Loch and S. Singh. Using eligibility traces to find the best memoryless policy in partially observable Markov decision processes. In *International Conference on Machine Learning*, 1998.

[114] W. S. Lovejoy. Computationally feasible bounds for partially observed Markov decision processes. *Operations Research*, 39(1):162–175, 1991.

[115] D. G. Luenberger. *Investment Science*. Oxford University Press, 1998.

[116] D. G. Luenberger and Y. Ye. *Linear and Nonlinear Programming*. Springer, 4th edition, 2016.

[117] D. MacKay. *Information Theory, Inference, and Learning Algorithms*. Cambridge University Press, 2003.

[118] O. Madani, S. Hanks, and A. Condon. On the undecidability of probabilistic planning and related stochastic optimization problems. *Artificial Intelligence*, 147:5–34, 2003.

[119] H. R. Maei and R. S. Sutton. GQ(λ): A general gradient algorithm for temporal-difference prediction learning with eligibility traces. In *Conference on Artificial General Intelligence*, pages 91–96, 2010.

[120] H. R. Maei, C. Szepesvári, S. Bhatnagar, D. Precup, D. Silver, and R. S. Sutton. Convergent temporal-difference learning with arbitrary smooth function approximation. In *Advances in Neural Information Processing Systems*, pages 1204–1212, 2009.

[121] H. R. Maei, C. Szepesvári, S. Bhatnagar, and R. S. Sutton. Toward off-policy learning control with function approximation. In

International Conference on Machine Learning, pages 719–726, 2010.

[122] A. McCallum. *Reinforcement Learning with Selective Perception and Hidden State*. PhD thesis, University of Rochester, 1995.

[123] N. Megiddo. *On the complexity of linear programming*, chapter 6, pages 225–268. Advances in Economic Theory. 1987.

[124] F. S. Melo, S. P. Meyn, and M. I. Ribeiro. An analysis of reinforcement learning with function approximation. In *International Conference on Machine Learning*, page 664–671, 2008.

[125] N. Meuleau, K. E. Kim, L. P. Kaelbling, and A. R. Cassandra. Solving POMDPs by searching the space of finite policies. In *Conference on Uncertainty in Artificial Intelligence*, pages 417–426, 1999.

[126] O. Mihatsch and R. Neuneier. Risk-sensitive reinforcement learning. *Machine Learning*, 49(2-3):267–290, 2002.

[127] N. Mishra, P. Abbeel, and I. Mordatch. Prediction and control with temporal segment models. In *International Conference on Machine Learning*, pages 2459–2468, 2017.

[128] V. Mnih, A. P. Badia, M. Mirza, A. Graves, T. Harley, T. P. Lillicrap, D. Silver, and K. Kavukcuoglu. Asynchronous methods for deep reinforcement learning. In *International Conference on Machine Learning*, pages 928–1937, 2016.

[129] V. Mnih, K. Kavukcuoglu, D. Silver, A. A. Rusu, J. Veness, M. G. Bellemare, A. Graves, M. Riedmiller, A. K. Fidjeland, G. Ostro-vski, S. Petersen, C. Beattie, A. Sadik, I. Antonoglou, H. King, D. Kumaran, D. Wierstra, S. Legg, and D. Hassabis. Human-level control through deep reinforcement learning. *Nature*, 518(7540):529–533, 2015.

[130] G. E. Monahan. A survey of partially observable Markov decision processes: Theory, models and algorithms. *Management Science*,

28(1):1–16, 1982.

[131] T. Morimura, T. Osogami, and T. Shirai. Mixing-time regularized policy gradient. In *AAAI Conference on Artificial Intelligence*, 2014.

[132] T. Morimura, M. Sugiyama, H. Kashima, H. Hachiya, and T. Tanaka. Nonparametric return distribution approximation for reinforcement learning. In *International Conference on Machine Learning*, 2010.

[133] T. Morimura, M. Sugiyama, H. Kashima, H. Hachiya, and T. Tanaka. Parametric return density estimation for reinforcement learning. In *Conference on Uncertainty in Artificial Intelligence*, 2010.

[134] T. Morimura, E. Uchibe, and K. Doya. Utilizing natural gradient in temporal difference reinforcement learning with eligibility traces. In *International Symposium on Information Geometry and its Applications*, pages 256–263, 2005.

[135] T. Morimura, E. Uchibe, J. Yoshimoto, and K. Doya. A new natural policy gradient by stationary distribution metric. In *European Conference on Machine Learning and Principles and Practice of Knowledge Discovery in Databases*, 2008.

[136] T. Morimura, E. Uchibe, J. Yoshimoto, and K. Doya. A generalized natural actor-critic algorithm. In *Advances in Neural Information Processing Systems*, 2009.

[137] R. Munos, T. Stepleton, A. Harutyunyan, and M. G. Bellemare. Safe and efficient off-policy reinforcement learning. In *Advances in Neural Information Processing Systems*, 2016.

[138] R. Munos and C. Szepesvári. Finite-time bounds for fitted value iteration. *Journal of Machine Learning Research*, 9:815–857, 2008.

[139] A. Nedić and D. P. Bertsekas. Least squares policy evaluation algorithms with linear function approximation. *Discrete Event*

Dynamic Systems, 13(1):79–110, 2003.

[140] Y. Nevmyvaka, Y. Feng, and M. Kearns. Reinforcement learning for optimized trade execution. In *International Conference on Machine Learning*, pages 673–680, 2006.

[141] A. Y. Ng and S. J. Russell. Algorithms for inverse reinforcement learning. In *International Conference on Machine Learning*, pages 663–670, 2000.

[142] J. Nocedal and S. J. Wright. *Numerical Optimization*. Springer, 2006.

[143] D. Ormoneit and Ś. Sen. Kernel-based reinforcement learning. *Machine Learning*, 49(2):161–178, 2002.

[144] I. Osband, C. Blundell, A. Pritzel, and B. Van Roy. Deep exploration via bootstrapped DQN. In *Advances in Neural Information Processing Systems*, pages 4026–4034, 2016.

[145] T. Osogami. Iterated risk measures for risk-sensitive Markov decision processes with discounted cost. In *Conference on Uncertainty in Artificial Intelligence*, pages 573–580, 2011.

[146] T. Osogami and T. Morimura. Time-consistency of optimization problems. In *AAAI Conference on Artificial Intelligence*, 2012.

[147] A. Papoulis and S. U. Pillai. *Probability, Random Variables, and Stochastic Processes*. McGraw-Hill, 4th edition, 2002.

[148] T. Peak. Reinforcement learning for spoken dialogue systems: Comparing strengths and weaknesses for practical deployment. In *Interspeech Workshop on Dialogue on Dialogues - Multidisciplinary Evaluation of Advanced Speech-based Interactive Systems*, 2006.

[149] T. J. Perkins and D. Precup. A convergent form of approximate policy iteration. In *Advances in Neural Information Processing Systems*, pages 1627–1634, 2003.

[150] J. Peters and S. Schaal. Policy gradient methods for robotics. In

IEEE International Conference on Intelligent Robots and Systems, 2006.

[151] J. Peters and S. Schaal. Reinforcement learning by reward-weighted regression. In *International Conference on Machine Learning*, pages 745–750, 2007.

[152] J. Peters, S. Vijayakumar, and S. Schaal. Natural actor-critic. In *European Conference on Machine Learning*, 2005.

[153] J. Pineau, G. J. Gordon, and S. Thrun. Point-based value iteration: An anytime algorithm for POMDPs. In *International Joint Conference on Artificial Intelligence*, pages 1025–1032, 2003.

[154] J. Pineau and G. J. Gordon. POMDP planning for robust robot control. In *International Symposium on Robotics Research*, 28:69–82, 2005.

[155] J. Pineau, A. Guez, R. Vincent, G. Panuccio, and M. Avoli. Treating epilepsy via adaptive neurostimulation: A reinforcement learning approach. *International Journal of Neural Systems*, 19(4):227–240, 2009.

[156] J. M. Porta, N. Vlassis, M. T. J. Spaan, and P. Poupart. Point-based value iteration for continuous POMDPs. *Journal of Machine Learning Research*, 7:2329–2367, 2006.

[157] P. Poupart and C. Boutilier. Bounded finite state controllers. In *Advances in Neural Information Processing Systems*, 2004.

[158] P. Poupart, K. E. Kim, and D. Kim. Closing the gap: Improved bounds on optimal POMDP solutions. In *International Conference on Planning and Scheduling*, 2011.

[159] P. Poupart and N. Vlassis. Model-based Bayesian reinforcement learning in partially observable domains. In *International Symposium on Artificial Intelligence and Mathematics*, 2008.

[160] P. Poupart, N. Vlassis, J. Hoey, and K. Regan. An analytic solution to discrete bayesian reinforcement learning. In *International*

Conference on Machine Learning, pages 697–704, 2006.

[161] W. Powell. *Approximate Dynamic Programming: Solving the Curses of Dimensionality*. Wiley, 2nd edition, 2011.

[162] J. W. Pratt. Risk aversion in the small and in the large. *Econometrica*, 32(1/2):122–136, 1964.

[163] M. L. Puterman. *Markov Decision Processes: Discrete Stochastic Dynamic Programming*. Wiley, 1994.

[164] M. Riedmiller. Neural fitted Q iteration-first experiences with a data efficient neural reinforcement learning method. In *European Conference on Machine Learning*, pages 317–328, 2005.

[165] R. Y. Rubinstein. *Simulation and the Monte Carlo Method*. Wiley, 1981.

[166] S. Ruder. An overview of gradient descent optimization algorithms. *arXiv:1609.04747*, 2016.

[167] D. Russo and B. Van Roy. An information-theoretic analysis of Thompson sampling. *Journal of Machine Learning Research*, 68:1–30, 2016.

[168] M. Sato and S. Kobayashi. Variance-penalized reinforcement learning for risk-averse asset allocation. In *Intelligent Data Engineering Automated Learning*, 2000.

[169] M. Sato and S. Kobayashi. Average-reward reinforcement learning for variance-penalized Markov decision problems. In *International Conference on Machine Learning*, pages 473–480, 2001.

[170] T. Schaul, J. Quan, I. Antonoglou, and D. Silver. Prioritized experience replay. In *International Conference on Learning Representations*, 2016.

[171] B. Scherrer. Should one compute the temporal difference fix point or minimize the Bellman residual? The unified oblique projection view. In *International Conference on Machine Learning*, pages 959–966, 2010.

[172] R. B. Schinazi. *Classical and Spatial Stochastic Processes*. Birkhäuser, 1999.

[173] R. Schoknecht. Optimality of reinforcement learning algorithms with linear function approximation. In *Advances in Neural Information Processing Systems*, pages 1555–1562, 2002.

[174] J. Schulman, S. Levine, P. Abbeel, M. Jordan, and P. Moritz. Trust region policy optimization. In *International Conference on Machine Learning*, pages 1889–1897, 2015.

[175] J. Schulman, F. Wolski, P. Dhariwal, A. Radford, and O. Klimov. Proximal policy optimization algorithms. *arXiv:1707.06347*, 2017.

[176] P. J. Schweitzer and A. Seidmann. Generalized polynomial approximations in Markovian decision processes. *Journal of Mathematical Analysis and Applications*, 110:568–582, 1985.

[177] G. Shani, R. I. Brafman, and S. E. Shimony. Model-based online learning of POMDPs. In *European Conference on Machine Learning*, 2005.

[178] G. Shani, J. Pineau, and R. Kaplow. A survey of point-based POMDP solvers. *Autonomous Agents and Multi-Agent Systems*, 27(1):1–51, 2013.

[179] D. Silver, A. Huang, C. J. Maddison, A. Guez, L. Sifre, G. van den Driessche, J. Schrittwieser, I. Antonoglou, V. Panneershelvam, M. Lanctot, S. Dieleman, D. Grewe, J. Nham, N. Kalchbrenner, I. Sutskever, T. Lillicrap, M. Leach, K. Kavukcuoglu, T. Graepel, and D. Hassabis. Mastering the game of Go with deep neural networks and tree search. *Nature*, 529(7587):484–489, 2016.

[180] D. Silver, T Hubert, J. Schrittwieser, I Antonoglou, M. Lai, A Guez, M. Lanctot, L Sifre, D. Kumaran, T. Graepel, T. Lillicrap, K. Simonyan, and D. Hassabis. Mastering chess and shogi by self-play with a general reinforcement learning algorithm. *arXiv:1712.01815*, 2017.

[181] D. Silver, G. Lever, N. Heess, T. Degris, D. Wierstra, and M. Riedmiller. Deterministic policy gradient algorithms. In *International Conference on Machine Learning*, pages 387–395, 2014.

[182] D. Silver, J. Schrittwieser, K. Simonyan, I. Antonoglou, A. Huang, A. Guez, T. Hubert, L. Baker, M. Lai, A. Bolton, Y. Chen, T. Lillicrap, F. Hui, L. Sifre, G. van den Driessche, T. Graepel, and D. Hassabis. Mastering the game of Go without human knowledge. *Nature*, 550(7676):354–359, 2017.

[183] D. Silver, R. S. Sutton, and M. Müller. Sample-based learning and search with permanent and transient memories. In *International Conference on Machine Learning*, pages 968–975, 2008.

[184] D. Silver and J. Veness. Monte-Carlo planning in large POMDPs. In *Advances in Neural Information Processing Systems*, pages 2164–2172, 2010.

[185] S. Singh, T. Jaakkola, M. L. Littman, and C. Szepesvári. Convergence results for single-step on-policy reinforcement-learning algorithms. *Machine Learning*, 38:287–308, 2000.

[186] S. Singh, M. James, and M. Rudary. Predictive state representations: A new theory for modeling dynamical systems. *Conference on Uncertainty in Artificial Intelligence*, 2012.

[187] T. Smith and R. Simmons. Heuristic search value iteration for POMDPs. In *Conference on Uncertainty in Artificial Intelligence*, pages 520–527, 2004.

[188] A. Somani, N. Ye, D. Hsu, and W. S. Lee. DESPOT: Online POMDP planning with regularization. In *Advances in Neural Information Processing Systems*, pages 1772–1780, 2013.

[189] E. J. Sondik. *The Optimal Control of Partially Observable Markov Processes*. PhD thesis, Stanford University, 1971.

[190] M. T. J. Spaan and N. Vlassis. Perseus: Randomized point-based value iteration for POMDPs. In *Journal of Artificial Intelligence*

Research, 24:195–220, 2005.

[191] T. Spooner, J. Fearnley, R. Savani, and A. Koukorinis. Market making via reinforcement learning. In *International Conference on Autonomous Agents and MultiAgent Systems*, pages 434–442, 2018.

[192] B. C. Stadie, S. Levine, and P. Abbeel. Incentivizing exploration in reinforcement learning with deep predictive models. *arXiv:1507.00814*, 2015.

[193] A. L. Strehl, L. Li, and M. L. Littman. Reinforcement learning in finite MDPs: PAC analysis. *Journal of Machine Learning Research*, 10:2413–2444, 2009.

[194] A. L. Strehl and M. L. Littman. An analysis of model-based interval estimation for Markov decision processes. *Journal of Computer and System Sciences*, 74(8):1309–1331, 2008.

[195] M. Sugiyama. *Statistical Reinforcement Learning: Modern Machine Learning Approaches*. CRC Press, 2015.

[196] M. Sugiyama, H. Hachiya, H. Kashima, and T. Morimura. Least absolute policy iteration—A robust approach to value function approximation. *IEICE Transaction on Information and Systems*, E93-D(9):2555–2565, 2010.

[197] W. Sun and J. A. Bagnell. Online Bellman residual and temporal difference algorithms with predictive error guarantees. In *International Joint Conference on Neural Networks*, 2016.

[198] R. S. Sutton and A. G. Barto. *Reinforcement Learning*. MIT Press, 1998. (三上貞芳, 皆川雅章 訳：強化学習, 森北出版, 2000).

[199] R. S. Sutton and A. G. Barto. *Reinforcement Learning*. MIT Press, 4th edition, 2018.

[200] R. S. Sutton, H. R. Maei, D. Precup, S. Bhatnagar, D Silver, C. Szepesvári, and E. Wiewiora. Fast gradient-descent methods for temporal-difference learning with linear function approxima-

tion. In *International Conference on Machine Learning*, pages 993–1000, 2009.

[201] R. S. Sutton, D. McAllester, S. Singh, and Y. Mansour. Policy gradient methods for reinforcement learning with function approximation. In *Advances in Neural Information Processing Systems*, 2000.

[202] R. S. Sutton, C. Szepesvári, and H. R. Maei. A convergent $O(n)$ temporal-difference algorithm for off-policy learning with linear function approximation. In *Advances in Neural Information Processing Systems*, pages 1609–1616, 2008.

[203] C. Szepesvári. *Algorithms for Reinforcement Learning*. Morgan & Claypool, 2010 (小山田創哲 訳者代表・編集, 前田新一, 小山雅典 監訳：速習 強化学習 —基礎理論とアルゴリズム—, 共立出版, 2017).

[204] I. Szita and C. Szepesvári. Model-based reinforcement learning with nearly tight exploration complexity bounds. In *International Conference on Machine Learning*, pages 1031–1038, 2004.

[205] A. Tamar, Y. Wu, G. Thomas, S. Levine, and P. Abbeel. Value iteration network. In *Advances in Neural Information Processing Systems*, pages 2154–2162, 2016.

[206] H. Tang, R. Houthooft, D. Foote, A. Stooke, X. Chen, Y.Duan, J. Schulman, F. DeTurck, and P. Abbeel. #Exploration: A study of count-based exploration for deep reinforcement learning. In *Advances in Neural Information Processing Systems*, pages 2750–2759, 2017.

[207] Y. Tang and S. Agrawal. Exploration by distributional reinforcement learning. In *International Joint Conference on Neural Networks*, 2018.

[208] G. J. Tesauro. Temporal difference learning and TD-gammon. *Communications of the ACM*, 38(3):58–68, 1995.

[209] W. R. Thompson. On the likelihood that one unknown prob-

ability exceeds another in view of the evidence of two samples. *Biometrika*, 25(3-4):285–294, 1933.

[210] S. Thrun and A. Schwartz. Issues in using function approximation for reinforcement learning. In *Proceedings of the Fourth Connectionist Models Summer School*, pages 255–263, 1993.

[211] J. N. Tsitsiklis and B. Van Roy. Feature-based methods for large scale dynamic programming. *Machine Learning*, 22:59–94, 1996.

[212] J. N. Tsitsiklis and B. Van Roy. An analysis of temporal-difference learning with function approximation. *IEEE Transactions on Automatic Control*, 42(5):674–690, 1997.

[213] T. Ueno, S. Maeda, M. Kawanabe, and S. Ishii. Generalized TD learning. *Journal of Machine Learning Research*, 12:1977–2020, 2011.

[214] H. van Hasselt. Double Q-learning. In *Advances in Neural Information Processing Systems*, page 2613–2621, 2010.

[215] H. van Hasselt, A. Guez, and D. Silver. Deep reinforcement learning with double Q-learning. In *AAAI Conference on Artificial Intelligence*, 2016.

[216] H. van Seijen and R. S. Sutton. True online TD(λ). In *International Conference on Machine Learning*, pages 692–700, 2014.

[217] N. Wahlström, T. B. Schön, and M. P. Deisenroth. From pixels to torques: Policy learning with deep dynamical models. *arXiv:1502.02251*, 2015.

[218] Z. Wang, V. Bapst, N. Heess, V. Mnih, R. Munos, K. Kavukcuoglu, and N. de Freitas. Sample efficient actor-critic with experience replay. In *International Conference on Learning Representations*, 2017.

[219] Z. Wang, N. de Freitas, and M. Lanctot. Dueling network architectures for deep reinforcement learning. In *International Conference on Machine Learning*, pages 1995–200, 2016.

[220] C. J. C. H. Watkins and P. Dayan. Technical note: Q-learning. *Machine Learning*, 8:279–292, 1992.

[221] M. Watter, J. T. Springenberg, J. Boedecker, and M. Riedmiller. Embed to control: A locally linear latent dynamics model for control from raw images. In *Advances in Neural Information Processing Systems*, pages 2746–2754, 2015.

[222] L. Weaver and N. Tao. The optimal reward baseline for gradient-based reinforcement learning. In *Conference on Uncertainty in Artificial Intelligence*, pages 538–545, 2001.

[223] M. Wiering and M. V. Otterlo, editors. *Reinforcement Learning: State of the Art*. Springer, 2012.

[224] M. A. Wiering. *Explorations in Efficient Reinforcement Learning*. PhD thesis, Universiteit van Amsterdam, 1999.

[225] R. J. Williams. Simple statistical gradient-following algorithms for connectionist reinforcement learning. *Machine Learning*, 8:229–256, 1992.

[226] S. Young, M. Gašić, F. Mairesse S. Keizer, J. Schatzmann, B. Thomsona, and K. Yu. The hidden information state model: A practical framework for POMDP-based spoken dialogue management. *Computer Speech and Language*, 24(2):150–174, 2009.

[227] S. Young, M. Gašić, B. Thomson, and J. D. Williams. POMDP-based statistical spoken dialog systems: A review. In *Proceedings of the IEEE*, 101:1160–1179, 2013.

[228] N. L. Zhang and W. Liu. Planning in stochastic domains: Problem characteristics and approximation. Technical report, Department of Computer Science, Hong Kong University of Science and Technology, 1996.

[229] R. Zhou and E. A. Hansen. An improved grid-based approximation algorithm for POMDPs. In *International Joint Conference on Artificial Intelligence*, 1:707–714, 2001.

[230] B. D. Ziebart, A. Maas, J. A. Bagnell, and A. K. Dey. Maximum entropy inverse reinforcement learning. In *AAAI Conference on Artificial Intelligence*, pages 1433–1438, 2008.

[231] 大槻知史（著），三宅陽一郎（監修）．**最強囲碁 AI　アルファ碁 解体新書　深層学習，モンテカルロ木探索，強化学習から見たその仕組み**．翔泳社, 2017.

[232] 川久保勝夫．**線形代数学**．日本評論社, 1999.

[233] 久保隆宏．Python で学ぶ強化学習　入門から実践まで．講談社, 2019.

[234] 小林昭七．**微分積分読本　1 変数**．裳華房, 2000.

[235] 今野浩．**線形計画法**．日科技連, 1987.

[236] 銅谷賢治．**計算神経科学への招待：脳の学習機構の理解を目指して**．サイエンス社, 2007.

[237] 中田浩之，田中利幸．マルコフ決定過程における収益分布の評価．**情報論的学習理論ワークショップ** *(IBIS)*, 2006.

[238] 八谷大岳，杉山将．**強くなるロボティック・ゲームプレイヤーの作り方　実践で学ぶ強化学習**．毎日コミュニケーションズ, 2008.

[239] 牧野貴樹, 澁谷長史, 白川真一（編著）．**これからの強化学習**．森北出版, 2016.

[240] 森村哲郎, 杉山将, 鹿島久嗣, 八谷大岳, 田中利幸．動的計画法によるリターン分布推定．**情報論的学習理論ワークショップ** *(IBIS)*, pages 283–290, 東京, 2010.

索　引

欧字

ア

エ

著者紹介

森村哲郎（もりむらてつろう）　博士（工学）
2008年　奈良先端科学技術大学院大学情報科学研究科博士後期課程修了
現　在　株式会社サイバーエージェント 研究員
著　書　（共著）『これからの強化学習』森北出版

NDC007　317p　21cm

機械学習プロフェッショナルシリーズ
強化学習

2019年5月21日　第1刷発行
2025年1月20日　第8刷発行

著　者　森村哲郎
発行者　篠木和久
発行所　株式会社　講談社
〒112-8001　東京都文京区音羽2-12-21
販売　(03)5395-5817
業務　(03)5395-3615

KODANSHA

編　集　株式会社　講談社サイエンティフィク
代表　堀越俊一
〒162-0825　東京都新宿区神楽坂2-14　ノービィビル
編集　(03)3235-3701
本文データ制作　藤原印刷株式会社
印刷・製本　株式会社ＫＰＳプロダクツ

落丁本・乱丁本は，購入書店名を明記のうえ，講談社業務宛にお送りください．送料小社負担にてお取替えします．なお，この本の内容についてのお問い合わせは，講談社サイエンティフィク宛にお願いいたします．定価はカバーに表示してあります．

Printed in Japan

ISBN 978-4-06-515591-2